北京高等教育精品教材

普通高等教育物流管理专业系列教材

企业物流管理

第 2 版

主　编　赵启兰

副主编　兰洪杰　金　真

参　编　徐　丽　李慧兰　刘宏志　丁　玙

　　　　乔洪波　冯雪皓　胡跃雪　董全周

　　　　张文峰　李少蓉　刘宗熹　张银花

机械工业出版社

本书是在国家级精品课程及北京市精品教材的基础上，结合目前国内外企业物流管理的最新理论与实践，更新了有关内容，不仅涵盖了企业物流管理方面的发展进程和基本原理，而且展示了未来企业物流管理的发展趋势及其在增强企业竞争力方面所起到的重要作用。其主要内容包括企业物流概述、企业物流战略、企业物流组织、企业物流业务外包、企业供应物流管理、企业生产物流基本原理、企业生产物流的计划与控制、企业库存控制、销售物流、企业物流绩效与标杆管理、企业物流的发展趋势。本书具有如下特点：构建了企业物流管理的基本框架，既有企业物流管理的基础理论和前沿性内容，又有企业物流管理实务方面的内容，同时还有大量的案例与练习题；与教材配套建设了"企业物流管理"网站（国家级精品课程）网站，提供了视频、案例、实践教学、前沿讲座等与教材配套的立体化学习资源，有利于引导读者掌握内容要点，方便使用。

　　本书既是一本反映现代企业物流管理方面知识的教材，同时又是一本跟踪该领域发展前沿的专业书籍，可作为普通高等院校物流管理专业及相关专业的教材，也可作为从事物流工作的业务人员与管理人员的培训教材及学习用书。

图书在版编目（CIP）数据

企业物流管理/赵启兰主编. —2 版. —北京：机械工业出版社，2011.7（2023.7 重印）

北京高等教育精品教材　普通高等教育物流管理专业系列教材

ISBN 978 – 7 – 111 – 34344 – 8

Ⅰ.①企…　Ⅱ.①赵…　Ⅲ.①企业管理 – 物流 – 物资管理 – 高等学校 – 教材　Ⅳ.①F273.4

中国版本图书馆 CIP 数据核字（2011）第 114839 号

机械工业出版社（北京市百万庄大街22号　邮政编码100037）
策划编辑：曹俊玲　责任编辑：曹俊玲　何　洋
版式设计：张世琴　责任校对：胡艳萍
封面设计：刘　科　责任印制：张　博
北京建宏印刷有限公司印刷
2023 年 7 月第 2 版·第 13 次印刷
184mm×230mm · 22 印张 · 436 千字
标准书号：ISBN 978 – 7 – 111 – 34344 – 8
定价：46.00 元

电话服务　　　　　　　　　　网络服务
客服电话：010 – 88361066　　机 工 官 网：www.cmpbook.com
　　　　　010 – 88379833　　机 工 官 博：weibo.com/cmp1952
　　　　　010 – 68326294　　金 书 网：www.golden-book.com
封底无防伪标均为盗版　　机工教育服务网：www.cmpedu.com

第 2 版前言

本书自 2004 年底首次出版以来，得到了学术界、高校、企业和市场的广泛认同，荣获"企业物流管理"国家级精品课程（2009 年）、北京市精品教材（2006 年）等奖励。此次出版是对本书第 1 版内容更新后的第 2 版。

近年来，科技与经济的发展推动了企业物流管理理论与实践的发展，产生了众多新颖的企业物流管理理念和方法。企业物流是企业生产经营的重要组成部分，也是社会大物流的基础。随着市场竞争的加剧，企业经营面临着愈来愈严峻的压力与挑战。企业的生存能力取决于它的竞争能力，而在经营过程中企业物流管理的有效性，正是形成企业竞争能力的基础。

第 2 版保留了第 1 版的框架结构，结合目前国内外企业物流管理的最新理论与实践以及编者多年积累的经验，对各章节的内容进行了更新。更新后的第 2 版吸收了当今企业物流管理实践的新理念和新方法，针对如何增强企业竞争力这一关键问题，阐述了企业物流管理的基本理论与实践；更加注重管理理论与方法和企业物流管理理论与方法的结合，在定性分析的基础上，强调企业物流管理的数量优化分析；在理论分析的基础上，强调企业物流管理的应用性分析；注重新的企业物流管理理论发展与新的分析技术应用；注重新的物流理念发展，引入适用于基于供应链的企业物流管理的理论与方法；加强综合性的企业物流管理分析，以更好地适应现代企业物流管理的需要。

本书构建了企业物流管理体系，既涉及战略层面，又包含操作层面。全书共分 11 章，分别对企业物流概述、企业物流战略、企业物流组织、企业物流业务外包、企业供应物流管理、企业生产物流基本原理、企业生产物流的计划与控制、企业库存控制、销售物流、企业物流绩效与标杆管理、企业物流的发展趋势等企业物流管理理论与实践作了系统阐述。

企业物流管理是为物流管理类专业本科生开设的一门专业课，是物流管理类本科生的必修课程，也是物流从业人员的必修内容。其目的在于培养学生企业物流运作管理系统化和整体化的理论基础，使学生正确理解企业物流管理的基本理论、基本原理和方法，并能将其综合运用于对企业物流问题的综合分析，以培养学生解决企业物流管理问题的能力及综合管理素质。

　　本书既是一本反映现代企业物流管理方面知识的教材，同时又是一本跟踪该领域发展前沿的专业书籍，既适用于普通高等院校物流管理专业及其相关专业的教学，又可供从事物流工作的人员学习使用。

　　本版全书共分11章，第一至五章由赵启兰在兰洪杰、徐丽编写的第1版基础上更新了部分内容；第六、七章由赵启兰在金真、李慧兰编写的第1版基础上更新了部分内容；第八至十一章由赵启兰、刘宏志撰写；第二章的案例分析由李慧兰编写；研究生丁玙、乔洪波、冯雪皓、胡跃雪、董全周、张文峰、李少蓉、刘宗熹、张银花参与了部分更新内容初稿的撰写。本书在编写过程中参阅了国内外许多同行的学术研究成果，参考和引用了所列参考文献中的部分内容，谨向这些文献的编著者致以诚挚的感谢。

　　本书配有电子课件，凡使用本书作为教材的教师可登录机械工业教材服务网www.cmpedu.com注册后下载。

　　由于编者水平有限，书中难免会有错误与不足之处，殷切希望广大读者批评指正，以利日后改进。

编　者

第 1 版前言

近年来，科学技术的飞速发展促使企业物流管理发生了巨大的发展和变革，产生出众多新颖的管理理念和先进的方法。企业物流是企业生产与经营的组成部分，也是社会大物流的基础。随着国际市场竞争的加剧，企业面临着愈来愈严峻的压力与挑战。企业的生存能力取决于它的竞争能力。而在经营过程中，企业物流管理的有效性是形成企业竞争能力的基础。正是通过企业物流管理实践，使企业资源转换为具有顾客所需要经济价值的产品和服务。企业物流的效率，直接影响着企业整体运作效率。

企业物流管理是为物流管理类专业本科生开设的专业课，是物流管理类本科生的必修课程，目的在于培养学生对企业物流运作管理系统化和整体化的概念，使学生正确理解企业物流管理的基本理论、基本原理和一般方法，并能综合运用于对企业物流问题的分析，具有解决一般工业企业和商业企业物流管理问题的能力。

本书适用于普通高等院校物流专业和相关专业的教学，也可供从事物流工作的人员学习使用。本书的主要内容包括：企业物流概述，企业物流战略，企业物流组织，企业物流业务外包，企业供应物流管理，企业生产物流基本原理，企业生产物流的计划与控制，企业库存控制和销售物流管理等。本书的主要特点是：结合新经济环境对企业物流提出的新要求，注意管理理论与方法和物流管理理论与方法的结合，引入企业物流战略管理、企业库存量策略、生产物流系统优化的概念、理论与方法；在定性分析企业物流管理的基础上，强调企业物流管理的数量优化分析；在理论分析的基础上，强调企业物流管理的应用性分析；注重新的分析技术的发展；注重新的物流管理理论的发展；注重新的物流理念的发展，引入适用于基于供应链的企业物流管理的理论与方法；加强综合性的企业物流管理分析以适应现代企业物流管理的需要。

本书由北京交通大学和郑州航空工业管理学院多年从事物流教学和科研工作的教师编写。本书由赵启兰主编，由兰洪杰、金真担任副主编。其中第一章由汝宜红、兰洪杰编写，第二章至第四章由兰洪杰编写，第五章由兰洪杰、徐丽编写，第六章由金真编写，第七章由李慧兰、金真、赵启兰编写，第八章、第九章由赵启兰、肖艳编写，第十章、第十一章由赵启兰、刘宏志编写。本书在编写过程中参阅了国内外许多同行的学术研究成果，参考和引用了所列参考文献中的某些内容，谨向这些文献的编著者致以诚挚的感谢。

由于编者水平有限、时间仓促，书中难免会有错误与不足之处，殷切希望广大读者批评指正，以利日后改进。

编 者

目 录

第一章　企业物流概述

在市场竞争激烈的当今，企业要在国内外市场竞争中取胜，必须增强现代物流意识，积极采用先进的组织和管理技术，搞好企业物流，这已成为广大企业的共识。

企业物流是企业生产与经营的组成部分，也是社会大物流的基础。它是许多观念、原理和方法的综合，既有来自传统的市场营销、生产、会计、仓储、采购和运输领域的相关知识，又有来自应用数学、组织行为学和经济学的基本规律。因此，企业物流是一门交叉性、综合性学科。

第一节　企业物流的内涵和特征

企业是为社会提供产品或服务的经济实体。生产企业从购进原材料开始，经过若干工序的加工，形成产成品后再销售出去；商场则是根据市场行情与顾客需求，采购经销商品并销售出去；而运输企业则按照客户的要求将货物输送到指定地点，为客户提供运输服务。无论生产企业还是流通企业，围绕其生产经营活动，都将伴随一定形式的物流活动，如供应物流、生产物流、销售物流等。因此，生产和流通企业围绕其经营活动所发生的物流活动就是企业物流。

一、企业物流的概念

1. 物流的概念

有关物流的概念说法很多，国内外对此定义不尽相同。

美国管理派，1985，美国物流管理协会（CLM，Council of Logistics Management）认为：物流是对货物、服务及相关信息从起源地到消费地的有效率、有效益的流动和储存进行计划、执行和控制，以满足顾客要求的过程。该过程包括进向、去向、内部和外部的移动以及以环境保护为目的的物料回收。

美国工程派，1974，美国物流工程师学会（SOLE，Society of Logistics Engineers）认为：物流是与需求、设计、资源供给和维护有关，以支持目标、计划及运作的科学、管理、工程及技术活动的艺术。

美国军事派，1981，美国空军（U.S. Air Force）认为：物流是计划、执行军队的调动与维护的科学。它涉及与军事物资、人员、装备和服务相关的活动。

美国企业派，1997，美国EXEL物流公司认为：物流是与计划和执行供应链中商品及物料的搬运、储存及运输相关的所有活动，包括废弃物品及旧品的回收复用。

加拿大，1985，加拿大物流管理协会（CALM，Canadian Association of Logistics Management）认为：物流是对原材料、在制品、产成品及相关信息从起源地到消费地的有效率、有效益的流动和储存进行计划、执行和控制，以满足顾客要求的过程。该过程包括进向、去向和内部流动。

欧洲，1994，欧洲物流协会（ELA，European Logistics Association）认为：物流是在一个系统内对人员及/或商品的运输、安排及与此相关的支持活动的计划、执行与控制，以达到特定的目的。

日本，1981，日本日通综合研究所认为：物流是物质资料从供给者向需要者的物理性移动，是创造时间性、场所性价值的经济活动。从物流的范畴来看，它包括包装、装卸、保管、库存管理、流通加工、运输、配送等诸种活动。

中国台湾，1996，台湾物流管理协会（Taiwan Logistics Management Association）认为：物流是一种物的实体流通活动的行为，在流通过程中，通过管理程序有效结合运输、仓储、装卸、包装、流通加工、资讯等相关物流机能性活动，以创造价值，满足顾客及社会性需求。

2006 年修订后的国家标准《物流术语》（GB/T 18354—2006）将物流（Logistics）解释为：物品从供应地向接收地的实体流动过程。根据实际需要，将运输、储存、装卸、搬运、包装、流通加工、配送、回收、信息处理等基本功能实施有机结合。

2. 社会物流的概念

社会物流（External Logistics）也称为大物流或宏观物流，是企业外部物流活动的总称。社会物流是指超越一家一户的以一个社会为范畴面向社会为目的的物流。这种社会性很强的物流往往是由专门的物流承担人承担的，社会物流的范畴是社会经济大领域。社会物流研究再生产过程中随之发生的物流活动，研究国民经济中的物流活动，研究如何形成服务于社会、面向社会又在社会环境中运行的物流，研究社会中物流体系结构和运行，因此带有宏观和广泛性。

3. 企业物流的概念

国家标准《物流术语》（GB/T 18354—2006）中将企业物流（Internal Logistics）定义为生产企业围绕其经营活动所发生的物流活动。它是和社会物流这个名词相对应的。

物流专家王之泰认为，企业物流是以企业经营为核心的物流活动，是具体的、微观物流活动的典型领域。

物流专家刘志学认为，企业物流主要是企业内部生产经营工作和生活中所发生的加工、检验、搬运、储存、包装、装卸、配送等物流活动。

物流专家崔介何认为，企业物流是指在企业生产经营过程中，物品从原材料供应，经过生产加工，到产成品和销售，以及伴随着生产消费过程中所产生的废弃物的回收及再利用的完整循环活动。

美国物流管理协会认为，企业物流是研究对材料、半成品、产成品、服务以及相关信息从供应始点到消费终点的流动与存储进行有效计划、实施和控制，以满足客户需要的科学。

本书作者认为，企业物流就是生产和流通企业在其生产经营过程中，物品从采购供应、生产、销售以及废弃物的回收及再利用所发生的物流活动，包括供应物流、生产物流、销售物流、回收物流以及废弃物物流等活动，如图 1-1 所示。

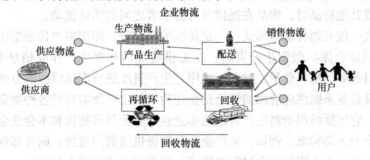

图 1-1　企业物流示意图

在企业经营活动中，物流活动渗透于各项经营活动之中。例如，对于一家饮料生产企业来说，围绕其果汁饮料的生产，首先要从果农或水果批发商处采购生产果汁所需的水果，将这些水果运输至原材料仓库或直接进入生产车间进行加工；加工后的成品果汁经销售部门通过批发、零售直至顾客手里；有问题的果汁还要回收处理，可再次使用的果汁包装物（如果汁瓶或果汁盒）还可经再循环处理后得到应用；无用的废弃物也需要得到相应的处理。在这些活动中，包含了不同的物流活动，如采购供应活动中的供应物流、生产过程中的生产物流、销售过程中的销售物流、回收过程中的回收物流以及废弃物处理过程中的废弃物物流等活动，这些物流活动构成了企业物流。

二、企业物流的内涵

从系统论角度分析，企业物流是一个承受外界环境干扰作用，具有输入—转换—输出功能的自适应体系。其内涵表现如下：

1. 企业物流系统的输入

企业物流系统的输入是指企业生产经营活动所需生产资料的输入供应，即供应物流，它是企业物流过程的起始阶段。供应物流（Supply Logistics）是指提供原材料、零部件或其他物料时所发生的物流活动，它是保证企业生产经营活动正常进行的前提条件。企业生产活动要素的投入，首先是生产资料的投入。因此，能否适时、适量、齐备、成套地完成供应活动是保证企业顺利进行生产经营活动的基础。供应物流具体包括一切生产资料的采购、运输、库存管理、用料管理和供应输送等。

(1) 采购。采购是供应物流与社会物流的衔接点。它是指根据企业生产计划所要求的供应计划制订采购计划并进行原材料外购的作业。在完成将采购物资输送到企业内的物流活动同时，它还要承担市场资源、供应厂家、市场变化、供求信息的采集和反馈任务。

(2) 供应。供应是供应物流与生产物流的衔接点。它是指根据材料供应计划、物资消耗定额及生产作业计划进行生产作业的活动组织。供应物流是为生产企业提供原材料、零部件或其他物品时，物品在提供者与需求者之间的实体流动。

供应方式一般有两种基本形式：一是传统的领料制，即用料单位根据生产计划到供应部门（或供应仓库）领取生产资料；二是供应部门根据生产作业信息和作业安排，按生产中材料需要的物料数量、时间、次序、生产进度进行配送供应的方式。

原材料及设备采购供应阶段的物流是企业为组织生产所需要的各种物资供应而进行的物流活动。它包括组织物料生产者送达本企业的企业外部物流和本企业仓库将物资送达生产线的企业内部物流。例如，生产企业从物资供销部门进货，则外部物流表现为物资供销企业到本企业仓库间这个过程的物流，其表现形式如图1-2所示。

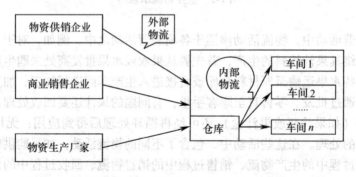

图1-2 原材料及设备采购供应阶段的物流

(3) 库存管理。库存管理是供应物流的核心部分。库存管理的功能主要体现在两个方面：一方面，它要依据企业生产计划的要求和库存的控制情况，制订物资采购计划、库存数量和结构的控制，并指导供应物流的合理运行；另一方面，它又是供应物流的转折点，要具有完成生产资料的接货、验收、保管、保养等具体功能。

2. 企业物流系统的转换

企业物流系统的转换是指企业的生产物流，也称为厂区物流、车间物流等，它是企业物流的核心部分。生产物流（Production Logistics）是指企业生产过程中发生的涉及原材料、在制品、半成品、产成品等所进行的物流活动。

　　生产物流包括各专业工厂或车间的半成品或产成品流转的微观物流；各专业厂或车间之间以及它们与总厂之间的半成品、产成品流转。工厂物流的外沿部分是指厂外运输衔接部分，它包括原材料、部件、半成品的流转和存放；产成品的包装、存放、发运和回收。生产物流系统的边界始于原材料、配件、设备的投入，经过制造过程转换为产成品，止于从产成品库再运送到中转部门或直接配送给用户或出口。生产物流并不是一个孤立的系统，而是一个与周围环境紧密相关，并且不时地从外界环境中吸进"营养"，并向社会输送产品和劳务的开放系统。

　　生产阶段的物流是指企业按生产流程的要求，组织和安排物资在各生产环节之间进行的内部物流。机械加工企业生产阶段的物流情况如图1-3所示。

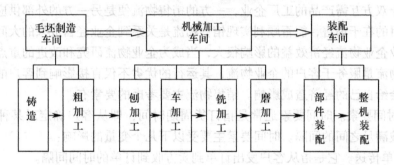

图1-3　生产阶段物流示意图

　　生产阶段的物流主要包括物流的速度，即物资停顿的时间尽可能地短、周转尽可能地快；物流的质量，即物资损耗少、搬运效率高；物流的运量，即物资运距短、无效劳动少等方面的内容。

　　不同的生产过程有着不同的生产物流构成。生产物流的构成取决于下列因素：

　　（1）生产的类型。不同的生产类型，它的产品品种、结构复杂程度、工艺要求以及原材料的准备特点都影响着生产物流的构成以及相互间的比例关系。

　　（2）生产规模。生产规模是指单位时间内产品的产量，通常以年产量来表示。生产规模越大，生产过程的构成越齐备，生产物流量越大；反之，生产规模越小，生产过程的构成越简单，则生产物流量也越小。

　　（3）企业的专业化和协作水平。社会专业化和协作水平提高，企业内部生产过程就越趋简单化，物流流程缩短，某些基本工艺阶段的半成品，如毛坯、零件、配件等，就可由厂外其他专业工厂提供。

3. 企业物流系统的输出

销售物流是企业物流的输出系统，承担完成企业产品的输出任务，并形成对生产经营活动的反馈。销售物流（Distribution Logistics）是指企业在出售商品过程中所发生的物流活动。

销售物流既是企业物流的终点，同时又是宏观物流的始点。宏观物流接受它所传递的企业产品、信息以及辐射的经济能量，进行社会经济范围的信息、交易、实物流通活动，把一个个相对独立的企业系统联系起来，形成社会再生产系统。如果不能很好地组成企业的销售物流，导致企业生产的产品滞销或脱销，系统的功能则无法实现，经济能量辐射被破坏，产品的劳动价值将无法得以补偿和实现，产品也不能最终成为现实有用的产品。

销售阶段的物流是企业为了实现产品销售，组织产品送达用户或市场供应点的外部物流。对于双方互需产品的工厂企业，一方的销售物流便是另一方的外部供应物流。商品生产的目的在于销售，能否顺利实现销售物流是关系到企业经营成果的大问题。销售物流对工业企业物流经济效益的影响很大，当成为企业物流研究和改进的重点。

销售物流是服务于客户的企业物流，其运行的优劣不仅直接影响到客户的生产经营活动，也会给自己的经济造成影响。销售物流主要考虑的要素有：

（1）时间要素。时间要素通常是指订货周期时间，即从客户确定对某种产品有需求与需求被满足之间的间隔。时间要素主要受以下几个变量的影响：

1）订单传送。它是指从客户发出订单到卖方收到订单的时间间隔。

2）订单处理。它是指处理客户订单并准备装运的时间。

3）订货准备。订货准备涉及挑选订货并进行必要的包装，以备装运。从简单的人工系统到高度的自动化系统，不同的物料搬运系统对订货准备有不同的影响，准备时间也会有较大差别。

4）订货装运。订货装运时间是指从订货装上运输工具直到买方在目的地收到订货的时间间隔。它与装运规模、运输方式、运输距离等因素密切相关。

（2）可靠性要素。可靠性是指根据客户订单的要求，按照预订的提前期，安全地将订货送达客户指定的地方。提前期的可靠性对客户的库存水平和缺货损失有直接影响，可靠的提前期可以减少客户面临的不确定性。如果能向客户保证预订的提前期，加上少许偏差，那么卖方就能使它的产品与竞争者的产品明显区别开来。卖方提供可靠的提前期能使客户的库存、缺货、订单处理和生产计划的总成本最小化。

可靠性还包括安全交货和正确供货。安全交货是销售物流的最终目的，即产品安全无误，不出现破损与丢失的现象；正确供货即客户收到的物品必须与订单相符，否则不但会给客户造成不利影响，也会使销售部门失去市场。

（3）方便性要素。方便性是指销售物流的方法必须灵活。客户在产品包装、运输方式、运输路线、交货时间等方面的要求各不相同，为了更好地满足客户要求，就必须确认客户的不同要求，为不同客户设计适宜的服务方法——调整服务水平的决策不能平等地建立在所有客户基础上或包括所有服务要素。不同客户服务需求的差异性，提供了降低客户服务成本和提高服务水平的巨大潜力。

4. 回收物流

回收物流（Returned Logistics）是指不合格物品的返修、退货以及周转使用的包装容器从需方返回到供方所形成的物品实体流动。通常所说的物流一般是指物品从供应链上游沿着产成品形成的方向向下游运动所发生的物流活动，而回收物流是逆向物流（Reverse Logistics），即物品从供应链下游向上游的运动所发生的物流活动。

所谓返品的回收物流，则是指由于产品本身的质量问题或用户因各种原因的拒收，而使产品返回原工厂或发生结点而形成的物流，其流程如图1-4所示。

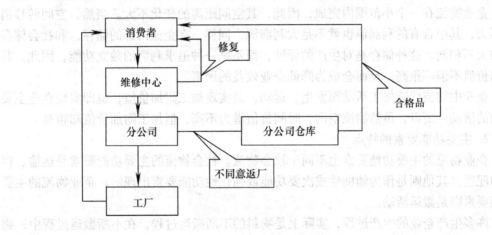

图1-4　返品回收物流流程

5. 废弃物物流

废弃物物流（Waste Material Logistics）是指将经济活动或生活中失去原有使用价值的物品，根据实际需要进行收集、分类、加工、包装、搬运、储存等，并分送到专门处理场所的物流活动。即不能回收利用的废弃物，只能通过销毁、填埋等方式予以处理的流通过程。

综上所述，企业物流是由生产经营活动中的供应物流、生产物流、销售物流三部分及生产过程中所产生的回收物流和废弃物物流所组成。这是从企业物流内部的视角来观察的物流活动。若从宏观角度来看，若干企业物流产成品的输出，相互交织成社会物流。而社会物流也正是企业物流活动的条件和环境，这种企业物流和社会物流之间不间断的循环，形成了完整的物流过程。

三、企业物流的特点

供应物流及销售物流是企业物流与社会物流的接口，这两种物流形态虽然是为企业经营服务的，是企业生产物流（或内部物流）向两向的延伸，但是，其物流特点和社会物流是很相近的。真正反映企业物流特点、和社会物流有较大区别的是企业内部物流，尤其是生产物流。企业物流的特点便是指企业生产物流（或企业内部物流）的特点。

1. 实现价值的特点

企业物流与社会物流的一个最本质的不同之处，也是企业物流最本质的特点，即企业物流并不如同社会物流一样是"实现时间价值和空间价值的经济活动"，而主要是实现加工附加价值的经济活动。

企业物流在一个小范围内完成，因此，其空间距离的变化不大。当然，空间转移消耗不大，其中含有的利润源也就不是大利润源。同样，在企业内部的储存，和社会储存目的大不相同，这种储存是对生产的保证，而不是一种追求利润的独立功能，因此，其时间价值不但不很高，反而会成为降低企业效益的因素。

企业中物流伴随加工活动而发生、运动，是实现加工附加价值，也即实现企业主要目的的活动。所以，虽然物流空间、时间价值潜力不高，但加工附加价值却很高。

2. 主要功能要素的特点

企业物流的主要功能要素也不同于社会物流。社会物流的主要功能要素是运输、存储和配送，其他则是作为辅助性或次要功能或强化性功能要素出现的；企业物流的主要功能要素则是搬运活动。

许多生产企业的生产过程，实际上是物料的不断搬运过程，在不断搬运过程中，物料得到了加工，改变了形态，发生了各种各样化学的、物理的、机械的变化，变化是在不断"搬"、不断"运"的流动过程中实现的。

即使是配送企业和批发企业的企业内部物流，实际也是不断搬运的过程。通过搬运，商品完成了分货、拣选、配货工作，完成了大改小、小集大的换装工作，从而使商品形成了可配送或可批发的形态。

3. 物流过程的特点

企业物流是一种工艺过程性物流。企业生产工艺、生产装备及生产流程是确定的，企业物流也因而成了一种稳定性的物流，物流便成了工艺流程的重要组成部分。由于这种稳定性，企业物流的可控性、计划性便很强，一旦进入这一物流过程，选择性及可变性便很小。对企业物流的改进只能通过对工艺流程的优化，这方面和随机性很强的社会物流也有很大的不同。

4. 物流运行的特点

企业物流的运行具有极强的伴生性，往往是生产过程中的一个组成部分或一个伴生部分。这一点决定了企业物流很难与生产过程分开而形成独立的系统，尤其是生产企业内部生产物流更是如此。在研究生产物流时，一些人打算将纯生产和纯物流细分，而单独提取出生产物流系统进行研究和优化，这种做法的意义不大。

在总体的伴生性同时，企业物流中也确有与生产工艺过程可分的局部物流活动，这些局部物流活动有本身的界限和运动规律，当前企业物流的研究大多针对这些局部物流活动而言。这些局部物流活动主要是仓库的储存活动、接货物流活动、车间或分厂之间的运输活动等。

物流企业内部物流和生产企业内部物流在运行方面则有所不同，如批发企业、配送企业的内部工艺过程，是一个典型的包含着若干物流功能要素的物流活动，而不是伴生性的物流活动。

5. 企业生产物流的连续性

企业的生产物流活动不但充实、完善了企业生产过程中的作业活动，而且把整个生产企业所有孤立的作业点、作业区域有机地联系在一起，构成了一个连续不断的企业内部生产物流。企业内部生产物流是由静态的"点"和动态的"点"相结合连接在一起的网络结构。静态的"点"表示物料处在空间位置不变的状态，如相关装卸、搬运、运输等企业的厂区配置、运输条件、生产布局等；而动态的"点"即生产物流动态运动的方向、流量、流速等，正是使企业生产处于有节奏、有次序地连续不断地运行的基础。

6. 物料流转是企业生产物流的关键特征

物料流转的手段是物料搬运。在企业生产中，物料流转贯穿于生产、加工制造过程的始终。无论是在厂区、库区、车间与车间之间、工序与工序之间、机台之间，都存在着大量、频繁的原材料、零部件、半成品和成品的流转运动。生产过程中物流的目标应该是以提供畅通无阻的物料流转，保证生产过程顺利、高效率地进行。因此，必须对物料的流转进行分析研究，以明确对物料搬运的要求。通过物料流转分析可以确知需要搬运物料的种类、数量、频繁连续性、机动性等方面的要求，以及搬运作业的起讫地点、空间限制、次序等。对于大多数企业，它们的生产供货次序一般是：下一道工序生产过程需要的零部件由前一道工序供给，需要什么、需要多少、何时需要等都由下一道工序所决定。这种供货方式改变了过去前一道工序的产品全部流入后一道工序，而导致后一道工序半成品和配件大量积压的情况。采用"看板管理"，将工厂内和工厂与工厂之间这种"何时、何物、多少"的信息流恰当地用于统一管理生产物流。这样，后一道工序需要多少，前一道工序就生产多少，使生产物流合理化而减少不必要的搬运，尽可能地避免相向、迂回搬运，使搬运作业与生产、供应、分发等形成流水作业。这对合理选择与运用搬运设备、充分利用物流空间、提高物流效率以及减少物流费用是极其重要的。

7. 企业物流成本的二律背反性

企业物流成本的二律背反性实质上是研究企业物流的经营管理问题，即将管理目标定位于降低物流成本的投入并取得较大的经营效益。在物流成本管理中，管理对象是物流活动本身，物流成本是作为一种管理手段而存在的。一方面，物流成本能真实地反映物流活动的实态；另一方面，物流成本可以成为评价所有活动的共同尺度。

那么，什么是企业物流成本的"二律背反性"呢？"二律背反"主要是指企业物流功能间或物流与服务水平之间的二重矛盾，即追求一方必须舍弃另一方的一种状态，是两者之间的对立状态。这在构成企业物流的各种活动中是客观存在的。例如，追求保管的合理性，则需要牺牲运输的合理性；追求包装费用的节省，则会影响其在运输、保管过程中的保护功能和方便功能而造成经济损失。这样，一方成本降低，另一方成本增大，即形成了成本"二律背反"状态。

企业物流管理肩负着"降低企业物流成本"和"提高服务水平"两大任务，这是一对相互矛盾的对立关系。整个物流合理化，需要用总成本评价，这反映出企业物流成本管理的二律背反特征及企业物流对整体概念的重要性。

四、现代企业物流的特征

现代物流作为一项社会经济行为系统，它关注的是企业生产经营的全过程，如需求预测、采购、生产进度、运输配送、库存控制、仓储、包装、订单处理、客户服务、退货、返还、废弃物、回收等。现代物流的特征主要表现在其第一目标的服务特性、组织结构的一体化特性、系统的最优集成特性、信息网络的支持特性以及物流作业的机械化、自动化或无人化特性。现代企业物流除了上述的特征外，还包括：

1. 现代企业物流与生产的密不可分性

企业物流与生产流程或生产工艺紧密结合或融为一体，如计算机集成制造系统（CIMS）中的工件和刀具支持系统；现代汽车和家电生产企业中各种自动化生产线装配线上的坯料、工件、配件、组件的运达和配送、柔性加工制造系统（FMS）；机械制造业生产流程中在制品的搬运流转以及冶金联合企业生产中连铸连轧一体化等，此时，物流系统的流量、流速及作业质量都直接与生产的速率及质量相关联。

2. 现代企业物流结构的多样性

现代企业物流已不是独立或封闭的系统。与社会物流分工的交叉或角色互换，如第三方物流企业、生产企业自营物流公司的企业内外部物流业务，尤其是集成供应链模式下企业物流与社会物流在物流系统的规划、决策、计划、实施、控制、管理等方面的完全一体化，形成了现代企业物流结构的多样性。

3. 现代企业物流能力的综合性

现代企业物流不但要求装卸、输送、转载等物流运转的机械化、自动化或无人化的能力，以及物料存储的立体化与自动化，信息流的及时性、准确性及信息的实时跟踪、交互与处理能力，而且要具有极强的内外部应变与协调能力，以满足企业的生产经营需求。

4. 现代物流是企业生产营销的重要支持系统

在知识经济时代和信息网络社会大环境中迅速发展的我国工业现代化进程中，物流已成为企业生产营销的重要支持系统。现代企业物流体制变革及市场经济对企业物流要求的提高，信息网络技术对企业物流系统革新的促进，集成供应链管理模式的兴起和发展所形成的一体化物流系统，都将使企业的生产经营离不开现代物流系统的有力支持，尤其是经济全球化的发展趋势将更会加强现代物流在生产企业中的战略地位。现代物流是企业订单的加速器。

第二节　企业物流的分类

一、按企业性质不同分类

按企业性质不同，企业物流可分为工业生产企业物流、农业生产企业物流、批发企业物流、配送企业物流、仓储企业物流、第三方物流企业物流和零售企业物流。

1. 工业生产企业物流

工业生产企业物流是对应生产经营活动的物流。这种物流有四个子系统，即供应物流子系统、生产物流子系统、销售物流子系统及废弃物物流子系统。

工业生产企业种类非常多，物流活动也有差异。按主体物流活动区别，可大体分为四种：

（1）供应物流突出的类型。这种物流系统供应物流突出，而其他物流较为简单。在组织各种类型工业企业物流时，供应物流组织和操作难度较大。例如，采取外协方式生产的机械、汽车制造等工业企业便属于这种物流系统。一个机械的几个甚至几万个零部件，有时来自全国各地，甚至外国，这一供应物流范围大、难度大、成本高，但生产成一个大件产品（如汽车）以后，其销售物流便相对简单了。

（2）生产物流突出的类型。这种物流系统生产物流突出，而供应、销售物流较为简单。典型的例子是生产冶金产品的工业企业，其供应是大宗矿石，销售是大宗冶金产品，而从原料转化为产品的生产过程及伴随的物流过程都很复杂。有些化工企业（如化肥企业）也具有这样的特点。

（3）销售物流突出的类型。如很多小商品、小五金等，大宗原材料进货，加工也不复杂，但销售却遍及全国或很大的地域范围，属于销售物流突出的工业企业物流类型。此外，如水泥、玻璃、化工危险品等，虽然生产物流也较为复杂，但其销售时物流难度更大，问题更严重，有时甚至会出现大事故或花费大代价，因而也包含在销售物流突出的类型中。

（4）废弃物物流突出的类型。有一些工业企业几乎没有废弃物的问题，但也有废弃物物流十分突出的企业，如制糖、选煤、造纸、印染等工业企业，废弃物物流组织得如何几乎决定了企业能否生存。

2. 农业生产企业物流

农业生产企业中，农产品加工企业的性质及对应的物流与工业企业是相同的。农业种植企业的物流是农业生产企业物流的代表，这种类型企业物流的四个子系统的特殊性是：

（1）供应物流。它是以组织农业生产资料（化肥、种子、农药、农业机具等）的物流为主要内容，除了物流对象不同外，这种物流和工业企业的供应物流类似，没有大的特殊性。

（2）生产物流。农业种植企业的生产物流与工业企业的生产物流区别极大。其主要区别是：

1）种植业的生产对象在种植时是不发生生产过程位移的，而工业企业的生产对象要不断发生位移。因此，农业种植企业生产物流的对象不需要反复搬运、装放、暂存，而进行上述物流活动的是劳动手段，如化肥、水、农药等。

2）种植业一个周期的生产物流活动，停滞时间长而运动时间短，与其最大的区别在于，工业企业生产物流几乎是不停滞的。

3）生产物流的周期长短不同。一般工业企业生产物流的周期较短，而种植业生产物流的周期长且有季节性。

（3）销售物流。它是以组织农业产品（粮食、棉花等）的物流为主要内容。其销售物流的一个很大特点是，在诸功能要素中，对储存功能的需求较高，储存量较大且储存时间长，"蓄水池"功能要求较高。

（4）废弃物物流。种植业生产的废弃物物流也是具有不同于一般工业企业废弃物物流的特殊性，其主要表现在以重量计，废弃物物流重量远高于销售物流。

3. 批发企业物流

批发企业物流是指以批发据点为核心由批发经营活动所派生的物流活动。这一物流活动对应于批发的投入，是组织大量物流活动对象的运进；其产出是组织总量同量物流对象物的运出，但是批量变小，批次变多。在批发点中的转换是包装形态及包装批量的转换。

在商物合一型的批发企业和商物分离型批发企业中，上述物流过程是同样存在的，只是发生的地点有所区别，一种是商物合一的据点，另一种是独立的物流据点。

不同地位的批发企业物流有所不同，主要有两种类型：

（1）大型企业销售网络中的批发企业。这种批发企业面对固定的零售网点或固定的生产型、消费型用户，其物流特点是销售物流网络固定，因而网络组织完善，销售物流有有效的规划和组织，水平较高。

（2）独立批发企业。这种批发企业依靠本身经营和市场开拓同步组织物流活动，用户有很强的不确定性，因而销售物流难以形成固定渠道和网络。

4. 配送企业物流

配送企业物流是指以配送中心为核心的由配送活动组成的物流。这一物流的主要特点是主要从事配送中心内部的分货、拣选、配货等物流活动，这是一种和生产物流非常不同的物流活动。

5. 仓储企业物流

仓储企业是指以储存业务为盈利手段的企业。仓储企业物流是指以接运、入库、保管、保养、发运或运输为流动过程的物流活动，其中，储存保管是其主要的物流功能。

6. 第三方物流企业物流

第三方物流通常也称契约物流或物流联盟，是指从生产到销售的整个物流过程中进行服务的"第三方"，它本身不拥有商品，而是通过签订合作协定或结成合作联盟，在特定的时间段内按照特定的价格向客户提供个性化的物流代理服务。其具体的物流内容包括商品运输、储存、配送以及附加的增值服务等。它以现代信息技术为基础，从而实现信息和实物快速、准确的协调传递，提高仓库管理、装卸运输、采购订货以及配送发运的自动化水平。

7. 零售企业物流

零售企业物流是指以零售商店或零售据点为核心的，以实现零售销售为主体的物流活动。不同零售企业伴随投入、转换、产出的物流活动有一定区别，主要有以下三种类型：

（1）一般零售企业。这种类型企业物流重点在于多品种、小批量、多批次的供应物流。这种物流一方面可保证零售企业的销售，保证不脱销、不断档、不缺货；另一方面则是保证不以库存支持这一销售。所以，供应物流是零售企业突出的物流。企业内部物流的关键则是降低库存以保证最大的售货面积，少占用库存场地，尤其在"黄金地域"。零售企业内部物流更要强调这一点。

一般零售企业销售物流主要是大件商品的送货和售后服务，大部分零售企业是在销售后由用户自己完成物流，所以销售物流不是这种类型企业的主要物流形态。

（2）连锁店型零售企业。这种企业的物流特点集中于供应物流，和一般零售企业供应物流不同，连锁店的销售品种是相同的、有特色的，其供应物流是由本企业的共同配送中心完成的。

（3）直销企业。这种企业的物流特点是重点集中于销售物流，销售物流决定了销售业绩。由于直销企业通过直销手段销售的产品品种较少，因而供应物流及企业内部物流较简单。

二、按照物流活动的主体分类

按照物流活动的主体进行分类，企业物流可分为企业自营物流、专业子公司物流和第三方物流。

1. 企业自营物流

企业自营物流是指企业自备车队、仓库、场地、人员，以自给自足的方式经营企业的物流业务。

企业自营物流典型的例子是海尔物流。1999年，海尔开始实施以"市场链"为纽带的业务流程再造，以订单信息流为中心，带动物流、商流、资金流的运作。海尔成立了物流部门，建造了立体仓库，完善了一系列物流体系。海尔在自营基础上小外包，总体实现采购JIT（准时制）、原材料配送JIT和产品配送JIT的同步流程，其物流模式日益引起人们的关注。

2. 专业子公司物流

专业子公司物流一般是指从企业传统物流运作功能中剥离出来，成为一个独立运作的专业化实体（子公司）。它与母公司（或集团）之间的关系是服务与被服务的关系。它以专业化的工具、人员、管理流程和服务手段为母公司提供专业化的物流服务。

例如，美的集团把物流业务剥离出来，成立了安得物流公司。安得物流公司作为美的集团一个独立的事业部，成为美的其他产品事业部的第三方物流公司，一方面为美的的生产制造、销售提供快捷的物流服务，另一方面也作为专业物流公司向外发展业务。

3. 第三方物流

第三方物流（Third-Party Logistics，TPL或3PL）是由供方与需方以外的物流企业提供物流服务的一种业务模式，它是指企业为了更好地提高物流运作效率以及降低物流成本而将物流业务外包给第三方物流公司的做法。

例如，伊莱克斯将物流完全外包给第三方物流企业，第三方物流商为其提供整个或部分供应链的物流服务。

【案例】

SGM 物流外包

上海通用汽车有限公司（简称 SGM）是一家合资企业，它通过供应物流外包，使其生产线基本上做到了零库存。他们的供应物流是如何外包的呢？

SGM 在生产过程中推行"精益生产"的理念。精益生产的思想内涵很丰富，其中重要的一件事情就是实行准时制（Just In Time，JIT），以缩短交货期。SGM 生产多种车型，零部件比较多，品种规格也比较复杂。SGM 目前有近 15000 种零部件，其中国产零部件近万种，分布在江、浙、沪等 10 余个省市的 170 多家国产零部件供应商。如果自己去做供应物流，要花费很多的时间。因此，SGM 就将供应物流外包给一家第三方物流服务商，要求其按照通用汽车要求的时间准点供应，由第三方物流服务商来设计配送路线，然后到不同的供应商处取货，将原材料直接送到生产线上。

配合 SGM "精益生产"的理念，该物流公司设计了一套称为"牛奶取货"或者"循环取货"的方式组织外购零件的供应。其具体做法是：每天早晨，为 SGM 服务的物流公司的货车就从厂家出发，到第一个供应商那里装上其准备好的原材料，然后到第二家、第三家……直到装上所有的材料，然后返回。同时，上海通用生产线的旁边设立"再配送中心"，能够保有两小时的用量，即货物到位后两个小时以内就用掉了，每隔两小时"自动"补货到位。

SGM 的物流外包不仅做到了生产零部件 JIT 直送工位、准点供应，而且还节省了供应物流成本，其零部件运输成本下降了 30% 以上。

第三节　企业物流的重要性

当前，我国物流有两大领域，一种存在于生产领域的物流，或称为面向生产的物流，主要是指企业物流，是微观物流范畴；另一大种是存在于流通领域的物流，或称为面向流通的物流，即通常所说的社会物流、大物流，是宏观物流范畴。从目前的情形看，前者在研究从业队伍、企业参与数量、社会重视程度等方面都无法与后者相比较。总体而言，面向流通的物流几乎成为中国物流业发展的全权代表。也就是说，我国物流的研究和发展，基本上集中于面向流通的物流。这就必然造成了这样一个事实，在物流业蓬勃发展的形势下，企业物流发展非常滞后，以致"中国的物流还在企业的大门外徘徊"。

一、面向生产的企业物流是现代物流的弱点

在我国，企业物流是一个明显的薄弱环节。将企业物流看作企业生产关键和企业形象灵魂的只是各行业的少数龙头企业，总体上"物流还远未被企业领导和业务部门所认识"。企业物流管理不畅，时间、空间浪费大，物料流混乱，重复搬运，流动路径不合理，产品供货周期长，废弃物回收不力等问题，不仅直接阻碍企业生产效率的提高，而且占用大量资金，成为企业发展的包袱。企业本身物流管理混乱、物流水平低下，企业和社会第三方物流的结合就缺乏粘性。根据中国仓储协会委托某咨询机构对 450 家大中型企业的调查，工业企业的物流全部由企业自理的在被调查企业中占 26%，全部委托第三方代理的占 5.2%，自理与委托相结合的占 68.8%。其中委托比例在 30% 以下的占 42.3%，在 30%~60% 之间的占 36.5%，60% 以上的占 21.2%。而我国的中小企业委托第三方物流代理的比例更小，其自理物流的能力也相对更低。美国某机构对制造业500 家大公司的调查显示，将物流业务交给第三方物流企业的货主占 69%（包括部分委托），研究今后将物流业务交给第三方物流企业的货主占 10%。

乍一看，我国第三方物流市场存在着巨大商机，深入考察则发现，正是我国工业企业的物流水平低下，未能与社会物流业达成互利的结合，才使得利润无法实现。因此，尽管面向流通的物流的确是物流业的主体，是经济发展必须突破的环节，但也应该时刻注意面向生产的物流与面向流通的物流必须在发展步调和发展水平上相配合、相匹配，否则，发展的失衡将带来发展的阻滞。这种物流发展的结构缺陷，可能给今后物流业的发展埋下隐患。

二、企业物流是我国物流业发展的关键

为了使企业物流和社会物流协调匹配、互相促进，共同推进物流业发展，在构建物流业发展框架之初，就应该把工业企业放到合适的位置上。物流企业是物流业的实体，但不妨把工业企业作为物流业发展的核心，作为激发、促进和指引物流业发展方向、速度与模式的核心所在。以工业企业为核心发展物流业的依据何在？这里仅从如下几个方面来阐明：

1. 工业企业是拉动物流业发展的原动力

物流业的业务来自供应链的各个环节，而工业企业是供应链的重心，是带动供应链运作的主体，因此，工业企业的运作是产生物流需求的源泉。同时，在供应链上，物流的量在供应链上的分布是不均匀的。大量物流集中在供应物流、生产物流和销售物流上，从产品到用户的配送则只是整个物流的一小部分。从这个意义上讲，工业企业是物流服务的最大需求者。有需求就有发展，工业企业发展的需求是物流业发展的源泉。此外，工业企业也是物流服务的重要提供者，尽管物流不是其主业，其对物流业的影响却不可忽视。物流业的发展一方面要紧紧围绕物流需求，另一方面要跟随需求的重要提供商，无论从哪个方面，物流业的发展都应该围绕工业企业这个核心。

2. 物流需求是行业个性化和企业个性化的需求

　　物流的需求从一开始就具有行业个性化的特点。举例来说，家电业是我国工业企业中一类有代表性的企业，其对物流服务的要求有其行业特殊性，且同行业的不同企业也有其特殊性。几大家电厂商纷纷感到物流水平与物流管理的滞后对整个行业发展已经形成了严重障碍，而社会的第三方物流经营者所提供的物流服务却无法满足其个性化的物流需求，于是海尔自己搞起了物流，科龙和小天鹅也联手与外商共同涉足物流业。它们在物流热中循势而起的最根本目的，首先是要满足企业和行业本身对物流服务的个性需求，其次是把提供物流服务的余力投放物流市场。其他工业企业的物流也无不各具特点。随着先进制造模式的不断渗透和成熟，工业企业正在经历从传统制造方式向先进制造模式转变的关键时期，传统制造方式下的物流体系已经不能适应先进制造模式对企业物流所提出的高质量需求。因此，物流需求与满足的运营最终应以何种形式和模式发展，必须结合工业企业的需求，在工业企业生产技术与生产模式的牵引下逐步明确与完善。此外，中国工业企业整体现代化程度不高、不齐，对物流服务需求呈现多层次特点，物流服务提供者必须面对多层次的需求来规划物流服务。可以说，以工业企业为核心，根据需求界面特征构建物流业是一种量体裁衣的方式。

　　3. 流通领域物流投入有较大风险

　　宏观物流业的发展需要巨大的投入，且受益周期长，风险较大。尤其是在我国这样一个地域辽阔的国家，所需基础投资昂贵而且费时。我国在近年来，已经投入了大量的资金和资源来建设交通网络，但社会物流规模远未发展起来，难以综合运作。因此，基础设施并没有发挥出最大效益。相反，在工业企业中，供应物流与生产物流往往是利润埋藏相对集中的环节，尤其是当前在先进制造技术和先进制造模式的支持下，容易实现无缝衔接等物流管理，易于在短期内见到经济效益。当前，不少生产企业依靠自己的力量，或者采取联合与协作的形式进行专门物流服务的尝试，结果都是比较成功的。物流投入能够很快收到效益回报，这是当前有实力的工业企业纷纷加大物流方面投入、组建或者分离出物流运营体系的重要原因之一。物流业的发展离不开投资，而投资的决策要充分考虑风险，以工业企业为核心发展物流业也是分散和降低风险的一种方式。

　　4. 工业企业物流发展滞后对物流业发展的障碍已日趋明显

　　物流业的萌芽与发展来自于西方物流理论与实践的引入。但是我国工业企业却没有相应的技术、管理和物流水平为基础。我国目前工业企业的物流水平整体上还处在革命阶段，甚至许多工业企业还处在觉醒和认识阶段。物流业的发展与工业企业的物流需求有一段距离，即企业物流发展在社会物流中没有找到有效的帮助和依托，而社会物流的发展也没有在工业企业需求中找到可落实的动力与指引，结果使得本应该双方主动的发展均处于被动之中，谁想突破都不那么容易。随着外国物流公司进入中国市场，现代化的物流技术和物流管理方法也被带入中国。但是，由于我国工业企业的发展水平低下，许多企业还根本谈不上物流管理和物流现代化，即使中国的综合物流能够在与跨国公司的竞争中成长起来，也会面临发展起来却无用武之地的尴尬境地。这些问题的背后，暴露了工业企业物流水平落后对物流产业本身的发展所造成的不利影响和束缚。因此，在物流业发展之初，就应该把企业物流水平的发展提到应有的高度重视起来。

总的来说，没有工业企业牵引整个供应链形成的物流服务需求，没有工业企业对物流的组织运作，没有工业企业参与构建的物流信息平台，没有工业企业参与制定的物流服务标准，物流产业及物流企业的发展是不可能的。不注重面向生产的物流与面向流通的物流的平衡发展，物流业最终也无法避免由此产生的发展障碍，物流业就会失去发展的动力与方向。

从本质上讲，社会物流的发展是由社会生产的发展带动的，当企业物流管理达到一定水平，对社会物流服务就会提出更高的数量和质量要求，那时，物流业大发展的时期就会来临。我们必须认识并遵从这一客观规律，并且充分依据我国的实际情况确定物流业的发展战略。当前，应高度重视我国物流业中面向生产和面向流通两个领域的平衡发展问题。如果片面强调流通而忽视生产领域物流，非但不能增强中国物流业发展后劲，而且极可能形成物流业内部瓶颈。要避免这种情况的发生，不妨从工业企业入手，在完成企业物流建设与现代化的过程中，使社会物流与企业物流水乳交融地结合起来，彻底改变我国生产领域物流水平低下的状况，使工业企业物流成为整个供应链物流中加快流通的起搏器，从而为我国物流业的发展打开局面。

物流是创造价值的活动——为企业的顾客和供应者创造价值，为企业创造价值。物流的价值表现在时间和空间两个方面。只有当客户在他希望进行消费的时间和地点拥有产品或服务时，产品或服务才有价值。良好的物流管理将供应链中的每项活动都看成增值服务过程。但如果增值较少，物流活动存在的必要性就值得怀疑了。就世界各地的许多企业而言，由于多种原因，物流日益成为越来越重要的增值过程。

三、物流对企业战略的重大意义

管理大师迈克尔·波特在《竞争优势》一书中指出，企业竞争的成功只能通过成本优势或价值优势来实现。当前，既能提供成本优势，又能提供价值优势的管理领域是极少的，而物流管理则是这些并不多的管理领域中的一个。一个企业若拥有高效、合理的物流管理，则既能降低经营成本，又能为顾客提供优质的服务；即既能使企业获得成本优势，又能使企业获得价值优势。因此，企业物流管理已成为现代企业管理战略中的一个新的着眼点。

贝纳通（Benetton）是意大利的运动服生产公司，位于意大利的彭泽诺，主要销售针织品，每年面向全球生产、分销五千万件服装，大多是套头衫、休闲裤和女裙。贝纳通发现，要使分销系统运行快捷，最好的办法就是在销售代理、工厂和仓库之间建立电子连接，如图1-5所示。假如贝纳通在洛杉矶某分店的售货员发现10月初旺销的某款红色套头衫将缺货，就会给贝纳通80个销售代理中的一个打电话，销售代理会将订单录入到他或她的个人电脑中，再传给意大利的主机。由于红色套头衫最初是由计算机辅助设计系统设计的，主机中会有这款服装的所有数码形式的尺寸，并能够传输给编织机。机器生产出套头衫后，工厂的工人将其放入包装箱，送往仓库，包装箱上的条码中含有洛杉矶分店的地址信息。贝纳通仅有一家仓库供应世界上60个国家的5000多个商店。仓库耗资3千万美元，但这个分拨中心只有8个工作人员，每天处理23万件服装。一旦红色套头衫被安置在仓库的30万个货位中的一个之上，计算机马上就会让机器人运行起来，阅读条码，找出这箱货物，以及其他运往洛杉矶商店的所有货物，并将这些货物拣出来，装上卡车。包括生产时间在内，贝纳通可以在4周内将所订购的货物运达洛杉矶。如果公司仓库有红色套头衫的存货，就只需1周。这在以运作速度缓慢著称的服装行业是相当出色的成绩，其他企业甚至不考虑再订货的问题。如果贝纳通突然发现今年没有生产黑色羊毛衫或紫色裤子，但它们销售很旺，公司就会在几周内紧急生产大量黑色羊毛衫或紫色裤子，并快速运往销售地点。

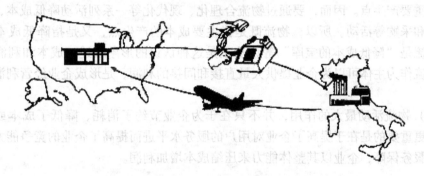

图1-5 贝纳通的配送渠道

越来越多的人已逐渐认识到物流更具有战略性，是企业发展的战略，而不仅仅是一项具体操作性的任务。物流会影响企业总体的生存与发展，是起战略作用的。企业应着眼于总体、着眼于长远，将物流本身的战略性发展也提到议事日程上来，战略性的规划、战略性的投资、战略性的技术开发是近年来物流现代化发展的一个重要原因。

一个完善战略的形成，需要具有对为实现所选方案的服务水平所需成本的估算能力。具有领先优势的厂商意识到，一个设计良好并已投入运作的物流系统有助于取得竞争优势。创建一个费用低廉的物流系统需要综合一定的人力和物力资源，竞争对手要想照搬照抄是较困难的。没有相当的管理和财务能力以及在较长时期内的培训和开发，是难以开展这种系统的设计并付诸实行的。一般说来，基于物流能力获得战略优势的厂商确定了其在行业竞争中的领先地位。

四、物流显著增加客户价值

如果产品或服务不能在客户所希望消费的时间、地点提供给客户，它就没有价值。当企业花一定费用将产品运到客户处，或者保持一定数量的库存时，对客户而言，就产生了以前不存在的价值。这一过程与提高产品质量或者降低产品价格一样可以创造价值。

通常，企业创造产品或服务中的四种价值，它们分别是：①形态价值；②时间价值；③空间价值；④占有价值。物流控制产品的时间和空间价值，主要通过运输、信息流动和库存实现。

五、物流成为企业的"第三利润源泉"

物流成为"第三利润源泉"的说法主要出自日本。物流成为"第三利润源泉"是基于其两个自身能力：

（1）物流在整个企业战略中，对企业营销活动的成本产生重要影响，物流是企业成本的重要产生点。因而，要通过物流合理化、现代化等一系列活动降低成本，支持保障营销和采购等活动。所以，物流既是指主要成本的产生点，又是指降低成本的关注点。物流是"降低成本的宝库"等说法正是这种认识的形象表述。成本和利润是相关的，物流作为主体可以为企业提供大量直接和间接的利润，是形成企业经营利润的主要活动。

（2）物流活动最大的作用，并不只在于为企业节约了消耗、降低了成本或增加了利润，更重要的是在于提高了企业对用户的服务水平进而提高了企业的竞争能力。通过物流的服务保障，企业以其整体能力来压缩成本增加利润。

第四节 企业物流的功能和作业目标

一、企业物流的功能

企业物流的功能包括运输、储存、包装、装卸搬运、配送、流通加工和物流信息。

1. 运输活动

运输活动是将物品进行空间的移动。物流部门依靠运输克服生产地与需要地之间空间距离较大的困难，创造商品的空间效用。运输是物流的核心，以至在许多场合把它作为整个物流的代名词。运输活动包括供应和销售中用车、船、飞机等方式的输送以及生产中用管道、传送带等方式的输送。对运输活动的管理要求选择技术经济效果最好的输送方式及联运方式，合理地确定输送路线，以实现运输的安全、迅速、准时、价廉等要求。

2. 储存活动

储存活动也称保管活动，是为了克服生产和消费在时间上的不一致而形成的。物品通过保管产生了商品的时间效用。保管活动通过借助各种仓库，完成物品的堆码、保管、保养、维护等工作，以使物品使用价值的下降达到最小程度。保管活动要求合理确定仓库的库存量，建立各种物资的保管制度，确定保管流程，改进保管设施和保管技术等。保管活动也是物流的核心，与运输活动具有同等重要的地位。

3. 包装活动

包装包括产品的出厂包装、生产过程中制品与半成品的包装以及在物流过程中的换装、分装、再包装等活动。包装大体可分为商品包装与工业包装。工业包装属于物流的范围，它是为了便于物资的运输、保管，提高装卸效率、装载率而进行的；商业包装是把商品分装成方便顾客购买和易于消费的商品单位，其目的是向消费者显示出商品的内容，这属于市场营销学研究的内容。包装与物流的其他职能有着密切的关系，对于推动物流合理化有着重要作用。

4. 装卸活动

装卸活动包括物资在运输、保管、包装、流通加工等物流活动中进行衔接的各种机械或人工装卸活动。在全部物流活动中只有装卸活动伴随物流活动的始终。运输和保管活动的两端作业是离不开装卸的，其内容包括物品的装上卸下、移送、拣选、分类等。对装卸活动的管理包括选择适当的装卸方式、合理配置和使用装卸机具、减少装卸事故和损失等内容。

5. 配送活动

配送是指按用户的订货要求，在物流据点进行分货、配货工作，并将配好的货物送交收货人的物流活动。配送活动由配送中心为始点，而配送中心本身具备储存的功能。分货和配货工作是为满足用户要求而进行的，因而必要的情况下要对货物进行流通加工。配送的最终实现离不开运输，这也是人们把面向城市内和区域范围内的运输称为"配送"的原因。

6. 物流信息活动

在物流活动中，大量信息的产生、传送、处理活动为合理地组织物流活动提供了可能性。物流信息对上述各种物流活动的相互联系起着协调作用。物流信息包括上述各种活动的有关计划、预测、动态信息以及相关联的费用情况、生产信息、市场信息等。对物流信息的管理，要求建立信息系统和信息渠道，正确选定信息科目和信息收集、汇总、统计、使用方法，以保证其指导物流活动的可靠性和及时性。现代信息采用电子计算机处理手段，为达到物流的系统化、合理化、高效化提供了技术条件。

7. 流通加工活动

流通加工活动又称流通过程的辅助加工活动，它是指物品在从生产地到使用地的过程中，根据需要施加包装、分割、计量、分拣、刷标志、拴标签、组装等简单作业的总称。流通加工的原则是以市场的需要和顾客的偏好为目的。

二、企业物流的作业目标

企业物流的作业目标与企业的总体目标是一致的，因此，在设计和运行企业物流时，必须以实现企业的作业目标为目标。

1. 快速反应

快速反应是关系到一个企业能否及时满足顾客服务需求的能力。信息技术的提高为企业创造了在最短时间内完成物流作业并尽快交付的条件。快速反应的能力把作业的重点从预测转移到以装运和装运方式对顾客的要求作出反应上来。这是企业物流作业目标中最基本的要求。例如，一个远在昆明的客户，其公司服务器出现问题，而作为提供服务器备件支援的厂商位于北京，若客户需要在 6 小时内恢复服务器正常运行，那么快速反应就至关重要。

2. 最小变异

变异是指破坏物流系统表现的任何意想不到的事件。它可以产生于任何一个领域的物流作业，如顾客收到订货的期望时间延迟、制造中发生意想不到的损坏以及货物到达顾客所在地时发现受损或者把货物交付到不正确的地点等，所有这一切都使物流作业时间遭到破坏。物流系统的所有作业领域都可能遭到潜在的变异。减少变异的可能性直接关系到企业内部物流作业和外部物流作业的顺利完成。在充分发挥信息作用的前提下，采取积极的物流控制手段可以把这些风险减少到最低限度，从而提高物流的生产率。因此，整个物流的基本目标是要使变异减少到最低限度。

比如空运作业因为天气原因受到影响；铁路运输作业因为地震等灾害受到影响。减少变异的传统解决办法是建立安全库存，或是使用高成本的运输方式。不过，上述两种方式都将增加物流成本。为了有效地控制物流成本，目前多采用信息技术以实现主动的物流控制，这样变异在某种程度上就可以被减少到最低。

3. 最低库存

最低库存的目标涉及企业资金负担和物资周转速度问题。企业物流系统中，在保证供应的前提下提高周转率，就意味着库存占用的资金得到了有效利用。因此，保持最低库存的目标是把库存减少到和顾客服务目标相一致的最低水平，以实现最低的物流总成本。随着物流经理将注意力更多地放在最低库存的控制上，类似"零库存"之类的概念已经从戴尔（Dell）这样的国际大公司向众多公司中转移并得到实际应用。当库存量在制造和采购中达到规模经济时，可提高投资报酬率。因此，企业物流作业的目标之一就是要将库存控制在最低可能的水平上。为实现最低库存的目标，企业物流系统必须对整个企业的资金占用和周转速度进行控制，而不是对每一个单独的业务领域进行控制。

4. 物流质量

企业物流目标是要持续不断地提高物流质量。全面质量管理要求企业物流无论是对产品质量，还是对物流服务质量，都要求做得更好。如果一个产品变得有缺陷，或者对各种服务承诺没有履行，那么物流费用就会增加。因为物流费用一旦支出，便无法收回，甚至还要重新支出。物流本身必须执行所需要的质量标准，包括流转质量和业务质量标准，如对物流数量、质量、时间、地点的正确评价。随着物流全球化、信息技术化、物流自动化水平的提高，物流管理所面临的是"零缺陷"的高要求，这种企业物流在质量上的挑战强化了物流的作业目标。

目前，全面质量管理（Total Quality Management，TQM）已引起各类企业的高度关注，物流领域也不例外。从某种角度说，TQM还是物流得以发展的主要推动力之一。因为事实上一旦物品质量出现问题，物流的运作环节就要全部重新再来。例如，运输出现差错或运输途中导致物品损坏，企业不得不对客户的订货重新操作，这样一来不仅会导致成本的大幅增加，而且还会影响到客户对企业服务质量抱怨，因此企业物流作业对质量的控制不能有半点马虎。

5. 产品生命周期的不同物流目标

产品生命周期由引入、成长、饱和成熟和完全衰退四个阶段组成。面对产品不同的生命用期，物流应采取怎样的对策呢？

在新产品引入阶段，要有高度的产品可得性和物流的灵活性。在制订新产品的物流支持计划时，必须要考虑到顾客随时可以获得产品的及时性和企业迅速而准确的供货能力。在此关键期间，如果存货短缺或配送不稳定，就可能抵消营销战略所取得的成果。因此，此阶段物流费用是较高的。在新产品引入阶段，物流是在充分提供物流服务与回避多支持和费用负担之间的平衡。

在产品生命周期的成长阶段，产品取得了一定程度的市场认可，销售量骤增，物流活动的重点从不惜代价提供所需服务转变为平衡的服务和成本绩效。处于产品生命周期成长阶段的企业具有最大的机会去设计物流作业并获取物流利润；此阶段的销售利润渠道是按不断增长的销量来出售产品。只要顾客愿意照价付款，几乎任何水准的物流服务都可能实现。

饱和成熟阶段具有激烈竞争的特点，物流活动会变得具有高度选择性，而竞争对手之间会调整自己的基本服务承诺，以提供独特的服务，获得顾客的青睐。为了能在产品周期的成熟阶段调整多重销售渠道，许多企业采用建立配送仓库网络的方法，以满足来自不同渠道的各种服务需求。在这种多渠道的物流条件下，递送任何一个地点的产品流量都比较小，并需要为特殊顾客提供特殊服务。可见，成熟阶段的竞争状况增加了物流活动的复杂性和作业要求的灵活性。

当一种产品进入完全衰退阶段时，企业所面临的抉择是在低价出售产品或继续有限配送等可选择方案之间进行平衡。于是，企业一方面将物流活动定位于继续相应的递送活动，另一方面要最大限度地降低物流风险。两者中，后者相对显得更重要。

综上所述，产品的生命周期为基本物流战略提出了不同的目标，在不同的阶段，企业需要根据市场竞争状况进行适当的调整。一般说来，新产品的引入需要高水准的物流活动和灵活性，以适应物流量的迅速变化；在生命周期的成长阶段和饱和成熟阶段，物流活动的重点会转移到服务与成本的合理化上；而在完全衰退阶段，企业则需要对物流活动进行定位，使风险处于最低限度。

第五节　企业物流管理的概念与内容

企业物流管理通过对企业物流功能的最佳组合，在保证一定服务水平的前提下，实现物流成本的最低化，这是企业不断追求的目标。

一、企业物流管理的概念

1. 企业物流管理的产生

管理科学从宏观、中观和微观三个不同层次进行划分，可划分为理论管理学、基础管理学和应用管理学。企业管理和物流管理都是属于微观层次的应用管理学。

20世纪初在泰罗"科学管理"学说的指导下，企业产生了三大最基本的职能管理，即市场管理、运营管理和财务管理，物流管理并没有被列其中。企业物流习惯上分成三段：采购物流、生产物流和销售物流，所以相应的管理业务被归入企业的采购部门、制造部门和市场营销部门，企业还没有一个独立的物流业务部门。这样，各部门各司其职。其中，采购经理关心的是供应商的选择，采购谈判，希望获得尽可能低的采购价格，但低价格往往又以大批量采购为代价，价格上得到的好处很快被高额的库存费用抵消了；销售经理考虑更多的是如何扩大销售量，保证供货，而很少考虑产品的供货方式、成品仓库地点的选择、仓库的数量、库存量的控制、运输方式的选择等不属于销售经理的职责范围，无疑，销售费用的水平也难遂人意；制造经理最感兴趣的就是生产过程的连续性，因此他也需要依靠大的在制品库存来支持。可见，在整个生产制造过程中，到处存在大量的库存和费用，大量的流动资金被当时未被重视的"物流黑洞"吞噬了。

直到20世纪40年代系统论产生，人们才开始用系统的观点来解决不适当的库存问题。20 世纪 60 年代，物料管理被认为是对企业的原材料采购、运输，原材料和在制品的库存管理；而配送管理是对企业的输出物流的管理，包括需求预测、产品库存、运输、库存管理和用户服务。20 世纪 80 年代，企业的输入、输出以及市场和制造功能被集成起来，企业物流管理才真正地受到重视。

2. 企业物流管理的含义和地位

1998 年，美国物流管理协会为了适应物流的发展重新修订了物流的定义：物流是供应链的一部分，是以满足客户需求为目的，为提高商品、服务和相关信息从起始点到消费点的流动与储存的效率和效益而对其进行计划、执行和控制的过程。

国家标准《物流术语》（GB/T 18354—2006）的定义为：物流管理是指为了达到既定的目标，对物流全过程进行计划、组织、协调与控制。

企业物流管理作为企业管理的一个分支，是对企业内部的物流活动（如物资的采购、运输、配送、储备等）进行计划、组织、指挥、协调、控制和监督的活动。通过使物流功能达到最佳组合，在保证物流服务水平的前提下，实现物流成本的最低化，这是现代企业物流管理的根本任务所在。

企业管理中，企业的基本竞争战略有成本领先战略、差异化战略和目标聚集战略。近年来，企业对物流管理日益重视，逐渐把企业的物流管理当做一个战略新视角，制订各种物流战略，以期增强企业的竞争能力。

企业物流管理上升到战略的地位，经历了一个过程。从纯粹为了降低企业内部的物流成本，到为提高企业收益而加强内部物流管理，通过向顾客提供满意的物流服务来带动销售收入的增长，发展到现在从长远和战略的观点去思考物流在企业经营中的定位，甚至超越本企业从供应链的角度管理企业的物流。

二、企业物流管理的内容

下面从不同的角度，如物流活动要素、系统要素以及物流活动具体职能等，分别介绍企业物流管理的内容。

1. 物流活动要素的管理内容

物流活动要素的管理内容包括：

（1）运输管理。其主要内容包括运输方式及服务方式的选择；运输路线的选择；车辆调度与组织。

（2）储存管理。其主要内容包括原料、半成品和成品的储存策略；储存统计、库存控制、养护等。

（3）装卸搬运管理。其主要内容包括装卸搬运系统的设计、设备规划与配置和作业组织等。

（4）包装管理。其主要内容包括包装容器和包装材料的选择与设计；包装技术和方法的改进；包装系列化、标准化、自动化等。

（5）流通加工管理。其主要内容包括加工场所的选定；加工机械的配置；加工技术与方法的研究和改进；加工作业流程的制订与优化。

（6）配送管理。其主要内容包括配送中心选址及优化布局；配送机械的合理配置与调度；配送作业流程的制订与优化。

（7）物流信息管理。它主要是指对反映物流活动内容的信息、物流要求的信息、物流作用的信息和物流特点的信息所进行的收集、加工、处理、存储和传输等。信息管理在物流管理中的作用越来越重要。

（8）客户服务管理。它主要是指对于物流活动相关服务的组织和监督，如调查和分析顾客对物流活动的反映，决定顾客所需要的服务水平、服务项目等。

2. 对物流系统要素的管理

从物流系统的角度看，物流管理的内容有：

（1）人的管理。人是物流系统和物流活动中最活跃的因素。对人的管理包括物流从业人员的选拔和录用；物流专业人才的培训与提高；物流教育和物流人才培养规划与措施的制订等。

（2）物的管理。"物"是指物流活动的客体即物质资料实体。对物的管理贯穿于物流活动的始终。它涉及物流活动诸要素，即物的运输、储存、包装、流通、加工等。

（3）财的管理。它主要是指物流管理中有关降低物流成本、提高经济效益等方面的内容。它是物流管理的出发点，也是物流管理的归宿。其主要内容有物流成本的计算与控制；物流经济效益指标体系的建立；资金的筹措与运用；提高经济效益的方法等。

（4）设备管理。它是指对物流设备管理有关的各项内容。其主要内容有各种物流设备的选型与优化配置；各种设备的合理使用和更新改造；各种设备的研制、开发与引进等。

（5）方法管理。其主要内容有各种物流技术的研究与推广普及；物流科学研究工作的组织与开展；新技术的推广普及；现代管理方法的应用等。

（6）信息管理。信息是物流系统的神经中枢，只有做到有效地处理并及时传输物流信息，才能对系统内部的人、财、物、设备和方法五个要素进行有效的管理。

3. 物流活动中具体职能管理

物流活动从职能上划分，主要包括物流计划管理、物流质量管理、物流技术管理、物流经济管理等。

（1）物流计划管理。它是指对物质生产、分配、交换、流通整个过程的计划管理，也就是在物流大系统计划管理的约束下，对物流过程中的每个环节都要进行科学的计划管理，具体体现在物流系统内各种计划的编制、执行、修正及监督的全过程。物流计划管理是物流管理工作的首要职能。

（2）物流质量管理。其包括物流服务质量、物流工作质量、物流工程质量等方面的管理。物流质量的提高意味着物流管理水平的提高，意味着企业竞争能力的提高。因此，物流质量管理是物流管理工作的中心问题。

（3）物流技术管理。其包括物流硬技术和物流软技术的管理。对物流硬技术进行管理，即是对物流基础设施和物流设备的管理，如物流设施的规划、建设、维修、运用，物流设备的购置、安装、使用、维修和更新，提高设备的利用效率，日常工具管理工作等。对物流软技术进行管理，主要是物流各种专业技术的开发、推广和引进，物流作业流程的制订，技术情报和技术文件的管理，物流技术人员的培训等。物流技术管理是物流管理工作的依托。

（4）物流经济管理。其包括物流费用的计算和控制，物流劳务价格的确定和管理，物流活动的经济核算、分析等。成本费用管理是物流经济管理的核心。

三、物流系统的物质基础要素

1. 物流设施

它是组织物流系统运行的基础物质条件，包括物流站、场，物流中心、仓库，物流线路，建筑、公路、铁路、港口等。

2. 物流装备

它是保证物流系统开动的条件，包括仓库货架、进出库设备、加工设备、运输设备、装卸机械等。

3. 物流工具

它是物流系统运行的物质条件，包括包装工具、维护保养工具、办公设备等。

4. 信息技术及网络

它是掌握和传递物流信息的手段，根据所需信息水平不同，包括通信设备及线路、传真设备，计算机及网络设备等。

5. 组织及管理

它是物流网络的"软件"，起着联结、调度、协调、指挥其他各要素以保障物流系统目的实现的作用。

四、企业物流管理的总原则：物流合理化

企业物流管理的具体原则很多，但最根本的指导原则是保证企业物流合理化的实现。所谓物流合理化，就是对物流设备配置和物流活动组织进行调整改进，以实现物流系统整体优化的过程。它具体表现在兼顾成本与服务上。物流成本是物流系统为提高物流服务所投入的活劳动和物化劳动的体现；物流服务是物流系统投入后的产出。合理化

是投入和产出比的合理化，即以尽可能低的物流成本获得可以接受的物流服务，或以可以接受的物流成本达到尽可能高的服务水平。企业物流通常包括供应物流、生产物流和销售物流，因此，企业物流合理化主要是针对这三个方面。

物流活动中各种成本之间经常存在着此消彼长的关系，物流合理化的一个基本的思想就是"均衡"的思想。从物流总成本的角度权衡得失，不求极限，但求均衡，均衡造就合理。例如，对物流费用的分析，均衡的观点是从总物流费用入手，即使某一物流环节要求高成本的支出，但如果其他环节能够降低成本或获得利益，就认为是均衡的，即是合理可取的。在物流管理实践中，把握物流合理化的原则和均衡的思想，有利于防止"只见树木，不见森林"，做到不仅注意局部的优化，更注重整体的均衡。这样的物流管理对于企业最大经济效益的取得才是最有成效的。

复习思考题

1. 企业物流的概念是什么？
2. 企业物流的输入包含什么内容？
3. 企业物流的特点有什么？
4. 现代工业企业物流的特征有什么？
5. 按企业性质不同企业物流的分类有什么？
6. 按物流活动的主体分类企业物流有什么？
7. 企业物流的功能包含哪些内容？
8. 企业物流的作业目标是什么？
9. 简述企业物流管理的概念。

实践与思考

1. 确定研究一个企业，分析这个企业的特点是什么。
2. 这个企业物流的重点和难点在什么地方？
3. 这个企业物流出现了什么问题？
4. 针对出现的问题，可能有什么样的解决方案？

【案例分析】

三元的"鲜"物流

北京三元食品股份有限公司以奶业为主，其前身是成立于1956年的北京市牛奶总站。三元牛奶已经成为众多消费者膳食结构中的重要组成部分，产品涵盖鲜奶系列、奶粉系列、干酪系列、酸奶系列等百余品种，日处理鲜奶达1000余吨，销售网络覆盖北京、上海、深圳、福州、天津等几十个省市。"当天鲜奶当天到"是三元对每位订奶户的承诺。

为了保证产品当天生产、当天销售，三元选择了直接面对终端客户，按预测生产、按订单销售的模式，以销定产。为了让对市场的预测最大限度地接近市场，营运中心王经理专门设置了趋势经理职位，专职负责根据历史销售数据与近期订单数，来预测各种产品第二天的销量，乃至近期销售趋势。而后，营运中心根据这个预测数字向三元的工厂下订单，工厂在第二天早上按照订单将产品生产出来后，送到指定的配送中心。营运中心从中午开始接收订单，在每天下午4~6点的销售高峰期结束后开始配货，向相应配送中心发出指令。大约晚上9点半左右，司机就可以拿着送货单出货了。通常情况下，到晚上12点，这些早上被生产出来的鲜奶就会被送上各零售门店的货架上，以备第二天的销售。

三元的营运中心管理着2000多个终端客户、150多种产品需求。每天向它订货的客户有1000个左右，每个客户的订单平均涉及25个品项，每天总计涉及的主打产品有120多种。随着三元对外埠销售的扩张，其客户量还在增加。

目前，国内乳品行业的竞争日趋激烈，为了保证一线促销能够得到后台的快速响应，王经理希望新上线的ERP系统能把从采购到仓库，生产，再到出库销售等各业务环节紧密联系起来，以加强内部控制和"鲜"物流的反应速度。

针对市内的交通情况，当碰上堵车而货还在路上时，营运中心仍可以处理客户订单，办理虚拟入库。然后销售人员可以开始计算产品的折价，进行自动配货，配送中心等货一送到就能立即展开配送，这样可以保证订货、送货两不误。接下来，王经理希望能实现提前订货功能，以缓解销售高峰时的管理压力。"如果信息系统可以支持客户提前订货，而不是需要时才订货，那就可以更好地安排生产，这意味着订单响应速度能更快。"

在三元的"鲜"物流背后，必须是不断加快的响应速度，只有"快"才能将三元的"鲜"最终落实，才能赢得顾客重返国内乳业市场第一阵营的战略目标。

案例讨论题：

1. 三元的"鲜"物流包含哪些主要内容？
2. 画出三元的企业物流活动图，并分析这些物流活动对三元经营的重要性。

第二章　企业物流战略

企业物流追求的不是一时一事的效益，而是着眼于总体、着眼于长远，于是企业物流本身战略性发展也提上了议事日程。企业物流战略指明了企业物流发展的方向与目标，它必须与企业战略相一致，与其他职能部门的战略相协调。因此，如何根据企业的整体战略、企业所处的内外部环境以及企业的自身条件制订与选择适合企业发展的物流战略就显得尤为重要。本章阐述了企业物流战略的目标和内容、企业物流战略的制订、物流战略的选择以及常见的企业物流战略等内容。

第一节　企业物流战略的目标和内容

这一节主要分析企业物流战略的含义、地位、目标、内容和框架。

一、企业物流战略的含义

企业战略是企业为实现长期经营目标，适应经营环境变化而制订的一种具有指导性的经营规划。企业战略可划分为三个层次：公司级战略、事业部级战略和职能级战略。企业物流战略属于职能级战略，它和企业的营销战略、财务战略以及生产运作战略等一样同属职能级战略，它们共同支持着企业的整体战略实现。

战略的选择与实施是企业的根本利益所在。然而，在过去，我国企业很少认识到企业物流战略的重要作用，物流的商业价值也没有得到广泛认同或利用。现在，物流已经受到越来越多的企业重视。企业物流战略已经与企业的发展战略紧密联系到一起了，企业不再追求物流的一时一事的效益，而着眼于总体、着眼于长远的发展，因此，企业物流战略就提上了议事日程。

企业物流战略（Logistics Strategy）是企业为实现其经营目标，通过对企业外部环境和内部资源的分析，针对企业物流目标而制订的、较长期的、全局性的重大物流发展决策，是企业指导物流活动更为具体、操作性更强的行动指南。它作为企业战略的组成部分，必须服从于企业战略的要求，与之相一致。

企业物流战略是企业物流管理决策层的一项重要工作。选择好的物流战略和制订好的企业战略一样，需要很多创造性过程，创新思维往往能带来更有力的竞争优势。

一般而言，企业物流战略具有四大特征：

（1）目的性。现代企业物流发展战略的制订与实施服务于一个明确的目的，那就是引导现代企业在不断变化着的竞争环境里谋求生存和发展。

（2）长期性。战略的长期性就是在环境分析和科学预测的基础上展望未来，为现代企业谋求长期发展的目标与对策。

（3）竞争性。现代企业物流发展战略必须面对未来进行全局性设计和谋划，所以应设计现代企业的竞争战略以保持企业竞争优势，从而使战略具有对抗性、战斗性。

（4）系统性。任何战略都有一个系统的模式，既要有一定的战略目标，又要有实现这一目标的途径和方针，还要制订政策和规划，企业物流发展战略构成了一个战略网络体系。

二、企业物流战略的地位

物流战略是企业总体战略的组成部分。企业战略包含企业发展的长期目标或方向。企业的目标可以是追求利润最大化、企业的生存与发展、投资回报、社会效益或市场份额。企业战略的制订一般要经过对市场需求进行分析，然后对顾客、供应商、竞争对手及自身的条件进行分析，最后提出适合企业自身的战略。例如，通用电器公司的战略是在其所服务的每一个市场取得第一或第二，否则就退出市场。

企业战略带动各职能部门的战略，如图 2-1 所示。物流战略与生产运作、营销、财务等战略一起，支持企业战略的实现。

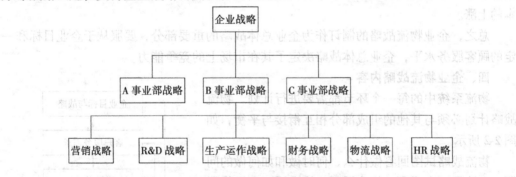

图 2-1　物流战略与企业战略的关系

三、企业物流战略的目标

企业物流战略的目标与企业物流管理的目标是一致的，即在保证物流服务水平的前提下，实现物流成本的最低化。具体而言，可通过以下各个目标的实现来达到：

（1）维持企业长期物流供应的稳定性、低成本、高效率。

（2）企业产品谋求良好的竞争优势。

（3）对环境的变化为企业整体战略提供预警和功能范围内的应变力。

（4）以企业整体战略为目标，追求与生产销售系统良好的协调性。

基于以上四点，有人提出企业物流战略有三个目标：降低成本、减少资本和改进服务。

1. 降低成本

降低成本（Cost Reduction）是指战略实施的目标是将运输和存储相关的可变成本降到最低。实施这一战略目标通常要评价各备选的行动方案，比如在不同的仓库选址中进行选择或者在不同的运输方式中进行选择，以形成最佳战略。服务水平一般保持不变，与此同时，需要找出成本最低的方案。利润最大化是该战略的首要目标。

2. 减少资金占用

战略实施的目标是使得实施物流系统的投资最小化。减少资金占用（Capital Reduction）战略的根本出发点是投资回报的最大化。例如，为避免进行仓储而直接将产品送达客户，放弃自有仓库选择公共仓库，选择及时供给的办法而不采用储备库存的办法，或者是利用第三方物流供应商提供的物流服务。与需要高额投资的战略相比，这些战略可能导致可变成本增加，尽管如此，但投资回报率会提高。

3. 改进服务

改进服务（Service Improvement）战略目标基于认为企业收入取决于所提供的物流服务水平。尽管提高物流服务水平将大幅度提高物流成本，但收入的增长可能会超过成本的上涨。

总之，企业物流战略的制订作为企业总体战略的重要部分，要服从于企业目标和一定的顾客服务水平，企业总体战略决定了其在市场上的竞争能力。

四、企业物流战略内容

物流系统中的每一个环节都需要进行计划，物流战略计划必须与其他的组成部分相互衔接与平衡，如图 2-2 所示。

物流战略试图回答做什么、何时做和如何做的问题，它涉及三个层面：战略层面、战术层面和操作层面。它们之间的主要区别在于计划的时间跨度。战略层面的计划是长期的，时间跨度通常超过一年；战术层面的计划是中期的，一般短于一年；操作层面的计划是短期决策，是每个小时或者每天都要频繁进行的决策。决策的重点在于如何利用物流渠道快速、有效地运送产品。

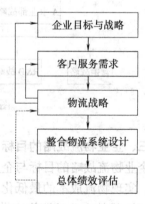

图 2-2　物流战略的流程

各个规划层次有不同的视角。由于时间跨度长，战略计划所使用的数据常常是不完整、不精确的，数据也可能经过平均，一般只要在合理范围内接近最优，就认为规划达到要求了。而运作计划则需要使用非常精确的数据，计划的方法应该既能处理大量数据，又能得出合理的计划。例如，战略计划可能是整个企业的所有库存不超过一定的金额或者达到一定的库存周转率，而库存的操作计划却要求对每类产品分别管理。

物流战略主要解决四个方面的问题：客户服务需求的目标、设施选址战略、存货战略和运输战略。

1. 客户服务需求的目标

客户服务水平的决策比任何其他因素对系统设计的影响都要大。如果服务水平定得较低，可以在较少的存储地点集中存货，选用较廉价的运输方式；服务水平定得较高，则相反。但当服务水平接近上限时，物流成本的上升比服务水平上升更快。因此，物流战略计划的首要任务是确定客户服务水平。

2. 设施选址战略

存货地点及供货地点的地理分布构成物流计划的基本框架。其内容主要包括确定设施的数量、地理位置、规模并分配各设施所服务的市场范围，这样就确定了产品到市场之间的路线。好的设施选址应考虑所有的产品移动过程及相关成本，包括从工厂、供货商或港口经中途储存点，然后到达客户所在地的产品移动过程及成本。采用不同渠道满足客户需求，其总的物流成本是不同的，如直接由工厂供货，供货商或港口供货，或经选定的储存点供货等方法，物流成本是有差别的。寻求成本最低的配送方案或利润最高的配送方案是选址战略的核心。

3. 存货战略

存货战略是指存货管理的方式，基本上可以分为将存货分配（推动）到储存点与通过补货自发拉动库存的两种战略。其他方面的决策内容还包括产品系列中的不同品种分别选在工厂、地区性仓库或基层仓库存放，以及运用各种方法来管理存货的库存水平。由于企业采用的具体存货战略政策将影响设施选址决策，所以必须在物流战略规划中予以考虑。

4. 运输战略

运输战略包括运输方式、运输批量、运输时间以及路线的选择。这些决策受仓库与客户以及仓库与工厂之间距离的影响，反过来又会影响设施选址决策；库存水平也会通过影响运输批量影响运输决策。

客户服务需求的目标，选址战略、库存战略和运输战略是物流战略计划的主要内容，因为这些决策都会影响企业的盈利能力、现金流和投资回报率。其中每个决策都与其他决策互相联系，计划时必须对决策彼此之间存在的权衡关系予以考虑。

五、企业物流战略框架

根据企业物流战略的内容和目标，专家提出了企业物流管理战略的框架，把企业物流战略划分为四个层次：

1. 全局性战略

物流管理的最终目标是满足用户需求，因此，用户服务应该成为物流管理的最终目标，即全局性战略目标。良好的用户服务可以提高企业的信誉，使企业获得第一手市场信息和用户需求信息，增加企业和用户的合力并留住顾客，从而使企业获得更大的利润。

要实现用户服务的战略目标，必须建立用户服务的评价指标体系，如平均响应时间、订货满足率、平均缺货时间、供应率等。虽然目前对于用户服务的指标还没有统一的规范，对用户服务的定义也不同，但企业可以根据自己的实际情况建立提高用户满意度的管理体系，通过实施用户满意工程，全面提高用户服务水平。

2. 结构性战略

物流管理战略的第二层次是结构性战略，其内容包括渠道设计和网络分析。渠道设计是供应链设计的一个重要内容，包括重构物流系统、优化物流渠道等。通过优化渠道，企业能够提高物流系统的敏捷性和响应性，使供应链的物流成本最低。

网络分析是物流管理中另一项重要的战略工作，它为物流系统的优化设计提供参考依据。网络分析的内容主要包括：

（1）库存状况的分析。它是指通过对物流系统不同环节的库存状态分析，找出降低库存成本的改进目标。

（2）用户服务的调查分析。它是指通过调查和分析，发现用户需求和获得市场信息反馈，找出服务水平与服务成本的关系。

（3）运输方式和交货状况的分析。它是指通过分析，使运输渠道更加合理化。

（4）物流信息传递及信息系统的状态分析。它是指通过分析，提高物流信息传递过程的速度，增加信息反馈，提高信息的透明度。

（5）合作伙伴业绩的评估和考核。

用于网络分析的方法主要有标杆法、调查分析法、多目标综合评价法等。

3. 功能性战略

物流管理第三层次的战略为功能性战略，其内容包括物料管理、仓库管理和运输管理三个方面：

（1）采购与供应、库存控制的方法与策略。

（2）仓库的作业管理等。

（3）运输工具的使用与调度。

物料管理与运输管理是物流管理的主要内容，必须不断地改进管理方法，使物流管理向零库存这个极限目标努力。应降低库存成本和运输费用，优化运输路线，保证准时交货，从而实现物流过程的适时、适量、适地的高效运作。

4. 基础性战略

第四层次的战略是基础性战略，其主要作用是为保证物流系统正常运行提供基础性的保障，包括如下几个方面：

（1）组织系统管理。

（2）信息系统管理。

（3）政策与策略。

（4）基础设施管理。

信息系统是物流系统中传递物流信息的桥梁。库存管理信息系统、配送分销系统、用户信息系统、EDI/Internet 数据交换与传输系统、电子资金转账系统（EFT）、零售销售点终端（POS）信息系统等都对提高物流系统的运行起着关键的作用，因此，必须从战略的高度进行规划与管理，才能保证物流系统高效运行。

第二节　企业物流战略的制定

一、企业物流的外部环境因素分析

制定企业物流战略首先要分析企业的外部环境，因为它会限制物流战略的灵活性。在制定物流战略时，需要对企业外部环境变化进行观察与评价。通常观察与评价的环境因素主要有行业竞争性评价、地区市场特征、物流技术评价、渠道结构、经济与社会预测、服务业趋势和相关法规等。

为了有效地计划，物流主管应该了解这些环境因素的变化趋势及其所处行业的特征。了解的方法主要包括数据收集、评估和预测变化等。下面对这些因素进行讨论，并说明这些因素对物流运作的潜在影响。

1. 行业竞争性评价

"知己知彼，百战不殆"。了解同行业的物流水平，分析出自己的优势，是企业制定战略时必须重视的问题。

行业竞争性评价包括对企业所在行业机会和潜力的系统评价，如市场规模、成长率、盈利潜力、关键成功因素等问题。竞争力分析包括行业领导的影响和控制力、国际竞争、竞争与对峙、客户与供应商的权力、主要竞争对手的核心竞争力。为了成为有效的行业参与者，应在理解客户服务基本水平的基础上，对竞争对手的物流能力作出基准（Benchmarking）研究。

2. 地区市场特征

企业的物流设施网络结构直接同客户及供应商的位置有关。地理区域的人口密度、交通状况以及人口变动都会影响物流设施选址。所有公司都应从这些地区的市场因素去考虑最有市场潜力的物流设施的位置。

3. 物流技术评价

现代的物流技术设施为物流作业带来了革命性的影响，如条形码、数据库、GPS、机械化仓库、现代化立体库等，都为物流及时、准确、高效地实施提供了技术上的支持。但不是所有的技术都适合一个特定的企业，所以企业应结合实际，如企业规模、企业实力、企业所在具体环境的差异，选择对自身物流实用性最强的技术，切不可盲目引进，造成不必要的浪费。

在技术领域中，对物流系统最具影响力的是信息、运输、物料管理及包装等方面的各种技术。例如，计算机、QPS、扫描、条形码和数据库等均对物流实施具有革命性的影响。及时准确的信息流是企业成功的关键，能够实时跟踪货物运动的数据已经被用来改进实时管理控制及决策支持；机器人和自动导向搬运系统的使用，影响了物料搬运技术；包装上的创新，包括使用更坚固的材料、可返回的重叠式集装箱、改进的托盘及识别技术改变了包装技术。

上述现代科技带给企业物流新的发展机会和发展动力，每一种新技术的运用都会使物流环节的效率得以提高，物流运作加速完成，先进的设备、仪器、管理系统、信息系统等可以提高企业物流管理水平。但是，这些技术的使用也可能会给企业带来物流成本的增加。因此，企业在制定物流战略时，要对物流技术进行评价，根据企业实际情况及战略定位选择合适的物流技术。

4. 渠道结构

这里所说的渠道，是指实现物流功能的途径。不同的物流战略，要求选择不同的实现物流功能的途径。企业与外部合作时，应采取配送还是直接购销商品，应该把哪些有关联的企业纳入本企业的物流渠道中，自己计划在其中扮演什么角色，这一切都要进行评价，根据物流绩效进行选择。

物流战略部分是由渠道结构所决定的，所有的企业必须在一定的业务联系之间迅速实施其物流运作。供应链由买、卖及提供服务的关系所组成，企业必须适应渠道结构的变化。在许多情况下，如果物流绩效能够改进，企业物流主管应当积极地促进改变。比如，目前减少原材料供应商的数量已经成为一个趋势，其目的是获得更好的产品及配送服务。

5. 社会经济发展趋势

经济活动的水平及其变化以及社会变化对物流都有重要的影响。比如，运输的总需求是直接与国内生产总值相关的。利率的改变将直接影响到存货战略，当利率增加，在所有营销渠道中减少库存的压力就会增大。减少库存成本，也许会反过来被认为，在提高库存周转速度的情况下，同时增加额外的运输费用来维持服务。因此，社会发展趋势、生活方式等都会影响物流要求。现代企业物流发展必须重视和分析影响、制约企业物流活动的经济因素。

6. 物流服务产业趋势

与物流紧密相关的服务是运输、仓储、订单处理以及存货要求，还有信息系统，这些相关服务在重组物流系统设计时可外包得到。提供物流服务的企业可以是当地的公司，也可以是国内外的大企业。当前，选择将物流全包给第三方物流企业的比重在不断增加。从物流系统设计的角度看，这种服务具有增加灵活性和减少固定成本的潜力。

7. 相关法规

环境变化也包括运输、金融与通信等行业相关法规的变化。因此，物流也面临着国家及地方各级政府的法规变化。例如，我国最近十几年对公路运输的开放，使整个公路运输格局发生了深刻的变化。一些民营的运输企业得到了迅速发展，公路运输的运力得到了创纪录的增长。

在任何社会制度下，企业物流活动都必然受到一定政治和法律环境的规范、强制和约束。

（1）企业必须懂得本国和业务范围国家的法律法规，借此保护企业物流活动的合法权益，以更好地促进商品流、资金流、信息流的运行。虽然我国尚未颁发专门的物流法，但先后颁布了相关法规，如《中华人民共和国铁路法》（1990 年 9 月 7 日第七届全国人大常务委员会第十五次会议通过）等。

（2）法规在一定时期内是相对稳定的，但是政府的具体方针政策则具有可变性，会随政治经济形势的变化而变化。在社会主义市场经济中，政府为实现经济总量平衡和整体结构优化，促进经济健康发展，从宏观上对现代物流进行控制、协调、组织、监督，努力营造现代物流发展的宽松环境。按照现代物流发展的特点和规律，必须打破地区封锁和行业垄断经营行为，加强对不正当行政干预和不规范经营行为的制约，创造公平、公开、公正的市场环境。

（3）我国加入 WTO 以后，企业物流发展也必须遵循 WTO 的有关规定，按国际惯例和框架规定开展物流经营活动。

（4）各地方政府还有对物流企业的优惠政策，力图通过政策刺激，促进物流企业的发展。例如，广州保税区允许境外企业在保税区开展国家贸易、保税仓储、分销、配送、简单加工、物流信息服务等物流服务。

环保使原材料和能源的使用受到限制。管理人员在制定物流战略时，要不断地评价企业所需的资源以及潜在的可选择物，并根据经济环境的变化调整战略。

二、企业物流的资源评价

1. 现代企业物流发展资源概述

（1）现代企业物流发展资源状况。现代企业物流发展资源主要有资源积蓄、资源组合和资源运用三种状况。

1）资源积蓄状况。它是指现代企业拥有的人力、物力、财力等各种物流发展资源的状况，以及物流发展无形资源的积蓄。

2）资源组合状况。首先是资源在现代企业的各种"市场—产品"组合方式之间的配置，是否对关键的"市场—产品"组合投放资源有足够的力度；其次是现代企业的管理体制和组织机构对现代企业资源配置会发生重大影响。

3）资源运用状况。它是指以一定的资源积蓄状况和资源组合状况为基础，表现出来的现代企业的经营管理能力。

（2）现代企业物流发展资源内容。现代企业物流发展资源内容丰富，主要有七大类。

1）人力资源。其内容包括人员数量、人员素质、人员结构、人员配置、人员培训、人力资源管理制度和运行机制、人员流动和人员的劳动保护等。

2）物力资源。其内容包括经营场地、设施设备、设备维修状况、能源供应状况、商品供应状况、存货状况等。

3）财力资源。其内容包括资产结构、负债和所有者权益结构、销售收入、销售成本、盈利状况、现金流量、融资渠道、投资风险等。

4）技术资源。其内容包括信息技术、工程技术、物质综合利用、环保、新技术应用等。

5）组织资源。其内容包括组织结构、领导班子结构、劳动纪律、管理效率等。

6）信息资源。其内容包括环境监测、竞争情报、内部信息、信息共享等。

7）信誉资源。其内容包括服务质量、品牌形象、经营信誉、管理模式等。

2. 现代企业物流发展资源评价

（1）现代企业物流发展资源价值评估。对现代企业物流发展资源进行合理的分配与协调是确定现代企业物流发展战略的核心内容，需要进行资源价值的评估。从现代企业物流发展战略出发，对资源进行价值分类、竞争权衡，确定优势资源，努力集中优势资源，共享优势资源，创造更大的资源价值。为此，可以通过对价值、吸引力和持久力三个主要因素的评价来完成对资源价值的整体评价。价值的评价是评价现代企业资源与顾客需求匹配的程度和形成的竞争优势；吸引力的评价是评价顾客形成吸引的现代企业资源力量，包括资源的独特性、传递方式和转移效用；持久力的评价是评价现代企业优势资源积蓄和提高的速度、等级，以及资源可持续利用的能力。

（2）现代企业物流发展资源要素评价矩阵。该方法即列出评价过程中确定的现代企业物流发展资源要素，先列出优势，后列出弱点，要求尽可能具体，可采用百分比、比率和比较数字。

三、企业物流战略的设计与选择

外部环境分析和企业资源评价为战略制定提供了基础条件，在企业物流战略设计与选择时，要根据上述分析评价结果进行物流战略设计与选择，使企业物流战略与物流发展目标、内外部环境以及企业资源能力相适应，并实现动态平衡。

企业物流的战略设计与选择是一个完整的系统分析过程。它主要包括四个要素：一是根据企业的经营领域确定其物流业务领域；二是根据外部环境分析和企业资源评价寻找企业物流的竞争优势；三是决定企业物流战略方案；四是设立评价物流战略方案的标准，并对物流战略进行选择。

【案例】

海尔物流战略的选择

随着海尔市场的扩大，需要更快捷的物流来支撑业务的发展，如何制定海尔的物流战略，是自己发展物流还是购买第三方物流，这一战略问题摆到了海尔高管层的面前。

一种观点认为，海尔应自己发展物流，把自己的分销网络改造一下就可变成物流网络，物流分销可相互支持。

另一种观点认为，一个企业的资源是有限的，海尔在制造上做得好，而物流目前不是海尔的核心能力，且在知识和资源方面都不是最好，物流人才和经验不足，因此还是应交给第三方物流公司来做。因为第三方物流公司有知识和经验，而且能更加专注和投入。

针对上述两种观点，有关人员进行了充分的分析与论证：国内一些物流企业希望为海尔做物流，可以由其来做供应链下游。但是，在供应链上游，比如在国际采购方面，短期内，海尔自身采购的优势是无法取代的，所以必须自己发展物流，至少内部的物流必须自己实现。

由于国内的第三方物流尚未成熟，在未来一段时期内，国内有实力的大型制造业企业发展物流也是一种必然，发展到一定程度再社会化，海尔自己发展物流也是出于无奈。同时，在目前条件下外包是不现实的，因为国内没有哪个企业能够按照海尔的水准为其做物流。最终，海尔选择了首先自己发展物流的战略。

海尔确立了物流的发展战略，即在海尔国际化战略指导下，实施物流重组，使物流能力成为海尔的核心竞争能力，从而达到以最低的物流总成本向客户提供最大附加价值服务的战略目标。

海尔聘请物流专家对海尔的物流现状进行诊断，邀请专业物流公司协助确定海尔物流系统设计方案，成立了物流专家委员会作为物流智囊团，向海尔介绍最新的物流理论和系统设计方法。

组织机构和职能管理是改革的有力保证。海尔还成立了物流推进本部，统一协调管理整个海尔集团的物流工作，科学地推进企业物流管理系统的建设。各事业部也成立了相关的接口部门，由制造部长牵头，具体实施物流推进本部部署的工作。

按照物流的总体战略，海尔制订了详细的中长期物流实施计划，以确保达到预定目标和实施效果。

海尔物流自 1999 年成立后，逐步成为海尔集团下独立运营的实体物流公司，下属信息咨询中心、IPC 采购中心、JIT 采购配送中心和分拨物流中心四个部门。通过几年的运营，海尔物流已经形成了品牌。

四、企业物流战略的实施

战略实施是为了贯彻执行已制定的企业物流战略所采取的一系列措施和活动。它主要包括如下几项内容：

1. 制定实施政策

企业应根据所选择的物流战略，制定其实施的详细政策。政策可以看成是指导人们实施物流战略的纲要。

2. 调整组织结构

企业物流战略必须通过组织去贯彻执行，应根据企业物流战略的需要建立有效的组织结构。当现有组织结构与制定的物流战略不相适应时，需要对组织结构进行调整，通过调整组织结构来解决组织的集权化问题、组织的专业化问题和组织的刚性问题。

3. 战略实施措施

企业所制定的物流战略不同，其实施物流战略的措施也不尽相同。一般而言，实现企业物流战略的基本途径主要有：

（1）积极创造企业物流发展的政策条件，营造宽松的市场环境。认真研究并制定支持、促进我国现代企业物流发展的政策和措施，努力创造公平竞争、规范有序的市场环境；努力建设规范的物流市场竞争机制，采取有效措施努力改变系统内的部门、条块分割状况，适当开放物流市场；根据 WTO 的要求，按国际惯例培养物流市场竞争机制；加强物流行业协会建设，发挥其桥梁纽带作用。

（2）完善企业物流管理体系，实行管理创新。现代企业要积极引导和改变传统的物流管理观念和方式，以降低物流成本和提高售后服务质量为目标，用系统的方法分析、重组企业物流业务，优化企业供应链管理，实现企业物流系统整体成本最小化、效益最大化；通过推行企业物流管理创新，促进企业物流健康发展，增加对社会物流服务的有效需求。

（3）发展科学技术，完善物流设施建设，提高各物流环节的技术含量。企业物流发展必须紧紧依靠技术进步，积极配合有关部门抓紧制定既适合我国特点，又与国际接轨的物流技术标准，为提高企业物流系统的效率创造技术条件；积极研制开发运输、装卸、仓储、包装、条码及标志印刷、信息管理等物流技术装备，以提高企业各物流环节的技术含量。

（4）拓宽渠道，积极培养企业物流人才，发展现代企业物流。必须加强宣传引导，使人们认识物流，接受物流的理念；加强理论研究和实践探索，使物流的理论知识与社会的实践活动有机地结合起来；加强人才培养，造就一大批熟悉物流运作规律并有开拓精神的管理人员和技术专家；政府部门、广大企业应加强与科研院校、咨询机构、社团组织的联系，充分发挥其在理论研究和人才培养方面的优势，共同推动我国企业物流的发展。

五、企业物流的重组

企业物流战略的制定除了要遵循一般的企业战略制定原则外，还要考虑企业物流的一体化战略——物流重组。

物流过程被看成一个整体系统，企业一体化物流因其贯穿于生产和流通的全过程，所以可以实现企业整个生产和流通结构的协调与完善，从而提高企业的盈利能力和控制能力。因此，一体化物流成为企业物流的一个目标，而企业进行物流重组是实现该目标的重要战略步骤之一。目前，越来越多的企业把物流重组当成一个重要的战略来实施。

那么，企业进行物流重组应考虑哪些问题？物流重组应遵循什么程序呢？

1. 企业物流重组的目标是通过增强企业物流活动的一体化来提高物流效率

一体化的基础是系统化，企业物流重组是建立在系统分析的条件上的。系统分析用来检查特定的功能如何被整合起来形成一个整体，而且这个整体要比部分功能的总和更强大。所以，在进行物流重组时，应该用系统的观点看待各个物流功能，把注意力集中到各个功能要素的相互作用和协调上。个体的功能不一定要最佳的设计，重点是个体的价值在相互作用中能为提高整个系统工作绩效作出应有的贡献。同时还要识别企业潜在可改进的要素和范围。重组目标的识别是全部重组步骤的起始，也是最为基本的方面。

2. 企业物流重组的关键是确定基准

基准是综合绩效衡量的一个重要方面。对企业一些关键指标，如成本、生产率、客户服务等设定基准，可帮助管理者监督、控制和校正物流运作，衡量重组的实施和程序的有效性。

3. 企业物流重组要发展以活动为基础的度量体系

重组的一个重要方面是建立合理的度量体系，并用该度量体系衡量现行的物流实践和评价重组方案的优劣。例如，度量体系中对成本的度量，因其是最为精确的手段而最受关注，但大多数的会计实践都不能准确反映出执行某项特定活动的真正成本。近年来出现的按不同客户计算成本和以活动为基础计算成本的财会管理手法，将被分配的成本费用直接与特定的活动挂钩，特定的收入和特定的成本相匹配，从而使得度量更为真实而有意义。

4. 企业物流重组致力于物流质量的持续改善

实施全面质量管理几乎是所有企业都重视的一个课题。物流作为一种服务，要体现出它的价值，就必须接受质量的挑战，履行物流本身所需的质量标准。

总之，越来越细化的企业物流工作意味着越来越多的改进机会，按照竞争环境的要求和企业目标对企业物流进行战略重组是领先一步的关键。

第三节　基于时间的物流战略

由于信息与通信技术的发展及信息交换成本的下降，基于时间的物流竞争战略得到广泛应用。企业物流主管开始利用信息与通信技术来提高物流运作的速度及准确性。例如，通过信息共享提高预测的准确性和降低对地区配送中心库存配置的依赖性，从而减少库存。因为企业物流主管能迅速地获取有关销售活动的准确信息，因而能对运作控制加以改进。及时和广泛的信息减少了物流战略设计对传统上安全库存的依赖性。

时间的价值是众所周知的，企业物流主管如果能够加快物流活动的运作，就可以降低资产占用的水平。快速的物流运作能压缩及控制从收到订单到发出货物的时间，从而加速库存周转。预测错误率和配送的不确定性减少也能降低库存水平。

基于时间的物流战略是指在适当的时间完成一定的作业，以减少物流总成本，它包括延迟战略（Postponement）和运输集中战略（Consolidation）。

一、延迟战略

延迟的概念其实早已出现，但直到最近，延迟战略在物流运作中才得到真正的运用。延迟战略可以减少物流预测的风险。在传统物流的运作安排中，运输和储存是通过对未来业务量的预测来进行的。如果将产品的最后制造和配送延推到收到客户订单后再进行，那么，由于预测风险带来的库存就可以减少或消除。主要有两种延迟的战略：生产延迟（或形态延迟）和物流延迟（或时间延迟）。

1. 生产延迟

全球化的竞争迫切要求企业具有能增加灵活性而又保持成本及质量不变的新的生产技术。灵活生产的思想是由重视对客户的反应引起的，以反应为基础的生产能力将重点放在适应客户要求的灵活性上。生产延迟的主张根据订单安排生产产品，在获知客户的精确要求和购买意向之前，不做任何准备工作或采购部件。按照订单生产并不是新想法，其新颖之处在于灵活的生产能够取得这种效果而不牺牲效率。技术如能做到按市场要求进行灵活生产，企业将可以摆脱物流对销售预测的依赖。

在现实情况中，生产批量的经济性是不能忽视的。挑战在于采购、生产及物流之间的定量交换成本、预估生产和由于引入柔性程序而失去规模经济之间的成本和风险的利益互换。生产批的大小要求流水线结构以及相关的采购费用与之相匹配，在有关产成品库存的堆积中实现成本与风险的平衡。在传统的职能管理中，生产计划用来实现最低的单位生产成本。从综合的角度看，是以最低总成本达到客户期望的满意度，这就要求生产延迟以促进整个企业更有效率。

生产延迟的目标在于尽量使产品保持中性及非委托状态。理想的延迟是制造相当数量的标准产品或基础产品以实现规模化经济，而将最后的特点如颜色等，推迟到收到客户的订单以后。

在受延迟驱动的生产中，物流流程中节约的机会体现在以标准产品或基础产品去适应广大不同客户的独特需要。

这类生产延迟的例子在一点上是相同的，就是在保留大批量生产的规模经济效益的同时，减少了存货数量，直到产品被最后确定。它具有向许多不同客户服务的潜力。

生产延迟的影响主要有两个方面。首先，销售预估的不同产品的种类可以减少，因此，物流故障的风险较低；其次，也许更为重要的影响是，更多地使用物流设施和渠道关系来进行简单生产和最后的集中组装，在某种程度上，非常专门化或者高度限制的规模经济并不存在于制造生产中，产品的客户化也许最好在最接近客户终点市场的地方被授权和完成。在某一些行业中，传统物流库存的使命正在迅速地被改变，以适应生产延迟。

2. 物流延迟

在许多方面，物流延迟和生产延迟正好相反。物流延迟的基本观念是在一个或多个战略地点对全部货品进行预估，而将进一步库存部署延迟到收到客户的订单。一旦物流程序被启动，所有的努力都将被用来尽快将产品直接向客户方向移动。在这种概念上，配送的预估性质就被彻底删除，而同时保留着大生产的规模经济。

许多物流延迟的应用包括服务供给部分，关键的与高成本的部件保存在中央库存内以确保所有潜在用户的使用。当某一种部件的需求发生时，订单通过电子通信传送到中央库存系统，使用快速、可靠的运输直接装运到服务设施。结果是以较少的总体库存投资改进了服务。

物流延迟的潜力随着加工和传送能力的增长，以及具有高度精确性和快速的订单发送而得到提高。物流延迟以快速的订单和发送，替代在当地市场仓库里预估库存的部署。与生产延迟不同，系统利用物流延迟，在保持完全的生产规模经济的同时，使用直接装运的能力来满足客户服务要求。

生产延迟及物流延迟共同提供了用不同方法来制止预期生产与市场的承诺，直到收到客户订单为止，两者均服务于减少商务的预估性质。这两种延迟模式以不同的方式减少了风险。生产延迟集中于产品，在物流系统中移动无差别部件并根据客户在发送时间前的特殊要求进行修改；物流延迟集中于时间，在中央地区储存不同产品，当收到客户订单时作出快速反应，如图2-3所示。集中库存减少了为用来满足所有市场区域高水平使用而要求的存货数量。倾向于哪种形式的延迟取决于数量、价值、竞争主动性、规模经济以及客户期望的发送速度和一致性。在某些情况下，两种不同类型的延迟能够结合到一个物流战略之中，两种形式一起代表了对传统预估物流实践的有力挑战。

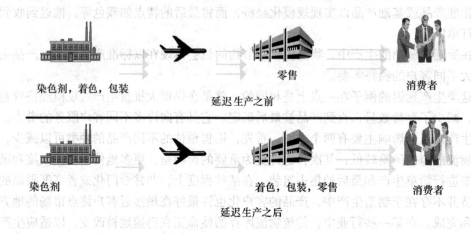

染色剂，着色，包装　　　　　　　　　　零售　　　　　　　　　消费者
延迟生产之前

染色剂　　　　　　　　　　　着色，包装，零售　　　　　　消费者
延迟生产之后

图 2-3　延迟战略的例子

二、运输集中

形成物流战略的一个难题是获得大批量运输的经济性。运输作业同生产一样，在设计运作安排时必须考虑规模经济。企业一般以折扣形式奖励大批量运输的货主，运量越大，每吨的费率就越低。

预期性物流安排便于运输业务的集中；相反，利用延迟战略、以反应为基础的物流则以小规模、不稳定的运输形式进行。基于时间竞争的物流，试图将不可预测需求的影响从安全库存要求转换到小规模的运输要求。为了在以基于时间竞争的物流战略中维持运输成本不变，管理重点是开发与实现集中化运输的方法。集中化运输的实现，有赖于可靠的当前和计划的库存状态信息。为了便于集中装载，同样也需要实行有计划的生产。实际上，集中运输必须在订单处理与挑拣前作出计划，以免耽误。所有集中运输都要求计划的及时性和相关的信息。

从运作的角度看，有三种方法可以实现有效的集中运输：市场区域的集中、计划发送和协同配送。

1. 市场区域的集中

集中运输的最基本形式是将同一个市场区域中不同客户的小批量运输结合起来，这种方法只是协调而不是打断货物的流动。当然，同一市场上有足够的客户是集中运输的基础。

使用集中运输的难点是每日要有足够的客户数量。为了弥补客户数量的不足，通常使用三种集中运输安排方式：第一，将货物送到配送中心，货物在配送中心进行分装，再运到目的地；第二，在特定日期，按计划将集运货物送至目的市场；第三，利用第三方物流公司实现小批量货物的集中运输。

2. 计划发送（预定送货日前）

预定送货日前的计划发送是指在固定日期将货物发运到特定市场。预定送货日前通常需要与客户沟通，强调集中运输的互利性。公司应向客户承诺，所有在某一日期前收到的订单都保证在预定之日送货。

预定送货日前的方法也许会与客户决定送货时间的趋势不符合。客户决定送货时间，意味着订单要在一个很短的时间期内送货。物流的挑战在于既能满足这些客户的要求，同时又能获得集中运输的好处。

3. 协同配送

协同配送通常是由货运代理、仓储或运输公司为同一市场中的多个货主安排集中运输，提供协同配送的公司通常具有大批量的长期配送合同。一般集中运输的公司可以为客户提供一些附加服务，如分类、排序、货物的分拣等。

三、预期性战略与反应性战略

根据预期安排物流和根据客户反应安排物流的基本区别在于时间的确定。根据预期进行安排是传统的做法，在信息技术广泛使用前不失为一种较好的方法。根据客户反应的物流安排则不同，它是充分利用信息的物流战略。

根据预期安排物流的方法是在以交易为基础的业务环境下发展起来的。由于当时不具备信息技术，不能实现信息共享，企业一般通过预测来运作。运作的目标是生产并向下一层次的渠道推销库存。根据预期生产的方法其成本与风险较高，因此，交易双方是对立的，每一方都必须顾及自身利益。

根据客户反应的物流安排强调了合作与信息共享，由于取得数据的渠道较多，现在人们认识到能取代对预测的依赖。当市场渠道中所有的成员同时运作时，存在着减少总供应链的库存和取消重复、不产生客户价值却增加成本的无谓活动。

现实的最佳物流实践是不绝对使用预期性战略或反应性战略。采用根据客户反应的物流安排最大障碍是在股份公司里，其需要向财务审查者及投资者计划及汇报每季度收入。这意味着财务目标必须反映在运作计划和预测之中，而企业追求的目标经常是鼓励增加渠道以增大销售量，如基于客户反应，就不能及时保证财务费用。采用根据客户反应的物流安排面对的第二个障碍是以权力统治为基础的管理权更加容易实现，而往往会忽略合作关系。因为大多数企业主管没有进行过利益及风险共享和合作创新的训练或经验。

大多数公司将采用根据预期和根据客户反应的物流安排相结合的战略。这样与特定客户和供应商保持利益共享的关系将会建立起来，并继续扩大下去。厂商参加各种不同送货安排的需要，对物流战略提出了新的要求。

很少有主管会怀疑将以时间为基础的原则应用到物流系统设计和运作战略中能取得利益。然而，问题是哪种速度足够快。为了速度而赶速度，无论如何是难以保证质量的。而实质是，时间是有力的测量单位，它将很多的创新引入物流。多快的速度是期望的，答案必须在客户获益中寻找。产生价值的过程指出，只要经济上可行，并能提高客户的忠诚度，更快、更灵活、更精确的服务客户的方法是正确的。

第四节　物流战略的选择

基于时间的物流结论是不存在一个可以服务于所有客户的最佳服务。每个客户所需的服务都具有独特性，迎合并超过客户的服务期望是企业成功的关键。任何待运货物的特定服务是受时间、地点、季节和各种其他因素限制的，而客户对这些服务的要求又是经常变化的。

下面对时间基础的战略进一步细化，成为可以选择的物流战略。实施可以选择的物流能力是由物流结构的可分离性（物流渠道与商流渠道的分离）决定的。企业必须合理配置其运作资源，使其能够在结构方面达到规模经济，同时保持灵活性。下面将讨论结构分离以及灵活的物流运作安排。

一、商流与物流结构的分离

物流运作能够通过设计特定的渠道关系和结构而专业化。这里"结构"表示为完成物流过程的工作所需的业务关系。对这些工作的详细分析与分类是物流专业化的基础。

许多年来，物流工作者已经在配送的总体结构中发展了工作分离的观念。最普遍的分离方法是有关商流与物流的分离。商流与物流工作需要协调，但没有理由一定要用相同渠道或在同一时间里执行。

　　商流与物流结构分离的理由是，渠道的安排通常不能同时有效地完成市场营销和物流运作。当前的渠道安排也许对市场营销有效，而另一渠道也许对物流更有效。试图增加或减少物流总成本的诸多因素，往往与改进或阻碍市场营销绩效相矛盾。广告、促销、信贷、个人直销以及其他产生交易的市场营销因素对物流要求有着重要影响；反之亦然。营销和物流双方从专业化中获益的机会，可因渠道结构分离而加强。

　　营销渠道是由从事交易的买卖方组成。市场营销的目标是进行谈判、签订合同和交易管理。创造性促销的全部力量产生于市场结构中，市场营销渠道中的参加者包括各个交易方，如生产代理、推销员、经销商、批发商以及零售商。

　　物流渠道代表一种专门用于存货管理及配置的工作，包括运输、仓储、物料管理和订单处理以及各种增值服务。包含在物流中的这些工作均涉及对时间与空间的要求。

　　交易方同时完成市场营销与物流工作的安排，称为单一结构系统。使用单一结构来完成市场营销与物流的双重工作，常会忽略在某一专门领域中非常有效的合作伙伴；使用同样的分销渠道或者部分渠道来完成物流，可能导致不理想的绩效，最起码会迫使营销结构在物流操作上不经济的运输，以致忽略了通过外包从其他方获得专业化的服务。商流与物流渠道分离的实践，如图 2-4 所示。

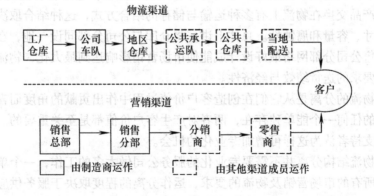

图 2-4　商流与物流渠道分离的实践

　　从图 2-4 中可以进一步说明下列要点：①物流工作的前三个层次是由生产企业的管理部门来完成的，当产品在工厂仓库储存时，物流工作就开始了，然后用卡车运至某一区域仓库储存；②一旦产品在地区仓库储存，物流各方就要执行必要的工作。在物流结构中，执行物流业务的有运输公司、公共仓库以及地区配送公司。

在营销渠道中，生产商在前两个层次上运作，目标是向客户卖出产成品。销售总部同地区销售分部一起工作以推动产品的销售。每一个地区销售分部对销售额进行预测，与此相对数量的商品将被装运至地区仓库。

每一个地区销售分部将产品销售给分销商，分销商从生产商那里取得商品销售权，然后再卖给零售商。在这种营销安排下，分销商是一个独特的角色，因为他们没有商品所有权。在这个例子中，分销商选择使用公共仓库，而不是建立自己的仓库。

零售商是另一个市场营销方，负责展示有限的产品并于次日送至客户。存货限于展示的物品和后备储存。零售商店的商品常常是分销商托销的，向消费者销售，通常要承诺在某一特定时间将特定型号、颜色、式样的产品送至某一指定地点。尽管交易最初是在一个零售商店里开始的，而所提供的物流支持通常可由相距甚远的公共仓库直接运至客户的居住地。通常，送货往往是使用分销商储存在公共仓库中的存货并由专业化的配送公司来完成。

商流与物流结构分离存在于不同行业，如家具及电视机等家电产品等，这些行业提供的产品品种、型号和颜色较多，对于零售商来讲，储存全部的产品是很难的。较好的做法是零售商以有限的存货来展示物品，并为客户展示手头保留的不同颜色样品和品种数目。物流专业化的益处是低成本的发送和有效的市场营销。

另外一个分离的例子是设立一家没有库存的销售分部，它的存在是为了促进销售。在买卖中，产品交换在物流上有多种运输与储存的结合方式，这种结合取决于所运货物的价值、尺寸、容量和腐蚀性。总体上讲，将仓库与公司分部同设一地，在经济上是不可行的。销售公司分部网络最好设计成能使市场营销影响达到最大化，物流结构应该设计成能完成要求的送货绩效与经济性。

商流与物流的分离是从它们在创造客户价值过程中作出贡献的角度而言的，并不意味着它们中的任何一个能单独存在，两者对产生客户价值都是至关重要的。商流与物流运作分离的支持者认为这样可增加专业化的机会。

商流与物流结构分离并不需要专业化的服务公司做太多的工作，一个单独的公司也许能够满足所有的市场营销及物流的要求，运作分离的程度取决于服务供应商、经济规模、可用资源以及管理能力。分离的利益并不取决于内部组织与外部各方。从所有权转让的角度看，客户价值的产生在物流承诺完全履行前并没有完成。物流运作必须在时间、地点及送货条款等方面合乎要求。

二、物流运作安排

对客户有益的物流服务直接与运作系统设计有关。物流绩效表现的多面性，使设计工作变得复杂。选择可以接受的，并且在物流服务表现、成本和灵活性之间平衡的物流系统是物流主管的首要工作。所有的物流安排都具有两个共同的性质：首先，能促进库存管理，因为物流的主要资产集中在库存上，其风险直接与库存配置和周转速度有关；其次，可选的设计系统是围绕现在的物流技术水平而设计的。这两个因素导致三个被广泛使用的运作系统的产生，即分层系统、直接系统与灵活系统。

1. 分层系统

分层的物流系统将产品从产地到消费地的流动通过一个共同的公司和设施分层次进行。分层系统使用的原理是通过总成本分析证明在供应链的各个层次上，储存一定量的存货是合理的。

典型的分层是系统利用分散与集中装运的仓库进行的。分散性仓库通常从许多不同的供应商处接收大批量货物，然后按客户的需求对存货进行分类；集中性仓库则以相反方式运作。拥有位于不同地理位置工厂的生产厂商，通常要求集中装运。在一家中央仓库中储存的不同厂家生产的产品，通过集中装运可以对客户进行货物集运。在单一仓库中，库存货物的集中装运允许厂商用一张发票将所有货物混合运送给客户。

分层系统利用仓库来对库存分门别类而获得与大批量运输相关的经济效益。仓库里的存货能根据客户的要求进行迅速调配。图 2-5 描述了典型的分层系统。

供应商 → 原材料配送／整合仓库 → 制造商 → 批发／配送中心 → 零售商 → 客户

图 2-5　分层系统的物流

2. 直接系统

与分层系统相反，直接系统是从一个或有限数量的中央仓库，直接将产品运送到客户的物流安排。直接系统通常没有支持分层系统所必需的客户数量，它通常使用溢价运输结合信息技术来迅速处理客户订货，从而取得送货效率。直接物流结构通常用于制造采购进货，因为其平均运输量大。

考虑其经济性，物流主管趋向于采用直接方案，因为这样可以减少预测库存和对中间产品的管理。影响直接系统的因素有较高的运输成本和可能失控的风险。然而，后一种情况由于信息技术的进步已得到很大的改进。通常，大多数公司并不完全拥有仓库，而是能够修正分层系统从而将直接系统包括在内。图 2-6 描绘了在分层物流结构上的直接物流能力。

供应商 → 原材料配送／整合仓库 → 制造商 → 批发／配送中心 → 零售商 → 客户

工厂直接配送（DPD）　　　商店直接配送（DSD）

图 2-6　分层和直接系统

3. 灵活系统

理想的物流安排是将分层及直接结构结合在一起的灵活的物流系统。就像前文所述，预期的存货应该尽量推迟，库存定位战略能够快速将消费品与原材料库存放置在上游的仓库中，而其他高风险与高成本的货物则可储藏在中央仓库以便直接配送给客户。基本的服务承诺及订货多少的经济性，决定了服务于特定客户最理想和最经济的结构。

使用灵活能力不同的可选择物流战略，能适应独特的客户要求及竞争的激烈程度，两者均被视为是合理的。例如，汽车生产商在新车的保修期内是零件的唯一供应商，它必须向交易商快速地送货以及时修理客户的汽车；交易商需要快速的零件库存补充，以便满足客户而使库存投资最小化；当汽车变旧，替代零件的需求增加，可选择的生产商就进入了替代零件市场。在这些型号生命周期的高度竞争阶段，为了保持竞争力，快速的物流反应是需要的。而在一个型号的生命周期间，竞争会退出正在收缩的市场，留下原来的生产商作为唯一供应商。与汽车公司相反，工业部件的供应商提供的标准机械零件具有高度的竞争替代性。虽然在常规基础上使用的产品是可以预测的，但对那些缓慢周转的产品或急剧变化需求的产品是不可能预测的。这种情况迫使客户根据意外损坏的机器能多快修复来评测供应商。供应商若不能达到客户期望的水平，则意味着为其竞争者证明能力打开了门户。

每个企业都会有面临一个独特的客户情况，并利用一种与众不同的、灵活的物流战略来取得竞争优势。能够在最低总成本下满足客户期望的渠道战略，通常是利用了分层和直接能力相结合。

除基本渠道结构外，由于发展了一项能使用可选择设施而服务客户的计划，灵活的能力可以被设计到物流系统之中。这种灵活性的观点不论在紧急状态下或是在常规基础上，都被证明是合理的。

（1）救急灵活系统。救急灵活运作系统是指为解决物流实施过程中出现的意外事件而进行的运作。例如，安排好了运输车辆而没有了库存，或者临时运输一个客户的订货，这些都是偶然意外事件。

为了避免客户取消订单，企业需要设立专门应付紧急意外情况的机制，尽力弥补损失，使客户尽量满意。使用紧急灵活运作程序通常是由于客户比较重要或者产品重要。

使用一个可选择的装运地点，通常会增加物流费用。这时，客户虽然能得到更全面的服务，但需要支付给物流服务方增加的成本费用，这种服务增加的成本必须由从客户那赚取的利润来补偿。概念上，一个公司用来应对紧急情况的费用，应该直到完全抵消了从客户那里所赚取的最后利润。

（2）常规灵活系统。使用广泛的灵活物流是物流系统设计的一个支持部分。灵活的物流规则和决策方式给客户提供了可选择的方法。从哪里运来，在哪一种情况下按哪一种程序作业，都是事先建立起来的。一项利用常规灵活运作的战略，通常至少在以下四种不同情况下是合理化的。

1）客户的配送地点靠近两个不同的配送中心，其成本与时间相同。位于这些无差异点上的客户向物流公司提供了充分利用有效物流能力的机会，订货可以从最佳的配送中心得到服务，以更好地满足客户要求。这种灵活的物流形式提供了充分利用系统能力的方法，它能在保持客户服务水平的同时，使各配送中心工作负荷达到平衡。它的好处在于提高了物流运作效率，这种提高对于客户也是显而易见的。

2）使常规灵活的配送合理化的情况是把客户订单用另一种渠道安排，能提高物流效率。例如，使用最低总成本的方法，可以通过分销商提供小额的送货量。相反，当从工厂直接运送至客户时，大批量的运输可以产生最低的总物流成本。如果上述可选择的运输方法都能满足客户的服务期望，总的物流成本可以通过实行灵活性的策略而得以降低。

3）不同类型的情况通常是由一个选择性库存战略而来的。对存货的成本与风险要进行仔细分析，以决定每个仓库里应放置哪些货物。对于备件，应该在特定的仓库里储存重要的物件，而将全部产品储存在中央仓库里。在一般的商业零售中，一个位于较小区域的仓库与分销中心可能只储存一个公司全部产品中有限的种类。当客户要求储存特殊物件时，订货被接受，就表示在未来时间里要保证送货，这样配送通常是从较大的仓库或是中央仓库发出的。库存的选择性分层是减少库存风险的常用措施。利用多层库存战略在所有仓库中存放全部产品一般是不合理的。选择性储存的原因是要保持从低利润产品到高单价成本的库存。一个可操作良好的产品库存分类战略一般是用系统分层的方法来区分库存的策略。在遵循这种分类库存战略的情况下，企业取得客户事先对分离订单送货的同意也是必要的。

4）还有一种常规灵活运作类型是由在已建立的分层结构，或直接物流系统之外与运输公司之间的外包协定而形成的。这两种特殊安排要通过直接转运作业和第三方集运。

直接转运作业安排通常不用再储存与管理物料。直接转运作业是多个供应商在指定的时间里到达装卸地点，库存收据经过码头进行分类并随货物集装上拖车送到终点。由于在商品中建立特殊的储存分类正在普及，所以直接转运作业是对大批量商品储存不间断存货补充的一种通用方法。

另一种专业服务形式是使用第三方物流公司外包物流业务。这种灵活的物流形式，通常用来避免在分层物流结构的主流中储存与处理缓慢移动的产品。

图 2-7 描述了灵活性的物流运作结构。

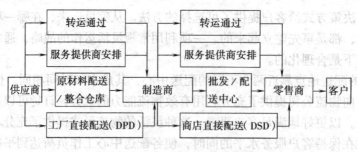

图 2-7　灵活性的物流运作结构

灵活运作的前提条件是采用信息技术来控制库存状态和在物流系统中增加处理客户订单能力。应急灵活运作的使用要有完备的工作记录。常规灵活安排的开发作为一个每天进行的物流运作的整体组成部分，相对较新且增长快速。一个有效、灵活的物流战略可以代替在传统预测系统中保持的安全库存。

专业服务提供方的作用大小直接同公司的物流战略有关。如果公司选择直接分销，通常要求高度可靠的服务。分层结构意味着对大宗货物的运输和专门从事直接转运作业。寻求将分层和直接物流利益结合起来的战略，也许是一个合同物流方综合服务的理想合作伙伴。所选定的物流战略将直接影响渠道的结构和关系。信息技术强烈地改变公司僵化的操作方法，这些发展可以通过调查为实现内部与外部物流运作一体化需要而进行的管理实践来说明。

三、整合战略

为了使企业有效开发物流能力，各种运作要素必须协调成为一个整合的战略。在此，可以用供应链结构来整合这些要素。图 2-8 是一个基本的价值链图，企业为了求得生存必须与客户、原材料供给商、服务供应商合作。为了取得长期的成功，一个企业必须进行充分的内外整合，以满足其基本业务的需要。

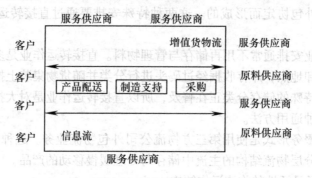

图 2-8　基本的价值链

物流所面临的挑战是开发与供应商和客户的合作计划，以取得物流资源内部整合。企业自身及所选的原材料和服务供应商的共同努力必须着重于为客户创造价值。

四、基于时间的物流控制技术

为了有效地实施基于时间竞争的物流战略，企业物流主管需要利用各种不同的控制技术。每一项技术都有其各自的特性与功能。

1. 准时制战略

最初的基于时间竞争的物流，是在 20 世纪 60 年代由日本丰田汽车公司引进一种"准时制（Just in Time，JIT）"的系统时建立起来的。准时制的广泛吸引力在于潜在地消除了在工作过程中的库存，其采用的方法是引导采购和部件生产。在完成装配生产计划所需的精确数量方面，准时制战略的最初应用集中于将原材料和部件以精确的数量，在精确的时间内，将原材料和部件运到被要求的地点。准时制生产运作的关键在于部件及原材料的需求取决于最后的生产计划。需求是由前面的初级产品所决定的。一旦生产计划已经制订，可将需要的部件和原材料通过计划与生产要求相吻合，从而减少搬运并达到最小的运输库存。为了在原始的准时制应用中取得这种目标，一种结合需求与生产，名为"看板"的卡片被用来控制原材料的流动和部件的生产。

原始准时制概念的扩张包含了先进的生产技术。准时制是一种集中生产逻辑，它寻求实现零库存或无库存生产。如前所述，企业文化和技术正在发生变化以适应最大的灵活性。就像这样，现在先进的准时制战略包括了许多生产概念，如减少总量大小范围、快速切换、标准装载、成组技术、统计程序控制、预防性维修和质量周期等，这些技术能同时应用于"为储存而制造"和不同的装配以及"为订单而制造"的生产过程。

还有一种对准时制的延伸，通常称为"准时制战略Ⅱ"。"准时制战略Ⅱ"的目的是寻找一种能够将人力资源融入计划和协调过程的方法。

2. 需求计划

最常用的综合需求计划是原材料/生产需求计划（Material Requirements Planning，MRP）和配送需求/资源计划（Distribution Resource Planning，DRP）。MRP 的应用通常是在原材料的需求方面，DRP 则通常应用于计划分销渠道中产成品库存的未来配置。更加先进的 DRP 试图将计划产成品配置地点的过程与仓库网络连接起来，掌握生产计划和销售点库存要求。当 DRP 用于对整个渠道进行补充时，它非常接近需求拉动技术。

3. 重新订货方法

重新订货方法（Reorder Point，ROP）是使用统计概率管理库存的古老技术。ROP 技术应用于计划安全存货，以适应需求和备货时间的变化。

原始的 ROP 应用非常依靠准确的预测。由于预测存在误差，因而作为一种管理库存的方法，ROP 也有一定的局限性。但由于近年来信息技术的发展，ROP 得以兴起，信息技术可以累积准确的销售点信息，去除工作周期中大的变化。而 ROP 原本是用于预估库存的，大多数系统是使用各种重新订货的推动方法。

4. 快速反应、持续补货和自动补货

这几个基于反应的控制技术都围绕着一个主题，就是根据销售情况快速补充前方库存。由于它们的相似性，这里将这些技术作为一个整体讨论，同时突出它们之间的差别。

为了满足客户要求的独立性，优秀的企业正在完善基于时间的物流战略。较大的零售商，如沃尔玛（Wal-Mart）公司和塔吉特（Target）公司是这方面应用的倡导者。基于时间的物流战略是以减少整个供应链库存为目标的。下面将对每一种控制系统进行讨论。

（1）快速反应（Quick Response，QR）是一种通过在零售商及供应商之间改进库存速度的通力合作，以及时满足客户的购买需求的控制技术。QR 是通过对特定产品的零售控制和跨越供应链分享的信息来进行的，它可以保证正确的产品类别在何时、何地被要求时即可使用。信息共享促进了零售商与制造商之间的 QR 程序。例如，为代替 15～30 天订货周期的运作，一个 QR 安排能在 6 天或更少的天数里补充零售库存。有了快速、可靠的订货反应，供应商就能够按照要求进行存货，从而可促进货物的周转并提高可用性。

（2）连续补货（Continuous Replenishment，CR）战略也称为供应商管理库存，它是 QR 的修正，不需要补充订货。CR 的目标是将供应链安排得灵活有效，使零售库存能得到不断的补充。根据每天收到的补充订单，供应商按照要求的数量、颜色、尺寸和式样负责补充零售库存，并承诺保持零售商的库存和维持存货的送达速度。在某些情况下，需要补充包括直接转运作业或者储存直送，意在清除工厂和零售店之间的仓储需要。为了有效运作，对 CR 有两个基本的要求：①在制造商与零售商之间必须有一个有效的沟通渠道和运输的预先安排；②销售量必须足够大，以维持运输的规模经济。

（3）商品的种类通常在特定形式的零售店出售，再结合尺寸、颜色和种类进行详细的描述。给定自动补货（Automatic Replenishment，AR）责任，供应商能简化同零售商的交易过程。AR 能使供应商提高灵活性和可预见性，因为他们能根据全部产品的认识进行补充。供应商管理零售库存，反过来为零售商那里的产品承担责任。从零售商的角度看，一个供应商的 AR 战略是一种好的补充，它是为了使利润最大化。由于将库存和补充责任转移给了供应商，这也减少了零售成本。

由于 QR、CR 和 AR 增加了供应商的责任，存在一个问题，即为什么制造商和批发商要卷入这种关系。除了零售商拥有的影响力外，这种联合还有两个重要的原因：

第一，通过交换要求，订货调整和运输计划等增强了的信息为供应商提供了更好的整个供应链库存的可见性。当制造商和批发商知道在零售店、分销中心及制造地的销售量和产成品库存时，他们就能更好地作出计划。

随着透明度的改进，一个供应商能迅速决定订单是否是基于客户的购买愿望。在前者要求快速反应时，后者则可保证在能力极限内有计划地发送以维持渠道的效率。供应链的可见性，同样可使一个供应商在产品和客户之间建立生产和分销重点。

第二，以时间为基础的关系和信息分享，改进了在供应链中所有成员的协调关系。基于信息和风险分享的联盟，使双方都增加了改进运作效率的机会。联盟创造了在供应链参加者之间的长期关系，在这种联盟下零售商可以依靠批发商和制造商来完成所要求的活动。规范好责任可增加供应链的稳定性，当问题发生时，它们能被迅速解决，这种紧密的工作安排通过由此而生的效率减少了运作成本。

物流的战略整合是一个企业成功的基础。即使一个公司可能在物流能力上无甚差别，作为产生客户价值的一部分，它仍必须履行物流责任；一个公司看待物流能力的相对重要性，将会决定其强调内部与外部整合的程度。

灵活性是物流能力的关键，物流灵活性来自整合和实施以时间为基础的控制技术。为了实现领先优势，管理重点应从以预测为基础，转移到以反应为基础的运作理念上来，领先优势的地位成就通常意味着一个公司能够同时使用各种物流战略去满足特定主要客户的要求。

五、企业物流发展的其他战略

1. 合理化战略

企业物流的合理化是指根据物流活动的客观规律和特征，组织各物流部门和物流环节采取共同措施，以最低的物流成本达到最佳的物流效应和服务水平，从而充分发挥物流功能。物流的合理化主要表现为功能合理化和作业标准化。

企业物流的合理化就是要降低成本、提高效率，它包括两个内容：其一是建立规范的物流市场竞争机制；其二是实现物流各环节作业的标准化。

2. 信息化战略

为了满足消费者日益快速变化和日趋个性化、多样化的需求，实现小批量、多品种、快速反应的生产或服务，现代企业必须具有掌握和利用信息的能力，所以应实现物流信息化战略。

在信息化战略的指导下，企业建立集成化的管理信息系统，以压缩流程时间，提高需求预测程度，并协调企业间的关系，促进物流信息共享，从而推动企业物流的快速发展。

3. 品牌化战略

企业物流服务同其他商品一样，实施品牌化战略成为企业在市场竞争条件下谋求发展所必需的战略选择。

企业物流发展要从企业未来发展方向、服务对象、服务模式等方面考虑，建立一个社会化、专业化、现代化的物流系统，形成全方位和供应链式的物流服务模式，进而形成品牌优势，开发品牌资源。

4. 国际化战略

企业物流发展需要从全球范围内和国际化的高度进行思考，确立国际化战略。其主要包含以下两方面：

（1）供应链的全球化。这种全球化是供应链外延的扩展，即把全球有业务联系的供应商、生产商、销售商看成是一条供应链上的各个成员，这要求企业间的相互协作更加紧密，要求在满足不同地区消费者的多样化需求上不断提升供应链综合物流管理的协调能力。

（2）组织全球物流。它要求物流的战略构造与总体控制必须集中，以获得全球的成本最优。顾客服务的控制与管理必须本地化以适应特定市场的需要。

第五节　工业企业物流战略与对策

一、工业企业物流战略

企业在从事生产时应该选择适当的发展战略，工业企业同样也需要在经营战略方面作出选择。社会经济的发展促进了企业生产经营战略的多样化，尤其是现代科学技术的发展，诞生了一系列新的概念和适用工具，使得企业在发展战略上有不断的创新，使其更加丰富、更趋科学和合理。大体说来，企业物流所考虑的是供、产、销诸多环节的紧密结合。根据现代企业在物流战略上所作出的选择，主要有四种物流战略：

1. 即时物流战略

落户于中国厦门的戴尔（Dell）计算机公司采取的就是即时物流战略。一方面，它通过网络与原材料供应商保持密切联系；另一方面，它根据订单进行即时生产和销售。其材料库存量只有5天，当竞争对手维持4周的库存量时，就等于戴尔公司的材料配件开支与对手相比保持着3%的优势；当产品最终投入市场时，物流配送优势就可转变成2%～3%的产品优势。不可否认，几乎所有的工厂都会出现过期、过剩的零部件。过剩比率的高低关系到企业效率的高低。高效率的物流配送使戴尔公司的过期零部件比例保持在材料开支总额的0.05%～0.1%之间，这是一个非常低的比例，一般的先进企业都在3%～5%。正因如此，戴尔公司创造了许多奇迹。其2001年第一季度的个人电脑销售额占全球总量的13.1%，高居世界第一的位置。

当然，人们也必须认识到，即时物流战略是建立在正常的经济贸易秩序之上的，任何一个环节出现问题，都会给企业带来巨大的损害。形象一点说，就是如果其中一个环节中断或脱节，那么就可能使企业破产。现代企业发展就是建立在这种高压力、紧节奏的基础之上，或者说，这也是现代企业发展的方向之一。

2. 网络化物流战略

网络营销已成为现代商业领域最具发展潜力的营销方式之一。物流产业的产生和发展也是与全球范围内互联网的高速发展密不可分的。这一点，在经济发达国家表现得尤为突出。有资料显示，1997 年美国的网络购物交易量为 5.13 亿美元，而到 2000 年就迅速增加到 66 亿美元。这其中，企业之间的物流借助于互联网所实现的流动量无论是在增长的绝对量上还是增长速度上都远远超过了个人的购物交易量。它反映了这样一种趋势，即未来的物流产业离开了网络将是不可想像的。

在工业经济时代，企业总是梦想着这样一个完善的模式：力求满足千千万万个不同的消费者所产生的不同需求，抑或说是个性化需求。但现实中企业又总是力不能及，原因就在于需求信息的汇集无法跟上大工业规模化生产的节拍。而网络技术的发展，使这一想法付诸实施变得清晰和可能。借助于网络营销，企业可将产品中属于消费者共同需要的部分，采用机器大工业的方式批量生产，以求得生产成本的经济性，而产品中因人而异的部分可采取灵活调整的柔性化方式进行生产，从而使企业可以用更低的成本与价格为消费者提供完全符合个性要求的定制产品。

目前所处的时代，对于许许多多的企业来说，经济全球化、一体化与其说是一种宣传口号，不如说是一种压力。利用网络技术，可以在全球范围寻找企业所需的原料和配件，也可以在世界市场推销其产品和服务。人们普遍认为，使用互联网的物流管理具有成本低、实时动态和顾客推动的特征。它不仅简化了传统物流繁琐的环节和手续，减少了流通渠道各个环节的库存，避免出现产品过时或无效的现象，而且可以大幅度降低信息交流的沟通成本和顾客支持成本，从而增强企业进一步开发现有市场新销售渠道的能力。

我国传统企业体制一般都是大而全、小而全，由于体制的弊端，物流系统完全自我封闭，使企业物流成为企业现代化的死角，既不能强有力地支持企业的生产经营，又造成大量的人力、财力、物力等资源的浪费，改造不好就把物流功能或物流作业外包出去。是将全部物流功能还是某部分功能外包，应根据企业的具体情况，当地的经济发展状况，社会基础设施，对方企业的规模实力、信誉等因素加以综合考虑。

3. 物流能力增强战略

我国工业企业中，除了个别明星企业外，大多数目前还处于资源型成长阶段。发展现代物流的根本是物流能力增强战略。物流作为一种能力，它的贡献在于创造用户或服务价值。例如，市场采购供应的及时性和低成本、低库存；生产过程的备品配件及在制品供应与流转；物资的存储与管理；物流信息对生产经营管理的支持等。

4. 物流系统再造战略

企业再造（重构、重组、重建）的目的为了在成本、品质、服务及速度方面取得大幅度改进，对企业最关键、最基本的管理工作及企业程序进行再设计与重组。企业物流管理组织（体系）的再造重建包括观念重建、组织重建和流程重建三部分。其中，观念重建是前提，组织重建是核心，流程重建是关键。物流组织变革的目的就是为了实现企业物流系统的一体化和高效能。

二、工业企业物流发展模式

由于地域、行业及市场需求环境的不同，企业在生产模式、经营战略、管理体制、技术基础状况、所能承担的财力及企业文化背景等方面的差异较大，必须认真分析企业生产经营中物流系统的现状，根据企业长期发展战略规划，应用现代物流理论进行企业物流系统的改造或重建。

1. 企业物流的改良式发展模式

这是针对传统老企业暂时没有条件进行企业再造和流程再造，而且无力进行物流技术革新时，企业可以根据具体情况对企业物流不合理的状况进行局部改变，如调整职能部门结构以求加强物流活动的协调统一性、改善物资存放管理方式以求降低管理费用、适当增加物流技术装备以求提高物流作业效率、加强库存管理控制以求降低资金占用等。同时，企业应加强物流意识，关注物流人才的培养和引进，蓄势待发，待条件成熟时进行物流系统的根本性革新。

企业物流改良式发展可以采用物流系统诊断的方式，聘请有关专家并组成有各部门领导参加的诊断小组，通过广泛的宣传和调查，明确物流系统在企业生产经营中的地位、作用和必须实现的功能；了解企业内外部环境，摸清系统目前的状况和存在的问题，搞清到底是物流布局、基础设施、技术水平、管理水平、人员素质等系统组成要素的问题，还是生产物流、供应物流、销售物流等系统结构方面的问题，或是物流作业的功能问题；是主观问题还是客观问题。最后，根据具体问题提出相应措施或解决方案。

2. 企业物流的渐进式发展模式

企业对物流的要求，传统上是成本效益与服务素质，现代则是系统整合与服务水平。在企业基础条件较好，但财力、技术基础、人员素质、企业内外部环境等方面尚有欠缺时，物流现代化的进程可以分阶段进行，即采用渐进式发展模式。譬如，物流系统再造可伴随企业重组或流程再造而进行；在应用先进的物流管理技术时，先上 MRP（Manufacturing Resource Planning），再上高一层次的 MPR Ⅱ，待取得实效及经验而条件又成熟时再上更高层次的企业资源管理计划（EnterPrise Resource Planning, ERP），最后走向集成供应链的管理模式，逐步发展完善而达到现代物流管理的最高境界。又如，在物流作业方面，先进行合理化改善，实现机械化，再考虑过程自动化，在企业管理信息系统（Management Information System，MIS）的基础上进行物流信息系统的建设，之后实现信息系统自动化；在物资仓储方面，可先实行立体化，即立体仓库，再实行机械化、自动化、无人化及信息自动化，之后再进一步完善，实现自动拆分、分拣、包装、配货、条码识别等功能，形成服务于企业生产经营的现代配送中心。

渐进式发展模式中最关键的是要根据企业的实际情况进行决策，打好基础，逐步升级。盲目上马、好大喜功不但会浪费资财、贻误时机，还会延缓企业物流现代化进程。实践中，做成"夹生饭"而半途而废的例子并不少见。

3. 企业物流的跨越式发展模式

工业企业物流跨越式发展大致可以从物流结构体系、管理模式、技术装备、信息交互与处理及销售方式五个方面考虑。

例如，由职能型结构直接到现代事业部结构体系的跨越，由传统管理模式到供应链管理的跨越，由一般的技术装备到机械化、自动化或无人化的跨越，由传统的信息处理方式到网络化信息系统的跨越，由传统的销售方式到电子商务的跨越等。

在哪方面采用跨越式发展模式，应该根据企业的具体情况来决定。例如，利用企业进行再造、重组、并购，或进行流程再造之机，进行物流系统结构体系的调整和管理模式的变革，可能阻力会小些，效果更好些；在企业有充足的财力、物力，又有一定的技术基础时，可进行物流技术装备或企业信息系统的跨越式发展。无论企业在哪方面进行跨越式发展，都不应忽略企业物流是一个整体，都应考虑物流一体化、合理布局、微观物流系统的改造、企业物流系统总成本控制、物流作业的合理层次、库存调节负荷与能力平衡，以及企业内外物流的友好衔接等问题。如果企业具有相当的基础和实力，可以进行多方面企业物流的跨越式发展。

三、工业企业物流发展对策

1. 改善企业物流管理

在企业内部物流的手段上，从原来重视物流机械、机器等硬件要素转向重视信息等软件要素；在物流活动领域方面，从以输送、保管为主的活动转向物流部门的全体；在管理方面，从作业层次转向管理层次，进而向经营层次发展；在物流需求对应方面，从强调确保输送力、降低成本等企业内需求的对应，转变为强调物流服务水准的提高等市场需求的对应方面；从以提高效率、降低成本为重点，转变为不仅重视效率方面的因素，更强调整个流通过程的物流效果。物流活动的管理应超越部门和局部的层次，实现高度的统一管理。

企业外部物流方面，通过供应链强化企业间的关系，即通过企业计划的连接、企业信息的连接、在库风险承担的连接等机能的结合，引致产需结合更加紧密，并带来企业经营方式的改变，即从原来的投机型经营（生产建立在市场预测基础上的经营行为）转向实需型经营（生产建立在市场实际需求基础上的经营行为）。同时在经营、管理要素上，信息已成为物流管理的核心。

2. 企业物流的外包

物流的一体化管理能够降低生产总成本，提高产品附加值，增强企业核心能力及市场竞争力，取得新的利润源。不要固守大而全、小而全的老思维模式，我国许多企业的物流不但没有形成利润源泉，反而成为亏损源、无底洞，是一种负担。因此，倒不如将物流业务或分离出去，将企业物流转变成物流企业；或外委交给第三方进行，从而使企业能侧重发展自己的核心业务并增强企业的核心能力。

在我国第三方物流发展的初始阶段，选择理想的第三方物流企业至关重要，它不但关系到物流业务本身的质量和费用，还影响企业的生产经营及总体效益。

选择第三方物流企业时，应根据当地经济发展水平、基础设施条件、劳动生产率等情况，首先考察对方的物流能力是否能胜任委托项目，包括它的组织结构能力、规模化和专业化水平，装卸、运输、包装、仓储、分拣等物流作业的机械化自动化能力；其次应考察其信用程度及个性化的服务水平如何；第三应考虑其物流费用与其服务水平相比是否合理；第四应考虑时间是否满足企业生产经营要求；第五应与对方签订物品损坏、丢失、赔偿的协议；最后要确定有利于企业的资金结转方式。

3. 物流人才对策

目前，物流人才短缺普遍存在。尤其是现代工业企业中的高级物流管理人员，不但要精通物流管理技术，而且要熟悉生产工艺流程，具备生产工艺设备及需求的知识和信息，掌握企业内供应链流程、企业的制造供应链流程、销售供应链流程。现代企业的物流管理者不仅是运输和仓储专家，而且还必须熟悉软件程序及信息技术系统，尤其在实施网上交易时，更应掌握电子商务技术；在采用企业外横向一体化时，供应链管理者必须具备整条供应链服务（购买、仓储、顾客服务、信息技术）的知识。

因此，企业在吸纳引进人才的同时，要采取各种方式对企业内的物流从业人员进行各种层次的培训，以满足企业物流现代化的需要。

四、21 世纪物流企业战略

未来中国物流企业要参与竞争，就必须把握不断出现的商机，抢占新的竞争空间。物流企业开展虚拟经营，是提高企业经营灵活性的前提；拓展核心专长，是企业具备竞争能力的根本保证；争做联盟中心，是增强竞争力和主动性的一种方式；培养预见能力，是企业持续发展的关键；建立全球战略，是企业未来竞争的根本保证。

1. 开展虚拟经营——以"虚"务"实"

目前，国外许多物流企业已经开始采用现代化的电子手段，来进行信息的处理与客户的服务。越来越多的新工具被物流企业所采用,如电子数据交换(EDI)、企业运输管理网络服务(Web-ETM)、仓库管理系统(WMS)。但是,对于中国物流企业而言,首先面临的一个现实问题是资金不足,因此,电子化、信息化、网络化的道路还很漫长。为了最大限度发挥自身的优势,弥补自身的不足,物流企业之间以及物流企业与其他企业之间可以建立虚拟经营。虚拟经营的实质是向外部借力,通过整合外部资源,为我所用,从而拓展自己的发展空间,利用外部的能力和优势来弥补自身的不足和劣势。虚拟经营的企业,能够在组织上突破有形的界限,仅保留最关键的功能,而将其他的功能虚拟化,最终在竞争中最有效地发挥有限资源的作用。其精髓是将有限的资源集中在附加值高的功能上,而将附加值低的功能虚拟化。虚拟经营大致包括以下五种方式:

(1) 外包加工的"虚拟生产"。它是指企业自己不投资建设生产场地,不装备生产线,而把生产外包给其他的生产厂家。例如,上海"恒源祥"绒线公司,过去仅仅是一个毛线商店。后来其运用品牌优势,与其他生产企业进行联合,创造了企业的品牌产品。

(2) 共生。它是指企业本身并不擅长某一方面的工作,但基于成本或保密的考虑,又不愿将业务外包,于是,几个企业可以共同组成一个作业中心,共同负责这项工作。例如,银行业的咨询资讯管理,往往由几家银行成立专门处理电脑资讯业务的单位,既可以保守商业秘密,又可以达到节省成本的目的。

(3) 战略联盟。它是指拥有不同关键资源的几家企业,为了彼此的利益而结成的联系,以创造竞争优势。

(4) 虚拟销售网络。它是指公司总部对下属销售机构解放产权关系,使其成为拥有独立法人资格的销售公司。在我国,以"意丹奴"为代表的特许经营加盟方式,就可算作一种销售网络的虚拟经营。总部与下面的销售点自主经营,独立核算,总部每月向销售点提供货品,销售点按照总部的规定统一着装,统一布置门面,退货或剩余货品可以原封不动向总部退回。

(5) 行政部门虚拟化。在这方面,我国的天年高科技国际企业公司(以下简称"天年")做得很成功。"天年"在珠海总部的电脑推广部、储运部和市场企划部三大部门已对外发包,由境外三家专业化公司承担业务,其负责人又是"天年"虚拟部门的负责人,为"天年"统筹兼顾。我国目前的物流企业管理水平普遍较低,许多企业在引进国外先进技术和管理经验的同时,也可以考虑把一些具有管理职能的部门分包出去,由国内外有经验的专业公司进行管理,也不失为一种很好的尝试。

虚拟经营往往更注重短期利益,一旦目标实现,随即解散虚拟组织,为了新的目标,又重新组合虚拟组织。因此,虚拟经营具有高弹性特点,可以为我国的物流企业的战略转型提供新的思路。对于那些"大而全""小而全"的物流企业,可以运用虚拟经营的功能模块化思想，保留并引入具有竞争能力的功能模块，剥离那些非核心的功能模块，实现企业的精简高效，从而提高物流企业的竞争能力和生存能力。

2. 拓展核心专长——以"点"带"面"

专长是一组技术和技能的集合体，而不是单个分散的技能或技术。对于物流企业来说，要确立整合还是分化，选择合并或分离战略，就必须区分核心专长与非核心专长。核心专长主要应满足以下条件：

（1）为用户提供核心价值。核心专长必须能够实现用户价值，它给用户带来的价值是核心的。例如，如果用户认为速度最重要，那么能够为用户提供核心价值的物流企业的核心专长就是快速反应能力；如果用户认为个性化的服务最重要，那么能够为用户提供核心价值的物流企业的核心专长就是差异化的能力。

（2）具有独特性。一项专长要成为核心专长，必须具有特异化的能力，即这项能力在本行业中还没有普及或被竞争对手普遍掌握。即使有的能力已经较为普遍，但是还存在改进的潜力，或者在某些地区还存在空白的发展地带，那么企业也可以把它作为自己的核心能力。例如，我国一些企业学习引进国外发达国家企业的技术和能力，再根据我国的实际情况进行改进，形成某种独特性的核心专长。

（3）具有延展性。核心专长也是企业通向未来的保证。有的专长只能保证企业在某个部门或者某段时间内具有用户价值或独特性，但随着时间的推移，一旦企业所在的行业萎缩，企业的这种专长就会销声匿迹，企业的竞争力也会随之失去。而真正的核心专长，必须能够为企业向未来新领域拓展作好准备，具备延伸新产品或新服务的能力。

企业通过培养核心专长，获得核心竞争力，形成企业发展的增长极。增长极具有极化作用，它可以把企业的内部及外部资源有效地整合起来，积聚到企业的核心产品或服务的形成上来；同时，增长极又具有扩散作用，它能够把企业的核心能力在企业内部以及外部进行有效扩散，带动其他专长或其他企业发展。这样，就形成一种以"点"带"面"的发展战略。

3. 争做联盟中心——以"强"控"弱"

很少有企业能够具备竞争未来商机的全部能力，因此，未来的竞争需要各家企业的联盟。如果一个物流企业没有自己的核心专长，而企图依靠战略联盟来获得核心专长，那么其成功的可能性微乎其微。未来的竞争不仅发生在企业之间，更多的将发生在联盟之间。企业经营业绩不仅是企业内部管理好坏和行业平均利润的函数，而且主要是企业所在联盟管理好坏的函数。合作不再局限于供应商和顾客之间，而且扩展到竞争者之间，以及所有企业之间。竞争也不仅仅被看做是产品与产品、公司与公司之间的竞争，而主要是联盟内部或者整个企业系统中为取得中心地位而进行的竞争。企业联盟不会成为一种以"强"助"弱"的方式，而是一种以强强联合，以"强"控"弱"的方式。

因此，目前的强强联盟正成为战略联盟发展的主流。例如，雀巢公司和可口可乐公司正在联手通过自动销售机出售罐装热饮料，从而把雀巢公司在速溶咖啡和茶方面的专长与可口可乐公司强有力的国际营销和自动售货机网络结合在一起，达到双赢的目的，把其他强有力的竞争对手排挤出去。

联盟各方在战略联盟中的影响力、权力和利润分成，取决于该公司自身核心专长的独特性和相对重要程度。企业一方面要能够同顾客和供应商共同合作，确立实现最大价值的最佳模式；另一方面还要让自己的方法成为市场标准并占据主要市场，强化同主导客户、重要供应商和主渠道的关系，增强自己的讨价还价能力。一个物流企业参与战略联盟，如果具有特异化的能力，能为顾客提供最大的附加价值，同时，还能帮助合作伙伴参与到新的市场中去，那么它就会成为联盟的中心。许多物流企业在与供应商和客户缔结联盟的过程中，由于缺乏自己的核心专长，成为双方面的附庸，没有主动权，也没有获利的潜力。

4. 培养预见能力——以"静"制"动"

企业现有的核心专长以及核心竞争力，不能保证未来竞争的成功。因此，企业必须培养远见，建立对未来的假设，借以预先主动塑造适应产业发展所需的预见能力，依靠这种能力，企业能够确立企业转型的方向，甚至控制所在产业的发展方向，从而掌握自己的命运，可谓以"静"制"动"。

企业预见能力的培养，需要满足以下基本要求：

（1）摆脱现有市场观念的束缚。未来物流企业的发展空间存在诸多的不可预知性，但这并不是妨碍企业培养预见能力的原因。阻碍企业培养预见能力的根本原因，往往是由于企业战略制定者难以摆脱现有市场观念的束缚。大英百科是近200多年世界销售最佳的百科全书出版商，1994年其销售业绩却从世界第一滑到了第三，它的对手是微软和Grolier。传统的大英百科全书每十年更新一次，而光盘式百科全书每三个月做一次资料更新，价格只是书籍版本的1/10，而且集文字、彩色图解、声音、影片于一身。为适应变化，大英百科果断采取新战略，将百科全书放进网络，以每日计费方式供用户订阅。现在网络上的百科全书能每小时进行一次资料更新补充，而且可以提供网上链接，使读者可以登录世界各地的全球信息网服务器查阅其他相关内容。于是大英百科成了一个磁盘目录，可以通向以电子方式存储的全人类的知识。

大英百科的例子，说明了企业一旦摆脱现有市场观念的束缚，就可以拓展新的市场空间。而企业要摆脱现有市场观念的束缚，必须善于发现未来商机，率先抢占这些蕴含商机的空白领域，就会获得巨大的发展潜力。

（2）重视多样化的整合。任何企业或业务部门，都会存在部门盲区，不可能仅靠自己的力量来正确地预见未来。因此，企业必须具备开放的观念，通过整合跨部门、跨行业以及跨区域的力量，最大限度地捕捉未来的发展轨迹。

（3）超越"顾客导向"。企业要想具备竞争未来的能力，就不能满足于"顾客导向"的原则，因为顾客往往并不具备预见未来的能力。目前，多数物流企业还是在提倡顾客导向，以满足顾客的需要为己任，有时甚至不惜牺牲自己未来的发展机遇。真正有远见的企业，应该超越"顾客导向"，提供更好的物流服务，从而引导顾客改善自己的需求。

5. 建立全球战略——以"近"致"远"

伴随着全球经济增长，全球物流将会得到极大发展，我国的物流企业在面临巨大发展机遇的同时，也会面临种种挑战。这要求物流企业的战略制定必须突破地域、行业的藩篱，以全球为着眼点，只有这样，才能最大限度地抓住机遇、规避风险。在具体战略的选择上，首先应该以中国为主要拓展市场，获得本地竞争优势；然后以"近"致"远"，争取全球竞争优势。未来物流发展的信息化、自动化、网络化、智能化等特征，在较长一段时间内还不能在我国的物流领域显现。因此，我国物流企业的全球化战略将带有较深的本地化特色。同时，由于我国区域之间自然、经济和社会条件的差异，使得我国物流企业的经营战略会带有区域性特点，而且这种全球战略的形成也将呈现阶段性特点。哪家企业首先具备了某种核心专长，确立了某种与国际接轨的行业标准，它就可以获得持续的、跨区域的、以"近"致"远"的竞争能力。

【案例 2-1】

配送系统的多样化战略

某生产金属防腐涂料的公司在地点 A 生产产品。在通过对当前配送网络进行研究后，发现可以采用与过去不同的配送方案。该方案是将可以组成整车批量的产品直接从工厂送达客户所在地，占企业销售前十名的大客户也由工厂直接向客户供货；其他批量较小的订单，则从两个战略性配送中心发运。这个多样化的配送系统可以在保持客户服务水平不变的情况下，为公司节约 1/5 的物流配送成本。

【案例 2-2】

灵活的物流战略

汽车制造商通常使用一种灵活的物流战略来配送零部件，特殊部件被储存在仓库中，而仓库位于根据需求而设立的与交易商和零售商市场相适应地方。作为一种通常的法则，部件周转越慢，需求的变化越大，因此，对使用中央库存有更大需求。周转最慢的和需求最少的部件通常被储存在一个便于为遍布全世界的客户服务的地方；快速移动的部件具有更明确的需求，通常被储存在上游仓库以接近交易商，便于快速送货。

一个相反的例子是一个企业向工业品公司出售机械零件，为了向那些经历过机器故障和无法预料的低落时期的客户提供优良的服务，公司将推迟将部件储存在所有的当地仓库中；而汽车公司正相反，由于是常规预防维修，在这个行业中，高需求、快速流转的零件可以被精确地预测，因此，对快速移动物品的最低成本物流方法是从坐落在最邻近零件制造生产工厂的仓库直接发货。

复习思考题

1. 企业物流战略有哪些特征？
2. 企业物流战略的目标是什么？
3. 企业物流战略框架包含哪些内容？
4. 企业物流的外部环境因素包含哪些内容？
5. 现代企业物流发展战略管理过程包含哪些步骤？
6. 实现企业物流发展战略的基本途径是什么？
7. 实现有效的运输集中可选择的方法有哪些？
8. 灵活系统包含的结构有哪些？
9. 快速反应、持续补货和自动补货的定义是什么？
10. 什么是企业物流的合理化战略？

实践与思考

1. 研究一个企业，这个企业的物流战略是什么？
2. 这个企业的物流战略有哪些待改进的地方？

【案例分析】

民生实业（集团）有限公司的物流发展战略

民生实业（集团）有限公司是重庆市一家以江海航运为主业的大型内河航运企业。公司拥有江海船舶100多艘，集装箱拖车和商品车专用运输车100多辆，在长江沿线建有3个大型商品车中转库，在中国沿海及长江沿线各主要城市和港口建立了30多家子公司和分支机构，逐步发展成为我国最大的民营航运企业集团。2003年初，公司由民生实业有限公司更名为民生实业（集团）有限公司（简称民生公司）。

近年来，随着公路技术等级的提高和路网密度的增加，水路运输（长江干线及其主要支流）在综合运输体系中的比较优势下降，导致水路客运在综合运输体系中的分担率快速且大幅度地下降。而民生实业却成为重庆大型内河航运企业中唯一持续保持盈利的企业。是什么使民生公司取得如此骄人的业绩，成为重庆市水运行业中的佼佼者呢？这得益于公司近年来一直在贯彻执行的物流发展战略。

民生公司的物流战略大体上可分为国际化战略、物流网点战略、多式联运战略、多元化客户战略和信息化战略五个方面。

1. 国际化战略

国际物流是物流领域的高端市场。民生公司之所以在重建之初就决定走国际化之路、实施国际化战略，主要源于民生公司领导层的经验、胆识和远见，以及对当时社会经济环境和发展趋势、物流和运输市场发展前景及公司资源综合优势的分析和把握。

2. 业务网点的网络化战略

现代物流是网络化物流。作为一个以江海航运为主的航运公司，民生公司根据我国的生产力布局、经济发展水平、对外贸易和江海岸线分布特点以及江海航运一体化的需要，建立了公司的业务网点。到目前为止，公司在全国建立了30多家子公司和分支机构，网点覆盖了我国沿海、长江沿线主要城市和港口，现已经形成沿江沿海的"T"形网络结构，有力地支持了公司的国际化物流战略。

民生公司的海外网点也初具规模，在中国香港、新加坡设有总代理，在日本设有船务代理。民生公司立足于主业航运的同时，实行多元化经营，拓宽业务领域，和世界各地许多航运、贸易、经济企业建立了广泛的业务合作关系，其商业网络遍及东南亚各国以及欧洲、大洋洲和南北美洲。

3. 多式联运战略

民生公司是长江上游最早开展多式联运的航运企业。自20世纪80年代中后期开展全程运输以来，民生公司就开展了江海联运业务、货运代理业务、船舶代理业务、集装箱运输业务，甚至包括公路运输业务。经过十多年的努力，民生公司以江海集装箱多式联运和全程代理为主的多式联运业务得到了快速发展，现在已经建立了比较健全的多式联运组织机构，拥有比较配套和匹配的多式联运船队车队，形成了比较完善的多式联运作业流程和运输网络。

4. 多元化客户战略

民生公司坚持对大客户实行个别管理、小客户实行分类管理的客户管理基本原则，以维护与客户的关系，并适时以提高市场占有率的经营目标进行客户关系调整。此外，民生公司还通过持续提高公司的物流服务能力，不断提高服务质量，增加客户价值。为此，近年来，民生公司在业务网点建设、滚装船队和集装箱船队建设、公路集装箱车队建设、船舶运行GPS监控系统建设、内容协作和信息传递方面作了大量投入。

5. 信息化战略

现代信息技术推动了物流的商物分离，改变了企业的组织结构和物流的组织形式，大幅度减少了物流的不确定性，使物流大规模优化（定制物流、全程物流和供应链一体化管理）成为可能，提高了物流运行安全和效率，改善了企业的客户服务。因此，它也成为企业管理升级和提高核心竞争力的重要手段。

（资料来源：2009 年物流师考试案例分析：民生公司的物流战略）

案例讨论题：

1. 民生公司为什么要确定上述五个方面作为企业的物流发展战略？

2. 你从以上案例中得到了什么启示？

第三章　企业物流组织

物流在战略上的重要性已越来越被人们所认识，而对物流的重视并不能自动转变成物流的效率与效益。企业的经营环境在不断变化，只有以创新的方式来整合与重组物流过程，并构建与之相应的企业物流组织，才能取得满意的效率与效益。因此，企业物流组织对企业物流的发展具有重要意义。

第一节　企业物流组织的发展与构成

一、企业物流组织结构的发展

自从 20 世纪 60 年代以来，物流管理已从只注重分散的物流职能，发展到越来越注重物流过程的整合，当前，综合物流管理与综合供应链管理已成为一个方向。

传统的物流活动分散存在于各个部门中（见表 3-1），如公司的营销、财务和制造等部门。这些活动中，某些方面的管理有时很有效，但并没有任何内部机制来保证它们之间的整合和协调性，以便真实地作出相对最佳的物流决策。许多公司内部由于组织是纵向的结构，抑制了贯穿全公司的决策的制定，因而很难达到物流管理过程的整合。

随着物流组织正式化的发展，公司开始从综合职能的角度考虑物流。表 3-2 列出了一些职能，并把它们分成五种综合职能：网络设计与设施配置、通信和信息、运输、存货、仓储包装与物料搬运。尽管目前这种物流组织具有重要的战略地位，但是随着对物流过程的认识，需要建立新的、更具创造性的物流组织。

表 3-1　公司中传统的物流活动

	营销部门	财务部门	制造部门
职能领域和活动	客户服务 需求预测 仓库选址 产品运输 仓储	订单处理 通信 采购 存货政策制定 资金预算（仓库、工厂和其他物流资产）	存货控制 物料搬运 零件与服务支持 工厂选址 包装 原材料运输 生产计划

（续）

	营销部门	财务部门	制造部门
目标	较高的存货水平 分散化的仓储 高频率、短生产周期 快速反应 在线信息处理	较低的存货水平 减少仓储点 降低成本 恰当的信息系统	较长的生产周期

表 3-2　物流的职能领域及其包含的活动

职能领域	活　　动
网络设计与设施的配置	配送中心计划、配送中心管理、工厂选址
通信与信息	订单处理、需求预测、生产计划
运输	进货运输、出货运输、国际运输、选择运输工具、选择运输方式、公共运输与自营运输
存货	采购、原材料存货、在产品存货、成品存货配件、服务支持、退货处理
仓储包装与物料搬运	仓储管理、仓储计划、物料搬运、包装、废品处理

物流组织的出现和发展是人们对物流认识不断提高的结果。过去物流仅仅被看做是生产和流通的附属职能，是分散在组织内不同职能中的一系列互不协调的、零散的活动，物流的组织责任遍布企业或工厂的各个部门，企业物流处于职能分散化、管理分离化阶段。随着时间推移，物流活动的组织结构不断演变。它的发展经历过以下几个不同阶段。

1. 第一阶段

第一阶段大约出现在 20 世纪 70 年代初期。企业将运输活动与库存、订单处理过程协调起来进行管理，同时将采购、运输和物料管理归类到一个机构名下以便统一管理。在 20 世纪 70 年代初期，人们就已经认识到与实物分拨和实物供应相关的一系列活动及其相互协调的必要性。然而，当时的组织结构非常不完善，许多公司都是通过言辞说服或人员协调等非正式的手段来平衡各项活动间的利益。由于组织形式的变化不是一个突变的过程，而更像一个渐进的过程，因此，早期有关物流组织方面的尝试并未对当时"既有"的组织形式作根本性改变。

2. 第二阶段

在第二阶段，组织结构开始发展为相对更正式的组织形式。企业开始注重对产成品运输和仓储的管理，除这两个活动的协调之外，整个定位为可操作性，而没有一点整合的迹象。设立一名高级主管专司相关物流活动（通常是实物供应或实物分拨，但不是同时兼顾），这样可以更直接地协调各项物流活动。这是物流组织结构的又一次演进。这种一体化的物流组织结构，一方面强调了物流资源计划对企业内部物流一体化的重要作用；另一方面强调了各物流支持部门（仓储、运输、包装等）与物流运作部门（采购、制造物料流和配送等）的直接沟通，各部门之间能够进行有效的利益互换。同时，在组织的最高层次设置了计划和控制处，从总体上负责物流发展战略的定位、物流系统的优化和重组、物流成本和客户服务绩效的控制与衡量等。企业对良好的物流管理所带来的收益也有了更多的认识和了解。柯达、惠而浦等公司是运用这种组织形式的先驱。尽管 20 世纪 80 年代初这类物流组织已开始出现，但是由于集中化物流运作的种种困难，以及此类组织结构本身存在着大而复杂的弊病，其应用并不广泛。因此，到了1985 年，多数大公司要么仍停留在第一阶段，要么已过渡到第三阶段。

3. 第三阶段

组织结构发展的第三阶段是指物流活动全面一体化阶段，其内涵既包括实物供应，又包括实物分拨。越来越普遍的做法是物流活动完全一体化，并建立起协调各项物流活动且有一定职权范围的组织机构。物流管理由重视功能转变为重视过程，通过管理过程而非功能来提高物流效率成为整合物流的核心。物流组织不再局限于功能集合或分隔的影响，开始由功能一体化的垂直层次结构向以过程为导向的水平结构转变，由纵向一体化向横向一体化转变，由内部一体化向内外部一体化转变。从某种意义上说，矩阵型、团队型、联盟型等物流组织形式就是在以物流过程及其一体化为导向的前提下发展起来的，并且已经成为欧美企业物流组织发展趋势。适时管理、快速反应和压缩时间的管理理念要求对整个公司内部的所有活动准确协调，这些都驱动着物流活动的完全一体化。与此同时，共享的资产（如在实物供应和实物分拨中都需使用车队和仓库）也需要小心协调，使之得到更充分的利用。目标是把成品配送和原材料运输的控制整合起来。这是一种管理方向，它把单个活动看成综合配送的一个部分，如运输、仓储、存货、顾客服务等，这些方面的决策常需要营销和生产部门进行合作。

4. 第四阶段

人们将现在所处的第四阶段称为供应链管理（Supply Chain Management）阶段，此时的物流组织不仅包括第三阶段中物流活动的全面一体化，还包括生产过程中的物流活动，也即处于第四阶段的企业认为物流包括发生在原材料采购、生产过程以及到达最终用户手中这一过程中的所有活动。第三阶段与第四阶段最大的不同就是生产过程中的活动（如生产计划安排、半成品库存管理）以及企业厂内和厂外运输的适时管理计划协调都已包含在一体化物流管理的范围内。考虑整个物流过程的整合，包括产品物流与物料管理活动相联系的整个活动中所作出的决策的协调，它的具体重点转向了战略问题，如公司总的物流、营销、作业战略，还转向注重根据企业的外部环境变化作出相应反应的能力。

5. 第五阶段

第五阶段是指对整个供应渠道中各独立法律实体之间的物流活动进行管理。为此，管理者的注意力首先会集中在企业能直接控制、直接负责的物流活动上。管理这个超组织系统不仅会带来新的挑战，也可能会实现现有机构设置和组织结构所不能达到的效率。

二、企业中的物流组织组成

企业的物流组织一般由下列人员组成：

（1）高层物流经理。

（2）直接从事物流作业的操作人员，包括负责采购、生产计划、提供顾客服务，以及配送中心、运输、自有车队中的人员。

（3）公司及部门物流管理人员。这些管理人员一般在前面提到的某项活动之下，他们可能作为物流组织中独立的人员组成，也可能由不断变化的人员组成。后者只需投入一部分时间从事某项工作（如设计一个新的配送中心或设计一个新的信息系统）。

为使物流组织有效地发挥作用，公司必须保证对每一个层次上的物流责任能有效地管理，而且公司为物流职能配备人员时，必须满足三个要求：

第一，公司必须把每项工作的定位精确化与规范化，包括工作名称、汇报关系、职责范围、执行方式。

第二，公司应将物流领域所需的技能编成目录，并对在各个不同工作岗位人员的技能要求及其满足程度进行评价。员工在物流领域的先前经验是很有用的，但公司对高层物流管理人员应考虑多项物流职能领域的背景和经验，因为当这些人试图成功地协调各种物流活动和跨职能的信息流时，往往需要思维开阔、具有远见。

第三，无论在什么时候，公司都应尽可能地将人员的工作与人员的能力搭配得当。这就需要在对工作的描述与所需技能上具有相互交叉和灵活性，以调整工作内容和名称使其适合于人员的能力和技能；当发现人员能力明显地不足或多余时，公司需考虑增加人员或重新安排人员。

物流的组织结构包括一个组织的各方面关系及权力沟通的内部模式。组织结构的两个重要组成部分，一是权力，二是沟通的正式渠道以及沿这些渠道的信息和数据。然而在实际中，许多公司的组织结构提供的是限制而非便利。所以，传统的"结构跟随战略"具有重要的适用性。

考虑到商业环境的快速变化，尤其是它对物流的影响，物流组织必须具有尽可能大的灵活性，以应对变化。第三方物流提供者具备很强的灵活性，因此，其具有很强的发展潜力。

三、当前企业物流组织的趋势

根据美国物流管理协会的调查，物流能力比较强的公司，是把物流作为与对手竞争的武器来获得和稳住顾客。这些公司的物流组织结构具有下列特征：

（1）物流组织比较正规化。

（2）高层经理负责物流管理。

（3）物流组织以"流"定位，鼓励适当的物流重组。

（4）强调物流的集中控制。

（5）管理范围超出传统的物流活动。

（6）强调满足顾客和创造物流价值。

第二节　企业物流组织结构的类型

随着企业的发展，物流组织的结构形态也在不断革新。企业物流组织可以有多种分类方法，包括职能和部门、集中和分散、活动和过程、纵向和横向、正式和非正式等。

一、传统与现代的企业物流组织模式

20 世纪 60 年代以前，物流职能分散在企业各部门中，客观上起着支持购、产、销的作用；20 世纪 60 年代末至 70 年代初，随着工业生产的发展与贸易竞争的加剧，企业开始通过机构重组突出物流职能，物流组织开始进入职能集中阶段；20 世纪 80 年代物流管理进入一体化阶段，随着信息技术的发展，物流组织结构又发展出许多新的形式，如矩阵结构、工作小组、网络组织等。

1. 传统的企业物流组织模式

（1）职能型组织。早期的物流管理方式是以职能划分为中心进行管理的。职能型组织将生产、营销、财务、物流等活动划分为企业的单个职能或部门，各职能部门的调整全部由最高经营层决策。职能型结构的优点在于：①可以拥有专业化优势，通过将同类专业人员组合在一起，从劳动分工中取得效率性；②可以减少人员和设备的重复配置。其缺点在于：①组织中各部门常常会因为追求职能目标而看不到全局的最佳利益，没有一项职能对最终结果负全部责任；②无法按部门进行利益管理并实现从生产到经营等各职能阶段成本的控制和正常价格的计算，因而根本无法实现物流成本控制。

图 3-1 是一个单一职能的物流职能组织，几个职能性物流活动的主管向负责物流的副总裁汇报工作，负责物流的副总裁又向总裁汇报工作。虽然对物流主管来说，向公司总裁汇报比向负责物流的副总裁汇报更有利，但是通常由物流副总裁向总裁或负责运作

或营销的高级副总裁汇报。

典型的情况是物流一线和二线的主管和经理向物流副总裁汇报。一线管理包括日常物流管理有关的决策，其典型的横向活动包括运输管理、存货控制、订单处理、仓储和包装；二线管理为横向活动提供信息、咨询，以便作出正确的决策，其活动包括物流网络设计和设施的配置、战略计划、顾客服务战略和成本分析。不管一线和二线管理的职能构成如何，必须认识到为了保持效率，一线活动必须从二线活动中获得专门指导及发展方向上的指导。同样的，从二线活动获得的效率也受到横向管理合作程度和提供的信息的影响。

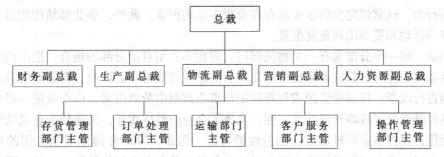

图 3-1 职能性物流组织

根据主要产品类别，一个公司可能细分为几个部门，每个部门都有各自的物流职能。图 3-2 给出了一个例子，每个物流组织都服务于各自的产品部门。正像人们预料的那样，这种方法容易导致物流工作的重复，因而促使公司为把相关的物流活动集中起来而采取适当的战略。

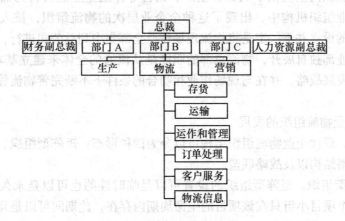

图 3-2 分部门的物流组织

（2）事业部组织。事业部制是一种分权式的管理方式，每一个事业部一般都是自治的，由事业部经理对全面绩效负责，同时拥有充分的战略和运营决策的权力。其中，对物流活动的管理也被分配到各个事业部单独进行。事业部制的优点在于：分部经理对一种产品或服务负完全的责任，管理责任明确并容易实施成本控制，同时提高了企业经营的灵活性。但是随着市场变化的加速和消费者需求的多样化，事业部制组织结构也在某些方面显现出不足。从事业部自身所负责的业务来看，事业部虽能灵活应对市场变化，并有效地进行盈亏管理，但事业部层次的效率化对整个企业来说并不一定是最有效的。例如，新产品开发已不是单个事业部的活动，而是一种跨越事业部界限的整个企业的战略行为，这就使完全的事业部存在着很多制约因素。此外，事业部结构的另一主要缺陷就是活动和资源出现重复配置。

例如，每一个分部都有一个物流部门，而在不采用自治分部的场合，组织的所有物流活动都集中进行，其成本远比分部化以后的总花费低得多。因此，有必要对原有的组织结构进行改革，将某些管理或创新职能从事业部制中分离出来，由企业统一指挥、实施，这样既保证了战略管理的统一性，发挥了企业的整体优势，又能使企业灵敏地应对市场变化，发挥事业部机动性、创造性的特征。例如，2000 年海尔对全集团的物流资源进行重组，成立了物流推进本部，对过去分散在各个事业部的采购、仓储、配送业务进行统一规划与管理，仅统一采购彩色显像管一项，全年至少节约 580 万元。

随着市场竞争的加剧和需求的多样化发展，产品营销哲学已不能适应低经济增长期需求创造和市场维系的要求，物流管理在组织中的调整成为必然，因此，应打破事业部的界限，将物流管理活动统一化和集中管理。现代物流不仅在横向上集中了各事业部的物流管理，还在纵向上统括了购买、生产、销售等伴随企业经营行为而发生的物流活动。所以在企业组织机构中，出现了这种全企业层次的物流组织，被人们称为物流总部。物流总部的设立并不一定是将物流现场作业全部集中到总公司进行，一般物流现场作业仍由各事业部独自展开，物流总部的职能是从流通的全体来建立基本的物流体系，从而决定物流发展战略，并在与现场作业相吻合的条件下不断完善物流管理体系并推动其发展。

2. 现代企业物流组织的发展

一般而言，现代企业物流组织结构可以分为四种形态：矩阵型组织、委员会结构和任务小组、网络结构以及战略联盟。

（1）矩阵型组织。矩阵型组织的设置可以是临时性的也可以是永久性的。临时性的矩阵中，一个项目小组只在该项目的生命周期内存在，此期间可以是几个月，也可能是几年；而在永久性矩阵中，产品小组相对来说存在相当一段时间。

在此结构中，物流管理者负责包括物流与其他几个职能部门相交叉的合作项目，物流经理虽负责整个物流系统，但对其中的活动并没有直接的管辖权；企业传统的组织结构仍没有改变，但物流经理分享职能部门的决策权；各项活动的费用不仅要通过各职能部门的审查，还要通过物流经理的审查，各部门协调合作以完成特定的物流项目。这种新型的组织兼有了职能型组织和事业部组织二者的优势。

（2）委员会结构和任务小组。物流组织的主要目标是计划不同的物流活动，并保持这些活动的协调一致。这种协作也可以通过非正式的组织达成，这种非正式的物流组织大致有委员会结构和任务小组两种，它们的优点在于具有很大灵活性。委员会结构可将多个人的经验和背景结合起来，跨越职能界限地处理一些问题。委员会可以是临时性的，也可以是永久性的，有些类似于矩阵结构，但它只是组织的一种附加设计。这种物流委员会的成员由各主要物流环节的人员组成，委员会提供沟通的方式，成员们定期或不定期地聚集在一起分析问题，提出建议，协调活动，作出决策或监控项目的进行。

任务小组则是与委员会结构相类似的一种非正式组织。任务小组是一种临时性结构，其设计用来达成某种特定的、明确规定的复杂任务。它涉及许多组织单位人员的介入，可以看做是临时性矩阵的一种简版。任务小组的成员一直服务到目标达成为止。从实质上说，临时性委员会通常等同于任务小组，永久性委员会比任务小组更具稳定性和一致性。

（3）网络结构。随着信息时代的来临，国际互联网深入各处，国与国之间、企业与企业之间的疆界逐渐消失，经营哲学的典范已由原先讲求"职能间分工、组织部门间整合"的传统组织，转变为"专业价值创造、跨组织间整合"的网状组织。它只有很小的中心组织，依靠其他组织以合同为基础进行制造、分销、营销、物流或其他关联业务的经营活动的结构。

【案例】 著名的耐克（NIKE）公司就是一家采用网络组织结构的公司。2000年，NIKE公司开始在其电子商务网站（www.nike.com）上进行由公司直接到消费者的产品销售，并且增加了提供产品详细信息和店铺位置的功能。为支持此项新业务，UPS环球物流实现了NIKE公司从虚拟世界到消费者家中的快速服务。

在美国，NIKE公司成为UPS的最大客户。UPS在路易斯维尔的仓库里存储了大量的NIKE产品，每隔一小时完成一批订货，并将这些产品装上卡车运到机场。这样一来，NIKE公司不仅节省了开支，而且加速了资金周转。

NIKE公司对部分物流业务实行外包，其中的一个物流合作伙伴是MENLO公司。该公司是美国一家从事全方位合同物流服务的大型公司，其业务范围包括货物运输、仓储、分拨及综合物流的策划与管理。

NIKE公司还对其原有的物流系统进行了改造，以适应新的业务需求。无论从工作效率还是从服务水平上说，NIKE 公司的物流系统都是非常先进而高效的。其战略出发点就是一个消费地域由一个大型配送中心服务，尽量获得规模化效益。此外，NIKE 公司还非常注重物流技术的进步，通过采用新科技和科学管理来降低物流成本，提高工作效率。

这种组织结构可使企业对新技术、时尚，或者来自海外的低成本竞争，具有更大的适应性和应变能力。在网络结构中，企业将生产、物流等职能活动外包出去，这就给企业提供了高度的灵活性，并使组织能够集中精力做它们擅长的事。但是，网络结构的管理当局对这些外包活动缺乏传统组织所具有的那种紧密的控制力，所以需要有更加有效的相互协调与合作，不过，借助于计算机网络技术的发展，网络结构日益成为一种可行的设计方案。

（4）战略联盟。前述的组织结构主要适用于企业内部组织，而随着供应链管理等物流一体化战略的兴起，企业的注意力开始转向企业之间的关系。企业的组织形式需随之改变。根据供应链管理的特点，实行战略联盟是一种前景良好的组织形式。

由于供应链成员之间既相互独立又相互依存，彼此间需要开展纵向合作，同时，绝大多数物流服务表现出高度的核心专业化，其利益产生于规模经济，并很容易受规模不经济的影响，这就促进了企业相互间的横向联盟。

供应商与客户之间、同行业企业之间、相关行业企业之间，甚至不相关行业的企业之间，都可能在物流领域实现战略联盟，特别是生产型企业与专业物流企业之间较为容易建立战略联盟，通常称为"第三方物流"合作。战略联盟的形式很难予以归类，但联合各方的最终目的都是为了保障彼此的长期业务合作，建立战略性合作伙伴关系。战略联盟可能会衍生出合资经营、技术共享、采购与营销协议等多种形式。但企业在组织战略联盟时必须注意保持自身的核心能力，如果为了合作成功而将资源从核心能力上转移出去，或者在技术、战略力量上妥协，就会得不偿失。

二、按物流在企业中的位置与作用分类

企业物流管理组织的设立在实际操作中，一般可归为两种组织结构形态：直线型组织和参谋型组织。

1. 直线型组织

这是一种按基本职能组织物流管理部门的组织形式，是一种正式的组织结构。当物流活动对一个企业的经营较为重要时，企业一般会采取这种模式。其典型的组织形式，如图 3-3 所示。在这种组织结构中，物流管理的各个要素不再作为其他的职能部门，如财务、市场、制造部门的从属职能而存在，而处于并列的地位。物流经理对所有的物流活动负责，对企业物流总成本的控制负责。在解决企业的经济冲突时，物流经理可以和其他各部门经理平等磋商，共同为企业的总体目标服务。

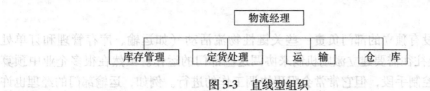

图 3-3　直线型组织

这种组织结构形态使得物流经理全权负责所有的物流活动,互相牵制、互相推诿的现象不再出现,效率高、职权明晰。但同时物流经理的决策风险也加大了。

2. 参谋型组织

这也是一种按照职能不同设定的组织。由于物流活动往往贯穿于企业组织的各种职能之中,而这种组织把有关物流活动的参谋组织单独抽出来,基本的物流活动还在原来的部门中进行,物流管理者只起"参谋"的作用,来负责物流与其他几个职能部门的协调合作。其典型的组织形式,如图 3-4 所示。

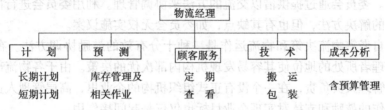

图 3-4　参谋型组织

在传统企业中,把分散的各种基本职能活动中和物流有关的方面集中起来,形成"参谋",为物流经理服务是比较容易的。因此,这种组织形式常常被那些刚开始实施综合物流管理的企业所采用。参谋型组织主要是从计划、预测、顾客服务、技术、成本分析五个方面对物流经理进行有效决策提供参谋和建议。

参谋型组织的好处在于能够在较短的时期内,使企业经营顺利地采用新的物流管理手段。

三、按企业物流组织的正式程度分类

如果有必要建立物流管理机构,企业可以选择这样几种基本形式:非正式的组织形式、半正式的组织形式、正式的组织形式。任一企业所选择的管理机构通常是企业内部经营管理演化发展的结果,也就是说,物流管理组织形式常常取决于企业内部人员的个人喜好、企业组织的传统以及物流活动在企业中的重要性。

1. 非正式的组织形式

物流组织的主要目标就是对各项物流活动的规划和控制加以协调,而由于企业内部氛围的不同,这种协调活动可以通过几种非正式的方式进行。此时,往往不需要变革现有的组织结构,而是依赖于强制或劝说手段来协调各项物流活动,实现物流管理人员之间的合作。

有些企业设有独立的部门负责一些关键性物流活动（如运输、库存管理和订单处理），这些企业往往需要建立激励机制来协调这些部门的运作。虽然在很多企业中预算是一种重要的控制手段，但它常常会阻碍协调工作的进行。例如，运输部门的经理也许会觉得为了降低库存成本而增加运输成本是不可接受的，因为库存成本并不在他的预算责任范围内，他的业绩是通过将运输成本和预算进行比较来衡量的。

鼓励各项活动进行合作的可行的激励方法还有不同部门之间互相收费，或转移成本和建立某种形式的成本节约分享机制。例如，成本互相冲突的各部门将各自节约的费用集中在一起，按预先确定的计算表制作一个清单，对节约的成本重新分配。这种方法也是在鼓励合作，因为成本互相冲突的部门利益达到均衡时，可节约的成本最大。

协调委员会也是一种非正式的物流管理组织形式。委员会的成员来自各个重要的物流管理部门。委员会通过提供借以交流的方法来协调管理。利用委员会进行协调是比较简单、直接的解决方法，但也有其缺点，如委员会无权实施议案。

总裁亲自考察物流决策和物流运作是一种十分有效的鼓励协调方法。在组织结构中，高层管理者所处的地位使其容易发现机构内部次优的决策。由于各物流部门的下属经理对高层管理人员负责，在一个没有正式组织机构的企业里，高层管理人员对跨部门间协调、合作的鼓励和支持对实现企业目标也仅仅是起间接作用。

2. 半正式的组织形式

采用半正式的组织形式的企业认为，物流规划和运作常常涉及企业组织结构中的不同部门。因此，企业会委派物流管理者协调那些既与物流有关，又涉及其他不同职能部门的项目。该种组织形式通常被称为矩阵型组织，其形式如图 3-5 所示。

在一个矩阵型组织中，物流经理对整个物流系统负责，但他并无每一个环节的直接授权。企业传统的组织结构保持不变，但是物流经理与其他部门经理共有决策的权利与义务。无论是各职能部门还是物流项目都应合理地支出费用，这是合作和协调的基础。见如下例子：

联合设备公司（United Fixtures）生产管道装置和设备，其销售额约为 8000 万美元。这家公司设立了一个分拨部门以解决物流问题。新上任的分拨部经理对销售和市场副总裁负责，其部门目标是确定客户服务标准，并协调该服务标准与配送计划、生产计划之间的关系。

以前，销售部门为了取悦大客户的要求直接将企业生产的产品从工厂运出，但生产管理人员却常常跟不上进度。新部门成立以来，很快就发现了企业的这一瓶颈约束，并着手建立一套系统以更好地协调订单录入、生产计划、基层仓储和运输之间的关系，满足客户的要求。

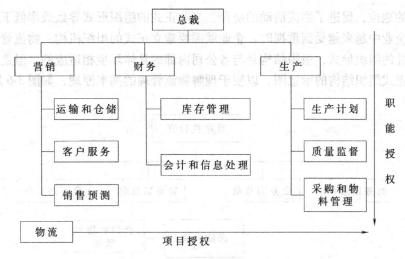

图 3-5 矩阵型组织形式

与此同时，为了迎合客户的口味，销售人员又制订出了新方案，从而打乱了生产计划，采购人员则不停地抱怨新的生产计划对原材料需求的波动太大，情况进一步复杂化。

尽管新部门的成立给运输成本和准时送货带来了积极的影响，但是仍有不少问题存在。例如，公司里大多数与物料流动有关或参与物料流动系统的职能部门认为分拨部门只对改善产成品的分拨系统有兴趣；而分拨经理也因无权控制成品库存心存不满；企业的生产副总裁负责企业库存管理，而且并不打算放弃产成品库存的控制权。

经人提议，公司同意采用矩阵型组织形式，该做法已取得了实质性的进展，但在权力共事问题上遇到了一些障碍。公司已任命了一名负责原材料管理的执行副总裁来帮助协调各职能部门的关系。这个职位手下没有大量员工，也不要求各部门向他汇报，但由于他显赫的头衔和得体的处事方式，他和他的两个助手成功地实施了其他职能部门未能实现的全方位协调管理。

尽管矩阵结构是一种有效的组织形式，但必须认识到它也会造成权力、责任界定不清，由此引发的冲突也难以解决。当然，对于某些公司来说，这种介于完全非正式组织和严格正规化组织之间的形式，仍不失为一个不错的选择。

3. 正式的组织形式

正式的组织形式就是建立一个权责分明的物流部门，其内容主要包括：①设置经理管理各项物流活动；②在组织结构中，给予该经理一定级别的权限使之能更好地与公司其他主要的职能部门（财务、操作和营销部门）合作。这种结构在形式上提高了物流管理人员的地位，促进了物流活动的协调。当非正式的组织形式导致效率低下，或者物流活动在企业中越来越受到重视时，企业就需要建立正式的组织机构。物流管理中没有具有代表性的组织形式，组织结构是与各公司内部的具体环境相适应的。但是，可以描绘出一个正式组织结构的示意图，以便于理解物流管理的基本原理，如图3-6所示。

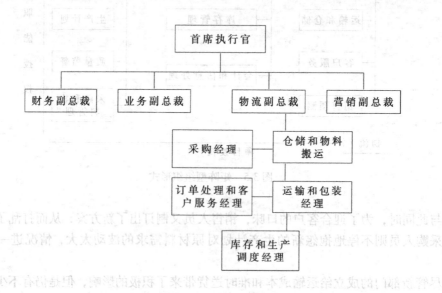

图3-6　正式组织结构

这种正式的组织形式有如下优点：①在组织结构上，物流部门被提升到更高的级别，其权限与其他主要职能部门相同，这有助于保证物流管理与营销、运作和财务管理受到同等的重视，也使得物流经理在解决利益冲突时有平等的发言权。物流和其他职能部门处于平等地位，也有利于权力的平衡和企业的整体经济利益。②物流副总裁下属有一些次级职能部门，如图3-6所示。这五个部门分别设有经理，并作为独立实体进行管理。从整体上看，这五个部门代表物流活动的五个重要方面。部门的设置完全取决于技术方面的要求。例如，如果将运输和库存管理合并为一个单独的部门可能更合适，因为这两部分成本常常会冲突，合并在一起有利于更好地进行协调。但是，对各部门进行管理所需的技术截然不同，因此，将部门合并管理就比较困难。通常可行的办法是分别指派专人负责运输和库存管理，再由物流经理通过正式和半正式的组织形式协调各项活动。其他物流活动也如此。可见，正式的组织结构就是一种平衡的结果，一方面尽量减少管理部门的个数以促进部门间的协调，另一方面将不同物流活动分别进行管理以获得技术上的高效率。

图 3-7 所示的组织形式是现在工业界中常见的最正式、最集中化的管理形式。该形式将物料管理和实物分拨整合在一起。实际上,只有很少的企业能达到这种一体化程度(1985 年所占比例约为 20%),但是从成本和客户服务的发展趋势来看,这种形式将越来越受欢迎。而且无论企业是围绕供应方活动组织物流运作(如许多服务性企业),还是围绕实物分拨组织物流运作(如制造性企业),基本模式都是非常有用的。

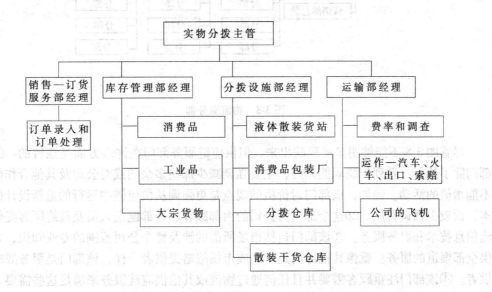

图 3-7 大豆、玉米产品生产商分拨系统组织结构图

四、按物流组织的部门与过程分类

1. 物流服务部

建立物流服务部的战略,把物流提高到公司部门同等重要的地位上。例如,某一公司成立了一个供应链服务部门,公司的组织结构如图 3-8 所示。

该公司是一个专门从事医药供应、工具以及诊断设备的高度分散性生产企业,它建立了一个公司供应链管理组织,该组织提供为多部门的供应链活动与 14 个生产部门的联系。由于这方面努力的成功,该公司后来又建立了一个新的操作部门——供应链服务部。该部门对所有的供应链服务负责,包括配送管理和战略、合同管理和折扣处理、订单执行、存货管理、产品配送、国际配送服务、运输、开发票、信用控制等。该部门为公司的 14 个国内外部门提供这些服务,并为公司的顾客提供唯一的服务。这个新的操作部门对董事会负责。

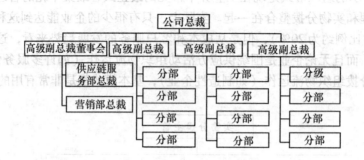

图 3-8　物流服务部

尽管图 3-8 不能够明显地反映出来，但供应链服务部门在许多方面是独特的：①该部门除了执行一系列传统职能以外，主要强调减少那些多余的或对公司及其他合作伙伴不能增值的活动。例如，该部门对价格的观点是更强调从供应链中运行的重新设计的成本，而较少强调费用。②这个部门为公司的内部顾客、外部配送人员及最终顾客提供物流信息技术和财务服务。③该部门包括市场所需的涉及整个公司范围的专业知识，并提供全部渠道的服务。就像其他部门是产品或市场战略提供者一样，该部门是服务战略提供者。④该部门注重顾客需要并且任何通过物流或其他供应链服务来满足这些需要，产品推向市场所需的步骤适用于供应链服务能力的发展。

2. 以过程定位的组织

依据主要业务程序而建立的组织结构已经得到了重视，实际上，注重过程有助于避免以有关职能和活动为基础的组织缺乏远见。另外，注重过程很容易把物流组织真正推向综合物流和综合供应链管理。正像物流服务部门有助于提高物流的地位和作用一样，注重物流过程能大大促进物流活动的整合和协调。

有多种方法来识别主要物流过程。例如，可以采用三个重要的物流过程：订单管理过程、补充过程、综合生产和配送战略过程。图 3-9 是一个注重与系统、计划、运输和作业的过程相联系的物流组织的例子。图 3-9 描述了每一个要素及其与公司产品群（A～E）和客户要求（客户满意、物流成本、准时与完整交货和注重客户）之间的关系。

过程定位的趋势要求重新考虑和组建传统的组织。大多数专家觉得传统的命令和控制系统已没有多大用处，而逐渐被扁平化、倾向于过程的结构所代替。传统的组织系统在以信息为基础的竞争环境中不是最好的操作方法。

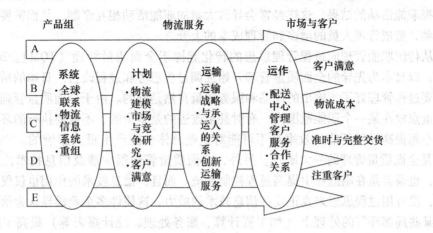

图 3-9 以过程定位的物流组织

3. 传统的职能管理与过程管理的区别

直到 20 世纪 50 年代，传统的职能管理所采用的组织结构主要还是一种，即直线职能制结构。这种结构以工作为中心进行组织设计，这样既具有优点，又具有缺点。

（1）直线职能制结构的优点如下：

1）工作职责明确和工作结构稳定。

2）能集中专家力量，取得劳动分工效益。

3）能将专业领域的最新思想引入组织。

4）专业化发展，促进各专门领域，如市场营销、生产制造、信息技术、人力资源管理等取得最佳运作的途径。

（2）直线职能制结构的缺点如下：

1）这种组织建立在命令和控制基础上，指令自上而下传达，却不能自下而上反馈。但现代社会变化快速的环境要求企业建立一种根据实际情况随时可以修订计划、灵活的、具有反馈能力的组织结构。

2）组织中的每个人，包括高层的职能管理人员，很难理解整体的任务并把它同自己的工作联系起来。各部门强调自己工作的重要性，容易产生摩擦、误会、派系等不良现象，只有为数极少的高层管理者在从事信息联系和协调等使组织整体运转的工作。

3）这种组织目光是"向内"而不是"向外"的。因为组织内部的原因建立起了工作岗位和工作流程，内部的体系比顾客需求更加重要，这使得组织结构更加不灵活。

4）传统职能管理思想是基于劳动分工，员工及管理人员往往只会注重职能活动，而忽视职能活动的结果，这样经常会导致大量的职能活动相互牵制，从而需要大量的协调活动，造成管理人员的增多和管理成本的上升。

从传统职能管理向过程管理思想的转化起源于全面质量管理（TQM）。20 世纪 70 年代，以日本为先导的全面质量管理开始强调过程思考和过程改善。日本的质量专家认为只要过程管理好了，输出的产品和服务质量自然是好的。由于全面质量管理将过程改进的重点放在某一个职能范围内，有时甚至改进的是多余的、不需要执行的环节，这种费尽心思提高局部环节的效率是不可能对企业总体性能产生很大影响的。"见树不见林"是全面质量管理的一大缺点。另外，全面质量管理很少涉及信息技术，即使有所涉及，也通常是在制造业中提高过程控制系统。而且，信息技术的作用也仅仅是用于自动化，没有用过程思想来真正发挥信息技术的威力。这使许多企业领导认为信息系统虽然在某些局部环节的处理上（如工资计算、账务处理、统计报表等）提高了效率，但对整个企业的经营业绩并无很大的影响；相反，由于添置设备、支付开发费用和日常运行维护费用，增加了企业的负担。

到了 20 世纪 80 年代中期和末期，许多大公司，特别是美国和欧洲的一些大公司开始重新思考信息技术和企业行为，以及它们之间的关系。今天的信息技术已经超越了时间和空间的限制，为企业各种事物处理流程的重新设计和实现提供了良好的支持，为过程的彻底改善提供了可能。这些思想的共性在于把关注的焦点由过程的某一职能扩展到整个跨职能的过程，以信息技术和组织调整作为整个过程变化的推动力，最终取得过程绩效的巨大改善。传统职能管理与过程管理的区别如表 3-3 所示。

表 3-3   传统职能管理与过程管理的区别

	职能管理	过程管理
关注重点	内部体系	过程及其输出
问题产生的原因	员工	过程
对员工的态度	成本	资源
员工对工作的态度	做自己的工作	知道对过程的贡献
衡量对象	人	过程
改进对象	人	过程
上级对下级的态度	控制	激励
企业文化	不信任任何人	所有人都休戚相关
发现问题后的态度	谁犯了错	是什么使得错误发生
工作目的	为老板工作	为顾客工作

五、企业物流组织的集中与分散

美国俄亥俄州立大学关于物流组织战略问题研究的结果，如图 3-10 所示。其中，32% 的公司采用集中的组织，而 15% 的公司每个部门中都设立了单独的物流部门，37% 是两者的结合。根据调查结果，两者相结合的方式在过去几年中被广泛地采用。当然，也有 11% 的公司采用的是建立一个独立的物流部门。

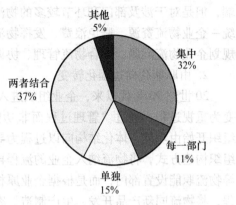

该研究也表明了主要的物流活动领域里物流运作向集中化转变的情况，图 3-11 很明显体现了集中化程度的增加。

最后，根据以上数据可得出，关于促进集中化发展的因素中，成本控制占 19%，管理控制占 17%，谈判能力占 10%，规模经济

图 3-10　物流组织的结构

占 10%。在同样的研究中，对于物流非集中化提出的主要理由有快速反应（占 14%）、顾客差异（10%）、需接近消费者（10%）和客户服务（8%）。

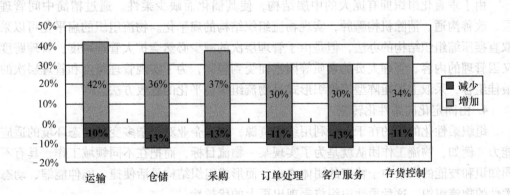

图 3-11　物流作业集中化趋势

六、企业物流组织的创新趋势

1. 由分散化向内部一体化转变

20 世纪 80 年代后，欧美等发达国家就开始出现了企业内部的一体化物流组织。它是指在一个高层物流经理的领导下，统一所有的物流功能和运作，将采购、储运、配

送、物料管理等物流的每一个领域组合构成一体化运作的组织单元，形成总的企业内部一体化物流框架。尽管这种一体化组织存在着机构较大而复杂、组织灵活性低等一些弊端，但是对于涉及部门和环节较多的物流系统而言，则表现出更多的优越性。它有利于统一企业物流资源、避免浪费、发挥物流整体优势，有利于从战略的高度系统地考虑和规划企业物流问题、整合物流管理、协调物流操作，提高物流运作的效率和效益。

2. 由职能化向过程化转变

20世纪90年代以来，企业组织进入了一个重构的时代。物流管理也由重视功能转变为重视过程，通过"管理过程而非功能"提高物流效率成为整合物流的核心。物流组织开始由功能一体化结构向以过程为导向的水平结构转变，强调以物流过程为中心的组织构建方式，将物流纳入企业的流程再造中，不再简单地按照仓储、运输、流通加工等物流职能设置部门，而是根据企业原材料、零部件、半成品和产成品的流向和流动过程，将物流同新产品开发、生产制造、客户服务等有机结合，注重实物流和信息流的融合，围绕企业总体目标和物流具体目标设计组织结构。物流过程化组织能够跨越企业的各职能部门、地区部门，甚至于企业之间而有效地组织物流活动，其组织形式是多样化的，如矩阵型、项目型、团队型等。

3. 由垂直化向扁平化转变

由于垂直化组织拥有庞大的中层结构，使其僵化而缺少柔性。通过精简中间管理层、改善沟通、消除机构臃肿，实现物流组织结构的扁平化。物流组织的扁平化可以采取直接压缩组织结构的办法，但是由于管理层次的减少必然会扩大管理跨度，管理跨度又因管理的内容、管理人员的素质等因素而受到限制，为了实现管理跨度和管理层次的最佳组合，采取上述矩阵型等组织形式是物流组织扁平化的有效方法。

4. 由固定化向柔性化转变

组织柔性化的目的在于充分利用组织资源，增强企业对复杂多变的动态环境的适应能力。例如，物流工作团队就是为了实现某一物流目标，而把在不同领域工作、具有不同知识和技能的人集中于特定的团体之中，而形成组织结构灵活便捷、能伸能缩、动态柔性的物流组织，这种柔性组织将表现出更大的优越性。

5. 由实体化向虚拟化发展

虚拟物流组织具有快速响应市场变化的能力，组织灵活性强，易于分散物流风险，易于企业抓住有利的物流机会，有利于企业利用外部物流资源，使之专注于物流核心业务，而将非核心业务外包给虚拟成员企业，从而提高本企业的核心竞争力。例如，企业间为实现特定的物流目标而采取联合与合作等形式建立的物流联盟组织，就是一种有效的虚拟型物流组织。它可以使物流资产发挥更大的作用，降低物流费用，实现企业间的双赢或多赢。

6. 由单体化向网络化发展

随着经济全球化、网络化和市场化的日益加剧，企业物流组织必然会向网络化发展，以使企业能够充分利用内外部物流资源来快速响应市场需求，有效提高其竞争力。物流网络组织是将单个实体或虚拟物流组织以网络的形式联合在一起，它是以联合物流专业化资产、共享物流过程控制和完成共同物流目的为基本特性的组织管理形式。它可以是实体网络组织，也可以是虚拟网络组织；可以是企业或企业集团内部的物流网络组织，也可以是企业外部网络组织。

上述是对企业物流组织创新趋势的一般性分析，企业要根据自身的情况和所处的外部环境，确定物流组织创新的方向和具体形式。

第三节　企业物流组织的设计

企业为了进行经营管理活动，实现企业目标，必须建立合理的企业组织机构。企业组织机构是与流通生产力相适应的生产关系的形式，它的基本内容包括明确组织机构的部门划分和层次划分，以及各个机构的职责、权限和相互关系，由此形成一个有机整体。

一、企业物流管理组织设计应考虑的有关因素

1. 企业的所属类型因素

不同类型的企业，物流管理的侧重点不同，物流管理组织的结构设计也相应各有特点。例如，原材料生产型的企业是其他企业原材料的供应者，其产品种类虽一般较少，但通常却是大批量装卸和运输，因此，一般要成立正式的物流管理部门与之适应；销售型的企业没有生产活动，其经营集中在销售和物流活动上，一般从分布广泛的供应商采购商品并通常相对集中在较小的领域内零售商品，主要的物流活动有采购运输、库存控制、仓储、订货处理及销售运输等。对这类企业，物流组织极为重要，而且组织结构主要以销售运输为重点。

2. 企业的战略因素

企业组织是帮助企业管理者实现管理目标的手段。因为目标产生于组织的总战略，因此，组织的设计应该与企业的战略紧密配合，特别是组织结构应当服从企业战略。如果一个企业的战略发生了重大调整，毫无疑问，组织的结构就需要作相应的变动以适应和支持新的战略。

3. 企业的规模因素

企业规模的大小对企业的组织结构有明显的影响作用。例如，大型企业的组织比小型企业的组织应倾向于具有更高程度的专业化和横向、纵向的分化，规章条例也更多。

而小型企业的组织结构就显得简单，通常只需两三个纵向层次，形成扁平的模式，员工管理相对灵活些。对于规模大的企业，目前流行一种新形式的组织设计，把组织设计的侧重点放到顾客需要或工作过程方面，用跨职能的项目小组取代僵硬的部门设置，在提高效率方面发挥了作用。

4. 企业的技术因素

以追求利润为目标的企业（特别是生产制造企业），都需要采取一定的技术，将投入转换为产出。这些企业在进行组织设计时，不可忽视技术对组织结构提出的要求。经研究表明，制造业企业的组织并不存在一种最好的方式，单件生产和连续性生产，采用有机式结构最为有效；而大量生产企业若与机械式结构相匹配，则是最为有效的。研究还表明，越是常规的技术，结构就越应该标准化，即采用机械式的组织结构；越是非常规的技术，结构就越应该是有机式的。

5. 企业环境的因素

企业环境也是组织结构设计的一个主要影响力量。从本质上说，较稳定的企业环境，采用机械式组织更为有效；而动态的、不确定的环境，则采用有机式组织更佳。由于现今企业面临的竞争压力增大。企业环境也不似从前稳定，故企业物流组织应该能够对环境的变化作出有益于企业运行的反应，设计要充分体现出柔性。

总之，企业物流管理组织设计一定要从企业的实际出发，综合考虑企业的规模、产权制度、生产经营特点、企业组织形态及实际管理水平等多种因素，以建立最适宜的组织。物流管理组织的调整，要适应企业经营方式变革和企业内部管理向集约化转换的需要。

二、建立物流组织机构的原则

在企业物流组织建立过程中，应从具体情况出发，根据物流管理的总体需要，体现专业职能管理部门合理分工、密切协作的原则，使其成为一个有秩序、高效率的物流管理组织体系。具体来说，建立与健全物流管理组织必须遵循下述基本原则：

1. 有效性原则

有效性原则是企业组织基本原则的核心，是衡量组织机构合理与否的基础。

有效性原则要求企业组织必须是有效率的。物流组织的效率表现为组织内各部门均有明确的职责范围，节约人力、节约时间，有利于发挥管理人员和业务人员的积极性。

有效性原则要求物流组织在实现物流活动的目标方面是富有成效的。有效性原则要贯穿在物流组织的动态过程中，组织机构要反映物流管理的目标和规划，要能适应企业内部条件和外部环境的变化，并随之选择最有利的目标，保证目标实现。物流组织的结构形式、机构的设置及其改善，都要以是否有利于推进物流合理化这一目标的实现为衡量标准。

2. 合理管理幅度原则

管理幅度是指一名管理者能够直接而有效地管理其下属的可能人数和业务范围，它表现为管理组织的水平状态和组织体系内部各层次的横向分工。管理幅度与管理层次密切相关，管理幅度大就可以减少管理层次，反之，则要增加管理层次。

管理幅度的合理性是一个十分复杂的问题。因为管理幅度大小涉及许多因素，如管理者及下属人员素质，管理活动的复杂程度，管理机构各部门在空间上的分散程度等。管理幅度过大，会造成管理者顾此失彼，同时因为管理层次少而导致事无巨细、鞭长莫及；反之，则必然会增加管理层次，造成机构庞杂，增加管理上的人力、财力支出，并会导致部门之间的沟通及协调复杂化。因此，合理管理幅度原则一方面要求适当划分物流管理层次，精简机构；另一方面要求适当确定每个层次管理者的管辖范围，保证管理的直接有效性。

3. 职责与职权对等原则

无论是管理组织的纵向环节还是横向环节，都必须贯彻职责与职权对等原则。职责即职位的责任。职位是指组织机构中的位置，它是组织体内纵向分工与横向分工的结合点，在组织体内职责是单位之间的连接环，把组织机构的职责连接起来，就是组织体的责任体系。如果一个组织体没有明确的职责，这个组织体就不牢固。

4. 协调原则

物流管理的协调原则是指物流管理各层次之间的纵向协调、物流系统各职能要素之间和部门之间的横向协调。在这里，横向协调更为重要。

改善物流企业组织的横向协调关系可以采取下列措施：

（1）建立职能管理横向工作流程，使业务管理工作标准化。

（2）将职能相近的部门组织成系统，如供、运、需一体化。

（3）建立横向综合管理机构。

5. 稳定与适应结合原则

企业组织的结构要有一定的稳定性，即相对稳定的组织结构、权责关系和规章制度，有利于生产经营活动的有序进行和提高效率；同时，组织结构又必须有一定的适应性和灵活性，以适应迅速发生的外部环境和内部条件的变化。

三、企业物流管理组织的职能范围设计

物流管理机构的组织活动，要明确物流管理的职能范围。关于职能范围，虽然各个企业各不相同，但基本包括物流业务与系统协调两大部分。

物流业务主要在于物流活动计划和计划的调整实施，执行结果的评价等。其具体内容如下：

（1）编制各种物流计划。

（2）预测物流量。

（3）分析、设计和改进物流系统。

（4）调整与其他部门之间的利害关系。

（5）研究顾客服务水平。

（6）编制物流预算方案。

（7）进行物流成本分析。

（8）控制和调整实际物流活动。

（9）在企业内进行物流思想的宣传教育；选择物流人才，并对其进行培养和管理。

根据以上业务内容，可以看出物流管理部门的主要作用在于评价物流系统现状、发现问题、研究改进办法，对能够改变物流现状的物流系统本身进行设计和改造，并制订新的物流计划，确定出控制标准，以保证合理物流活动的继续。

物流管理部门还额外承担进行系统协调的"非正式职能"。这主要因为物流管理与企业其他的管理职能紧密相关，且具有交叉性。物流活动把企业的供应商和本企业的采购活动、制造过程、销售活动以及用户联接在一起，其范围贯穿企业运行的整个链条，从整体上把握企业的目标，从而承担起协调的职能。

四、企业中的物流组织的设置

建立物流组织考虑备选方案时，最主要的目标是确保方案可调动和管理各种资源，以保证物流任务和公司目标能得以实现。

当无法确定哪一个方案是最合适的时候，可以采用下面的步骤：

（1）研究公司的战略目标。

（2）确定与公司结构相融的职能部门。

（3）定义自己所负责的部门职责。

（4）熟知自己的管理模式。

（5）确定自身的适应性。

（6）了解自己的支持系统。

（7）制订既满足个人又满足公司目标的计划。

其中，第一个步骤确保物流部门的长远方向和公司目标相一致；第二步骤使职能部门设置与公司结构相对应也是十分重要的，除非整个公司的结构需要重新设计；第三个步骤界定职责是必要的，因为物流活动的横向性质有时会产生混淆；第四个步骤要求管理者认识到自己的态度和行动将怎样影响其下属的适应变化；第五个步骤中的灵活性可以确保组织适应将来的变化；第六个步骤了解自己的支持系统，有助于准确知道新系统能干什么和不能干什么；最后一步保证使用者接受新系统，因为使用者在实施过程中的抵触会迅速导致失败。

复习思考题

1. 企业物流组织结构的发展经过几个不同阶段？
2. 企业中的物流组织一般由哪些人员组成？
3. 当前企业物流组织的趋势是什么？
4. 传统的企业物流组织模式包括哪几种类型？
5. 现代企业物流组织包括哪些类型？
6. 按企业物流组织的正式程度来分类，可分成几类？每一类的特点是什么？
7. 传统的职能管理与过程管理有什么区别？
8. 企业物流管理组织设计应考虑的相关因素是什么？
9. 建立物流组织机构的原则有哪些？

实践与思考

1. 研究一个企业，指出这个企业的物流组织是什么类型的？
2. 这种组织类型是否适应该企业的发展？若不适应，什么类型的物流组织结构能适应这个企业的发展？

第四章　企业物流业务外包

随着科技的进步和生产力的发展，顾客的消费水平不断提高，企业之间的竞争日趋激烈。企业要想在竞争中立于不败之地，必须根据自己的特点，培育企业的核心竞争力。根据管理理论，企业应将主要精力放在核心业务上，将非核心业务外包出去。对于大多数工商企业而言，物流业务是企业的辅助性业务，可将其外包出去。

第一节　企业物流业务外包的概念与方式

一、业务外包的含义

1. 企业业务外包的含义

现代企业管理，尤其是供应链管理，特别重视企业的核心竞争力。所谓核心竞争力，是指企业根据自身的特点，将其经营的重点放在某一特殊的领域或者是某种专项业务，在特定行业的市场中占领某个细分市场，在某点形成企业自身的竞争优势。为了取得这样的竞争优势，企业通常会选择将其主要的物力和人力投入在其主营业务上，而将其他非核心的业务外包给其他企业，这就是经常提到的企业业务外包（Outsourcing）。

事实上，在世界经济一体化的竞争环境下，没有任何一个企业可以自主经营所需要的所有业务，而是必须在业务上与其他企业相配合，必须联合供应链中其他上、下游企业，建立一个经济利益相连、业务关系密切、互相信任、协同发展的行业供应链，以实现各企业之间的优势互补，充分利用一切可利用的资源来达到适应社会化大生产的竞争环境，增强企业的市场竞争力，实现共同发展的目的。因此，随着企业内部的部分业务延伸和发展到整个产业链中，企业管理的范围也相应地从企业内部扩展到了外部，大量的对企业内部资源的管理也外包给了其他企业的专业化经营。耐克（NIKE）是最大的运动鞋制造商之一，却没有生产过一双鞋；嘉露（Gallo）是著名的葡萄酒生产公司，却没有种过一粒葡萄；波音（Boeing）是顶尖的飞机制造公司，却只生产座舱和翼尖。这就是公司为保持其在国际市场上的核心竞争优势而采取业务外包手段的结果。

2. 物流业务外包的含义

随着全球经济一体化进程的加快、信息技术在物流领域的应用和发展，对一体化多渠道市场需求的增长和物流服务供应商服务能力的扩充和完善，物流业务外包服务将逐步被社会认识、了解、认可和进一步采用。

所谓物流业务外包，即生产企业或流通企业为集中资源、节省管理费用，增强核心竞争能力，将其物流业务以合同的方式委托给专业的物流公司（第三方物流，3PL）运作。外包是一种长期的、战略的、相互渗透的、互利互惠的业务委托和合约执行方式。

物流外包是企业业务外包的一种主要形式，也是供应链管理环境下企业物流资源配置的一种新形式，完全不同于传统意义上的外委、外协，其目的是通过合理的资源配置，发展供应链，打造企业的核心竞争力。

【案例4-1】

青岛啤酒：外包物流保鲜速度

青岛啤酒（简称青啤）从1998年起开始推行"新鲜度管理"。但是由于物流渠道不畅，不仅增加了运费，加大了库存，还占用了资金，提高了管理成本，新鲜度管理很难落到实处。另外，各区域销售分公司在开拓市场的同时还要管理运输和仓库，往往顾此失彼。由于青啤并不具备优势的自营运输业务，车队每年有近800万元的潜亏。因此，青啤产生了物流外包的意图。

"我们要像送鲜花一样送啤酒，把最新鲜的啤酒以最快的速度、最低的成本让消费者品尝。"为了这一目标，青岛啤酒股份有限公司与中国香港招商局共同出资组建了青岛啤酒招商物流有限公司，双方开始了物流领域的全面合作。

"外包"获得专业输送速度。青岛啤酒招商物流有限公司全权负责青啤的物流业务，提升了青啤的输送速度，使得青啤在物流效率的提升、成本的降低、服务水平的提高等方面成效显著。自从合作以来，青啤运往外地的速度比以往提高30%以上，山东省内300公里以内区域的消费者都能喝到当天的啤酒，300公里以外区域的消费者原来喝到青啤需要三天左右，现在也能喝到出厂一天的啤酒了。另外，青啤运送成本每个月下降了100万元。

（资料来源：青岛啤酒：外包物流保鲜速度 http://article.chinautn.com/20080311/5611.html）

3. 我国物流业务外包的现状

由于我国经济发展模式的持续变化，众多大中型企业或集团包含了专门的物流业务板块。但是，目前大多数行业正在经历一个过渡的阶段，日益增多的企业认为值得把一项或多项物流活动外包给专业的物流服务公司。

有关部门对此进行了相关调查，调查的4801家生产制造、零售流通企业中，有1777家企业已经将其物流业务外包给专业物流公司，占总比的37%。调查结果如图4-1所示。

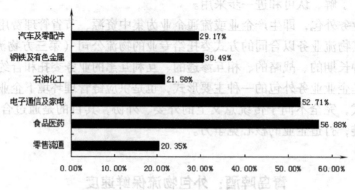

图 4-1 物流外包业务比例分行业对比

通过对调查数据分析看出，食品医药业、电子通信及家电业，外包物流占比分别为 56.88% 和 52.71%；相比之下，石油化工、钢铁及有色金属、汽车及零配件行业的物流业务外包比例稍低，在 25% 左右；而零售流通业企业外包物流业务的比例最低，为 20.35%。

4. 全球范围的业务外包

在世界经济范围内竞争，企业必须在全球范围内寻求业务外包。在全球范围内对原材料、零部件进行配置，正成为企业国际化进程中获得竞争优势的一种重要的技术手段。产品制造国的概念在经济全球化的推动下已经变得模糊起来了。原来由一国制造的产品，可能通过远程通信技术和迅捷的交通运输成为国际组装而成的产品，开发、产品设计、制造、市场营销、广告等可能是由分布在世界各地的能为产品增值最多的企业完成的。例如，通用汽车公司的 Pontiac Le Mans 已经不能简单定义为美国制造的产品，因为它的组装生产是在韩国完成的，发动机、车轴、电路是由日本提供的，设计工作在德国，其他一些零部件来自于我国台湾地区、新加坡和日本，由西班牙提供广告和市场营销服务，数据处理在爱尔兰完成，其他一些服务如战略研究、律师、银行、保险等分别由美国的底特律、纽约和华盛顿等地提供。因此，只有大约占总成本的 40% 业务发生在美国本土。

全球业务外包也有其复杂性、风险和挑战。国际运输方面可能遇到地区方面的限制，订单和再订货可能遇到配额的限制，汇率的变动及货币的不同也会影响付款的正常运作。因此，全球业务外包需要有关人员具备专业的国际贸易知识，包括国际物流、外

⊖ 资料来源:《物流业调整和振兴规划》效应调研报告 http://www.56products.com/special/2009722152128/11J53B95K88HK6K.html

汇、国际贸易实务、国外供应商评估等方面的知识。

二、企业物流业务外包的原因

多年来，欧美发达国家的物流已不再作为工商企业直接管理的活动，而常常从外部物流专业公司中采购物流服务。有些公司还保留着物流作业功能，但越来越多地开始由外部服务合同来补充。这些服务采购的方式对公司物流系统的质量和效率具有很大影响。

促使企业选择部分业务外包的因素，概括起来主要有以下几个方面：降低和控制成本，节约资金；改进公司核心业务；缩短产品生产和流通周期，提高产品加工与信息传输效率；消除企业业务重构；摆脱企业难以管理的辅助业务职能；利用企业外部的资源和其他企业的业务优势；减少或转移经营的风险。企业业务外包的主要原因如图 4-2 所示。

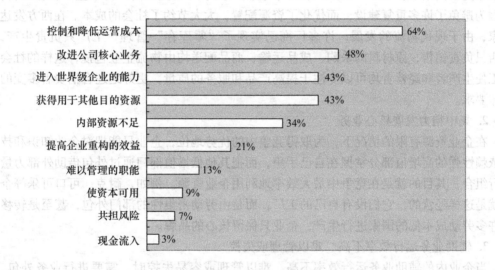

图 4-2　业务外包的主要原因

如果一个企业在企业价值链的某一环节上不是世界上最好的，如果这又不是该企业的核心竞争优势，如果这种活动不至于把企业同客户分开，那么该企业应当把它外包给世界上最好的专业公司去做。这就是业务外包推崇的理念。也就是说，首先要确定企业的核心竞争力，然后把企业内部的人力和其他各种资源集中在具有核心竞争优势的业务上，而将不具有核心竞争力的其他企业活动外包给专业公司。在供应链管理下，资源配置是一个增值的过程，如果企业外包能以更低的成本获得比企业自制更好的效益，那么业务外包是企业的必然选择。促使企业实施业务外包的原因有以下几点：

1. 降低和控制成本

许多外部资源配置服务提供者都拥有能比本企业更有效、更便宜的完成业务的技术和知识，因而他们可以实现规模经济效益，并且愿意通过这种方式获利。企业可以通过外向资源配置，避免在设备、技术、研究开发上的大额投资。

外包物流职能的方法最早源自人们对产品的储运，采用第三方物流则是典型的物流业务外包的形式。

第三方物流战略对于制造商而言是利用外部资源将固定费用变为可变费用，可得到并享用物流专家的经验与物流技术革新成果、物流管理职业化的服务水平。许多在行业内领先的公司通过在物流方面选择一个或少数几个供应商，以简化流程的管理，集中有限的资源于某些业务，从而实现规模经济。据估计，通过专业物流进行市场配销，比自行设立配销网络节省20%~30%的成本，使企业竞争力明显提高。对于整个社会而言，也因为避免了许多重复建设，而优化了资源配置，大大节约了社会的成本。在西方发达国家，由于现代物流的发展，许多厂商已实现了"零库存"管理，工厂只负责生产，商店只负责销售，原材料的采购、成品运输、商品配送均由物流企业包揽，这样的社会分工使生产者和经营者均可以专注于提高产品和服务的质量，更好地迎合消费者多变的口味要求。

2. 集中精力发展核心业务

在企业资源有限的情况下，为取得竞争中的优势地位，企业只能把对企业知识和技术依赖性强的高增值部分掌握在自己手里，而把其他低增值部门通过外包借助外部力量进行组合，其目的就是在竞争中最大效率地利用企业资源。例如，耐克、可口可乐等企业就是这样经营的，它们没有自己的工厂，而是由劳动密集性的部门外包，甚至是转移到许多劳动成本低的国家进行生产，企业只保留核心的品牌。

3. 辅助业务运行效率不高、难以管理或失控

当企业内的辅助业务运行效率不高、难以管理或容易失控时，需要进行业务外包。当然，业务外包也不是万能的，它并不能彻底解决企业的问题。因为这些业务职能可能在企业外部更加难以控制，所以在业务外包中，选择一个合适的合作对象对企业来说至关重要。

4. 使用企业不拥有的资源

如果企业所拥有的资源不足以保证企业业务的正常进行和扩充时，企业也会将业务外包。但是企业是否要将业务外包，取决于企业的成本—利润分析。如果在长期情况下外包是有利的，那么企业应该采取外包策略；如果是无利的，那么企业应该采取其他更合适的方法解决资源紧缺的问题。

5. 分散风险

通过业务或者职能的第三方外包，企业可以分散因为政府、经济、市场、财务等各种因素带来的风险。任何一个企业，其本身的资源、能力都是有限的，通过业务或职能的第三方外包，与外部的其他专业企业建立合作伙伴关系，共同承担风险，企业将变得更具有柔性，更能适应多变的市场和外部环境。

随着竞争的加剧，物流在供应链中扮演着愈加重要的角色，物流操作的技术性也越来越强，一些大公司纷纷开始将物流业务从其核心业务中剥离出来。中国仓储协会的调查显示，我国有45.3%的企业在寻找新的物流代理商。因此，专业物流市场的前景将会十分可观。

三、企业物流业务外包的主要方式

在实施物流业务外包活动中，主要有以下几种物流业务外包方式：

1. 交易物流

交易物流是建立在一次交易或一系列交易的基础上的物流外包方式，属于临时外包。一些企业在完全控制其主要企业物流业务的同时，在非常时刻，如企业物流业务的高峰期，由于物流服务能力不足，会将一些诸如仓储、运输、配送等物流业务环节外包出去，以解燃眉之急。例如，企业为拓展市场进行促销活动，大量的产成品被生产出来，原来的产成品仓库无法满足需求，就会临时租用其他仓库，外包一部分产成品仓库。这种物流业务外包就是临时性的，高峰期过后，其物流服务能力可以满足生产、销售的需要后，就不用外包了。临时性物流服务环节的外包优势是企业不需要拥有大量的物流资源，只保有一定合理数量的物流资源（如仓库）即可。这样企业可以缩减过量的经常性开支，降低固定成本，同时增加物流服务的柔性，提高生产率。

2. 成立物流子公司

为了在竞争中形成竞争优势，一些大中型企业由于实力雄厚，有能力建立自己的物流系统，于是剥离物流业务，组建物流公司，将企业的物流业务外包给这些物流子公司。就理论上而言，这些独立的部门性公司几乎完全脱离母公司，变得更加有柔性、效率和创新性，能更快地对快速变化的市场环境作出反应。例如，东芝公司为了开拓业务，在1974年就组建了东芝物流公司这一独立的物流子公司，主要为东芝的家电和信息产品提供物流服务。

3. 外包给第三方物流

在企业物流业务外包方式中，外包给第三方物流是比较常见的一种形式。即将企业物流业务委托给专业物流公司，从市场上购买第三方物流服务。第三方物流是一种独立于生产企业的专业组织形式，它是指由供方和需方外的物流企业提供物流服务，承担物流运作的业务模式，是一种专业化、合同化、社会化的物流。随着企业核心竞争力战略的推进和第三方物流的发展，物流外包不断在现代企业竞争中显现优势。

四、物流服务承包者的类型

由于物流服务种类的多样性和企业物流外包的多样性，物流服务承包者的类型也是多种多样的。对于物流服务承包者的类型有多种划分方法，如按所提供的物流服务种类分类和按所属的物流市场分类，如图4-3所示。

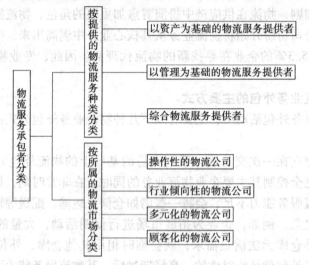

图4-3　物流服务承包者分类

1. 按所提供的物流服务种类分类

（1）以资产为基础的物流服务提供者。以资产为基础的物流服务提供者自己拥有资产，如运输车队、仓库和各种物流设备，其通过自己的资产提供专业的物流服务。

（2）以管理为基础的物流服务提供者。以管理为基础的物流服务提供者通过系统数据库和咨询服务为企业提供物流管理或者提供一定的人力资源。这种物流服务提供者不具备运输和仓储设施，只是提供以管理为基础的物流服务。

（3）综合物流服务提供者。综合物流服务提供者自己拥有资产，并能提供相应的物流管理服务，同时可以利用其他物流服务提供者的资产，提供一些相关的服务。

2. 按所属的物流市场分类

（1）操作性的物流公司。操作性的物流公司以某一项物流作业为主，一般擅长于某一项或几项物流操作。在自己擅长的业务上，其具有成本优势，往往通过较低的成本在竞争中取胜。

（2）行业倾向性的物流公司。行业倾向性公司又称为行业性公司，其通常为满足某一特定行业的需求而设计自己的作业能力和作业范围。

（3）多元化的物流公司。多元化的物流公司提供一些相关性物流服务，这种物流服务是综合性的。

（4）顾客化的物流公司。顾客化的物流公司面向的对象是专业需求用户，物流服务公司之间竞争的焦点不是费用而是物流服务。

五、企业实施物流外包应注意的事项

近年来，许多企业期望通过物流外包来提升企业效率。为了防止物流外包流于形式或失败，企业实施物流外包时需要注意以下几点：

1. 作好外包规划

专业、合格的物流顾问是企业物流外包的核心技术人员，企业应该聘请专业的物流顾问来进行物流外包项目的设计和规划，分析企业需要从第三方物流公司得到什么，制定衡量绩效的标准和方法。

2. 严格筛选物流供应商

一个企业的外包业务，可能有许多第三方物流公司经过努力最终都能完成，但是问题在于并不是所有能完成这种业务的第三方物流公司都适合该企业的企业文化，都能高效率、高质量地完成企业的外包任务。在选择供应商时，首先，尽量收集社会上第三方物流公司的信息，逐个评价其实力、信誉、从业经验等，把那些明显不符合要求的物流公司排除在外；然后进行筛选，在深入分析可选第三方物流公司的管理深度和幅度、战略导向、财务状况、信息技术支持能力、自身的可塑性和兼容性、相同领域的从业经验、市场信誉等基础上，通过综合比选，最终确定符合条件的合作伙伴。

3. 制定具体的、详细的、具有可操作性的工作范围

工作范围即物流服务要求明细，它对服务的环节、作业方式、作业时间、服务费用等细节作出明确的规定。工作范围的制定是物流外包最重要的一个环节，它是决定物流外包成败的关键要素之一。

4. 协助物流供应商认识企业

视物流供应商的人员为内部人员，一般需要与物流供应商分享公司的业务计划，让其了解公司的目标及任务，因为对于一个对企业一无所知的人来说，很难要求其能有良好的表现。

5. 建立冲突处理方案

与物流供应商的合作关系并不总是一帆风顺的，其实若彼此的看法能确切地表达，公司将从中获益良多。所以为避免冲突的发生，事前就应该规划出当冲突发生时双方如何处理的方案，一旦有一方的需求不能得到满足时，即可加以引用并借此改进彼此的关系。

6. 动态监控

市场需求千变万化，外包后要进行动态监控，发现问题应及时解决。

7. 明确制定评估标准

实施外包是一个长期的过程，在此过程中，需要不断地对外包活动进行考核，使每个步骤都能达到预期目的。当建立合作关系后，应依据既定合约，充分沟通协商、详细列举绩效考核标准，并对此达成一致。绩效评估和衡量机制不是一成不变的，应该不断更新以适应企业总体战略的需要，促进战略的逐步实施和创造竞争优势。绩效考核标准应立足实际，不能过高而使物流供应商无法达到。同时要有可操作性，标准应该包含影响企业发展的所有重要因素。良好的工作业绩应该受到肯定和奖励，因为物流供应商或企业内部职能部门即使对所做的工作有自豪感，也同样需要得到承认和好的评价。

制订合理的评估标准能够促使物流供应商的核心能力得到长期、持续、稳定的发展。

第二节　第三方物流的内涵与选择

一、第三方物流的概念

1. 第三方物流的产生与发展

随着人们对商品生产、流通和消费需求的逐步变化，物流越来越引起人们的关注，尤其是近几年，物流公司、物流中心等不断出现，我国各地都形成了一定程度的"物流热"。物流对企业在市场上能否取胜的决定作用变得越来越明显。从本质上说，企业在市场上的表现主要是由产品的质量、价格以及产品供给和服务三个因素决定，其中任何一个因素对企业的竞争能力都起着重要的影响作用，而这三个因素都分别直接或者间接地受到物流的影响。世界经济将在纵向上对工业、供应商、客户服务、贸易和物流公司进行重新分工，介入生产以及销售环节的物流公司的出现将是物流业发展的必然趋势。随着现代企业生产经营方式的变革和市场外部条件的变化，"第三方物流"这种物流形态开始引起人们的重视。在西方发达国家里，先进企业的物流模式已经开始向第三方物流甚至是第四方物流方向转变了。

第三方物流（Third Party Logistics，3PL）的概念源自管理学中的"外包"，即企业充分利用外部的资源为企业内部的生产经营服务，动态地配置自身和其他企业的功能和服务。将"外包"的概念引入物流管理领域，就产生了第三方物流的概念。

第三方物流是指生产经营企业为集中精力搞好主营业务，把原本应该自主经营的与企业业务有关的物流活动，以合同或者企业联盟等多种方式委托给专业物流服务企业，同时通过现代的信息系统与物流服务企业保持密切联系，以达到对物流全程管理和控制的一种物流运作与管理方式。第三方物流概念出现的逻辑基础是改善物流与强化竞争力相结合的意识，它使物流研究与物流实践经历了成本导向、利润导向、竞争力导向等几个阶段；将物流改善与竞争力提高的目标相结合也是物流理论与技术成熟的标志。

第三方物流的产生是社会分工的结果。在"外包"等新型管理理念的影响下，各企业为了增强市场竞争力、培养核心竞争力，将企业的资金、人力、物力等有限的资源都投入到其核心业务上去，而通过寻求社会化分工协作来取得效率和效益的最大化。专业化分工的结果导致许多非核心业务从企业生产经营活动中分离出来，其中就可能包括物流业。将物流业务委托给专业的第三方物流公司负责，可以降低物流成本，完善物流活动的服务功能，进而达到企业资源的合理配置和效率、效益最大化的企业目标。

第三方物流的产生同时也是新型管理理念的要求。进入20世纪90年代后，现代的信息技术特别是计算机技术的迅猛发展与社会分工的进一步细化和专业化，推动着管理技术和思想的迅速更新，由此产生了供应链、虚拟组织、SOHO等一系列强调内、外部协调和合作的新型管理理念，既增加了物流活动的复杂性，又对物流活动提出了零库存、准时制、快速反应、有效的顾客反应等更高的要求，使传统的运输或者仓储企业很难全部承担此类业务，由此产生了全方位、集成化、专业化物流服务的需求。第三方物流的思想和第三方物流企业正是为满足这种需求而产生的。第三方物流的出现，一方面迎合了个性需求和时代企业间专业合作（资源配置）不断变化的要求；另一方面实现了物流供应链的整合，提高了物流服务质量，加强了对供应链的全面控制和协调，促进供应链达到整体的最佳性能。

第三方物流是随着物流业发展而发展的物流专业化的重要形式。物流业发展到一定阶段必然会出现第三方物流的发展，而且第三方物流的占有率与物流产业的水平之间有着非常规律的相关关系。西方国家的物流业实证分析证明，独立的第三方物流要占全社会的50%，物流产业才能形成。所以，第三方物流的发展程度反映和体现着一个国家物流业发展的整体水平。而西欧和美国最常使用的第三方物流服务项目如表4-1所示。

表4-1　最常使用的第三方物流服务项目

物流功能	西欧(%)	美国(%)	物流功能	西欧(%)	美国(%)
仓库管理	74	54	物流信息系统	26	30
共同运输	56	49	运价谈判	13	16
车队管理	51	30	产品安装装配	10	8
订单履行	51	24	订单处理	10	3
产品回收	39	3	库存补充	8	5
搬运选择	26	19	客户零配件	3	3

从表4-1的数据可以看出，无论是第三方物流服务的需求方还是供应方，服务的主

要内容比较集中于传统意义上的运输服务和仓储服务。物流公司对单项服务的内容都有一定的经验，如何将这种单项服务的内容有机地组合起来，提供物流服务的整体方案，这是第三方物流发展的关键。

2. 对第三方物流的不同定义

第三方物流作为一种新型的物流形态，自20世纪90年代以来，受到产业界和理论界的普遍关注。但对第三方物流也存在着各种不同的解释。

在美国的有关专业著作中，将第三方物流定义为："通过合同的方式确定回报，承担货主企业全部或一部分物流活动的企业。所提供的服务形态可以分为与运营相关的服务、与管理相关的服务以及两者兼而有之的服务三种类型。无论哪种形态都必须高于过去公共运输业者和契约运输业者所提供的服务"。

在日本的物流书籍中，对第三方物流中的"第三方"有两种解释：一种理解是将供应商和制造商看做是第一方，批发商和零售商等买方看做是第二方。无论哪一方，都是商品所有权的拥有者。传统的物流运作方式是由货主企业构筑物流系统，物流企业在货主构筑的物流系统中提供仓库和运输手段，这种方式现在仍大量存在；与此不同的另一种方式是不持有商品所有权的业者向货主企业提供物流系统，为货主企业全方位代理物流业务，即物流的外部委托。这里的第三方不仅局限于物流企业，无论是商社、信息企业还是顾问公司，只要能提供物流系统，运营物流系统，都可以成为所谓的第三方物流业者。第二种理解是货主（制造商、批发商、零售商）为第一方，运输业者（持运输手段的物流业者）为第二方，而不持有运输手段的商社、信息企业为第三方。这里之所以强调不持有运输手段，是因为第三方的特征体现在为货主企业提供物流系统设计方案上。

中国国家标准《物流术语》（GB/T 18354—2006）中对于第三方物流的表述是："独立于供需双方，为客户提供专项或全面的物流系统设计或系统运营的物流服务模式"。

3. 如何正确理解第三方物流

对第三方物流概念的理解要把握以下几个方面：

（1）第三方物流建立在现代电子信息技术的基础上。信息技术的发展是第三方物流出现的必要条件，信息技术实现了数据的快速、准确传递，提高了库存管理、装卸运输、采购、订货、配送发送、订单处理的自动化水平，使订货、包装、保管、运输、流通加工实现一体化；企业可以更方便地使用信息技术与物流企业进行交流和协作，企业间的协调和合作有可能在短时间内迅速完成；同时，计算机软件的飞速发展，使混杂在其他业务中的物流活动成本能被精确地计算出来，还能有效地管理物流渠道中的商流，这就使企业有可能把原来在内部完成的物流作业交由物流公司运作。常用于支撑第三方物流的信息技术有实现信息快速交换的 EDI 技术、实现资金快速支付的 EFT 技术、实现信息快速输入的条形码技术和实现网上交易的电子商务技术。

（2）第三方物流是合同导向的一系列服务。第三方物流有别于传统的外协。外协只局限于一项或一系列分散的物流功能，如运输公司提供运输服务，仓储公司提供仓储服务；第三方物流则根据合同条款规定的要求，提供多功能甚至全方位的物流服务，而不是临时需求。

（3）第三方物流是个性化物流服务。第三方物流服务的对象一般都较少，只有一家或少数几家，服务时间却较长，往往长达几年。这是因为需求方的业务流程各不相同，而物流、信息流是随价值流流动的，因而要求第三方物流服务应按照顾客的业务流程来制定。

（4）企业之间是联盟关系。依靠现代电子信息技术的支撑，第三方物流与企业之间充分共享信息，这就要求双方相互信任、合作双赢，以达到比单独从事物流活动所能取得的效果更好。而且，从物流服务提供者的收费原则来看，企业之间是共担风险、共享收益的关系。再者，企业之间所发生的关联并非一两次的市场交易，在交易维持一定时期之后，可以相互更换交易对象。在行为上，各自既非采用追求自身利益最大化行为，也非完全采取追求共同利益最大化行为，而是通过契约结成优势互补、风险共担、要素双向或多向流动的中间组织，因此企业之间是物流联盟关系。

4. 第三方物流的特点

（1）信息网络化。信息流服务于物流，信息技术是第三方物流发展的基础。在物流服务过程中，信息技术发展实现了信息实时共享，促进了物流管理的科学化，提高了物流服务的效率。

（2）关系合同化。首先，第三方物流是通过合同的形式来规范物流经营者和物流消费者之间的关系的。物流经营者根据合同的要求，提供多功能直至全方位一体化的物流服务，并以合同来管理所有提供的物流服务活动及其过程。其次，第三方物流发展物流联盟也是通过合同形式来明确各物流联盟参与者之间的关系。

（3）功能专业化。第三方物流企业所提供的服务是专业化的服务，对于专门从事物流服务的企业，它的物流设计、物流操作过程、物流管理都应该是专业化的，物流设备和设施都应该是标准化的。

（4）服务个性化。不同的物流消费者要求提供不同的物流服务，第三方物流企业根据消费者的要求，提供针对性强的个性化服务和增值服务。因此，第三方物流是个性化物流服务。

二、第三方物流的评价与选择

企业物流模式主要有自营物流和第三方物流等。企业在进行物流决策时，应根据自已的需要和资源条件，综合考虑以下主要因素，慎重选择物流模式，以提高企业的市场竞争力。

第三方物流在整个物流市场中的比重，日本为 80%，美国为 57%，我国仅为 18%（见图 4-4）。

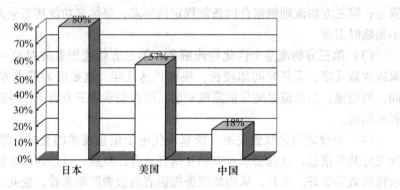

图 4-4　各国第三方物流占物流市场的比重

第三方物流的评价与选择，要经过分析企业的物流系统、对第三方物流企业进行评价、第三方物流实施等几个步骤，如图 4-5 所示。

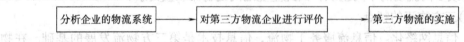

图 4-5　第三方物流的评价与选择

1. 分析企业的物流系统

首先看企业是否有自营物流的能力，如果没有，就将物流外包；如果企业有自营物流的能力，就要考虑企业物流系统的战略地位、物流总成本和服务水平。

（1）企业物流系统的战略地位。企业自营物流的能力是指企业自己经营物流的能力，即企业具备的物流设施和技术。企业物流系统的战略地位一般可从以下几方面进行判断：

1）它们是否高度影响企业业务流程？

2）它们是否需要相对先进的技术，采用此种技术能否使公司在行业中领先？

3）它们在短期内是否不能为其他企业所模仿？

如果上述问题都能得到肯定的回答，那么就可以断定物流子系统在战略上处于重要地位。由于物流系统是多功能的集合，各功能的重要性和相对能力水平在系统中是不平衡的，因此，还要对各功能进行分析。

某项功能是否具有战略意义，关键就是看它的替代性。如其替代性很弱，很少有物流公司能够完成，几乎只有本企业才具备这项能力，企业就应保护好、发展好该项功能，使其保持旺盛的竞争力。

（2）企业对物流控制力的要求。越是竞争激烈的产业，企业越是要求对供应和分销渠道的控制，此时企业应该自营物流。通常情况下，主机厂或最终产品制造商对渠道或供应链过程的控制力比较强，一般都选择自营物流，也就是作为核心企业来组织全过程的物流活动和制定物流服务标准。

（3）企业产品自身的物流特点。对大宗工业品原料的运输或鲜活产品的分销，则应利用相对固定的专业物流服务供应商和短渠道物流；对全球市场的分销，宜采用地区性的专业物流公司提供支援；对产品线单一的或与主机厂相配套的企业，则应在核心企业统一下自营物流；对于技术性较强的物流服务，如口岸物流服务，企业应采用委托代理的方式；对非标准设备的制造商来说，企业自营虽有利可图，但还是应该将其交给专业物流服务公司去做。

（4）企业规模和实力。一般来说，大中型企业由于实力较雄厚，有能力建立自己的物流系统，制订合适的物流需求计划，保证物流服务的质量；另外，其还可以利用过剩的物流网络资源拓展外部业务（为其他企业提供物流服务）。而规模较小的企业则受人员、资金和管理资源的限制，物流管理效率难以提高。此时，企业为把资源用于主要的核心业务上，把物流管理交给第三方专业物流代理公司才是明智的选择。例如，实力雄厚的麦当劳公司，为了保证每天把汉堡等保鲜食品准确及时运往各地，组建了专门的货运公司进行物流配送。

（5）企业物流系统的总成本。在选择是自营还是物流外协时，必须弄清两种模式物流系统总成本的情况，选择成本较低的方式进行运营。物流总成本可用数学公式表示如下

$$D = T + S + L + F_w + V_w + P + C$$

式中，D 为物流系统总成本；T 为该系统的总运输成本；S 为库存维持费用，包括库存管理费用、包装费用以及返工费；L 为批量成本，包括物料加工费和采购费；F_w 为该系统的总固定仓储费用；V_w 为该系统的总变动仓储费用；P 为订单处理和信息费用，即订单处理和物流活动中广泛交流等问题所发生的费用；C 为顾客服务费用，包括缺货损失费用、降价损失费用和丧失潜在顾客的机会成本。

这些成本之间存在着二律背反的现象。例如，在考虑减少仓库数量时，虽然目的是为了降低仓储费用，但是在减少仓库数量的同时，就会带来运输距离变长、运输次数增加等后果，从而导致运输费用增加。如果运输费用的增加部分超过了仓储费用的减少部分，总的物流成本反而增大了，这样减少仓库数量的措施就没有了意义。因此，在选择

和设计物流系统时，要对系统的总成本加以检验，最后选择成本最小的物流系统。

（6）物流服务水平。物流服务水平是物流能力的综合体现，它是指消费者对物流服务的满意度。工商企业重视物流不仅仅是为了节约成本，而是越来越认识到物流对提高顾客服务水平的重要性。这种物流服务水平的衡量包括三个部分，即事前要素、事中要素和事后要素。

顾客服务的事前要素是指公司的有关政策和计划，如服务政策、组织结构和系统的灵活性；顾客服务的事中要素是指在提供物流服务的过程中，是否满足用户的需求，如订货周期、库存水平、运送的可靠性等；顾客服务的事后要素是指产品在使用中的维护情况，如维修服务、对顾客的产品退换等。

企业采用自营物流还是寻找其他管理方式，主要取决于下列两个因素的平衡：物流对于企业成功的关键程度与企业管理物流的能力。物流决策状态如图4-6所示，企业所处的位置决定了其奉行的战略。

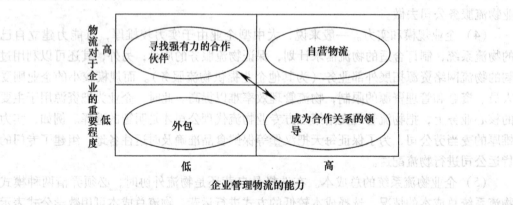

图4-6　物流决策状态示意图

如果公司对客户服务要求高，物流成本占总成本的比重大，且已经有高素质的人员对物流运作进行有效的管理，那么该企业就不应将物流活动外包出去，而应当自营。例如，沃尔玛就是这样的公司，其供应渠道的管理非常出色。另一方面，如果对于一家公司来说，物流并不是其核心战略，企业内部物流管理水平也不高，那么将物流活动外包给第三方物流供应商就有利于降低成本、提高客户服务质量。例如，戴尔公司认为其核心竞争力是营销，是制造高科技的个人计算机硬件，而不是物流，因此，戴尔的计算机在世界各地直销时，就与几家第三方物流企业合作，在一定地理范围内分销商品。

如果物流是企业战略的核心，但企业物流管理能力很低，那么寻找物流伙伴将会给该公司带来很多收益，好的合作伙伴在公司现有的、甚至还未进入的市场上拥有物流设施，可以向企业提供自营物流无法获得的运输服务及专业化的管理；相反，如果公司的物流活动不那么重要，但是由专业人员管理，物流能力很强，那么该公司就会主动寻找需要物流服务的伙伴，通过共享物流系统提高货物流量，实现规模经济效益，降低企业的成本。

2. 对第三方物流企业进行评价

当企业不具备自营物流的能力时，就要将物流业务外包出去。企业可以将物流业务外包给一家第三方物流企业，也可以外包给多家第三方物流企业。企业要想选择好第三方物流企业，就必须对第三方物流企业进行合理的评价。

（1）第三方物流供应商的核心竞争力。在挑选第三方物流供应商时，企业应首先考虑第三方物流供应商的核心竞争力是什么。例如，美国联邦快递和联合包裹服务公司最擅长的服务是包裹的限时速递；中国储运总公司的核心竞争力在于其拥有大型的仓库。

（2）第三方物流供应商是自有资产还是非自有资产。自有资产第三方物流是指有自己的运输工具和仓库，从事实实在在物流操作的专业物流公司。他们有较大的规模、雄厚的客户基础、到位的系统，专业化程度较高，但灵活性受到一定限制。非自有资产第三方物流是指不拥有硬件设施或只租赁运输工具等少量资产的物流管理公司，他们主要从事物流系统设计、库存管理和物流信息管理等职能，而将货物运输和仓储保管等具体作业活动由其他物流企业承担，但对系统运营承担责任。这类公司运作灵活，能根据服务内容自由组合、调配供应商，管理费用较低。企业应根据自己的要求对这两种模式加以选择和利用。

（3）第三方物流供应商服务的地理范围。第三方物流供应商按照其所服务的地理范围可分为全球性、国家性和地区性。选择第三方物流供应商时，要与本企业的业务范围相一致。

（4）第三方物流供应商服务的成本。在计算第三方物流服务的成本时，首先要弄清自营物流的成本，然后将两者对应起来进行比较。物流服务的成本计算方法与分析企业物流系统的成本计算相同。

（5）第三方物流供应商的服务水平。在选择物流模式时，考虑成本尽管比较重要，但第三方物流为本企业及企业顾客提供服务的能力对选择物流服务更是至关重要的。也就是说，第三方物流在满足企业对原材料及时需求的能力和可靠性，以及对本企业的零售商和最终顾客不断变化的需求的反应能力等方面，应该作为首要的因素来考虑。

在评价第三方物流的服务水平时，评价方法与分析企业的物流系统中的评价方法相同。

对第三方物流评价的主要指标是物流服务水平和物流成本。这在前文均有阐述。值得提出的是，2005 年，中国仓储协会主持并联手多家协会，组织了第六次中国物流市场状况调查活动，发放调查问卷 38000 多份，对物流企业、工业企业、商贸企业进行了调查。调查结果表明：生产制造企业对第三方物流的满意度为 25%，不满意度为 17%，不完全满意度为 58%，与第五次调查结果比较，不满意度有所下降，不完全满意度却有较大比例上升。一方面说明第三方物流服务越来越完善，使得不满意度下降；另一方面也说明生产制造企业对第三方物流的要求越来越高，而第三方物流公司还不能完全达到企业的要求。商贸企业对物流服务不完全满意度为 62%，不满意度为 8%，满意度为 21%。相对而言，商贸企业对物流服务不满意程度较低。与第五次调查结果比较，商贸企业对物流服务满意的比例有所上升，说明企业物流服务有较大改善。在采用第三方物流的生产制造企业中，对第三方物流服务不满意的原因首先是因为服务内容不全和不能提供供应链整合服务，其次是信息及时性与准确性低和作业差错率高。调查结果与第五次调查相比发生了较大变化，可以看出近年来企业对物流服务的要求越来越深化，成本不再是企业对物流服务最不满意的因素。

3. 第三方物流的实施

企业选定了第三方物流供应商后，通过合同的形式达成协议。企业与第三方物流供应商要想成功合作，应该注意以下几个问题：

（1）处理好双方的关系。企业与第三方物流供应商之间的关系应该是合作伙伴关系。然而导致这种合作伙伴关系失败的主要原因有以下方面。

企业与第三方物流供应商合作后，刚开始时，要投入足够的时间，无论对于哪一方来说，在最初的六个月至一年的时间内有效地开展合作是最困难的，也是最关键的。企业必须明确成功的关键需要什么，并能够向第三方物流供应商提供所需的信息和需求；而第三方物流供应商必须彻底、认真地考虑和讨论这些需求，并制定出具体的解决方案。双方都必须投入足够的时间和精力确保合作成功。

企业与第三方物流供应商双方都应该牢记，这是一个互惠互利、风险共担的合作联盟。企业应该考虑如何将第三方物流供应商融入自己的物流战略规划。

（2）有效沟通。有效沟通对于任何一个外包项目的成功都是非常必要的。首先，对于企业来说，各个部门的管理者之间、管理者与员工之间必须相互沟通，明确为什么进行物流业务外包、从外包中期望得到什么。只有这样，所有相关部门才能与第三方物流供应商密切配合，员工也不易产生抵触的心理。其次，企业与第三方物流供应商也要进行有效沟通，确保合作的顺利进行。

（3）其他问题。第三方物流供应商必须为企业所提供的数据保密；对绩效衡量的方式必须一致；讨论附属合同的特定标准；在达成合同前要考虑争议仲裁问题；协商合同中的免责条款；确保通过物流供应商的定期报告来实现绩效目标。

【案例 4-2】

宝洁公司的第三方物流

美国宝洁公司是目前世界最大的日用消费品生产企业之一。1992 年，宝洁公司进入中国市场，并在广东地区建立了大型生产基地。对于刚刚进入中国市场的宝洁公司，产品能否及时、快速地运送到全国各地是其能否迅速抢占中国市场的重要因素。

作为日用产品生产商，宝洁公司的物流服务需求对响应时间、服务可靠性以及质量保护体系具有很高的要求。根据物流服务需求和服务要求，进入宝洁公司视野的物流企业主要有两类：占据物流行业主导地位的国有企业和民营储运企业。经过调查评估，宝洁公司认为当时国有物流企业业务单一，要么只管仓库储存，要么只负责联系铁路运输，而且储存的仓库设备落后，质量保护体系不完善，运输中信息技术落后，员工缺乏服务意识，响应时间和服务可靠性得不到保证。于是，宝洁公司把目光投向了民营储运企业。

在筛选第三方物流企业时，宝洁公司发现宝供承包铁路货运转运站（简称宝供），以"质量第一、顾客至上、24 小时服务"的经营特色，提供"门到门"的服务。于是，宝洁公司将物流需求建议书提交给宝供，对宝供的物流能力和服务水平进行试探性考察。

围绕宝洁公司的物流需求，宝供设计了业务流程和发展方向，制定了严格的流程管理制度，对宝洁公司产品"呵护倍至"，达到了宝洁公司的要求；同时宝供长期良好合作的愿望以及认真负责的合作态度，受到了宝洁公司的欢迎，使得宝供顺利通过了考察。宝洁公司最终选择了宝供作为自己的合作伙伴，双方签订了铁路运输的总代理合同，开始了正式合作。

在实施第三方物流服务过程中，宝供针对宝洁公司的物流服务需求，建立遍布全国的物流运作网络，为宝洁公司提供全过程的增值服务，在运输过程中保证货物按照同样的操作方法、模式和标准来操作，将货物运送到目的地后，由受过专门统一培训的宝供储运员工进行接货、卸货、运货，为宝洁公司提供"门到门"的"一条龙"服务，并按照严格的 GMP 质量管理标准和 SOP 运作管理程序，将宝洁公司的产品快速、准确、及时地送到全国各地的销售网点。双方的初步合作取得了相当好的成效，宝供帮助宝洁公司在一年内节省成本达 600 万美元，宝洁公司高质量、高标准的物流服务需求也极大提高了宝供的服务水平。

随着宝洁公司在中国业务的增长，仓库存储需求大幅度增加，宝供良好的运作绩效得到了宝洁公司的认同，进一步外包其仓储业务给宝供。针对宝洁公司的物流需求，宝供规划设计和实施物流管理系统，优化业务流程，整合物流供应链，以"量身定做、一体化运作、个性化服务"模式满足宝洁公司的个性化需求，提高物流的可靠性，降低物流总成本。在双方合作关系推动下，宝供建立了高水准的信息技术系统以帮助管理和提供全面有效的信息平台，实现仓储、运输等关键物流信息的实时网上跟踪，实现与宝洁公司电子数据的无缝衔接，使宝洁公司和宝供作业流程与信息有效整合，从而使物流更加高效化、合理化、系统化。宝供严格和高质量的物流服务，极大地降低了宝洁公司的物流成本，缩短了订单周期和运输时间，提高了宝洁公司的客户服务水平；而宝洁公司也促使宝供的物流服务水平不断提升，成为当今国内领先的第三方物流企业。

（资料来源：宝洁公司第三方物流管理 http：//www. lady8844. com/brand/2008-03-31/1206892800d180538_ 1. html）

三、第三方物流优势与劣势分析

1. 第三方物流的优势分析

首先，从第三方物流的服务内容上，就可以看到它的重要性和必要性。第三方物流涵盖着企业物流的全过程，如开发物流策划系统、电子数据能力、管理表现汇报、货物集运、选择承运人、货运代理、海关代理、信息管理、仓储、咨询、运费谈判及支付等，这些物流环节和过程，对任何一个企业来讲，都是一种沉重的经营负担，特别是传统物流的多环节、多过程、多专业，更增加了企业在经营运作中的复杂性。第三方物流的出现，以它独到的服务与经营模式，更有利于保证企业物流过程实现通畅、便捷、高效、低耗，为企业减轻了物流运作的沉重负担。然而，第三方物流出现的真正意义并不仅仅在于此，同传统的企业物流模式相比，它所提供的服务不只是环节运作的替代，而是以科学、合理、完善、快捷的要求对物流环节中的诸多难点进行社会化的重新优化配置，以用服务社会化的方式替代企业社会化的局面，这在企业物流运作中是一个根本性变革，它所带来的将不只是一个单个企业的得益，更是整个社会经济的得益。

其次，从第三方物流以服务作为经营运作方式上看，其十分有利于物流供应链里的各方取得共赢。第三方物流是物流劳务的供方和需方之外的第三方，是为外部客户管理控制和提供物流服务作业的企业，它在物流渠道中所处的中间服务商地位，决定了它在服务目标、业务依托及经济效益等方面必须同供方和需方建立稳固的趋同和依赖关系，并为其运作提供最佳的服务环境，这在实际运作中的表现是十分现实和具体的。比如第三方物流和客户不是一般的买卖对象，他们在物流领域里是战略同盟者的角色，第三方物流为客户提供的不仅仅是一次性的运输或配送服务，特别是第三方物流在此负担的最终职能是保证物流体系的高效运作和不断优化的供应链管理。从这里不难看出，第三方物流不单是客户的存储运销的一般代理，更是客户物流运作的直接延伸，以此借用第三方物流所具有的专业运营优势和科学管理经验，强化客户自身的物流运作。而且随着第三方物流服务领域的进一步发展，还会成为客户销售体系的一部分。这样，它的生存发展自然将会和客户企业的命运紧密联系在一起，与客户形成相互依赖的市场共生关系。第三方物流和客户之间的依赖关系，还反映在它对客户的经营风险的分担功能上。人们知道，企业自己运作物流不可避免地要承受许多风险。例如，企业自营物流，需要投入大量资金进行物流设施和设备的建设，而这些物流资源往往得不到充分利用，物流效率的低下和物流设施的闲置，本身就是一种无效的投资；还有企业自办物流运作往往缺乏专业化的精细，超量存货、非正常损物都是难以避免的，这对企业来说，无疑又是一种必须承受的风险。而第三方物流的运作模式就会大大地减少这些风险，它可以通过自身的专业化经营和科学化管理，从多方面为客户化解物流过程中的各种风险。

最后，人们已经开始看到，第三方物流不仅是承接客户的物流业务，更主要的是提供给客户一种新的资源，而且这种资源是客户不能从自己内部可以获得的，只能借助于专业的社会生产力资源获得，而第三方物流就是这种资源的提供者。以美国为例，1980年，全美企业存货成本总和占 GNP 的 29%，由于物流管理中零库存控制的实施，到1992年，这一比例下降到 19%。这种存货成本的节约，对客户来说自然就成为一种新价值。这还只不过是在零库存控制方面。第三方物流可能为客户提供的优化配置条件还会发生在更多的物流环节上，必然会给客户带来更多的新价值。现在可以肯定的是，第三方物流的运作机制和模式已经改变了过去甲企业与乙企业之间的交易只能是甲企业想多赚一分钱，乙企业就要少赚一分钱的利益分配规则；第三方物流和客户利益方面的分配，往往是第三方物流从客户得到一分利润的同时，客户也会得到另一分利润，从而形成了双方利益的一体化。

在当今竞争日趋激化和社会分工日益细化的大背景下，物流外协具有明显的优越性，具体表现在：①采用物流外协的合同，其管理时间要比公司自己运作物流少得多；②通过运输与仓储运作的外协，公司可以不对运输设施以及仓库和搬运机械进行建设与投资，因此，可以变固定成本为可变成本，并将财务风险转移给第三方；③它提供了克服高峰需求能力不足的机会，如果对能力的需求不确定或有波动，采用第三方时，货主可以很容易地把成本调整到物流活动所需的水平；④第三方物流公司能够把资产运用于多个客户和产品群，因此，可以更好地利用资产；⑤外部的物流公司可以提供比自己作业更好的服务；⑥发货人可以简化单证处理、配送计划、存货控制和人事管理等日常物流作业，它有利于实施 EDI、条形码及组织或设施之间的人员交换；⑦合同物流服务方比自己的运作更易受到技术革新的影响，使得他们的服务更具有成本效益，另外，第三方比顾客更具备国际物流的经验；⑧当公司进入新市场而物流系统不匹配的时候，如能力不够或市场、产品具有不同的物流特征，那么，就有理由把物流外协给第三方；⑨当开拓新的市场或运用新的营销渠道时，一般需要作市场试验，在这种情况下使用第三方可以提供一定的灵活性。

2. 第三方物流的劣势分析

当然，与自营物流相比较，第三方物流在为企业提供上述便利的同时，也会给企业带来诸多的不利。其主要有：企业不能直接控制物流职能、不能保证供货的准确和及时、不能保证顾客服务的质量和维护与顾客的长期关系、企业将放弃对物流专业技术的开发等。例如，企业在使用第三方物流时，第三方物流公司的员工经常与你的客户发生交往，此时，第三方物流公司会通过在运输工具上喷涂它自己的标志或让公司员工穿着统一服饰等方式来提升第三方物流公司在顾客心目中的整体形象，从而取代你的地位。

第三方物流作为专业化物流的一种形式，因其能提供良好的物流服务而在国内外得到了蓬勃发展，并且也得到了各行业的广泛认同。但是，随着企业管理和服务能力的不断延伸，特别是企业经营面临的业务内容越来越复杂，活动越来越精细，客观上要求企业在物流管理上不仅仅是针对某项活动或某几项活动进行有效的运作和管理，而是能有机地整合各种物流活动和相应的业务以及信息，从事全方位、系统化的管理，这种能力显然不是商品买卖的企业自己所能具备的。但是，作为专业物流服务提供商的第三方，目前也不具备这种提供一站式全程服务的能力。例如，虽然很多第三方物流企业能为委托客户企业提供仓储、运输以及物流分销中心的管理等，但是很少有第三方物流企业能完成所有的物流服务和系统化管理，如物流信息技术的开发和管理、销售前后客户服务水准的确立以及订单执行等功能。正因为如此，虽然目前第三方物流在最大程度上提供了一系列个性化的物流服务，但是，委托客户从发展的角度看，仍然有不尽满意的方面。例如，1994 年埃森哲（Accenture）咨询公司对英国 250 多个组织进行调查时发现，委托客户普遍认为第三方物流企业只实现了 1/3 当初预期的目标，由此可以看出第三方物流仍然存在需要进一步改进和完善发展的地方。

正因为上述原因的存在，目前第三方物流虽然为委托客户企业节约了大量的物流运作成本，使这些企业可以集中发展主要业务活动，但是，从整个供应链管理的角度看，其成本节约的程度是有限的，还没有达到真正意义上的系统成本最优，主要原因就在于没有几家第三方能提供完全一站式综合物流和管理服务，这势必造成委托客户企业自己组织和协调不同于第三方物流运作以及企业内部部分业务或物流的运作，无形中增加了委托客户企业的管理成本和协调成本。在整个供应链层次，仍然有很多无效率的环节，作为委托客户企业的管理者，仍然有大量时间耗费在第三方物流体系的建立、关系的维持以及资源配置的管理上。

第三方物流的另一个局限是，虽然大多数第三方与委托客户企业是一种长期的战略联盟关系，但是潜伏着目标不统一、合作绩效边际递减的可能。之所以会出现这种状况，仍然是因为大多第三方不能承揽全部的物流和供应链管理服务，因此，在业务管理的目标趋向上，就有可能与企业的整体管理目标不尽一致，甚至发生冲突。在这种状况下，常常出现物流业务外包初期绩效比较明显，而随着时间的不断推移，各种问题开始慢慢显现，使得物流外包绩效逐渐下降，阻碍了供应链物流整体绩效的改善。

四、加拿大第三方物流发展的模式

第三方物流是首先在西方发达国家中产生和发展起来的，其发展的模式也是在这些国家形成的。1989 年之前，"第三方物流"这个概念还没有在加拿大出现。那时，在市场上只能看到制造企业里的材料部、运输部、配送部以及各种运输公司、仓储公司、货运代理和报关行，它们所从事的是单一的仓储运输职能。然而在最近的十几年里，这些企业借助于先进的信息技术、广泛的横纵联合，很多都逐渐转型成为为客户提供增值服务的第三方物流公司。

加拿大的第三方物流公司大多起源于五种形式，各自经历了不同的发展历程，形成了其独有的强项，以不同的方式服务于不同的客户。这五种模式是企业内部物流模式、配送模式、运输企业模式、货运代理和报关行模式以及冷冻仓储模式。

1. 企业内部物流模式

大企业通常都设有材料部、运输部、配送部或物流部，负责企业原材料采购和成品交付的运输，以及原材料、半成品、成品的库存管理。有些企业可能拥有自己的车队，有些企业则使用独立的运输公司。当现代物流管理理论刚刚出现时，这些企业就给予了充分关注。随着信息技术的发展，它们建立了发达的配送网络和信息系统，以远远高于行业平均水平的配送速度，成为行业的物流先锋。这些企业看到自己的物流优势，于是将其物流部与母公司分割，成为一个独立的第三方物流公司。位于多伦多的 Progistix-Solution Inc. 就是一个典型的例子。它是加拿大的几个最大的第三方物流公司之一。它的前身是贝尔加拿大公司的物流部，负责贝尔零配件的配送，通过与加东、加中、加西三个快递公司的伙伴关系，将它们纳入自己的信息网络，贝尔保证它的现场技术服务人员在电话下订单后的 30 分钟内收到所需要的零配件。贝尔意识到将自己的物流专长服务于其他公司的潜能，于是在 1995 年将其物流部分割出来，成立了 Progistix - Solution Inc.，为客户提供快速反应的零件配送。

2. 配送模式

配送模式的企业最早起源于运输公司，但由于引入了物流管理理论，所以较早蜕出其初期的运输外壳，进化成为一个提供配送服务的物流管理公司。它的专长在于拥有成熟的技术、先进的信息系统和专业的物流管理队伍。当它进入新的市场，如果获得新的物流外包合同时，它往往只是注入自己的专业队伍和信息系统，在客户企业的固有设施和硬件设备的平台上进行配送运作。它会为每一个客户企业成立一个子公司来专门为其服务。天美百达公司（Tibbett & Britten）就是这一模式的佼佼者。它于 1958 年在英国创建，主要从事一些运输服务。1984 年是它的转折点，开始转型成为以管理见长的配送公司，为客户提供运输、仓储、配送以及存货管理。1989 年天美百达进入加拿大市场时，它已经是一个相当成熟的物流管理公司。沃尔玛加拿大公司的三个配送中心就是由天美百达的子公司供应链管理公司（SCM Inc.）运作。SCM 负责部分由供应商到配送中心的供货运输、配送中心到所有沃尔玛店的出向运输和配送中心内部流程操作。

3. 运输企业模式

这一模式大多是一些历史悠久的大型传统运输公司，经过多年发展，有着非常成熟的运输技术、广阔的运输网络，又对客户的物流需求有深入的了解。它们自然而然地随着客户的物流需求的提高而相应地增加了相关物流服务的设施和技术。虽然运输仍旧占其主导地位，但提供物流服务却逐渐成为其保持老客户、吸引新客户的策略之一，同时也为公司增加了一个新的利润源泉。在过去，运输企业只是提供将货物由一地运送到另一地的单一模式的运输服务。客户要想完成一项完整的交付，必须通过使用几家不同模式的运输公司和仓储公司才能完成。现在，有少数运输企业已领先一步，通过收购或投资仓储配送企业和其他模式的运输企业而成为一个完全的第三方物流公司。例如，快递公司 UPS 于 2000 年收购了总部位于加拿大安大略省的 Livingston 公司，这是 UPS 在该年内的第五宗收购。Livingston 在加拿大拥有 22 个配送中心，在美国拥有 6 个专门服务医药企业客户的配送中心。这宗收购使 UPS 立即获得了横跨加拿大的配送网络、先进的配送技术、具有物流管理技术专长的团队和强大的客户群。1997 年，马士基（Maersk）收购了在美国与加拿大都拥有设施的 Hudd 配送公司，从而成为沃尔玛加拿大公司的另一个第三方物流供应商。它负责将进口货物从亚洲港口海运到加拿大温哥华港，储存在 Hudd 的仓库，分拣后再发送到沃尔玛加拿大的三个配送中心。如果马士基只是一个单纯的海运公司，不能提供"港口到门"的全程服务，沃尔玛的这笔合同也许就落入了其他公司。

4. 货运代理和报关行模式

货运代理和报关行通常没有运输设备，只是作为一个中介为客户提供更优惠的费率以及报关服务，但是当一家货运代理公司发展成为一个跨国大公司时，它雄厚的资本足以支持它在从货运代理公司转型到第三方物流公司的大笔收购费用。德迅（Kuehne & Nagel，K&N）就是这样的一家具有 110 年历史的瑞士货运代理公司，它在全球 96 个国家设立了 600 个分支机构。为了顺应客户对全程物流需求逐步扩大这一趋势，德迅在 2000 年与新加坡的 Semb Corp 物流公司建立了联盟关系，2001 年收购了美国的 USCO 物流公司。Semb Corp 在中国大陆、印度、印度尼西亚、中国台湾、日本，USCO 在美国、加拿大、墨西哥都设有仓储和配送设施。这一系列运作使德迅获得了在亚洲和北美洲为客户提供包括运输、仓储、配送的全程物流服务的能力。德迅的转型努力很快就获得了回报。2002 年，通信巨头加拿大北电网络（Notel）将其全球的物流运作外包给德迅，并将其在全球 18 个国家的原有物流职员都转入德迅新成立的子公司，由德迅为北电网络在全球市场上提供进出口流程、运输、仓储配送和存货管理。当美国的制造企业打算将其产品打入加拿大市场时，由于其在美国的配送中心很难覆盖加拿大的客户群并保证及时交付，许多企业都选择了位于多伦多的德迅为其提供物流服务，来完成加拿大市场的产品配送。

5. 冷冻仓储模式

大部分仓储企业在物流市场的发展中被运输企业收购，成为运输企业在提供全程物流服务中的一个环节。然而冷冻仓储企业却可以逆势而上，成为冷冻供应链中的主导者，同上下游运输公司联手为客户提供全程冷链物流服务。随着现代生活节奏的加快，人们花在厨房里的时间越来越少，各种半成品冷冻食品应运而生，只需将食品放进微波炉加热两三分钟就可食用，这为人们的生活提供了方便，节省了时间。目前，在北美超市里一半的冷冻食品品种在十年前根本就不存在。采购冷冻车并不困难，然而要建立一个冷冻配送中心和一个具有冷链物流专长的管理队伍却不是一件容易的事。在这样的背景下，冷冻仓储企业迅速主导市场，转型成为第三方冷链物流公司。总部位于加拿大安大略省的 Trenton Cold Storage（TCS）Inc. 成立于 1902 年，过去只是一个传统冷冻仓储企业，近年来迅速崛起成为第三方冷链物流的新星。TCS 承担了沃尔玛加拿大冷冻食品的物流服务，负责将货物从供应商运入其冷冻配送中心，进行拣选后装车发送到每一家沃尔玛店。

第三方物流公司虽各自经历了不同的发展历程，但都是紧跟市场脉搏，随着市场变化而不断调整自己的策略。它们以自己的管理专长，或独有的设施，或雄厚的资本为基础，通过收购和建立联盟，发展出全面的物流功能。

五、美国、欧洲、中国第三方物流的发展情况

1. 美国第三方物流的现状

据美国咨询企业卡斯信息公司统计，1992 年美国第三方物流市场的营业额为 350 亿美元，占物流市场总营业额的 2% ~3%；1996 年已达到 500 亿美元，增长到物流市场总营业额的 5% ~6%。同时，美国由第三方物流配送企业承担的物流业务量已经占全社会物流总量的 57%（1996 年的数字）。美国某机构 1998 年对制造业 500 家大公司的调查显示，将物流业务交给第三方物流企业的货主占 10%。调查还显示，将物流业务交给第三方物流企业的货主主要是汽车制造等传统企业和计算机等高技术企业，通过利用第三方物流企业，汽车厂商成功地抓住契机摆脱了经营的不景气，高技术厂商在变化激烈的市场上保持了良好的业绩。

美国企业为了有效利用有限的物力和人力资源，将本企业的物流功能交由外部管理，企业组织朝着缩小的方向变化。第三方物流业者提供的主要服务有仓库管理、物流

信息系统、出货配载、运价交涉、车辆管理运作、运输手段选择、退货、贴标签、再包装、履行订货、订货处理、客户备件、库存补充、检验、制品组装安装、进出口等。

美国大型企业将物流业务委托给第三方物流业者的做法是从20世纪90年代开始的，其背景是来自产业界向本业复归的动向。在美国经济景气的20世纪80年代，各企业将人力、财力、物力资源集中投入到本业当中，以换取竞争力的提高。改变以前的多角化经营策略，厂商专心致力于制造，零售商专心从事推销，特别是越大型的企业这种倾向越明显。

物流外部委托表面看来似乎是企业对物流的轻视，实际情况却是正相反。许多企业将高质量的物流服务作为企业战略的武器。这可以从货主同第三方物流业者签订合同需要半年到一年的时间上得到佐证。也就是说，货主在选择第三方物流业者的问题上是非常谨慎的。

货主选择第三方物流业者通常采用招标的形式，分为三个阶段：第一阶段是公开招标阶段，约有10~20家参加，由业者回答货主准备好的有关物流业务的调查问卷。约半数的业者进入第二阶段，回答更为详尽的问卷，并与货主企业的经营层接触；随着阶段的进展，货主开始公开物流量、物流单价以及经营状况等更为详细的信息供第三方物流业者确定方案时参考。第三阶段物流业者限制在5家以下，进行两次洽谈，并考察物流现场，最终接受一家的承包。第三方物流业者的策划能力、提案能力、实物执行能力以及费用标准等都要受到评估。最终，货主对第三方物流业者的要求是能够顺畅地无缝地进入货主的工作，精通货主的工作，能够跟上信息技术的进步，能够控制同中间商和最终用户的关系等。

货主在提出苛刻条件的同时，也不会忘记作为回报的激励措施。合同中规定，在第三方物流业者保证削减物流成本目标实现的情况下，双方分享利益。利益分配的办法有五五分成、二八分成等多种形式。这种利益分配有利于营造双方不遗余力改善现状的环境，这也是第三方物流业者取得高利润率的原因。

总而言之，20世纪90年代兴起的第三方物流，从本质上讲反映了社会分工的深化和细化。同时，也反映出现代生产流通环境下物流的复杂性。尽管第三方物流在美国也仅仅有十几年的历史，还不是一种成熟的业态，但是，它代表了物流业的发展方向。我国企业从中可以获得许多启示。实际上，在我国已经出现了第三方物流的企业，如总部在广州的宝供公司等。按照现代企业模式运作的外资企业、合资企业以及国内新兴企业，不会再走"大而全"、"小而全"的路子，这就为第三方物流提供了市场空间。现存问题是物流业者要尽早具备从事第三方物流的能力。

2. 欧洲第三方物流的现状

据欧洲第三方物流企业调查，在欧洲的18家大公司中，有11家公司营业额超过5

亿美元，其中3家公司在10亿美元以上；有13家公司的职工人数超过了1000人，在世界物流市场有一定的影响力。第三方物流企业虽然追求为货主全部服务的最合适化，但实际上将基础物流服务作为收入源的企业居多。欧洲的第三方物流企业，以汽车制造厂和家电生产厂为主要顾客，以制造业为中心而进行物流服务。

在意大利，物流市场值140亿美元，其中第三方占到18亿美元（13%），2002年增长到22亿美元（15.7%）。

在欧洲发达国家第三方物流的实践中，有以下几方面特点：

（1）物流业务的范围不断扩大。一方面，商业机构和各大公司面对日趋激烈的竞争，不得不将主要精力放在核心业务上，将运输、仓储等相关业务环节交由更专业的物流企业进行操作，以求节约和高效；另一方面，物流企业为提高服务质量，也在不断拓宽业务范围，提高配套服务。

（2）很多成功的物流企业根据第一方、第二方的谈判条款，分析比较自理的操作成本和代理费用，灵活运用自理和代理两种方式，提供客户定制的物流服务。

（3）第三方物流企业呈现出并购的浪潮。为了增强自身的实力，提高在物流市场中的竞争地位，美国和欧洲物流企业呈现出并购的浪潮。据不完全统计，1999年美国物流运输企业间的并购数已达到23件，并购总金额达6.25亿美元；德国公司在两年间并购欧洲地区物流企业达到11家，现在它已发展成为年销售额达290亿美元的欧洲巨型物流企业；1999年欧洲物流企业并购呈现出国营企业收购民营企业的特点，英国国营公司并购了德国大型的民营物流企业PARCE，法国收购了德国的民营敦克豪斯公司。

3. 中国第三方物流的现状

我国的第三方物流是在原来的大型仓储运输企业基础上发展起来的，涵盖了港口、仓储、管道运输、水运、铁路运输、汽车运输等物流业各个领域。据中国仓储协会对物流市场供求状况进行抽样调查显示：我国工业企业原料物流中，第三方物流占19%，自营占25%，供货方占56%；在企业成品销售物流中，16%的执行主体是公司，31%的执行主体全部是第三方，53%的执行主体是部分自理与外包相结合。调查表明，企业越来越倾向于把物流业务外包给第三方，物流专业分工更加明确。商贸企业物流执行主体17%为第三方，5%的企业由供货方承担，78%的企业由公司自营。大部分商贸企业的物流业务之所以选择自营，主要是因为商贸企业利润率极低，物流作业又属于多品种的复杂操作，物流业务外包以成本为导向，这样大部分物流公司难以操作，更难获利，因此，大部分商贸企业选择了自营物流业务。对商贸企业而言，自营物流业务部分只作为商贸流通业的后勤保障措施，不以盈利为目的。

但是，我国的第三方物流企业基本上是以旧有的物资流通企业为主体，仍带有计划经济的色彩，致使我国的第三方物流存在着许多不足，主要表现在以下几个方面：

（1）人才缺乏，设备陈旧，管理水平较低。我国物流业还处在起步阶段，高等教育和职业教育尚未跟上，人才缺乏，素质不高，没有建立较为完善的现代企业制度，企业管理水平较低；物流设施设备落后、老化，机械化程度不高，不符合客户特定要求。

（2）企业规模较小，综合化程度较低。我国物流企业呈现出多元化的格局，除了新兴的外资和民营企业外，大多数第三方物流企业是由计划经济时期商业、物资、粮食、运输等部门的储运企业转型而来。其条块分割严重，企业缺乏整合，集约化经营优势不明显，规模效益难以实现。据资料显示，没有一家第三方物流商拥有超过 2% 的市场份额，而且物流市场的地域集中度很高，80% 的收益都来自长江三角洲和珠江三角洲地区。

（3）第三方物流功能单一，增值服务薄弱，物流渠道不畅。大多数物流企业只能提供单项或分段的物流服务，物流功能主要停留在储存、运输和市场配送上，相关的包装、加工、配货等增值服务不多，物流服务商收益的 85% 来自基础性服务，而增值服务及物流信息服务和支持物流的财务服务的收益只占 15%。增值服务主要是指货物拆拼箱，重新贴签，形成完整的物流供应链。据中国仓储协会 2001 年初的调查，在采用第三方物流的需求企业中，有 23% 的生产企业和 7% 的商业企业对第三方的物流服务不满意。究其原因，一方面，经营网络不合理，有点无网，第三方物流企业之间、企业与客户之间缺乏合作，货源不足，传统仓储业、运输业能力过剩，造成浪费；另一方面，信息技术落后，互联网、条形码、EDI 等信息技术未能广泛应用，物流企业和客户不能充分共享信息资源，没有结成相互依赖的伙伴关系。

（4）外国物流企业纷纷进入，竞争日趋加剧。加入 WTO 后，我国已经承诺，在一定时间的过渡期内，我国商品分销服务市场将逐步扩大开放的领域和范围，在过渡期后，基本上全面实行对外开放。一些国际著名的专门从事第三方物流的企业和速递业巨头如 TPG、UPS、DHL、FedEx、德国邮政等，对中国的物流市场早已虎视眈眈，它们或结成联盟，或并购股权，组成专业化的物流企业，作为专业化的第三方物流供应商进入物流领域，为客户提供涉及全国配送、国际物流服务、多式联运和邮件快递等服务。

第三节　第四方物流

电子商务以及信息技术的发展给不断变革的物流模式提供了保障与活力。当业界刚刚认同第三方物流的同时，一种基于提供综合的供应链解决方案的物流理念——第四方物流又悄然出现。第四方物流是从外协的第三方演变成分享协作而来的。由于来自速度、灵活性、全球性等压力的增加，第四方物流起到了功能整合的更大作用，并承担了更多的操作职责。

一、第四方物流的概念

第四方物流（Fourth Party Logistics，4PL）的概念首先是由美国埃森哲咨询公司率先提出的，并且它将"第四方物流"作为专有服务商标进行了注册，定义为"一个调配和管理组织自身的及具有互补性的服务供应商的资源、能力和技术，来提供全面的供应链解决方案的供应链集成商"。

第四方物流是专门为第一方、第二方和第三方提供物流规划、咨询、物流信息系统、供应链管理等活动，并不实际承担具体的物流运作活动。第四方物流是一个供应链的集成商，一般情况下政府为促进地区物流产业发展领头搭建第四方物流平台提供共享及发布信息服务，是供需双方及第三方物流的领导力量。它不是物流的利益方，而是通过拥有的信息技术、整合能力以及其他资源提供一套完整的供应链解决方案，以此获取一定的利润。它是帮助企业实现降低成本和有效整合资源，并且依靠优秀的第三方物流供应商、技术供应商、管理咨询以及其他增值服务商，为客户提供独特和广泛的供应链解决方案。

对于这个定义，应该从如下几个方面去把握：

（1）第四方物流既不是委托企业全部物流和管理服务的外包，也不是完全由企业自己管理和从事物流，而是一种中间状态，这一点与第三方物流的外包性质是有所不同的。之所以如此，其原因在于物流业务的外包有一定的优势。例如，它能够减少委托企业在非核心业务或活动方面的精力和时间、改善对顾客的服务、有效降低某些业务活动方面的成本以及简化相应的管理关系等。但是与此同时，企业内部的物流协调与管理也有它的好处，即它能够在组织内部培育物流管理的技能，对客户服务水准和相应的成本实施严格的控制，并且与关键顾客保持密切的关系和直接面对面的沟通。正是出于以上两方面的考虑，第四方物流并没有采用单一的模式来应对企业物流的要求，而是将两种物流管理形态融为一体，在统一的指挥和调度之下，将企业内部物流与外部物流整合在一起。

（2）由于前一个性质所决定，第四方物流组织往往是主要委托客户企业与服务供应组织（如第三方、IT服务供应商以及其他组织）之间通过签订合资协议或长期合作协议而形成的组织机构。在第四方物流中，主要委托客户企业反映了两重身份：一是它本身就是第四方物流的参与者，因为第四方物流运作的业务中包含了委托客户企业内部的物流管理和运作，这些活动需要企业直接参与，并且加以控制；二是主要委托客户企业同时也是第四方的重点客户，它构成了第四方生存发展的基础或市场。由于上述两重身份所决定，因此，在第四方物流组织中，主要委托客户企业不仅有资本上的参与，而且其也将内部的物流运作资产、人员和管理系统交付给第四方使用，第四方在使用这些资产、系统的同时，向主要委托客户企业交纳一定的费用。

（3）第四方物流是委托客户企业与众多物流服务提供商或 IT 服务提供商之间唯一的中介。由于第四方物流要实现委托客户企业内外物流资源和管理的集成，提供全面的供应链解决方案，因此，仅仅一个或少数几个企业的资源是无法应对这种要求的，它势必在很大程度上广泛整合各种管理资源，这种第四方物流内部可能在企业关系或业务关系的管理上非常复杂。但是，尽管如此，对于委托客户企业而言，它将整个供应链运作管理的任务委托给的对象只是第四方物流。所以，任何因为供应链运作失误而产生的责任一定是由第四方承担，而不管实际的差错是哪个具体的参与方或企业造成的，这是第四方物流全程负责管理的典型特征。

（4）第四方物流的形成大多是在第三方物流充分发展的基础上产生。从前面几个内涵可以看出，第四方物流的管理能力应当是非常高的，它不仅要具备某个或某几个业务管理方面的核心能力，更要拥有全面的综合管理能力和协调能力。其原因是它要将不同参与企业的资源进行有机整合，并根据每个企业的具体情况，进行合理安排和调度，从而形成第四方独特的服务技能和全方位、纵深化的经营诀窍。这显然不是一般的企业所能具备的。从发展的规律看，第四方物流的构成主体除了主要委托客户企业外，高度发达和具有强大竞争能力的第三方才是第四方孕育的土壤。这些企业由于长期以来从事物流供应链管理，完全具有相应的管理能力和知识，并且目前优秀的第三方已经在从事各种高附加值活动的提供和管理，具备了部分综合协调管理的经验，所以，这类企业才有可能发展成为第四方；相反，没有第三方市场的充分发展，特别是优秀第三方物流企业的形成和壮大，第四方物流是很难形成的，因为这不是通过简单的企业捏合就能实现的。这里必须强调是，有些人将提供信息解决方案的 IT 服务供应商或企业软件供应商等同于第四方，这是完全错误的观点。虽然第四方物流中往往有 IT 服务供应商的参与，也需要建立大量的信息系统。但是，如同前面探讨的那样，第四方是一种全方位物流供应链管理和运作服务的提供商，而且它与委托客户是一种长期持续的关系，双方牢牢地捆绑在一起，并且具备集成各种管理资源的能力，这不是单一的 IT 服务供应商所能涵盖的。

二、第四方物流的功能特点

以上对第四方物流的基本内涵作出了分析，从第四方的概念和基本特性中可以看出，第四方物流在现实的运作过程中，其表现出来的功能特点有如下几点：

（1）第四方物流提供了一整套完善的供应链解决方案。第四方物流集成了管理咨询和第三方物流服务商的能力。更重要的是，一个前所未有的、使客户价值最大化的统一的技术方案的设计、实施和运作，只有通过咨询公司、技术公司和物流公司的齐心协力才能实现。

（2）体现再造、供应链过程协作和供应链过程再设计的功能。第四方物流最高层次的方案就是再造。供应链过程中真正的显著改善，要么是通过各个环节计划和运作的协调一致来实现，要么是通过各个参与方的通力协作来实现。再造过程就是基于传统的供应链管理咨询技巧，使得公司的业务策略和供应链策略协调一致；同时，技术在这一过程中又起到了催化剂的作用，整合和优化了供应链内部和与之交叉的供应链的运作。

（3）变革方面，通过新技术实现各个供应链职能的加强。变革的努力集中在改善某一具体的供应链职能，包括销售和运作计划、分销管理、采购管理和客户支持。在这一层次上，供应链管理技术对方案的成败变得至关重要。领先和高明的技术，加上战略思维、流程再造和卓越的组织变革管理，共同组成最佳方案，对供应链活动和流程进行整合和改善。

（4）实施流程一体化，系统集成和运作交接。一个第四方物流服务商帮助客户实施新的业务方案，包括业务流程优化，客户公司和服务供应商之间的系统集成，以及将业务运作转交给第四方物流的项目运作小组。项目实施过程中应该对组织变革多加小心，因为"人"的因素往往是把业务转给第四方物流管理的成败关键。

（5）执行、承担多个供应链职能和流程的运作。第四方物流开始承接多个供应链职能和流程的运作责任，其工作范围远远超过了传统的第三方物流的运输管理和仓库管理的运作，主要包括制造、采购、库存管理、供应链信息技术、需求预测、网络管理、客户服务管理和行政管理。

（6）第四方物流通过其对整个供应链产生影响的能力来增加价值。第四方充分利用了一批服务提供商的能力，包括第三方、信息技术供应商、合同物流供应商、呼叫中心和电信增值服务商等，再加上客户的能力和第四方自身的能力。总之，第四方通过提供一个全方位的供应链解决方案来满足今天的公司所面临的广泛而复杂的需求。这个方案关注供应链管理的各个方面，既提供持续更新和优化的技术方案，同时又能满足客户的独特需求。

三、第四方物流运作模式与成功的关键

1. 第四方物流运作模式

第四方物流结合自身的特点，可以有以下三种运作模式进行选择：

（1）协同运作模型。该运作模式下，第四方物流只与第三方物流有内部合作关系，即第四方物流服务供应商不直接与企业客户接触，而是通过第三方物流服务供应商实施其提出的供应链解决方案、再造的物流运作流程等。这就意味着，第四方物流与第三方物流共同开发市场，在开发的过程中，第四方物流向第三方物流提供技术支持、供应链管理决策、市场准入能力以及项目管理能力等，它们之间的合作关系可以采用合同方式绑定或采用战略联盟方式形成。

（2）方案集成商模式。该运作模式下，第四方物流作为企业客户与第三方物流的

纽带，将企业客户与第三方物流连接起来，这样企业客户就不需要与众多第三方物流服务供应商进行接触，而是直接通过第四方物流服务供应商来实现复杂的物流运作管理。在这种模式下，第四方物流作为方案集成商，除了提出供应链管理的可行性解决方案外，还要对第三方物流资源进行整合、统一规划，为企业客户服务。

（3）行业创新者模式。行业创新者模式与方案集成商模式有相似之处，都是作为第三方物流和客户沟通的桥梁，将物流运作的两个端点连接起来。两者的不同之处在于，行业创新者模式的客户是同一行业的多个企业，而方案集成商模式只针对一个企业客户进行物流管理。这种模式下，第四方物流提供行业整体物流的解决方案，这样可以使第四方物流运作的规模更大限度地得到扩张，使整个行业在物流运作上都能获得收益。

第四方物流无论采取哪一种模式，都突破了单纯发展第三方物流的局限性，能真正达到低成本运作，实现最大范围的资源整合。因为第三方物流缺乏跨越整个供应链运作以及真正整合供应链流程所需的战略专业技术，第四方物流则可以不受约束地将每一个领域的最佳物流提供商组合起来，为客户提供最佳物流服务，进而形成最优物流方案或供应链管理方案。而第三方物流要么独自，要么通过与自己有密切关系的转包商来为客户提供服务，所以它不太可能提供技术、仓储与运输服务的最佳结合。

2. 第四方物流成功的关键

基于下列基本原则，第四方物流才能获得成功：①形成分享的协作组织；②整合供应链的功能；③组织最好的能力来运作供应链；④给第四方组织作业上的自主。

形成卓越的第四方组织是供应链整合成功的关键。卓越的第四方组织专注于供应链的整合，强调分享资源，这是因为成功的第四方物流组织是在分担风险与分享回报的原则下成立的。这个组织经常以客户与第四方组织之间合资的形式出现。

整合对于取得速度、精确的服务、成本的优化是至关重要的。因而当今业务的着眼点需要放在更大范围的供应链整合方面，而间断的外协功能已不能满足这种需求。

供应链的整合中，对每一个环节都需要评估。如果某一个环节不是最佳的，就需要找到一个方法来获得最佳的能力。总之，供应链的强度等于其最弱的一个环节。只有建立了目标与标准，才能让第四方组织去实施。第四方物流是否成功，就是以此为基础来衡量并取得回报的。

四、第四方物流与第三方物流的异同

第四方物流与第三方物流相比，其服务内容更多，覆盖地区更广，对从事货运物流服务的公司要求更高，要求它们必须开拓新的服务领域，提供更多的增值服务。第四方物流的优越性在于它能保证产品"更快、更好、更廉"地送到需求者手中。当今经济形式下，货主/托运人越来越追求供应链的全球一体化以适应跨国经营的需要。而跨国公司由于要集中精力于其核心业务，因而必须更多地依赖于物流外包。基于此理，它们不只是在操作层面上进行外协，而且在战略层面上也需要借助外界的力量，无论昼夜期间都能得到"更快、更好、更廉"的物流服务。

第三方物流独自提供服务，要么通过与自己有密切关系的转包商来为客户提供服务，它不大可能提供技术、仓储和运输服务的最佳整合。因此，第四方物流成了第三方物流的"协助提高者"，也是货主的"物流方案集成商"。

第三方物流供应商为客户提供所有或一部分供应链物流服务，以获取一定的利润。第三方物流公司提供的服务范围很广：它可以简单到只是帮助客户安排一批货物的运输，也可以复杂到设计、实施和运作一个公司的整个分销和物流系统。第三方物流有时也被称为"承包物流"、"第三方供应链管理"和其他的一些称谓。第三方物流公司和典型的运输或其他供应链服务公司的关键区别在于，第三方物流的最大的附加值是基于自身特有的信息和知识，而不是靠提供最低价格的一般性无差异的服务。第三方物流的主要利润来自"效率的提高"及"货物流动时间的减少"。

然而，在实际运作中，由于大多数第三方物流公司缺乏对整个供应链进行运作的战略性专长和真正整合供应链流程的相关技术，于是第四方物流便日益成为一种帮助企业实现持续运作成本降低和区别于传统外包业务的真正的资产转移。第四方物流依靠业内最优秀的第三方物流供应商、技术供应商、管理咨询顾问和其他增值服务商，为客户提供独特和广泛的供应链解决方案。这是任何一家公司所不能单独提供的。

从定义上讲，第四方物流供应商是"一个调配和管理组织自身的及具有互补性的服务供应商的资源、能力和技术，来提供全面的供应链解决方案的供应链集成商"，埃森哲公司最早提出了第四方物流的概念。尽管埃森哲公司拥有"第四方物流"这个专有名词，其他的咨询公司也开始使用类似的服务，称之为"总承包商"或"领衔物流服务商"。无论称谓如何，这些新型的服务供应商可以通过其影响整个供应链的能力来为客户提供更为复杂的供应链解决方案和价值。第四方物流可以使迅速、高质量、低成本的产品运送服务得以实现，将实现零库存的目标距离进一步缩短。

五、第四方物流的发展思路

发展第三方物流是解决企业物流的关键，发展第四方物流则能解决整个社会物流的主要问题。因此，发展第四方物流须从以下几个方面着手：

（1）大力发展第三方物流企业，为第四方物流发展作为铺垫，提高物流产业的水平。因为第四方物流首先是通过第三方物流整合社会资源的基础上再进行整合的，因而只有大力发展第三方物流企业，第四方物流才有发展的基础。目前，我国物流企业发展比较分散，既有改制后的大型物资集团，又有生产企业延伸供应链而形成的专业化物流公司，还有外商和民营企业。为迎接加入 WTO 后对现代物流业的需要，必须大力发展第三方物流，培育大型企业集团，这样既可以在不增加资本投入情况下提高物流业的效益，又可以为协作企业创造"第三利润源"。因此，大力发展第三方物流是当前提高我国物流产业发展水平的最重要的措施。

（2）加速电子商务与现代物流产业的融合，建立全国物流公共信息平台。正如前述，发展第四方物流是解决整个社会物流资源配置问题的最有力手段。我国目前正在推进信息化进程，同时物流业在我国经济中占重要的地位，把当前蓬勃发展的电子商务和现代物流产业结合起来的最佳途径就是培育第四方物流，建立全国物流行业的公共平台，通过国际互联网形式整合物流企业（包括第三方物流企业）的资源，这样可以使我国物流产业真正得到质的提高，也只有这样才能从容应对加入 WTO 后跨国物流公司的竞争。

（3）转变政府管理职能，做好物流基础建设、产业服务和规范工作。我国物流产业要想真正提升，必须通过第四方物流来完成。对第一方或第二方物流不能靠政府进行财税政策倾斜，因为目前物流资源在没有充分利用的情况下，已经处于饱和状态，如仓储和运输能力已经是供过于求。第三方物流企业本身是物流业的"利润点"，可以靠企业自身的发展规律就能生存。唯有第四方物流对整合社会资源、物流产业的提升有极其重要的作用。建立物流信息公共平台、发展第四方物流应该是政府的工作重点。因此，在物流产业政策上，应将重点放在物流基础建设、产业服务、规范工作，如建立商品条形码标准，鼓励物流企业技术创新、加快物流人才培养和加大物流人才引进力度等。

【案例 4-3】

山东三联物流

山东省三联集团是一家经营以家用电器为主的全省连锁的大型商业企业，经过 20 多年的发展，已经形成了在山东乃至全国范围内的竞争优势，成为我国现代服务业的领先者。三联的物流实践经历了三个阶段。

第一阶段由于物流量较少，再加上没有合适的第三方物流提供商，企业以自营为主，如图 4-7 所示，其配送对象主要局限在三联商店所经营的地区内，而外地少量的客户则通过中国邮政等第三方物流企业来配送。

第二阶段是以第三方物流配送为主（见图 4-8）。这是由于自身物流规模的不足，特别是网上销售分散配送的需要，利用第三方物流的效率高于自营物流。

第三阶段主要是以自营配送为主（见图 4-9），这时企业的物流量随着销售量的急剧增加，自营物流的配送网络逐渐替代了第三方物流。这主要是基于连锁经营规模较大的情况下，为了提高本企业的竞争能力，以其自营物流的总成本最低、快速性和可靠性形成了核心竞争力。

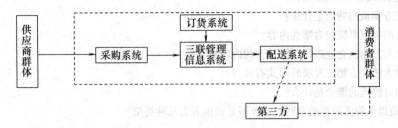

图 4-7 第一阶段以自营为主的物流模式

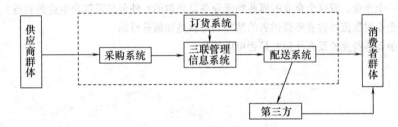

图 4-8 第二阶段以第三方物流为主的物流模式

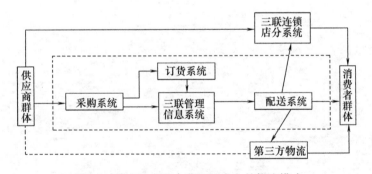

图 4-9 第三阶段以自营配送为主的物流模式

（资料来源：吕延昌．流通业的物流模式研究．商业研究．2006（15）：185-188；张华芹．论商业企业物流模式的选择．商业经济与管理．2006（6）：26-30.）

复习思考题

1. 企业业务外包的含义是什么？
2. 企业物流业务外包的原因有哪些？
3. 对第三方物流的不同定义有几种？各是什么？

4. 如何正确理解第三方物流?

5. 第三方物流的特点是什么?

6. 企业的物流系统包含哪些内容?

7. 对第三方物流企业进行评价包含的内容有哪些?

8. 加拿大第三方物流发展的模式有几种?

9. 第四方物流的概念是什么?

10. 按照提供物流服务的不同, 物流服务提供者有几种类型?

实践与思考

1. 研究一个企业, 看这个企业的哪些物流业务是外包的? 外包是否符合企业的利益?

2. 这个企业对物流外包业务提供者的选择与考核是如何进行的?

3. 这个企业哪些业务没有外包? 是否可以外包?

第五章 企业供应物流管理

供应物流是指包括原材料等一切生产物资的采购、进货运输、仓储、库存管理、用料管理和供应管理。供应物流是企业为保证生产节奏，不断组织原材料、零部件、燃料、辅助材料供应的物流活动，这种活动对企业生产的正常、高效率进行发挥着保障作用。供应物流管理不仅是企业组织生产的先决条件，而且是降低成本、获取利润的重要源泉。

第一节 供应物流管理概述

一、供应物品的种类

从国内到国外，从计划经济到社会主义市场经济，生产企业对供应物流管理对象的称谓有很多种，如物品、物料、生产资料等。本书采用国家标准《物流术语》中的概念——物品。物品即经济与社会活动中实体流动的物质资料。在国际制造业中，人们一般把物品分为三个类别：

1. 产品材料

产品材料（Bill Of Material，BOM）是指直接进入产品的生产用原材料、零部件以及半成品等。原材料是指直接进入产品并构成产品主体的基本材料，既包括煤、棉花、铁矿石等未经加工的初级原材料，也包括钢、汽油、橡胶等经适度加工或提炼的原材料；零部件包括单个零件以及由多个零件组成的部件，如汽车的发动机、冰箱用的压缩机、电子元器件等；而半成品则是指经组装或加工但仍处于生产过程中的物品。本书所涉及的物品主要是这一类。

2. 非产品材料

非产品材料（NON-BOM）又称NPR（Non-Production Related），它是指企业中不直接进入产品本身的所有物品。它包括车床、锅炉等机器设备；润滑油、冷却液、电焊条、工具等消耗品；家具、电脑、文具等办公用品。

3. 转卖品

转卖品（Resale Product）是指不在本企业生产制造，而从供应商处采购的打有本企业商标的成品。最具代表性的是 OEM（Original Equipment Manufacturer）产品。随着经济全球化进程的加快，国际产业分工日益明显，企业之间的相互依赖性越来越强。一些技术或品牌优势明显的企业先向选定的供应商提供技术或品牌,由供应商按要求组织生产,再从供应商处购回所有的产品,以自己的品牌和名义提供给市场。例如,通用电气以OEM方式在我国的采购量逐年增加。2001年,通用电气在我国的成品采购量将达到其全球成品采购总额的1/3。

二、供应物流的概念

任何企业进行生产经营活动,都要消耗各种物品。为了生产经营不间断地进行,就必须不间断地以新的物品补充生产经营过程的消耗,这种以物品补充生产经营消耗的过程,就称为供应。供应过程包括采购、储存、供料等环节,涉及商流、物流、信息流和资金流。

供应物流(Supply Logistics)是指企业提供原材料、零部件或其他物品时,所发生的实体流动。

所谓供应物流管理,即为了保质、保量、经济、及时地供应生产经营所需各种物品,对采购、储存、供料等一系列供应过程进行计划、组织、协调与控制,以确保企业经营目标的实现。这一概念体现了三方面的内容:首先,体现了供应物流管理的目标,即保质、保量、经济、及时;其次,体现了供应物流管理的环节,即采购、储存、供料;第三,体现了供应物流管理的职能,即计划、组织、协调和控制;最后明确了供应物流管理的目的是确保企业经营目标的实现。

在传统的计划经济体制下,企业的需用物品(特别是重要的生产资料)都是由主管部门层层分配,所以企业供应物流管理的主要任务是根据生产任务确定物品需要量,然后提报申请,最后将国家统配的物品如数拿回,保证生产的正常进行。如今,随着社会主义市场经济体制的建立和逐步完善,现代企业制度下的供应物流管理工作发生了根本性的变化,其指导思想是以市场为导向,以效益为中心。

需说明的是,随着社会的进步,社会分工越来越专业化。如今,生产企业的组织结构也在发生变化,供应活动中的商物分流现象日趋明显。一些企业的供应部门专门行使商流职能,主要任务是选择供应商、实施采购、合同管理以及对供应商的管理;有的已改称采购部,而将运输、储存、供料、回收等供应物流与生产物流、销售物流整合,形成供、产、销物流一体化;或成立物流中心;或将物流整体外包给第三方物流公司。

三、供应物流的组织模式

供应物流过程因不同企业、不同供应环节和不同供应链而有所区别,从而使企业的供应物流出现了许多不同种类的模式。企业的供应物流目前使用较多的有以下三种基本组织模式:

1. 供应商主导供应物流模式

目前,部分国内中小汽车制造企业基本上采取这种物流方式。零部件供应商接受汽车制造企业的采购订单后，与第三方物流公司签订物流服务合同，由第三方物流公司将零部件送到汽车制造企业工厂。

2. 第三方物流模式

制造企业作为采购者，同时也是发货人，与供应商签订离岸价格采购合同，即制造工厂上门取货的价格，同时，将供应商零部件入厂物流业务委托给第三方物流公司，并与第三方物流公司签订物流服务采购合同，由第三方物流公司向制造企业提供并执行零部件入厂物流解决方案，采取各种物流方式和物流技术完成零部件入厂物流任务，从而实现了商流和物流的分离。

制造企业可以直接就入厂物流过程中的路径优化、时间窗口、配送频率、质量控制、供货保障等直接与第三方物流进行共同改进。同时，制造企业还可以建立物流服务考核的 KPI（关键绩效指标法）体系，对第三方物流公司提供的入厂物流服务进行绩效考核。这样，制造企业就大大增强了物流过程的控制能力和对物流成本的掌控能力，同时也有利于制造企业与其供应商建立一种信息透明的信任关系。在这种物流模式下，第三方物流公司利用自身的物流理念、物流技术和物流服务网络，对制造企业的供应商零部件资源进行整合，同时还可以整合社会上的相关物流资源，充分发挥物流规模优势，从而为制造企业物流成本的降低提供了空间，也为物流公司自身的利润增长提供了空间，这种战略性双赢的合作模式已经被越来越多的汽车制造企业重视与应用。目前，上海通用、上海大众、现代等国内外汽车制造企业，都先后启用了零部件入厂物流第三方物流模式。与之相适应，一些专业性汽车物流服务公司得到了迅速发展。

3. 制造企业主导供应物流模式

在这种物流模式下，制造企业与供应商签订的采购合同是离岸价格，即制造企业上门取货的价格。这样，制造企业大大增强了对零部件入厂物流过程的控制与物流成本的控制，营造了较好的物流环境。这种物流模式在上海、广州等汽车产业集群的汽车制造企业内得到了应用，如上海通用汽车。

尽管不同的模式在某些环节具有非常复杂的特点，但供应物流基本流程大致相同，具有三个主要环节：

（1）取得资源，这是完成以后所有供应活动的前提条件。而取得什么样的资源，是由企业生产过程提出来的，同时也要考虑供应物流可以承受的技术条件和成本条件进行决策。

（2）组织到厂物流，这是一个企业外部的物流过程。在该物流过程中，往往要经历装卸、搬运、储存、运输等物流活动才能使取得的资源到达生产企业。

（3）组织厂内物流，物流从原材料仓库或外构建仓库到达车间或生产线的物流过程。也有一些供应物流是不进入企业内的仓库的，而是直接从供应商的配送中心送达到生产线的工位上。

四、供应物流管理的内容

在上述供应物流过程中，生产企业供应物流管理应包括三方面的内容，如图 5-1 所示。一是供应物流管理的业务性活动，即计划、采购、储存以及供料等；二是供应物流管理的支持性活动，即供应中的人员管理、资金管理、信息管理等；三是供应物流管理的拓展性活动，即供应商管理。

1. 业务性活动

（1）计划。计划是指根据企业总体战略与目标以及内外部顾客的需求，制定供应战略规划和物品的供应计划。

（2）采购。其内容包括提出采购需求、选定供应商、价格谈判、确定交货及相关条件、签订合同并按要求收货付款。

（3）储存。其内容包括物品验收入库、保管保养、发货、确定合理库存量并对库存量进行控制。

（4）供料。其内容包括编制供料计划、领料审批、定额供料、回收利用、消耗控制与管理。

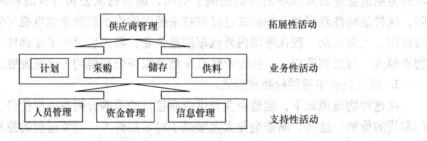

图 5-1　供应物流管理内容

2. 支持性活动

（1）人员管理。它是指在企业的供应物流管理体制下制定供应岗位职责，对供应人员进行能力考察、素质培养、工作评估、绩效考核与激励。

（2）资金管理。其内容包括物品采购价格的控制、采购成本管理以及储备资金的核定与控制。

（3）信息管理。它是指在物品编码的基础上对供应信息进行管理，在 MRP Ⅱ、ERP 系统中进行供应物流管理。

3. 拓展性活动

在生产企业中，占成本最大比例的物品以及相关信息都发生或来自供应商，所以许多企业将管理之手伸向了供应商，将供应物流管理从内部管理拓展到对供应商的管理，包括对供应商的选择与认证、与供应商建立合作伙伴关系以及对供应商绩效的考评等，企业以此来降低成本、提高供应的可靠性和灵活性，提升市场竞争力。

五、供应物流管理的理念

不断地创造并满足顾客的需求与潜在需求，是市场经济条件下企业存在的价值。美国著名的管理学家德鲁克曾说过，企业宗旨的唯一定义是"创造顾客"。供应作为企业运作的一个环节，也应树立"顾客完全满意"的理念，它应成为供应物流管理人员的基本信念、价值观和行为准则。这里，顾客的含义是两个层面的，即内部顾客（生产部门）和外部顾客（企业产品的最终消费者）。过去人们更多强调的是内部顾客，要努力为生产部门服务，保证生产的正常进行。其实，生产的目的也是为了满足顾客的需求。所以，最终消费者才是供应部门的最重要的顾客。沃尔玛公司创始人山姆·沃尔顿总是告诫采购人员："你们不是在为沃尔玛商店讨价，而是在为顾客讨价还价"，"你们是顾客的采购代理人"。只有站在这一角度，在"顾客完全满意"理念的指引下，供应工作才能真正地想顾客之所想，急顾客之所急，始终将顾客利益摆在首位。在这样的思想指导下，努力降低供应成本，是为了让利于顾客；提高供应环节的柔性（Flexibility），是为了更快地对顾客需求作出反应。具体地讲，供应物流管理人员应树立以下四个观念：

1. 市场观念

企业作为市场的主体，不仅体现在其产品适应生产的需要，而且还要利用市场组织各种资源和生产要素。社会主义市场经济体制的建立，取消了物资计划分配指标，迫使供应部门必须面向市场寻找资源。物品选择范围的扩大给供应物流管理工作带来了更多的机会；但与此同时，由于供应工作置身于复杂多变的外部环境中，压力与风险也与日俱增。市场竞争的日趋激烈，使市场供求状况瞬息万变。只有在供应商及时、保质保量地为企业供应所需物品，运输公司及时提供运力，保险公司为企业提供风险补偿，银行为企业提供资金支持的情况下，供应物流管理工作才能顺利进行。

2. 时间观念

市场经济条件下，时间就是金钱。对于供应物流管理者而言，时间不仅代表着成本（储存时间长，储存费用增加），而且也与企业竞争力直接相关。如今，顾客的需求变化越来越快，要求越来越多，不仅对产品本身的质量提出了更高的要求，而且对时间的要求也越来越高。这种时间上的压力除了来自于顾客外，还来自于竞争对手。供货提前期的缩短对提高企业竞争力的贡献越来越大。为此，供应部门要对供应计划实施动态管理，以变应变，作出快速反应，在供应环节上保证企业"以销定产"的实现，达到及时满足顾客需要的目的。

3. 效益观念

提高供应物流效益是企业供应物流管理的最终目的。作为企业重要资源的资金如果周转失灵，甚至严重短缺，企业的活力就无从谈起；产品的成本降不下来，势必影响产品在市场上的竞争力，效益也无法提高。因此，加速资金周转、降低成本已成为当前企业经营管理工作的重中之重。供应部门是使用资金最多的部门，无需额外的支出或投资，只要加强供应物流管理，充分利用市场机制，以较低的价格采购到确保质量的物品，最大限度地节约采购费用，减少库存资金的占用，即可获得较好的经济效益。

4. 合作观念

如今，企业要在竞争的市场中立于不败之地，仅仅依靠个人、一个部门甚至整个企业内部的才智与能力，几乎是不可能的。合作的观念或意识不仅要体现在供应部门内部人员与人员之间，还要体现在供应部门与设计部门、生产部门、财务部门及销售部门之间，更要体现在与供应商建立合作伙伴关系上。合作意味着一种信任，双方都要实现其承诺；意味着一种受另一方影响的愿望，坚信另一方不会在施加影响时获得不公平利益；意味着一种相互需要的敏感性，一种积极的奉献；意味着一种高度清晰和公正的交流，任何一方都不会怀疑另一方，并在这种关系中相互理解。

在上述观念的指导下，现代供应物流管理思想与传统供应物流管理思想已有了很大的区别，如表5-1所示。

表5-1 传统与现代供应物流管理思想的比较

	传统供应物流管理	现代供应物流管理
供应商/买方角色	相互对立	合作伙伴
合作关系	可变的	长期的
合同期限	短	长
采购数量	大批量	小批量
运输策略	单一品种整车发运	多种物品整车发运
质量问题	检验、再检验	无需入库检验
与供应商的信息沟通	采购订单	口头发布
信息沟通频率	离散的	连续的
对库存的认识	资产	负担
供应商数目	多，越多越好	少，甚至一个
设计流程	先设计产品后询价	供应商参与产品设计
产量	大量	少量
交货安排	每月	每周或每天
供应商地理分布	很广的区域	尽可能靠近
仓库	大、自动化	小、灵活

第二节　供应计划管理

我国企业的供应物流管理正处在从传统模式向现代模式转变的时期。各个企业的供应物流管理发展速度有一定差距，有些企业仍处在手工作业管理，而有些企业已经运用计算机进行现代化的供应物流管理了。

一、供应物品需要量的确定

1. 供应物品需要量的概念和构成

（1）供应物品需要量的概念。供应物品需要量是指企业在计划期内，整个生产经营活动中所需供应各种物品的数量。

在上述概念中，需要注意两点：一是供应物品需要量是有一定的时间界限，即通常所说的某种物品需要量是指在计划期内的某种物品需要量；二是供应物品需要量是指企业生产经营活动中对各种物品客观需求的数量。

（2）供应物品需要量的构成

1）按物品的使用方向分类。供应物品需要量按物品的使用方向分类，可以分为生产产品、维修、技术改造措施、基本建设、科研和企业管理等所需各种物品供应的数量。

2）按物品的相互依赖关系分类。供应物品按物品的相互依赖关系分类，可划分为独立需求和相关需求。所谓独立需求，是指需求变化独立于人们的主观控制能力之外，故而其数量与出现的概率是随机的、不确定的、模糊的。在企业中，如果某项物品的需要量不依赖于企业内其他物品的需要量而独立存在，则称为独立需求。所谓相关需求，是指它的需求数量和需求时间与其他的变量存在一定的相互关系，可以通过一定的数学关系推算得出，而不是预测得出。在企业中，如果某项物品的需要量可由企业内其他物品的需要量来确定，则称为相关需求。

举例说明独立需求和相关需求之间的区别。假设有一家汽车制造公司，每天生产500辆小轿车，每辆小轿车有 4 个车轮，则它每天需要 2000 个车轮。对于这个汽车制造公司来讲，它的产品是小轿车，小轿车的需求量和需求时间通常由市场预测和客户订单等外在因素来决定，它与企业内其他物品的需要量无关。因此，对小轿车这种物品来讲，可称为独立需求；而车轮的需求量是根据小轿车的产量来确定的，对车轮这种物品来讲，可称为相关需求。

那么，是不是所有车轮都是相关需求呢？答案是否定的。车轮有的用于生产小轿车，有的则用于客户已有小轿车的维修。用于生产小轿车的车轮属于相关需求，而用于维修的车轮则属于独立需求。因为用于维修的车轮需求变化独立于人们的主观控制能力之外，其数量与出现的概率是随机的、不确定的。所以，对于车轮这种物品来讲，它既是相关需求的物品，又是独立需求的物品。

2. 供应物品需要量的确定方法

（1）直接计算法。直接计算法也称定额计算法，它是指用计划期的任务量和物品消耗额来确定物品需要量。其计算式为

$$F_t = T_t H$$

式中，F_t 表示计划期某种物品需要量；T_t 表示使用该种物品的某产品在计划期内的生产任务量；H 表示某产品使用该种物品的消耗定额（一般是指物品消耗供应定额）。

直接计算法核算的物品需要量比较准确，凡有物品消耗定额的均应采用直接计算法。

（2）间接计算法。间接计算法是指利用间接资料，即按照一定的比例、系数和经验来确定物品需要量。间接计算法包括动态分析法、类比计算法和经验估算法。

1）动态分析法。动态分析法是指对历史统计资料进行分析研究，找出计划期生产任务量和物品消耗量变化规律来确定物品需要量的一种方法。其计算式为

$$F_t = \frac{T_t}{T_{t-1}} D_{t-1} K$$

式中，F_t 表示计划期某种物品需要量；T_t 表示使用该种物品的某产品在计划期内的生产任务量；T_{t-1} 表示上一期使用该种物品的某产品实际完成的生产任务量；D_{t-1} 表示上一期该种物品的实际消耗量；K 表示计划期内该种物品的消耗增减系数。

例 5-1 某企业在计划年度制造备品配件120t，根据统计资料已知上一年实际制造备品配件100t，实际消耗钢材150t。由于生产工艺的改进，制造备品配件的钢材消耗平均降低10%。求计划年度制造备品配件的钢材需要量为多少 t。

解：计划年度制造备品配件的钢材需要量为

$$F_t = \frac{120}{100} \times 150 \times (1 - 10\%) \, t = 162t$$

动态分析法估算物品需要量比较简单易行，在没有物品消耗定额的情况下，用动态分析法确定物品需要量比较方便。

2）类比计算法。类比计算法是指参照类似产品或同类产品的物品消耗定额来确定物品需要量的一种方法。其计算式为

$$F_t = T_t H_s K$$

式中，F_t 表示计划期某种物品需要量；T_t 表示使用该种物品的某产品在计划期内的生

产任务量；H_s 表示类似产品或同类产品的物品消耗定额；K 表示计划期内该种物品的消耗增减系数。

例 5-2　某企业在计划年度制造某种包装桶 10 万个，每个包装桶消耗 0.5mm 厚镀锌钢板 0.5kg。由于客户要求用 0.6mm 厚镀锌钢板，这样每个包装桶增加重量 20%。求该计划年度需要 0.6mm 厚的镀锌钢板多少 t。

解：计划年度制造 10 万个包装需要 0.6mm 厚的镀锌钢板重量为

$$F_t = 100000 \text{ 个} \times 0.5 \text{kg/个} \times (1 + 20\%) = 60000 \text{kg} = 60t$$

类比计算法适用于没有物品消耗定额的产品或新产品试制时确定物品需要量。

3）经验估算法。经验估算法是指根据以往经验来确定物品需要量的一种方法。

例如，根据以往维修机器设备的经验，清洗机器零件每 10 件用 0.5kg 煤油；大修一台车床，零件清洗用 3kg 煤油等。

经验估算法一般适用于企业生产经营中所需用的辅助材料或一些低值易耗品。

（3）预测分析法。预测分析法是指利用物品实际消耗历史统计资料，分析其消耗量的变化规律，运用一定的数学模型来确定物品需要量的一种方法。预测分析法中有很多方法可以运用，在此仅介绍常用的时间序列分析法。

时间序列分析法是指把观察到或记录到的一组按时间顺序排列起来的数列（实际消耗量），通过统计分析进行预测的方法。常用的有算术平均数法和移动平均数法。

1）算术平均数法。算术平均数法是指把各个时期的某种物品实际消耗量加起来，除以时期数所得的算术平均数，作为计划期某种物品需要量。其计算式为

$$F_t = \frac{1}{n} \sum_{i=1}^{n} D_i \quad (i = 1, 2, \cdots, n)$$

式中，F_t 表示计划期某种物品需要量；n 表示时期数；D_i 表示第 i 期的实际消耗量；$\sum$ 表示总和的符号。

算术平均数法仅适用于稳定形态需用量的确定。

2）移动平均数法。移动平均数法是指在某种物品实际消耗量的统计数据中，取靠近预测期的几个实际消耗量的平均数作为预测期该种物品需要量。那么，m 到底取多少呢？应根据实际消耗量统计数据的变化情况，选择能反映近期实际消耗量变化规律的几个数字。选择时既要考虑有足够的数据，可以抵消一些随机波动的影响，又不要令数据过多，尽量舍去早期作用不大的数据。其计算式为

$$F_t = \frac{1}{m} \times \sum_{i=1}^{m} D_{t-i} \quad (i = 1, 2, \cdots, n)$$

式中，F_t 表示计划期某种物品需要量；m 表示所取的时期数；D_{t-i} 表示第 $t-i$ 期实际消

耗量；∑表示总和的符号。

例5-3 某企业某种物品的前12年实际消耗量统计数字，如表5-2所示。求下一期该种物品的需要量为多少 t。

表5-2 某企业某种物品的前12年实际消耗量 单位：t

时间/年	1	2	3	4	5	6	7	8	9	10	11	12
代号/D_i	D_1	D_2	D_3	D_4	D_5	D_6	D_7	D_8	D_9	D_{10}	D_{11}	D_{12}
实际消耗量	20	30	36	32	30	33	28	46	39	44	46	45

解： 从表5-2中可以看出，从第8年开始，实际消耗量较前面的消耗量数字有明显的增长。因此，我们可以取 $m=5$，即第8年~第12年5年消耗量的平均数作为第13年的需用量。第1年~第7年的消耗量统计数字不反映近期消耗量的变化规律，可以不予考虑。

第13年该种物品的需要量为

$$F_{13} = \frac{1}{5} \times (45 + 46 + 44 + 39 + 46) \, t$$

$$= 44t$$

移动平均数法适用范围较广，既能用于上述的趋势形态，又能用于上述的稳定形态；既能反映实际消耗量的变化情况，又能消除随机因素的影响，还能排除早期作用不大的数据。说它能应用于稳定形态，是因为当取的 m 个数据等于总时期数 N 时，该公式就与算术平均数的公式一致了。

需要注意的问题是，用该方法计算出来的需要量同实际消耗量的变化规律来比较，它比实际消耗量的变化规律有"滞后"现象。因此，对用上列公式计算出来的需要量，应根据个人的经验作适当的调整，使确定的需要量更加符合实际情况。

二、供应计划管理

1. 供应计划的概念

供应计划是指企业管理人员在了解市场供求情况、认识企业生产经营活动过程和掌握物品消耗规律的基础上，对计划期内物品供应物流管理活动所作的预见性安排和部署。

供应计划有广义和狭义之分。广义的供应计划是指为保证供应各项生产经营活动的物品需要量而编制的各种计划的总称；狭义的供应计划是指年度供应计划，即对企业在计划期内生产经营活动所需各种物品的数量和时间，以及需要采购物品的数量和时间等所作的安排和部署。

2. 供应计划的分类

（1）按计划内容分类。供应计划按计划内容分类，可分为物品需要计划、物品采购计划、物品供料计划、物品加工订制计划、物品进口计划等。

（2）按计划期长短分类。供应计划按计划期长短分类，可分为年度物品供应计划、季度物品供应计划、月份物品供应计划等。

（3）按物品使用方向分类。供应计划按物品使用方向分类，可分为生产产品用物品供应计划、维修用物品供应计划、基本建设用物品供应计划、技术改造措施用物品供应计划、科研用物品供应计划、企业管理用物品供应计划等。

（4）按物品自然属性分类。供应计划按物品自然属性分类，可分为金属材料供应计划、机电产品供应计划、非金属材料供应计划等。

3. 供应计划与其他计划的关系

供应计划是企业年度综合计划的一个重要组成部分。它与其他计划共同构成企业计划管理体系，各计划之间存在着相互依存、相互制约、相互促进的关系。

（1）供应计划与销售计划的关系。销售计划规定企业在计划期（年度）销售产品的品种、质量、数量和交货期以及销售收入、销售利润等。它是以企业与客户签订的供货合同和对市场需求预测为主要依据编制的。供应计划要为销售计划的实现提供物品供应的保证。物料需求计划（MRP）就是根据客户订单，如何按质、按量、按时组织资源保证供应的计划。

（2）供应计划与生产计划的关系。生产计划规定企业在计划期（年度）所生产产品品种、质量、数量和生产进度以及生产能力的利用程度。它是以销售计划为主要依据来编制的。生产计划决定供应计划，供应计划又对生产计划的实现起物品供应保证作用。企业物品供应部门应积极参与生产计划的制订，提供各种物品的资源情况，以便企业领导和计划部门制订生产计划时参考。因为生产计划一经制订，供应部门必须保证物品供应，所以，要求企业制订的生产计划应保持相对稳定，以免出现物品供应不上或物品超储积压现象的发生。

（3）供应计划与设备维修计划的关系。设备维修计划规定了企业在计划期（年度）需要进行大修、中修、小修的设备数量、修理的时间和进度等。设备维修计划中提出的物品品种、规格、数量和需要时间是编制物品供应计划的依据，物品供应计划为设备维修计划的实现提供物品保证。

（4）供应计划与基本建设计划的关系。基本建设计划规定企业在计划期（年度）的建设项目、投资额、实物工程量、开竣工日期、建设进度以及采用的有关经济技术定额。这些都是编制物品供应计划的依据，而物品供应计划是保证实现基本建设计划的物质基础。

(5) 供应计划与技术改造措施计划的关系。技术改造措施计划规定企业在计划期（年度）要进行的各项措施的项目、进度、预期的经济效果以及实现措施所需要的人力、材料、费用和负责执行的单位。这些都是编制物品供应计划的依据，而物品供应计划是保证实现技术改造措施计划的物质基础。

(6) 供应计划与科研计划的关系。科研计划规定企业在计划期（年度）进行的科研项目，科研项目提出的各种物品需求是编制物品供应计划的依据。科研用物品的特点可以归纳为"新"、"少"、"急"、"难"四个字。"新"是指在科研活动中，科技人员为使自己开发的新产品、新技术等跟上现代科技发展的步伐，必然要采用新材料、新设备等；"少"是指科研活动的规模较小，但其使用的物品却规格复杂、数量较少；"急"是指在科研活动中，物品需用的计划性差，大多数是想用什么就需要采购什么，而且都是急用的；"难"是指科研活动所用物品质量要求高、规格复杂、数量较少、来源不好找等，给采购工作带来的困难比较大。因此，科研活动所用的物品供应计划不太好编制，要根据实际需要情况，灵活机动地组织供应。

(7) 供应计划与劳动工资计划的关系。劳动工资计划规定企业在计划期（年度）劳动生产率提高的程度、所需各类人员的数量、培训人员的数量和培训要求、工资总额和平均工资水平等。供应计划中的有些物品需要量是根据企业各类人员的数量来确定的，如各类人员专用的或必备的工具、各类人员配备的不同的劳动保护用品等。劳动工资计划与供应计划的关系也是十分密切的。

(8) 供应计划与成本计划的关系。成本计划规定着企业生产一定种类的产品所需要的生产费用以及产品的单位成本、总成本、可比产品成本降低额和降低率等指标。成本计划指标与供应计划指标之间有着相互制约和相互促进的关系。供应计划中的需要量是确定成本计划中生产费用的主要依据，而成本计划中的成本降低额又成为确定物品需要量时应考虑的重要因素。

从上面介绍的供应计划与企业中的其他计划之间的关系来看，它们之间存在着相互依存、相互制约、相互促进的关系。因此，在编制供应计划时，必须考虑到与各方面的平衡关系，使供应计划做到既能保证企业各项任务的完成，又能减少超储积压，加快资金周转，提高企业的经济效益。

4. 供应计划的指标体系

供应计划的指标体系是指供应计划内容中的各项指标及其相互关系。供应计划内容中的主要指标包括计划期物品需要量、计划期末物品储备量、计划期初物品库存量等。

(1) 计划期物品需要量。计划期物品需要量在本章第一节中已作了详细介绍，在此不再赘述。

（2）计划期末物品储备量。计划期末物品储备量是指为下一个计划期初企业生产经营需要而准备的一定数量的物品。

计划期末物品储备量要根据各种物品的市场供求情况及本企业生产经营对该种物品的需求情况（或特点）来确定。一般来说，其有以下几种情况：

1）计划期均衡需用和均衡发放的物品。对这种物品通常用平均 1 日需要量乘以储备天数来确定。其计算公式为

某种物品的计划期末储备量 = 平均 1 日需要量 × 储备天数

计算公式的关键是储备天数如何来确定。一般来说，如果该种物品的市场资源很充分，企业什么时候需用，随时去市场即能购买到，那么，储备天数可以定得少一些；反之，如果该种物品的市场资源很紧张，企业在需要的时候，到市场去购买不一定能买到，那么，储备天数要定得多一些。

2）计划期集中需用和集中发放的物品。对这些物品要根据本企业对该种物品需用的时间，供货单位的供货情况来确定。例如，某一生产企业，它在计划期内生产多种产品，且某些产品的投产，往往在计划期内集中投产一次或两次。因此，某些物品的需用也集中在一次或两次。如果其中一次在下一个计划期初发生，那么，该种物品的计划期末储备量至少要满足下一个计划期初一次投产所需用的数量；如果它的需用时间不在下一个计划期初，而且供货单位又能在企业需用时保证供应，则计划期末储备量可以少留或不留；如果供货单位的生产能力有限，不能在企业需用时保证供应，则应考虑供货单位的供货能力，确定适当的计划期末物品储备量。

3）供货单位季节性供货的物品。供货单位季节性供货的物品是指某些物品由于受季节（夏季或冬季）的影响，供货单位只能在某个季节（夏季或冬季）生产和供货，而本企业对该种物品的需用却是常年需用时，就形成了本企业在供货企业的供货季节里，逐渐进货储存，达到一定数量后停止进货，以后陆续耗用。在这种情况下，如果供货企业只能在夏季供货，计划期末储备量要多一些；如果供货企业只能在冬季供货，计划期末储备量可少一些或不储备。

（3）计划期初物品库存量。计划期初物品库存量是指计划期开始第一天的库存物品数量。这也是报告期末的物品储备量。因此，它可根据报告期的有关资料来进行计算。其计算公式为

计划期初物品库存量 = 编制计划一定时点的实际库存量 + 预计期的进货量 −
预计期的发货量

在上列公式中，编制计划一定时点的实际库存量是指在编制计划时必须规定一个时点（如 ×× 年 1 月 1 日零时）盘点本企业该种物品的实际库存量，既要包括本企业供应部门仓库内的库存量，又要包括本企业下属单位的库存量。预计期是指从规定盘点的

那个时点起，到报告期末为止的这段时间。如果规定盘点的时点是××年1月1日零时，则预计期就是从××年1月1日零时起至××年12月31日24时为止这段时间。预计期的进货量是指在这段时间还要进货的数量，它包括货款已付，但尚未验收入库的物品数量；还包括已订合同，在这段时间还要交货的数量。预计期的发放量是指在这段时间内本企业生产经营所需要消耗或发放该种物品的数量。

由于编制物品供应计划一般是在计划期开始之前3～4个月进行的，所以，无论是计划期末储备量还是计划期初库存量都是一个预计的物品数量。为了使这两个预计值尽量与实际情况相符，计划中必须对这两个指标进行认真计算。

(4) 计划期物品采购总量。计划期物品采购总量是指企业在计划期为完成生产经营任务所需采购物品的数量。其计算公式为

$$计划期某种物品的采购总量 = 计划期某种物品需要量 + 计划期末储备量 -$$
$$计划期初物品库存量$$

该计算公式实质上是反映了企业在计划期为完成生产经营任务时的资源（供应）和需求之间的平衡关系。需求方面包括计划期某种物品需要量和计划期末物品储备量；资源（供应）方面包括计划期初物品库存量和计划期某种物品的采购总量。

(5) 季度和月份供应计划的编制。季度和月份供应计划是根据企业季度和月份生产任务量来核算出季度和月份各种物品需要量。然后，将需用量和资源量进行平衡，列出本季度和本月份需要采购、催货等物品的清单，并详细列出物品的名称、规格、型号、本季和本月的需要量，经平衡后需要补充的数量，以及供货单位、合同号、应供货数量、欠交数量、交货期、供货单位的地址、电话和联系人等。这样做是为了便于季度和月份供应计划的执行和落实。

在进行需用量和资源平衡时，如果发现某种物品的库存量大大超过需要量时（即超过全年需用量时），就应把该种物品列入可供外调物品清单之内，以便及时处理多余积压物品，压低库存量，加速物品的周转速度。

企业的年度、季度和月份供应计划都是不可缺少的。既要有长期计划（年度），又要有短期计划（季度和月份），只有把长短期计划结合起来，才能更好地保证生产经营任务的顺利完成。

5. 供应计划的执行

(1) 供应计划执行的内容。供应计划的编制是计划工作的开始，更重要的是组织供应计划的执行。供应计划执行的内容包括落实资源、控制进货、组织供应等。

1) 落实资源。落实资源是指按照供应计划中所列物品的品种、规格、型号、质量、数量和所需用的时间，积极组织力量做好采购、加工定制、进口等工作，同时做好选择和评价供应商的工作。不仅使供应计划中所列的物品有好的供应商来供货，而且要

做到在企业需用时能及时拿到质量适合、数量足够的物品。

2）控制进货。控制进货是指按照供应计划规定的物品品种、规格、质量、数量和交货时间来控制供应商的交货时间和数量等。企业的供应人员应经常同供应商联系，尽量做到按需进货，使所进物品既能满足生产经营需用，又使库存量保持较低水平。

3）组织供应。组织供应是指按照供应计划组织发放物品。对有消耗定额的物品，严格按定额发放；对一些没有定额的物品，要按需用单位提出的计划来组织发放；而对计划外需用物品的发放，要严加控制。

（2）供应计划执行情况的检查

1）供应计划执行情况检查的目的。供应计划执行招待情况检查的主要目的是及时发现执行过程中的问题，采取相应措施来解决问题，保证供应计划的实现。同时，通过对供应计划执行情况的检查，可以发现供应计划编制工作中存在的问题，也可以看出供应人员的业务素质的高低。

2）供应计划执行情况检查的方法和内容。供应计划执行情况检查的方法，一般分为日常检查、计划期末检查和物品核销。

a. 日常检查。日常检查是指在供应计划执行过程中进行的不定期检查，或者是随时进行的检查。日常检查的主要内容有：①物品资源的落实情况；②物品的进货情况；③物品的供应情况等。

b. 计划期末检查。计划期末检查是指在计划期结束后，对供应计划执行情况进行的全面检查。计划期末检查的主要内容有：①计划期需要量和实际消耗量的对比分析；②计划期需要和资源的对比分析；③计划期合同执行情况分析；④物品消耗定额和实际平均单耗的对比分析；⑤实际库存资金占用和储备资金定额的对比分析等。

c. 物品核销。物品核销是指在供应计划执行一个阶段以后或在计划期末，对物品使用情况进行考核分析的活动。物品核销的主要目的是考核物品的实际用项是否与计划规定的用项相一致，考核物品的实际消耗数量是否与消耗定额相一致。通过考核总结出物品使用数量增加或减少的原因，为修订消耗定额和编制供应计划提供可靠的依据，以进一步提高供应计划的质量，降低物品消耗水平。

物品核销一般按物品使用方向来进行，如生产产品用物品的核销，可按产品进行核销；维修用物品的核销，可按单台（项）进行核销；基本建设用物品的核销，可按单项工程进行核销；技术改造措施用物品的核销，可按单项工程进行核销等。

进行核销的物品，应按规定编制物品核销表，并进行增加或减少用量的原因分析，提出整改意见和措施。

物品核销表的格式大同小异，下面仅列举生产产品用物品的核销表为例，如表5-3所示。

表 5-3　生产产品用物品核销表

产品名称：　　　　　　　　　　　　实际用量　　　　　　　　　　年　月　日

物品名称	规格型号	计量单位	计划消耗		实际消耗	增　减		核销数量	原因分析
			消耗定额	计划需要		增加	减少		

第三节　采购管理

一、采购管理概述

1. 采购的基本含义

采购应当包含着两个基本意思：一是"采"；二是"购"。它一般包含以下一些基本的含义：

（1）所有采购，都是从资源市场获取资源的过程。无论是生活，还是生产，采购对于人们的意义，就在于能为人们解决他们所需要、但是自己又缺乏的资源问题。这些资源，包括生活资料，也包括生产资料；包括物资资源，也包括非物资资源。能够提供这些资源的供应商，形成了一个资源市场。而为了从资源市场获取这些资源，都是通过采购的方式。也就是说，采购的基本功能，就是帮助人们从资源市场获取他们所需要的各种资源。

（2）采购，既是一个商流过程，又是一个物流过程。采购的基本作用，就是将资源从资源市场的供应者手中转移到用户手中的过程。在这个过程中，一是要实现将资源的所有权从供应者手中转移到用户手中；二是要实现将资源的物质实体从供应者手中转移到用户手中。前者是一个商流过程，主要通过商品交易、等价交换来实现商品所有权的转移；后者是一个物流过程，主要通过运输、储存、包装、装卸、流通加工等手段来实现商品空间位置和时间位置的转移，使商品实实在在地到达用户手中。采购过程实际上是这两个方面的完整结合，缺一不可。只有这两个方面都完全实现了，采购过程才算完成了。因此，采购过程实际上是商流过程与物流过程的统一。

（3）采购，是一种经济活动。采购是企业经济活动的主要组成部分。所谓经济活动，就是要遵循经济规律，追求经济效益。在整个采购活动过程中，一方面，通过采购，获取了资源，保证了企业的正常生产的顺利进行，这是采购的效益；另一方面，在采购过程中，也会发生各种费用，这就是采购的成本。企业要追求采购经济效益的最大化，就要不断降低采购成本，以最少的成本去获取最大的效益。而要做到这一点，关键的关键，就是要努力追求科学采购。科学采购是实现企业经济利益最大化的基本利润源泉。

2. 科学采购的类型

（1）订货点采购。它是指紧密根据需求的变化和订货提前期的大小，精确确定订货点、订货批量或订货周期、最高库存水准等，建立起连续的订货启动、操作机制和库存控制机制，达到既满足需求又使得库存总成本最小的目的。这种采购模式以需求分析为依据，以填充库存为目的，采用一些科学方法、兼顾满足需求和库存成本控制。其原理比较科学，操作比较简单。但是由于市场的随机因素多，使得该方法同样具有库存量大、市场响应不灵敏的缺陷。

（2）物料需求计划采购。物料需求计划（MRP）采购主要应用于生产企业。它是指生产企业根据主生产计划和主产品的结构以及库存情况，逐步推导出生产主产品所需要的零部件、原材料等的生产计划和采购计划的过程。这个采购计划规定了采购的品种、数量、采购时间和采购回来的时间，计划比较精细、严格。它也是以需求分析为依据、以满足库存为目的，其市场响应灵敏度及库存水平都比订货点采购方法有所进步。

（3）供应链采购。准确地说，这是一种供应链机制下的采购模式。在供应链机制下，采购不再由采购者操作，而是由供应商操作了。采购者只需要把自己的需求规律信息即库存信息向供应商连续及时传递，供应商根据自己产品的消耗情况不断及时连续小批量补充库存，保证采购者既满足需要又使总库存量最小。供应链采购对信息系统、供应商操作要求都比较高。它也是一种科学的、理想的采购模式。

（4）电子商务采购。也就是网上采购，是在电子商务环境下的采购模式。它的基本特点是在网上寻找供应商、寻找品种、网上洽谈贸易、网上订货甚至在网上支付货款，但是在网下送货进货。这种模式的好处，扩大了采购市场的范围、缩短了供需距离，简化了采购手续、减少了采购时间，减少了采购成本，提高了工作效率。电子商务采购是一种很有前途的采购模式，但是它要依赖于电子商务的发展和物流配送水平的提高，而这两者几乎要取决于整个国民经济水平和科技进步的水平。

（5）即时制采购。即时制（JIT）采购是在20世纪90年代，受即时化生产（JIT）管理思想的启发而出现的。即时制生产方式最初是由日本丰田汽车公司在20世纪60年代率先使用的。在20世纪70年代爆发的危机中，这种生产方式使丰田公司渡过了难关，因此，受到了日本国内和其他国家生产企业的重视，并逐渐引起了欧洲和美国的日资企业及当地企业的注意。近年来，JIT模式不仅作一种生产方式，也作为一种采购模式开始流行起来。

二、采购流程的控制与管理

现代企业面临一个需求多样化与个性化相结合的市场时代，于是生产过程对物料的柔性（多样化）、刚性（质量）需求就体现在物料采购与供应环节中。

作为制造企业而言，为销售而生产，为生产而采购是一个环环相扣的物料输入输出的动态过程，依顺序构成采购流程、生产流程、销售流程。从物流的角度看，最初的采购流程运行的成功与否将直接影响到企业生产、销售最终产品的定价情况和整个供应链的最终获利情况。换言之，企业采购流程的"龙头"作用不可轻视。

企业采购流程通常是指有制造需求的厂家选择和购买生产所需的各种原材料、零部件等物料的全过程。在这个过程中，作为购买方，首先要寻找相应的供货商，调查其产品在数量、质量、价格、信誉等方面是否满足购买要求；其次，在选定了供应商后，要以订单方式传递详细的购买计划和需求信息给供应商并商定付款方式，以便供应商能够准确地按照客户的性能指标进行生产和供货；最后，要定期对采购物料的管理工作进行评价，寻求提高效率的采购流程创新模式。

上述采购流程可以用一个简单的图形来表示，如图 5-2 所示。

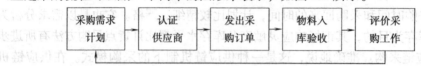

图 5-2　企业采购流程

一个完善的采购流程应满足所需物料在价格与质量、数量、区域之间的综合平衡，即物料价格在供应商中的合理性，物料质量在制造所允许的极限范围内，物料数量能保证制造的连续性，物料的采购区域经济性等要求。

而当前对采购流程具有重大趋势性影响的因素主要表现在三个方面：第一，经济全球化的影响。随着全球经济一体化的发展趋势日益明显，跨国公司全球战略的逐步推行，全球采购已成为其重要的组成部分。第二，新经济的异军突起，电子采购方式（如 B2B、B2C）正成为众多企业延伸自己的采购营销业务的手段。第三，合作竞争的思想促使大量的采购行为向"纵向一体化"（如企业与供货商、企业与经销商）延伸、扩展。这些因素构成了采购流程重组的动因。

企业为制造而采购，而采购的目标是生产与经营。因为制造业产品的成本主要是材料费用，如果控制不力而造成采购成本偏高的话，无论企业再如何控制企业内部的其他成本都无济于事，所以有必要对采购业务进行严格而深入的控制和管理。换言之，采购管理的核心内容就是控制采购流程，降低采购成本。一方面，企业通过采购控制，可以把原料的成本维持到一个比较合理的较低水平；另一方面，也可以使企业的生产有一个持续的原材料供应和原材料质量的保障。

1. 控制采购成本关键是把握几个"控制点"

（1）采购计划是企业采购的基本依据，是控制盲目采购的重要措施，还是搞好现金流量预测的有力手段。所以要根据生产计划、物料需求计划、资金条件、采购手段等信息编制并且严格执行计划，做到无采购计划不采购。

（2）采购订单是与供应商签订的采购合同，供应商是否按合同"按时、按质、按价"供货，对企业的生产有重大影响，所以要严格管理采购订单，对可能拖期的供应商应及时催货，以避免对生产造成影响。

（3）采购业务的确认和付款是企业采购中的日常业务。当供应商的物料到达企业以后，要检查相应的采购计划和订单，确认是否是本企业采购的物料。如果是，还要经过质检、验收，才能办理入库手续。当采购员持发票准备报销时，要根据入库单逐笔核对。如果物料尚未入库，不允许直接报销，应提交领导审批通过后，方可报销。

（4）正确选择供应商对于稳定物料来源、保证物料质量是十分重要的。

由于采购流程是一个动态连续的过程，所以对其管理可以纳入企业计算机管理信息系统，以采购管理子系统的方式实现包括采购计划、采购订单、收货、确认发票、付款业务、账表查询、期末转账等几部分的控制功能。这个系统可以满足以下需求：

1）编制和追踪采购计划的执行情况。

2）编制和追踪采购订单的执行情况，并可以查询逾期未到的货物。

3）填制入库单，质检审核，申请入库，并可以查询在验的物料。

4）录入采购发票，根据入库单逐笔确认发票是否合法，登记应付账，并可以查询到在途的物料，对于采购费用，可以逐笔分摊到相应的物料入库成本上。

5）录入付款单，并与发票逐笔核销，登记应付账。

6）应付款明细账查询，并可以分析欠款的账龄。

7）可以选择采购发票和付款单自动生成记账凭证，并传递到账务处理子系统中。

8）采购分析。可以根据采购入库单、发票、订单等原始资料，任意定义各种需要的统计报表，进行采购分析。

2. 从运用战略成本核算角度控制采购流程

战略成本核算流程由四个步骤组成：估计供应商的产品或服务成本、估计竞争对手的产品或服务成本、设定本企业的标的成本并发现产品和流程需要改进的领域、确定作出这些流程和产品改变并持续改进对本企业的价值。使用这四步骤有助于回答下面的问题：本企业应该扩大生产能力吗？竞争对手的长处和弱点是什么？什么样的战略会让本企业在竞争中先发制人？这个流程会对本企业的底线收益和现金流产生什么影响？

（1）估计供应商的产品或服务成本。企业可以通过参观供应商的设施，观察并适当提问获得有用的数据，以估计供应商的成本。

首先，必须了解产品的用料、制造该产品的操作人员数量以及所有直接用于生产过程的设备的总投资额。其次，组队参观供应商的设施。该团队应至少有三人，其中，来自工程部、采购部和生产部三个关键部门各一人，并且确定每人承担的角色以及参观重点。每个人分配一个成本动因，即物料、总投资和人工。例如，工程部人员可能对设备最为熟悉，通常要了解所用到的全部生产设备以及这些设备的供货商；采购人员的任务是深入了解用于制造的材料；而生产部人员则通常去"数人头"，来了解生产流程以及人员配置。

估计供应商成本并了解哪些地方最占成本之后，就可以跟供应商一起降低比重最大的成本，从而降低本企业的材料成本，提高底线收益。如果试图与供应商建立长期的关系，就要始终争取双赢的局面。

（2）计算竞争对手的产品和服务成本。对竞争对手的估测能提供必要的信息，使企业在市场中采取主动。这种先发制人的姿态使企业保持业界的领先地位，并最终使其保持盈利性，长久地生存下来。

竞争力评估不仅仅是指瞄准业界同行的标杆，而且是指对竞争对手的业务、投资、成本、现金流作出细致的研究，并且预测它们的长处和弱点。比如从专利资料中，通常可以获得两条主要信息：所用材料和制造流程。有了来自专利的信息，加上对制造流程的了解，企业的工程人员就能编写流程图，并对制造设备的重置投资作出估计。另外，通过查阅含有主要销售数据和市场等信息的商务杂志（尤其是其年刊），能获得对市场的了解。

（3）设定本企业的标的成本并发现产品和流程中可改进的领域。比如说，竞争对手的长处在于材料、劳务以及管理成本，则本企业的最佳策略是制订计划来改善上述领域的状况；如果竞争对手的弱点在于水电、维修、折旧、财产税和保险费方面，由于这些领域跟总投资直接相关，意味着竞争对手肯定拥有比本企业更高的自动化程度或更流水线化的流程。战略成本核算要求企业发现需要改进的领域，分析实现这些目标（投资和时间）所需付出的努力，并计算实现这些改进给企业带来的价值。

（4）确定做出这些流程和产品改变并持续改进对企业的价值。从现金流角度考察企业作出的任何改变对财务状况的长期影响及对企业价值的贡献程度。现金流是企业资金流入量减去流出量后的金额。现金流入的主要来源是销售收入。现金流出是指企业运营、购买新的固定设施或设备以及支付税款等一切必要的现金开支。现金开支也包括劳务、水电和维修费用。通过计算年度实际或预测的现金流入和流出，企业可以了解到战略规划效果在财务上的反映。企业只有在战略上走在成本控制的前列，降低成本，了解竞争对手情况，并在扩大乃至缩小规模方面作出明智的决策，才能赢得持久的繁荣。

总之，在传统的采购模式中，采购的目的是为了补充库存，即为库存采购。在供应链管理的环境下，采购活动是以订单驱动方式进行的，制造订单的需求是在用户需求订单的驱动下产生的。

三、价值分析原理和物品采购管理的原则

1. 价值分析原理

企业在采购物品时，要对采购物品作出评价。评价包括两个方面：一方面是评价其使用价值，即这种物品所具有的性能品质等是否优良，能否满足生产所要求的使用功能；另一方面是评价其购买费用，即购买这种物品所需支付的全部费用是否最低。显然，把满足企业使用要求的功能与相应支付的费用统一起来加以比较，而得出"值不值得"购买的概念，正是反映了这种物品价值的高低。因此，价值是物品功能与费用的综合对比。其比值越大，则价值越高；反之，价值就越低。

例 5-4　某机床厂生产的中型铣床，每台需要外购电磁离合器 3 件。其过去一直采用本地产品，质量较差，价格还高，每件 100 元；若选购外地产品，则质量较好，价格还低，每件才 85 元，全年按正常产量配套就可降低成本 10 多万元。通过价值分析，该机床厂决定由外地进货，同时又要求本地厂家提高质量、降低售价，再选购本地产品。

由此可以看出，功能是指采购物品的性能品质方面的技术指标，费用是指购买过程中所花的总费用方面的经济指标。初看起来，二者似乎没有直接的可比性，难以进行价值计算，但在实际采购活动中，是存在着功能与费用之间量的比较的。

用户把必要功能的最低费用看做是为购买物品应该支付的费用，售价则看做是用户为得到必要功能而支付的实际费用。显然，如果实际费用越接近最低费用，用户就认为购买物品的价值越高；相反，就认为价值越低。

例 5-5　用户需要 60W 亮度的灯泡，市场上可供选择的有名牌灯泡、杂牌灯泡和节能灯泡（12W 相当于 60W 亮度），其单价分别为 2.5 元、1.8 元和 14 元，使用寿命分别为 800h、300h 和 2000h。初看杂牌灯泡最便宜，但经过计算就不会购买。因为节能灯泡的 1800h 相当于 6 只（1800/300）杂牌灯泡，需支付 10.8 元（6×1.8 元），需支付的电费 43.2 元（60W×1800h×0.4 元/kW·h），共需支付 54 元（10.8 元+43.2 元）的费用；而节能灯泡的费用支出为 22.64 元（14 元+12W×1800h×0.4 元/kW·h）；同样，名牌灯泡的总支出为 48.825 元（2.5 元×1800/800+60W×1800h×0.4 元/kW·h）。这里，用户是把实现必要功能的最低总费用定为 22.64 元，名牌灯泡的价值系数 $V=0.46$（22.64/48.825），而杂牌灯泡的价值系数 $V=0.42$［22.64/（10.8+43.2）］，都小于 1，不值得购买；而节能灯泡的价值系数 $V=1$（22.64/22.64），值得购买。

2. 物品采购管理的原则

由上分析可知，根据价值分析原理，物品采购管理的基本原则是：

（1）仅采购所需的必要功能及相应的功能水平，而不是去购买某种具体的实物，这是采购管理首先要遵循的原则。采购中首先要分析购买物品的功能，分清哪些是必要功能、哪些是不必要功能，相应的功能水平是什么，哪些是过高的功能水平等。

（2）要以最低的订购费用购买物品，或者说，在满足必要功能的前提下，选择最低价格的物品，这是采购管理应遵循的第二原则。任何功能的满足都要为之支付相应的费用，不考虑价格或费用，盲目追求高功能、高质量，同样是购买中的浪费。

（3）购买时不仅要考虑采购物品本身的售价，而且要考虑降低购买物品投入运营后的使用费用，这是采购管理要遵循的第三原则。使用费用是购买物品投入生产运营中必然发生的。购买物品的质量不同，使用费用就会不同。有的产品虽然能满足功能要求，但由于产品设计落后、结构性能差、制造质量粗糙，尽管购买费用低，却造成消耗能源多、工时损失大、维修费用高、使用寿命短等问题，使用户感到"买得起，用不起"，给用户造成很大负担，对社会资源浪费极大。

以上的第二、三条原则综合起来就是要设法降低购买物品的寿命周期费用。它由两部分组成：一部分是制造费用，是指从设计、试制到生产出产品，销售到用户手里为止所发生的费用，在购买时表现为物品的售价；另一部分是使用费用，是指用户在购买后投入使用直到报废为止所发生的一切费用。

由此可见，价值综合反映了功能和费用的关系，为分析和评价采购物品的好坏提供了一个科学的标尺。通过两者的分析，得出采购物品价值的大小，为企业择优选购提供了依据，亦为采购人员正确处理采购物品质量和费用的关系，指明了改进的方向。

通过对采购物品的价值分析，一方面分析采购物品功能，提出恰当的功能要求；另一方面千方百计地降低采购费用，即通过技术和经济两方面的结合，设法提高采购物品的价值。

综上所述，物品采购管理的原则主要有以下五点：

（1）适当的供应商。不同的供应商，由于经营状况不同而具有不同的发展潜力和供应能力。

（2）适当的品质。在保证采购物品持续、稳定供应的前提下，首先要考虑的是采购物品的品质和质量。物品的品质是由其功能特性以及性能的"质"和"量"来决定的，由其物理、化学性质和机械、使用性能等指标和标准来衡量。

（3）适当的期限。采购物品的期限是指物品的采购或进货期限或周期。它包括供应商的交货期限和所需生产用料的采购期限两个方面。采购期限影响采购时间，并且与采购数量存在着相互联系、相互制约的关系。

（4）适当的数量。采购物品有经济批量问题，也有要求供应商保证按量供应的问题，还有经济的运输量问题，因此，应综合考虑需求、供应、运输等因素，选择适当的采购数量。

（5）适当的价格。采购物品的适当价格是指在保证采购物品的供应商适当、品质适当、期限适当和数量适当前提下的采购物品价格。

四、供应商选择

1. 供应商的选择标准

（1）供应商选择的短期标准。选择、评价供应单位的短期标准一般是商品质量合适、价格水平低、交易费用少、交付及时、整体服务水平好。采购单位可以通过市场调查获得有关供应单位的资料，把获得的信息编制成一览表，并就这几个方面进行比较，并依据比较结论作出正确决策。

（2）供应商选择的长期标准。选择供应商的长期标准主要在于评估供应商是否能提供长期而稳定的产品、其生产能力是否能配合公司的成长而相对扩展、供应商是否具有健全的企业体制和与公司相近的经营理念、其产品未来的发展方向能否符合公司的需求以及是否具有长期合作的意愿等。

2. 供应商选择的方法

选择合乎要求的供应商，需要采用一些科学和严格的方法。选择供应商，要根据具体的情况采用合适的方法。常用的方法主要有直观判断、考核选择、招标选择和协商选择。

（1）直观判断。直观判断法是指通过调查、征询意见、综合分析和判断来选择供应商的一种方法。这是一种主观性较强的判断方法，主要是倾听和采纳有经验的采购人员的意见，或者直接由采购人员凭经验作出判断。这种方法的质量取决于对供应商资料的掌握是否正确、齐全和决策者的分析判断能力与经验。这种方法运作方式简单、快速、方便，但是缺乏科学性，受掌握信息的详尽程度限制，常用于选择企业非主要原材料的供应商。

（2）考核选择。考核选择是指在对供应商充分调查了解的基础上，再进行认真考核、分析比较而选择供应商的方法。

1）要调查了解供应商。供应商调查可以分为初步供应商调查和深入供应商调查。每个阶段的调查对象都有一个供应商选择的问题，而且选择的目的和依据各有不同。

初步供应商调查对象的选择非常简单，选择的基本依据就是其产品的品种规格、质量价格水平、生产能力、地理位置、运输条件等。在这些条件合适的供应商当中选择几个，就是初步供应商调查的对象。

深入供应商调查对象的选择，一是根据企业自己产品的 ABC 分类确定的产品重要程度，二是根据供应商的生产能力水平的实际情况。对企业的关键产品、重要产品，要认真地选择供应商。这些产品，或者是价值高，或者是精度高，或者是性能优越，或者是技术先进，或者是稀缺品，或者是企业产品关键、核心的零部件等。要对这些产品的供应商进行深入研究考察考核，选择真正能够满足企业要求的供应商。对那些不太重要的产品，例如普通的、供大于求的原材料、通用件、标准件、零件部件等，可以不需要进行深入供应商调查。深入供应商调查对象的选择标准主要是企业的实力、产品的生产能力、技术水平、质量保障体系和管理水平等。

2）考察考核供应商。初步确定的供应商还要进入试运行阶段进行考察考核，试运行阶段的考察考核更实际、更全面、更严格，因为这是直接面对实际的生产运作。在运作过程中，就要进行所有各个评价指标的考核评估，包括产品质量合格率、按时交货率、交货差错率、交货破损率、价格水平、进货费用水平、信用度、配合度等的考核和评估。在单项考核评估的基础上，还要进行综合评估。综合评估就是把以上各个指标进行加权平均计算而得到的一个综合成绩。可以用下式计算

$$S = \frac{\sum W_i P_i}{\sum W_i} \times 100\%$$

式中，S 为综合指标；P_i 为第 i 个指标；W_i 为第 i 个指标的权数，由人们根据各个指标的相对重要性而主观设定。S 可以作为供应商表现的综合描述，这个值越高的供应商表现越好。

3）考核选择供应商。通过试运作阶段，得出各个供应商的综合评估成绩，基本上就可以最后确定哪些供应商可以入选，哪些供应商被淘汰了。一般试运作阶段达到优秀级的供应商应该入选，达到一般或较差级的供应商应予以淘汰。对于良好级的供应商，企业可以根据情况，将其列入候补名单。候补名单中的成员可以根据情况处理，可以入选，也可以落选。现在一些企业为了制造供应商之间的竞争机制，创造了一些新做法，就是故意选两个或三个供应商，称为 AB 角或 ABC 角。其中，A 角作为主供应商，分配较大的供应量（50% ~80%）；B 角（或再加上 C 角）作为副供应商，分配较小的供应量（20% ~50%）。一般由综合成绩为优的中选供应商担任 A 角，候补供应商担任 B 角。在运行一段时间以后，如果 A 角的表现有所退步而 B 角的表现有所进步的话，则可以把 B 角提升为 A 角，而把原来的 A 角降为 B 角。这样无形中就造成了 A 角和 B 角之间的竞争，促使它们竞相改进产品和服务，使得采购企业获得更大的好处。

从以上可以看出，考核选择供应商是一个较长时间、深入细致的工作。这个工作需要采购管理部门牵头负责、其他各个部门的人共同协调才能完成。当供应商选定之后，应当终止试运作期，签订正式的供应商关系合同，进入正式运作期后，就开始了比较稳定正常的物品供需关系运作。

（3）招标选择。当采购物品数量大、供应市场竞争激烈时，可以采用招标方法来选择供应商。它是由采购单位提出招标条件，各投标单位进行竞标，然后采购单位决标，与提出最有利条件的供应商签订协议。招标方法可以是公开招标，也可以是选择性招标。公开招标对投标者的资格不予限制，选择性招标则由采购单位预先选择若干个供应商，再进行竞标和决标。招标方法竞争性强，采购单位能在更广泛的范围选择供应商，以获得供应条件有利的、便宜而适用的物品。但招标方法手续繁杂、时间长，不能

适应紧急订购的需要；订购机动性差，有时订购者对投标者了解不够，双方未能充分协商，造成货不对路或不能按时到货。

招标选择的主要工作，一是要准备一份合适的招标书，二是要建立一个合适的评标小组和评标规则，三是要组织好整个招标投标活动。

（4）协商选择。在可供单位较多、采购单位难以抉择时，企业也可以采用协商选择方法，即由采购单位选出供应条件较为有利的几个供应商，同它们分别进行协商，再确定合适的供应商。和招标方法比较，协商选择方法因双方能充分协商，在商品质量、交货日期和售后服务等方面较有保证；但由于选择范围有限，不一定能得到最便宜、供应条件最有利的供应商。当采购时间紧迫、投标单位少、供应商竞争不激烈、订购物品规格和技术条件比较复杂时，协商选择方法比招标方法更为合适。

第四节 供料管理

一、供料方式

企业所采购的原材料经过仓储进入生产车间被消耗，或者直接进入生产车间。一般说来，传统的生产企业都是由生产车间根据生产计划确定领料计划，由车间的领料员到仓储部门来进行领料。领料方式就是指这种由生产车间及其他用料部门根据生产计划需要，派人到仓库领取各种物品的供料方式。

1. 领料

领料是指车间及其他用料部门派人到仓库领取各种物品。

领料方式对仓库保管员来讲，永远处于被动状态。因为事先不知道谁要来领料，也不知道要领什么料，只有领料人将填好的领料单交给仓库保管员，才能知道要领什么料和要领多少。这时才从仓库货架上寻找领料单上所要的物品，使领料人等待的时间较长。仓库保管员想到车间班组去了解用料情况，可又离不开岗位，因为他不知道什么时候有人来领料。

领料方式对车间班组的工人来讲，可以需用多少，领取多少，比较方便。但是，去领料时的等待时间占用了生产时间，等待时间越长，劳动生产率越低，设备利用率也越低。

领料方式是传统的生产企业常采用的一种方式，而在许多企业，各车间已经取消了领料员这个岗位，而由物资供应部门派员驻厂，随时进行信息联络。物流部门变领料为主动送料（配送），如定期配送、紧急配送等。

2. 送料

送料是指由仓库保管员根据供料计划和供料进度，将事先配齐的各种物品，送到生产车间和其他用料部门。

送料方式体现了供应物流管理部门为生产服务的宗旨。其优点是节省了生产工人领料的等待时间，使生产工人能集中精力搞好生产，提高了劳动生产率和设备利用率；仓库保管员通过送料，可以了解车间班组使用物品的情况，了解用料的规律，从而提高供料的计划性；仓库保管员能主动安排人力、物力和时间，做好配料和物品的维护保养工作，更好地为生产服务。

实行送料需要有一定的条件，如要有供料计划和一定的运输工具。对大型笨重物品的送料，要有运输部门的密切配合等。

送料与领料相比较，送料的优点较多，应该逐步推广。但是，并不是一切物品都要实行送料，而是要根据实际情况灵活采用，达到既方便生产，又利于管理的目的。

送料方式在实践中得到不断发展。早期引入现代物流管理理念，提出了厂内配送，即将各用料单位看成是用户，根据其用料计划进行配送；后来又引入 JIT 理念，在信息技术的支撑下，实行厂内 JIT 配送，进行准时供料。

【案例 5-1】

大连三洋制冷从领料到送料

大连三洋制冷有限公司（简称三洋制冷）是国际一流的双效溴化锂吸收式中央空调专业制造企业，坐落于大连经济技术开发区。三洋制冷从 2004 年开始引入丰田生产方式以来，从减少和消除生产现场和管理工作中的浪费入手，取得了良好的成效，其中由领料变更为送料的企业内部物流供应模式的转变，就是其中一个实例。

对于非流水作业的中小企业，由车间员工到库房去领料，大家已经司空见惯，很少有人去关注这种领料方式中所隐藏的浪费，更别提从中进行利润挖掘了。

三洋制冷所处的溴化锂制冷行业已经进入了行业成熟期，技术、质量和服务等方面的差异已不太明显，低成本、短交货期成为竞争的焦点，也成为公司生产经营中需要重点解决的问题。为了缩短交货期，三洋制冷针对生产制造过程中的瓶颈工序，通过增加和改造设备，调整生产作业布局，改进工装夹具和降低工时等措施，提高了生产效率，初期取得了一定成效，但随着效率的进一步提高，生产周期却没能进一步缩短。

大家重新审视了整个生产作业流程后，从中发现了许多存在的不合理状况，并逐一着手解决。其中，在对工时进行分析过程中发现，和直接生产工时的减少相比，车间的领料、原材料搬运等辅助工时却在增加，从而抵消了为降低生产工时所做的各种努力。为什么会出现这种情况呢？企业经过认真分析后发现是由于以下几方面问题造成的：

（1）库房的三名员工每天都在两个工厂间忙于发料，虽然推行了集中领料制度，但仍然经常出现车间领料人员在库房需要等待很长时间的状况，出现了等待的浪费，增加了车间辅助工时，使成本上升；班长等高技能员工从事领料这样的初级工作，不能把有限的时间投入到能创造更多价值的工作之中，导致价值不对称。

（2）有些急需物资入厂后，由于没有职责的要求，库房人员也没有及时通知使用部门，信息沟通不畅，影响了生产进度，使生产周期难以缩短，后期依靠加班满足交货期导致成本上升；对物流供应的迟滞和延误等问题，库房人员不大关心。

（3）出入库是否会造成多余的搬运，库房人员一般也不加以考虑。例如，在甲工厂使用的物资，只求得库房管理方便而存放在乙工厂，两个工厂间的搬运浪费被视为理所当然；外协厂把物资送错地方，大不了由车间再运回，和库房没有什么关系。

这些对其他部门造成影响而又长期得不到解决的原因是：由于领料方式造成的麻烦是其他部门的事，库房感觉不到其对整体工作带来的损害，因此，也就缺乏改进的积极性。虽然多次进行批评和考核，但是结果好一阵后坏一阵，久之就变得麻木不仁，不能从根本上解决问题。

针对领料方式所形成的各种弊端，参考目前流行的外部物流配送方式和公司内行之有效的自制件送料方式后，三洋制冷提出了变"领料"为"送料"的改进措施，具体做法是：

（1）由车间提前三天提出领料申请，由库房（逐渐发展成为物流配送中心）进行配料后，按照车间要求的时间送到指定的工序。由于责任从领料者（车间）转移到送料者（配送中心），库房人员就必须化被动为主动，从原来的简单的收发向配送管理转变，积极努力地克服原来领料方式所存在的问题。

（2）库房人员通过与供应人员合作，加强采购进度管理，减少和避免缺件情况的发生，以减少重复运送所额外增加的负担；当急需物资入厂后，立即送往使用工序，以减少对生产造成的不良影响。

（3）压缩周转库存，尽可能使外协外购物资直接送往使用工序，以减少物资出入库所带来的搬运、保管等工作量，逐步推行准时制生产（JIT）。

（4）入库的物资尽可能靠近使用场所，按使用量和使用频次等调整物资的存放位置，以减少搬运量和搬运距离。

（5）改进领料单格式，推行计算机化的内部一票式领料单，节省了供需双方处理票据的工作量，提高管理效率。

通过半年的试运行，物流配送工作取得了良好的效果，经统计，只要增加两名配送人员，就可顶替车间七名技术工人的领料工作，使他们投入到生产中去创造价值。这样不仅减少了各种浪费，降低了成本，而且物流配送的准确性和及时性均有非常大的提高，从而保证了进度，缩短了生产周期。这种物流供应方式彻底改变了以往传统的领料方式，不仅消除了领料中的"等待浪费"，简化了工作流程，缩短了物流供应时间，很大程度提高了工作效率，而且如果能够在其他企业，特别是中小企业内得到推广应用，将可能以此为突破口，全面提高企业的经营管理水平。

（资料来源：改编自徐新跃，田洪武．大连三洋：生产物流新趋势 http：// info. jctrans. com/zxzx/qikan/20051010167055. html）

【案例5-2】

M 企业的厂内配送解决方案

流水生产线是指劳动对象按照一定的工艺路线、顺序通过各个工作中心，并按照一定的生产速度（节拍）完成作业的连续重复生产的一种生产组织形式。流水线具有单向性、连续高效性、专业化、平衡性等特性，决定了厂内配送作业必须服从和服务于生产工艺流程的需要，以它为核心交织在生产工艺流程中，所以厂内配送具有很强的配合性、动态性、集散性和均衡性。

流水生产线的高效率生产特色和低效、繁杂的厂内配送，成为约束厂内配送物流通畅的一个瓶颈。M 企业在进行厂内配送的过程中存在以下几个问题：

（1）虽然物流容器有了初步的标准化，但是对容器的使用方法却仍是没有规范，包装并未真正实现规范化、标准化，堆放仍显杂乱。在操作效果上，实质仅仅是切换了容器而已。

（2）经过前期改造，各处配送物流能够顺利到生产线上，但是实际操作起来并没有真正实现 JIT（准时制，即在适当的时间只配送适当数量与质量的物料到适当的地点），仍有稍微的余量，导致物料的累积余量增加，堆放在生产线边上，以致影响了后续物料的配送，停工现象仍不时发生。

（3）原来设定的生产线是具有较强刚性的，对产品结构的适应性较差，当转产时，生产线上的物料上下线比较忙乱，常导致物料该上的没上，该下的没下，使生产运作几近瘫痪。

通过分析，M 企业找出了上述矛盾产生的原因，主要有如下几个方面：

（1）在思想认识上，对"厂内配送"的重要性认识不清。不少员工以为，标准化仅限于容器的标准化，而未达到认知的标准化、管理的标准化和运作上的标准化，即厂内配送物流改造尚未触及深处与细节，存在流于形式之嫌，使厂内配送改造得不到应有的效果。

（2）配送的准时化打了折扣。由于配送人员惯性思维的影响，认为"配送就是保证生产线上有料"，"多送一点也没关系"，"这次多送点，下次便可少送点"，却未考虑流水线的节拍性和动态性，导致徒劳无功和增加线上的负担。

（3）单一流水线因其自身的缺陷，导致效率虽高，却没有柔性，多种类型的产品及频繁轮换导致流水线不负重苛，也使配送显得杂乱。

之后，大家进行了论证，提出了如下解决方案：

(1) 对物流事业部及有关员工进行新一轮的现代物流理念培训，使厂内配送改造成为全员性的日常活动和工作规范，真正触及到每个环节的细处。

(2) 为使配送达到 JIT，根据不同产品的市场需求，确定所需的生产规模、生产节拍、工作中心及人员配置，核算出合理的配送周期（可设定为节拍或其倍数）。

(3) 通过计算可知，不同的料品可用不同的标准容器，并且其配送周期也不尽相同。但是，所有物料的配送周期都尽量设计成等于节拍或是节拍的倍数。这样可以减少配送次数，提高配送的规模性，以免产生余料或因容器堆放而堵塞物流通道。同时，引入"灯板管理"系统，设置料品在工位器具上暂存处的报警装置，通过"灯光看板"的原理，导入快速响应系统，大大提高了配送的可控性和 JIT 程度。

(4) 对于庞大的、少量的产品，改进生产布局为定位布置方式的"单元制造村落"，配送人员根据节拍到各村巡回配送。这样一来，就可缩短配送距离，缩短加工周期，同时还可减轻线上负担，更提高了生产配送的柔性，以便于物料管理和生产管理。

(5) 流水线由先前的近直线型改为 S 形或弓形，以节省排布空间、减少操作工人的移动距离和配送时的运输、搬运距离。

基于上述改进，使得 M 企业的生产流水线与厂内配送的矛盾得到解决，提高了厂内配送的效率，最终达到了物流改造的目的。

（资料来源：流水线的物流配送矛盾与解决方案 http：//info. jctrans. com/qikan/zw-wl/652674. shtml）

二、供料方法

供料方法归纳起来主要有三种：定额供料、限额供料和非限额供料。

1. 定额供料

定额供料又称定额发料或定额领料，它是指由企业供应物流管理部门根据物品消耗工艺定额向车间及其他用料部门供料的方法。

凡是有消耗定额的物品，均应实行定额供料方法。按定额供料，可以杜绝串领（发）的现象，堵塞了供料中的漏洞。

2. 限额供料

限额供料又称限额发料或限额领料，它是指根据任务量的多少、时间长短和物品的历史消耗统计资料，规定供料数量的限额。

凡是暂时还没有制定消耗定额的物品，均可采用限额供料的方法。在一般情况下，供料数量不允许超过规定的限额。

限额供料分为两种：数量限额和金额限额。

(1) 数量限额。数量限额是指供应物流管理部门对所供物品的具体名称、规格、型号和数量的控制。

（2）金额限额。金额限额是指供应物流管理部门对所供物品的具体名称、规格、型号和数量不加以控制，而只对金额加以控制。只要所供物品的金额不超过规定的金额，在一定的范围内，领料人要领什么物品均可以。

企业物品供应物流管理部门一般采用数量限额，很少采用金额限额。因为数量限额便于事先组织资源和及时供料，也有利于控制车间班组和其他用料部门节约用料。

3. 非限额供料

非限额供料是指非计划内的供料，即车间班组和其他用料部门出现临时性需用物品，要求供应物流管理部门供料时，领料单须经过有关主管领导审批，并在领料单上签名，然后交供应物流管理部门的计划人员审核同意并签名后，再到仓库去领料。仓库保管员按审批同意的数量予以供料。

三、供料的日常管理工作

供料的日常管理工作包括备料、组织集中下料，规定代用料的审批手续、规定补料手续，定额供料和限额供料执行情况的分析工作等。

1. 备料

备料是供料的基础，只有事先备齐适当数量的物品，才能保证供料工作顺利进行。备料包括两项工作，即采购和配料。

（1）采购。采购人员应根据采购计划将所需物品采购到手，并经验收入库。如果是已经有订货合同的物品，应按订货合同中的交货数量和时间，要求供应商按合同交货。如果没有供货合同，仓库内又无库存或库存物品数量不能满足需求时，采购人员应积极寻找资源、组织采购，或与其他企业组织调剂，或请求其他企业予以支援。

总之，要力争在车间班组和其他用料部门正式需用之前，将所需物品全部备齐，保证供料工作的顺利进行。

（2）配料。配料是指仓库保管员根据供料计划和供料进度，将车间班组和其他用料部门所需物品在使用之前配备好，以便在要使用时能够及时送到车间班组和其他用料部门。

通过配料，有时可以发现物品短缺的现象，仓库保管员应及时向计划和采购人员反映，以免由于缺料而影响生产的正常进行。

2. 组织集中下料

在有些企业里，供应物流管理部门设立下料工段（组），由它们统一筹划整个企业的下料工作，进行集中下料。

组织集中下料的好处主要有以下三点：

（1）运用科学方法，对物品进行合理套裁，提高物品的综合利用率。下料作为生产过程的开始，是生产中的第一道工序。这是决定物品节约和浪费的关键环节。因为金属板材、线材等物品经过下料加工后，成为坯料或毛坯，再转到冲床、锻床、机加工设备或送到钳工处加工时，基本上只有合格品与废品的区别和加工留量大小的问题。而在第一道工序（下料）就运用科学方法，合理套裁，能减少边角余料的产生，大大提高物品的综合利用率。

（2）组织集中下料，可提高设备利用率和劳动生产率。由于把整个企业所需下料的物品集中在一起来统筹规划，下料物品的批量相对较大，可以减少更换工具的辅助工时，提高劳动生产率和设备利用率。

（3）组织集中下料，可促使专料专用。例如，薄钢板经过下料，切割成大小不同的毛坯或坯料，送到冲床进行加工或钳工加工时，只能按不同尺寸的毛坯或坯料，加工成不同尺寸的零部件，一般不会出现大材小用或用错毛坯或坯料的现象，可以避免在加工中发生相互串用的现象，从而做到专料专用。

3. 规定代用料的审批手续

在企业的生产经营活动中，有时会出现某种物品临时短缺，而生产又马上需要的情况。为了保证生产经营活动的顺利进行，可以用其他物品来替代，但必须经过一定的审批手续。

代用料的审批手续一般有以下几个步骤：

（1）由供应物流管理部门提出代用物品的申请。在申请中说明采用代用物品的具体原因，还应写清短缺物品的名称、规格、型号、技术条件和数量等，代用物品的名称、规格、型号、技术条件和数量等。申请经供应物流管理部门负责人签署同意后，再找有关部门会签。

（2）属于物品规格大小的代用，由工艺部门审批，检验部门认可，即可代用；如果属于材质代用，除工艺部门审批同意外，还须经过技术、设计部门审批同意，经检验部门认可，才可代用；如果采用代用物品影响原产品结构，除经上述部门审批外，还要经过企业主管领导的批准。

（3）经过各部门审批同意后，供应物流管理部门才能向车间班组和其他用料部门供料。

以上是临时性或一次性的物品代用审批手续。如果由于某种原因需要用一种物品长期替代另一种物品，则应由供应物流管理部门与有关部门共同商议，一致同意采用代用物品后，要由技术、设计、工艺部门修改物品消耗定额，供应物流管理部门根据修改后的消耗定额，重新组织资源和供料。

4. 规定补料手续

在企业的生产加工活动中，除正常供料外，补供（发）料的情况也是会发生的。

因为在车间班组和其他用料部门进行加工和使用过程中，有时会出现废品。废品产生的原因主要有两个：一个是由于工人在加工或使用过程中的过失而造成废品；另一个是由于物品本身质量上的缺陷而造成废品。为了保证生产过程的顺利进行，无论是哪种原因造成的废品，都要由供应物流管理部门补供（发）料。但是，必须经过一定的审批手续，才能予以补料。

当车间班组和其他用料部门在加工过程中产生废品以后，要将废品交质检人员检测确认，凭废品和质检人员的废品通知单，再到仓库领取应补供（发）的物品。此时应填写废品领料单，在备注中说明产生废品的原因及其责任者，以供备查。

5. 定额供料和限额供料执行情况分析工作

为了使定额供料和限额供料逐步达到先进合理，要认真做好定额供料和限额供料的执行情况分析工作。这项工作对于供应物流管理部门来讲，可以在供料过程中，做好实供（发）料的数量登记工作。到一定时期或某一项生产任务完成以后，将供料的计划数与实供（发）数相比较，进行分析研究，总结推广节约用料的先进经验，逐步使定额和限额更趋合理，为企业科学管理提供可靠依据。

【案例5-3】

通用电气（GE）公司照明产品分部

以前，GE照明产品分部采购代理每天浏览领料请求并处理报价，要准备零部件的工程图纸，还要准备报价表，这样发给供应商的信件才算准备齐全。简单地申请一次报价就要花几天时间，一个部门一个星期要通过100～150次这样的申请，GE照明产品分部的采购过程要花22天。后来，GE公司创建了一个流水线式的采购系统，该系统把公司55个机器零部件供应商集成在一起，开始使用贸易伙伴网络（TPN）。分布在世界各地的原材料采购部门可以把各种采购信息放入该网络，原材料供应商马上就可以从网上看到这些领料请求，然后用TPN给出初步报价。GE的领料部门使用一个IBM大型机订单系统，每天一次。领料要求被抽取出来送入一个批处理过程，自动和存储在光盘机中的相对应的工程图纸相匹配。与大型机相接的系统和图纸光盘机把申请的零部件的代码与TIFF格式的工程图相结合，自动装载，并自动把该领料请求通过格式转换后输入网络。零部件供应商看到这个领料请求后，利用他的浏览器在TPN上输入他的报价单。用上TPN后，几个GE公司的电子分公司，使采购周期平均缩短了一半，降低了30%的采购过程费用，而且由于联机报价降低成本，使原材料供应商也降低了原材料价格。

四、供货商管理库存

供应物流必须做好仓库设置、存货类型、物料管理、订货方法等工作，对于许多生产企业来说，其产品生产所需要的零配件多达上万种，采购的重要性和供应物流的复杂程度可想而知。另外，从供应链的角度来看，供应链上各个不同组织根据各自的需要独立运作，导致重复建立库存，因而无法达到供应链全局的最低成本，整个供应链系统的库存会随着供应链长度的增加而发生需求扭曲。为降低库存，实现准时供应，在供应链管理的背景下就产生的供货商管理库存（Vendor Manager Inventory，VMI）。

1. 供货商管理库存的含义

供货商管理库存（VMI）是指一种以用户和供应商双方都获得最低成本为目的，在一个共同的协议下由供应商管理库存，并不断监督协议执行情况和修正协议内容，使库存管理得到持续改进的合作性策略。这种库存管理策略打破了传统的各自为政的库存管理模式，体现了供应链的集成化管理思想，适应市场变化的要求，是一种新型、有代表性的库存管理思想。目前，VMI 在供应物流中的作用十分重要，因此，它被越来越多的人重视。

VMI 管理模式是从快速响应（Quick Response，QR）和高效客户响应（Efficient Customer Response，ECR）基础上发展而来，其核心思想是实施供应厂商一体化。供应商通过共享用户企业的当前库存和实际耗用数据，按照实际的消耗模型、消耗趋势和补货策略进行有实际根据的补货。由此，供应商和生产企业双方都变革了传统的独立预测模式，尽最大可能地减少由于独立预测的不确定性导致的商流、

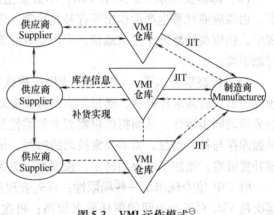

图 5-3　VMI 运作模式[⊖]

物流和信息流的浪费，降低了供应物流成本，也降低了供应链的总成本。

2. 供货商管理库存的运作模式

虽然 VMI 由供应商管理，但生产企业是将 VMI 作为一项资源来应用的，从 VMI 的运行结构来看，企业与供应商交换的信息不仅仅是库存信息，还包括企业的生产计划、需求计划和采购计划，以及供应商的补库计划和运输计划。VMI 的运作模式实质上就是"就近设厂"的模式，即为了实现 JIT 运作，生产企业作为供应链核心制造商往往要求其原材料和零部件供应商在附近设厂或仓库以便实施向生产线或装配线的 JIT 供货，各仓库分散运作实施供应商管理库存。VMI 的运作模式如图 5-3 所示。

　⊖　资料来源：陈建华，马士华. 供应驱动原理与基于 Supply-hub 的供应物流整合运作模式. 物流工程与管理.
　2009（2）:44-50.

对于原材料或零部件供应商而言，"就近设厂"的模式有多种不同的运作方式，如完全自己投资建设运营的方式，或租用第三方的仓储设施自己管理的方式，或完全外包给第三方物流的方式等。

3. 供货商管理库存的特点

通过国内外几年的实践，VMI 模式实现了双方的合作共赢，被证明是比较先进的库存管理模式。其具有以下特点：

(1) 接近零库存。供应商通过 EDI 与生产企业共享需求信息，削弱了供应链的需求波动逐级放大效应，从而减少安全库存。对于制造商来说，VMI 允许制造商以互联网为工具远距离管理其库存，完成补货循环，将补货时间推迟到生产线所需要的最迟时刻；对于分销商和零售商来说，VMI 可以让其拥有少量的库存，甚至接近零库存。

(2) 降低交易水平。采用 VMI，不需要生产企业督促供应商，因为在 VMI 的环境下，由供应商代替生产商作出库存补充决策。因此，在生产企业与供应商的反复互动过程中，供应商始终处于主动地位，生产企业只需确认供应商的补货计划，并按承诺履行付款手续。

(3) 提高服务水平。VMI 将传统供应模式产生订单进行补货，改变成以实际的或预测的消费者需求作补货，通过供应商将供需双方的信息及智能活动集成，使企业间的业务活动同步运作，从而提供供需双方的柔性及顾客响应能力。同时，供货商通过 VMI 掌握库存与补货信息，需求异常波动的时候，供应商能够及时获取需求信息，并迅速调整补货策略，增加了库存周转率，预测量也更为准确，最终提升了客户服务满意度。

但 VMI 也表现出了一些局限性：首先表现在 VMI 中供应商和零售商协作水平有限；其次是 VMI 对于企业间的信任要求较高；再次是 VMI 中的框架协议虽然是双方协定，但供应商处于主导地位，决策过程中缺乏足够的协商，难免造成失误；最后是 VMI 的实施虽然减少了库存总费用，但在 VMI 系统中，库存费用、运输费用和意外损失不是由用户承担，而是由供应商承担。由此可见，VMI 实际上是对传统库存控制策略进行"责任倒置"后的一种库存管理方法，这无疑加大了供应商的风险。因此，只有合理应用 VMI，规避 VMI 风险，才能取得令人满意的效果。

【案例 5-4】

VMI 在 A 公司的应用

A 公司是一家跨国集团 B（简称集团 B）在中国设立的亚太地区最大的生产基地，其主要产品是该集团系列产品，如笔记本、台式机、服务器等，年产值达 40 亿美金。

A 公司属于供应物流突出性的制造性企业，具有如下特性：①公司规模大，业务增长迅速；②产品更新换代较快；③面对的是全球客户群体，各方面要求都较高，比如在交货时间上的要求比较苛刻；④公司产品的市场竞争性很大，公司对产品的响应速度要求很高。

A 公司从订单正式确认，到产品正式生产之间的物料准备时间只有 270 分钟。A 公司的供应物流运作对公司的产品能否按照客户的要求及时、准确地到达客户手中起决定性作用。目前，A 公司的供应商有近 150 家，来自包括中国在内的世界各地。如果采用传统的库存管理方法，那么 A 公司和供应商将直接面临以下问题：

（1）公司产品物料种类多达两万种，由此库存量和库存占用资金将非常大。

（2）计算机产品的更新换代很快。而一些供应商的供货时间比较长，公司的库存也需要一定的安全库存等。这样可能会导致一些物料还没有启用，就已经是技术淘汰产品。

（3）公司的生产方式是 BTO（Build to Order），这样，公司的物料订货量的确认难度非常大，同时也会影响供应商生产量的确定，因为它们的生产方式大多也是 MTO（Manufacture to Order）。这种情况下，公司要么增加安全库存，以满足生产及时需求，要么就要承受由于物料的可能短缺而带来不能满足市场要求的巨大压力。

（4）供应商的客户在一个地区可能不止一家，如果客户都采用传统的库存管理方法，那么供应商在本地区物料相互调配利用的灵活性就会非常小。

A 公司的生产规模之大及其业务的稳步增长，足以吸引众多供应商与其形成长期合作伙伴关系。基于优化整个供应链，公司建立 VMI 系统的想法很快得到实施。A 公司将 VMI 运作完全外包给了一家 TPL 公司，它的具体运作流程为：

（1）公司提供采购订单（Purchase Order）信息给 TPL；TPL 公司根据采购订单（Purchase Order）信息跟踪相关货物的到货状态；货物到后，TPL 公司处理完报关手续后，根据装箱单（Picking List）接收货物。

（2）TPL 将货物信息输入系统，并将该信息传递给 A 公司；A 公司确认系统数量可用后，发布生产需求给 TPL；TPL 根据 A 公司生产需求配料，并配送给 A 公司生产线。

（3）A 公司根据装箱单清点接收 TPL 的来料，并在系统中确认。该确认也是 A 公司为之付款的依据。

（4）A 公司和 TPL 每天固定时间都会给每一个供应商制作一份报表，报告当天的物料使用情况；各个供应商根据 A 公司的使用情况及其相关信息及时补充库存。

VMI 在 A 公司运作取得了如下效果：

（1）几乎将 A 公司的库存降为零，大大降低了 A 公司的库存占用资金，提高了 A 公司的资金周转率。

（2）将 VMI 的地点设在 A 公司的厂区内，能使 A 公司真正实现 JIT 的生产物料供应；在降低库存的基础上，也缩短了生产前置期，提高了产品竞争力和客户满意度。

（3）由供应商直接管理库存，即供应商根据 A 公司的使用情况和库存量，及时补充或调整库存，可使 A 公司和供应商之间实现大合同、小订单的运作，从而降低了采购成本，也降低了安全库存。

（4）由于供应商库存就在身边，一旦 A 公司在使用过程中发现物料有问题，可以与供应商沟通直接从库存中换料，从而避免影响生产，即产品的响应速度得到了很大的提高，也提高了供应商在本地区的产品协调能力、供应商的服务质量和企业竞争力。

VMI 的实施使得 A 公司的客户满意度维持在很高的水平，同时也促成了 A 公司物流战略的实现。但是，VMI 在 A 公司的运作也存在一些不足：

（1）A 公司将 VMI 外包给了一家 TPL 公司，而该 TPL 公司虽然有比较丰富的仓储经验，但并没有为大型生产企业提供物流服务的经验。其相关管理方法、流程、方案均处于摸索阶段，问题出现的频率比较高。

（2）为尽可能减少 VMI 运作过程中带来的影响，A 公司有一专门的队伍（近 30人）在对其运作进行监控，相关监督成本较高。另外，TPL 系统未能与 A 公司和供应商的系统实现完全共享，导致每天都需要 A 公司和 TPL 制作物料使用状况日报表，以使相关信息达到平衡，其运作成本较高，同时信息还有一定的滞后性。

（3）由于 TPL 公司对 A 公司的业务渗透较深，在某种程度上让其滋生了"不管做好做坏，业务非我莫属"的心态，不利于其服务意识的提高，这在日常业务沟通中反应明显。

（资料来源：改编自胡慧春，柳存根. VMI 在生产物流运作中的应用.）

复习思考题

1. 供应物品的种类有哪些？
2. 供应物流管理的概念是什么？
3. 生产企业供应物流管理应包括的内容有什么？
4. 供应计划与生产计划之间是什么关系？
5. 采购是一个商流过程，这种说法是否正确？请说出理由。
6. 科学采购的类型包括哪些？
7. 采购管理的基本原则有什么？
8. 供料方式有几种，各自的含义是什么？
9. 供料方法有什么？

实践与思考

研究一个企业，这个企业的供应物流是如何做的？

【案例分析】

江钻公司 JIT 生产方式下的厂内配送[1]

江钻股份有限公司（简称江钻公司）是国家重点高新技术企业，国家一级企业，亚洲最大的油用钻头、矿用钻头、工程钻具和麻花钻头制造基地，世界油用钻头制造商五强之一，其主导产品油用牙轮钻头、金刚石钻头国内市场占有率达60%以上。该公司从1995年开始在公司推行精益生产，经过多年的不懈追求，江钻公司取得了令人瞩目的成就。

1. 采购与供应部门的职能

江钻公司在1998年改制时对承担采购与供应的部门进行了重新整合，物资供应实行"归口管理、集中采购、统一储备"的管理体制，实行在副总经理领导下的部门负责制，由制造部全面负责物资供应管理工作。物资处归属于制造部，主要负责主要原材料、通用物资的采购及公司库存物资、废旧料管理；制造部设备处负责设备及备件的采购；制造部工程处负责有关专用工艺装备的采购；制造部成本中心负责采购资金管理。各用料单位设兼职材料员一名，负责各用料单位物资管理。

在精益生产方式下，物资供应工作的职能定位于：①及时完成生产部门所需原材料的采购供应工作，保证生产的顺利进行；②加强成本控制，全面降低生产成本；③统一管理公司及各车间的仓库，做到全面控制；④推行降库工作，减少资金占用；⑤对供应商进行质量控制，定期进行供应商评价与筛选工作，保证产品质量。

2. 江钻公司所需物资的特点

由于江钻公司的产品的特殊性，决定了其所需物资的特殊性。

（1）需要物资品种多，用量少。全年需要物资品种达数千种，大多数品种的采购量不大，如某配件月需求量为1000元，金刚石钻头、金刚石复合片等所需物资的用量则更少。

（2）技术要求高。公司所需物资除日常用的一些维修物资，如日用电器、五金工具、汽配等可以在市面上直接采购外，主要原材料、辅料、零配件必须按公司的企业标准去制作加工，且加工难度较大。

（3）专业性强。江钻公司产品所用的主要材料、辅料、零配件等都是专用料，许多供应商在为公司开发研制出来产品以后，只能卖给同类产品的制造商，其他厂家基本上不用，通用性差。

（4）供应渠道窄。目前，江钻公司的采购渠道大部分是在公司引进初期材料国产

---

[1] 本案例的写作得到了江钻公司的大力支持与帮助，在此表示感谢。

化时确定下来的，采购渠道的形成经过了试制、现场试用、公司试验、公司鉴定等一系列程序，如果频繁变更渠道，不仅周期长、费用高，而且产品质量得不到保障，所以公司供应商一直相对稳定。

3. 厂内配送制的实施

从 1995 年开始，为适应公司提出的精益生产，物资处在各主要车间率先对常用料推行物资"驻屯制"，撤销了各车间的针线笸箩筐，在生产车间设驻屯供应点，随时为生产服务。到江钻公司改制以后，除工艺装备车间外驻屯制已基本取消，取而代之的是实行"厂内配送制"。

(1) 厂内配送的范围和对象。除了部分工具、量具、办公用品、劳保用品和计算器，以及设备维修配件、自制复合片、钻头毛坯、半成品和小零件等物资不实行配送外，其余物资均实行配送供应。实行厂内配送面向的对象主要是钻头生产主要车间，对其他部门实行物资领用制，由用料部门材料员直接到物资部门开单领料。

(2) 厂内配送的物资发放程序。①车间材料员收集和整理本部门的物资需求信息，落实物资需求的品种、时间和 TEAM 等，将物资需求信息分别反馈给各采购部门计划员；②计划员根据车间物资需求信息制单配拨，给配送员（或保管员）下达物资配送指令；③配送员（或保管员）办理物资发料手续，按料单备料，并组织运输工具和装卸搬运，将物资配送到各生产车间；④车间材料员（或保管员）对物资进行清点与验收，在物资发料单上签字；⑤配送员（或保管员）将发料单中的"成本"联和"随货同行"联交车间核算和记账，其余联带回交保管员下账；⑥车间急用料或规格型号不清的物资，可由车间材料员和技术员直接到对口物资部门查询和领料，物资部门给予配合；⑦计划员采购的车间急用料，由计划员直接送到车间现场，然后补办发料手续。

(4) 厂内配送的服务质量要求。物资部门对供应的物资质量负责，物资供应人员在物资的采购、保管和配送供应全过程中，必须充分考虑到物资质量对生产质量的影响，贯彻"下一道工序就是顾客"的思想，满足产品的质量标准和用户的质量要求，让用户对物资的使用质量放心。

物资计划员负责对物资的使用质量状况进行跟踪服务，建立物资的质量档案，负责联系供应商做好物资的技术（售后）服务，对有质量问题的物资负责退换或索赔。

4. 效果

江钻公司实行精益生产方式和厂内配送以来，连续几年每年的降库幅度达到 10%。

案例讨论题：

1. JIT 生产对供应物流提出了哪些新要求？
2. 该公司是如何实施厂内物流（配送制）的？
3. 该案例对你有何启示？

第六章 企业生产物流基本原理

企业生产物流是企业物流的关键环节，认识并研究生产物流的基本原理，有利于优化企业物流，提高企业竞争力。本章首先界定生产物流含义及其特征、类型；其次分析组织生产物流的三种形式，通过论述基于企业生产战略下的生产物流活动，以及以生产物流优化为中心的生产系统设计方法介绍，重点对不同生产类型、生产模式的生产物流进行分析，并指出企业生产物流的发展趋势。

第一节 生产物流概述

一、生产物流的含义

1. 生产物流的概念

生产物流（Production Logistics）在国家标准《物流术语》（GB/T 18354—2006）中的定义是：企业生产过程中发生的涉及原材料、在制品、半成品、产成品等所进行的物流活动。

（1）从生产过程来看，生产物流是企业生产过程的一个组成部分，它和生产工艺过程是密不可分的。它们之间的关系有许多种：有的是在物流过程中实现生产工艺所要求的加工和制造；有的是在加工制造过程中同时完成物流；有的是通过物流对不同的加工制造环节进行链接。它们之间有非常强的一体化特点——"工艺是龙头，物流是支柱"，所以生产物流是指企业在生产工艺中的物流活动（即物料不断地离开上一工序，进入下一工序，不断发生搬上搬下、向前运动、暂时停滞等活动）。

伴随着生产工艺过程的生产物流过程为：原材料、燃料、外构件等物料从企业仓库或企业的"门口"开始，进入到生产线的开始端，再进一步随生产加工工艺过程并借助一定的运输装置，按照生产加工的工艺路线一个一个环节地"流"，并在"流"的过程中被加工，同时产生一些废料与余料，直到生产加工终结形成产成品，再"流"至产成品仓库。

（2）从物流的范围角度来看，企业生产系统中物流的边界起于原材料、外购件的投入，止于成品仓库。它贯穿生产全过程，横跨整个企业（车间、工段），其流经范围是全厂性的、全过程的。物料投入生产后即形成物流，并随着时间进程不断改变自己的实物形态（如加工、装配、储存、搬运、等待状态）和场所位置（如各车间、工段、工作地、仓库）。

企业生产物流是指生产所需物料在空间和时间上的运动过程，是生产系统的动态表现。换言之，物料（原材料、辅助材料、零配件、在制品、产成品）经历生产系统各个生产阶段或工序的全部运动过程就是生产物流。

综上所述，企业生产物流是指伴随企业内部生产过程的物流活动。即按照工厂布局、产品生产过程和工艺流程的要求，实现原材料、配件、半成品等物料在工厂内部供应库与车间、车间与车间、工序与工序、车间与成品仓库之间流转的物流活动。

2. 影响生产物流的主要因素

不同的生产过程具有不同的生产物流构成。生产物流的构成取决于下列因素：

（1）生产的类型。不同的生产类型，它的产品品种、结构复杂程度、精度等级、工艺要求以及原料准备不尽相同。这些特点影响着生产物流的构成以及相互间的比例关系。

（2）生产规模。生产规模是指单位时间内的产品产量，通常以年产量来表示。生产规模越大，生产过程的构成越齐全，物流量越大。如大型企业铸造生产中有铸铁、铸钢、有色金属铸造之分；反之，生产规模小，生产过程的构成就没有条件划分得很细，物流量也较小。

（3）企业的专业化与协作水平。社会专业化和协作水平提高，企业内部生产过程就趋于简化，物流流程缩短。某些基本的工艺阶段的半成品，如毛坯、零件、部件等，就可由厂外其他专业工厂提供。

3. 合理组织生产物流的基本要求

生产物流区别于其他物流系统的最显著特点是它和企业生产紧密联系在一起。只有合理组织生产物流过程，才有可能使生产过程始终处于最佳状态。如果物流过程的组织水平低，达不到基本要求，即使生产条件和设备再好，也不可能顺利完成生产过程，更谈不上取得较高的经济效益。

（1）物流过程的连续性。企业生产是逐道工序地往下进行的，因此，要求物料能顺畅、最快、最省地走完各个工序，直至成为产成品。每个工序的不正常停工都会造成不同程度的物流阻塞，影响整个企业生产的进行。

（2）物流过程的平行性。一个企业通常生产多种产品，每一种产品又包含多种零部件，在组织生产时，将各个零件分配在各个车间的各个工序上生产。因此，要求各个支流平行流动，如果一个支流发生问题，整个物流都会受到影响。

（3）物流过程的节奏性。物流过程的节奏性是指产品在生产过程的各个阶段，从投料到最后完成入库，都能保证按计划有节奏或均衡地进行，要求在相同的时间间隔内生产大致相同的数量，均衡地完成生产任务。

（4）物流过程的比例性。组成产品的各个物流量是不同的、有一定比例的，因此，形成了物流过程的比例性。

（5）物流过程的适应性。当企业产品改型换代或品种发生变化时，生产过程应具有较强的应变能力，也就是生产过程应具备在较短的时间内可以由一种产品迅速转移为另一种产品的生产能力。物流过程同时应具备相应的应变能力，与生产过程相适应。

4. 生产物流系统设计原则

生产物流系统的设计融合在企业生产系统设计中，企业进行生产系统设计时，不仅要考虑生产系统的布置适应生产能力的需要，而且像进料、临时储存、生产系统前中后的搬运、调度、装箱、库存、运送等物流活动均应一并考虑。生产物流系统设计的一般原则如下：

（1）功耗最小原则。物流过程中不增加任何附加价值，徒然消耗大量人力、物力和财力，因此，物流"距离"要短，搬运"量"要小。

（2）流动性原则。良好的企业生产物流系统应流动顺畅，消除无谓停滞，力求生产流程的连续性。当物料向产成品方向前进时，应尽量避免工序或作业间的逆向、交错流动或发生与其他物料混杂的情况。

（3）高活性指数原则。采用高活性指数的搬运系统，减少了二次搬运和重复搬运量。

二、生产物流的发展

随着制造业的发展，生产物流系统发展经历了以下六个阶段：

（1）第一代是人工物流。初始的物流是从人们的举、拉、推和计数等人工操作开始的。即使在今天，人工物流仍几乎存在于所有的系统中。

（2）第二代是机械化物流。由于机械结构的引入，人类的能力和活动范围都扩大了。现代化设备能让人们举起、移动和放下更重的物体，速度也更快。机器延伸了人们的活动范围，使物料堆得更高，在同样的面积上可以存储更多的物料。从 19 世纪中叶 ~20 世纪中叶的一个世纪里，这种机械系统一直起主导作用。同时，它在当今的许多物流系统中也仍是主要的组成部分。

（3）第三代是自动化物流。自动存取系统（AS/RS）、自动导引车（AGV）、电子扫描器和条形码是自动化物流系统的主要组成部分。同时，自动化物流也普遍采用机器人堆垛物料和包装、监视物流过程及执行某些操作，大大提高了物流效率。它是 20 世纪 60 ~ 70 年代解决物料搬运问题的常用方法。

（4）第四代是集成化物流系统。在自动化物流的基础上，进一步将物流系统的信息集成起来，使得从物料计划、物料调度直到将物料运输到达生产的各个过程的信息，通过计算机网络相互沟通。这种系统不仅使物流系统各单元间达到协调，而且使生产与物流之间达到协调。这种系统出现于 20 世纪 80 年代。

（5）第五代是智能型物流。将人工智能集成到物流系统中，生产计划作出后，自动生成物料和人力需求，查看存货单和购货单，规划并完成物流。这种智能型系统在20世纪90年代是物流系统的主流。

（6）第六代是基于信息智能组合的物流。计算机费用的降低、数字通信的进展以及数据存储费用的降低，使得企业的供应商和用户们的数据共享变得经济合理。这种共享一般从生产计划开始，包括制订发货计划、发货、各种单据的制单、付款等一系列环节。这一代系统只通过电子信息交换，免除纸面文件的流通。

由此可以看出，生产物流系统的发展是向机械化、自动化、智能化、合理化以及实现物流系统时间和空间的效益方向发展的。

三、生产物流的特点

企业生产物流有以下几个特点：

（1）生产物流是生产工艺的一个组成部分。生产物流管理过程和生产工艺过程密不可分，它们之间有非常强的一体化特点，几乎不可能出现"商物分离"那种物流活动完全独立分离和运行的状况。

（2）生产物流有非常强的"成本中心"的作用。在生产中，物流对资源的占用和消耗是生产成本的一个重要组成部分。由于在生产中，生产物流活动频繁，所以其对成本的影响很大。生产物流的观念，应当主要是一个成本观念。

（3）生产物流是专业化很强的"定制"物流。它必须完全适应生产专业化的要求，面对的是特定的物流需求，而不是面对社会上普遍的物流需求。因此，生产物流具有专门的适应性而不是普遍实用性，可以通过"定制"取得高效率。

（4）生产物流是小规模的精益物流。生产物流规模取决于生产企业的规模，这和社会上千百家企业所形成的物流规模的集约比较起来，相差甚远。由于规模有限，并且在一定时间内规模固定不变，这就可以实行准确、精密的策划，可以运用资源管理系统等有效的手段，使生产过程中的物流"无缝衔接"，实现物流的精益化。

除此之外，伴随现代化生产过程的生产物流还具备如下几个特点：

（1）现代化的物流设备。生产物流现代化的基础，首先是采用快速、高效、自动化的物流设备。最具典型的现代化物流设备有如下几种：

1）自动化立体仓库。改平面堆放为立体、空间堆放，既有利于物料周转和自动化的管理，又节约了库房面积。

2）自动导引运输车（AGV）。它可以实现快速、准确的运输和运输路径柔性化，便于计算机管理与调度。

3）自动化上下料机器。装卸料采用机器人，与加工设备同步协调，安全、快捷，便于计算机管理与控制。

（2）计算机管理。与现代化生产制造相适应的物流系统，一般都有结构复杂、节奏快、路线复杂、信息量大、实时性要求高等特点。因此，必须采用计算机管理，才能对物流系统进行动态管理与优化。同时，通过计算机与其他系统实时联机，发送和接收消息，使物流系统与生产制造等系统有机地联系，可以提高物流系统的效益。

（3）系统化与集成化。生产物流系统的结构特点是点多、线长、面宽、规模大。如果说传统生产物流设备落后、搬运效率低下是影响生产整体效益提高的主要原因之一，那么传统生产物流的分散化和个体化则是制约生产发展的另一重要原因。现代生产物流是把物流系统看成一个整体，从系统化、集成化的概念出发去设计、分析、研究和改进生产物流系统，以追求系统整体的优化和高效。

第二节　企业生产物流分析与组织

生产物流与生产过程密不可分，不同行业的生产过程有很大差异。即使是同一工业部门的企业，如机械制造业的造船厂、机床厂、汽车厂、农机具厂等，由于其产品结构和生产工艺的复杂程度不同，产品品种和生产规模等方面的差异，各企业的生产过程也千差万别。不同类型的生产过程对应的生产物流系统组织过程与管理方法也不同，因此，在了解企业生产类型的基础上，才能更好地管理好企业的生产物流。

一、生产类型

在实际工作中，一般将制造业企业的生产类型划分为如下几种类型：

1. 按生产工艺特征分类

以产品的生产工艺为划分类型的标志，可以把各种生产过程分为工艺过程离散的加工装配式生产和工艺过程连续的流程式生产两种显著不同的类型。

（1）工艺过程离散的加工装配式生产。它是指先分别通过固有的各种加工作业制造出图样规定的零件，然后通过一定的手段把它们组合起来，制造成具有特定功能的产品的过程。加工装配型的特点是：它的产品是由许多零部件构成的，而各零件的加工过程彼此是独立的，所以整个产品的生产工艺是离散的，制成的零件通过部件装配和总装配最后成为成品。机械制造、电子设备制造行业的生产过程均属这一类型。

（2）工艺过程连续的流程式生产。它是指把一种乃至数种原料投入最初工序或接近于最初工序中，通过它们共同连续地进行一系列的化学或物理变化而制成产成品的过程。化工、炼油、造纸、制糖、水泥等都是流程生产型的典型。流程式生产的特点是：工艺过程是连续进行的，不能中断；工艺过程的加工顺序是固定不变的，生产设施按照工艺流程布置；劳动对象按照固定的工艺流程连续不断地通过一系列设备和装置，被加工、处理成为产成品。

工艺过程离散的加工装配式生产和工艺过程连续的流程式生产在生产过程上存在很大的差异。连续生产方式下，通常产品种类较少且标准化，市场竞争的重点多为价格和可获性，属于资本密集型，具有自动化程度较高，设备按流水线方式布置，原材料种类较少、在制品库存较低等特点；而离散生产在大多数情况下与连续生产方式恰好相反。由于这两种生产方式的差异，其相应的生产物流管理重点也各自不同。连续生产对生产物流系统可靠性和安全性的要求很高；在离散生产中则是计划、组织、协调较为困难，生产物流管理更为复杂。

2. 按生产的稳定性和重复性程度分类

按生产的稳定性和重复性程度分类，可以把各类生产过程分为项目型生产、单件小批生产、成批生产、大量生产和流程型生产五种基本生产类型，如图6-1所示。

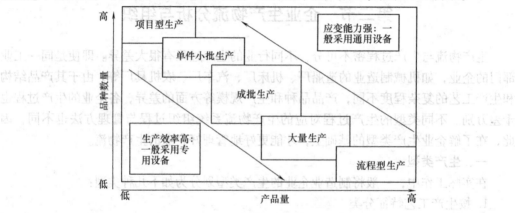

图6-1 五种基本生产类型

（1）项目型生产（Project）。有些生产要求在规定的时间和预算费用内完成一项生产任务，如大型工程或者创新性强、风险性大的研制项目，为此需要组织由多种专业人员组成的专门队伍，来完成这类生产任务。这类生产为一次性生产，具有它的特殊性，通常称为项目型生产。例如，盖一幢大楼、新建一座工厂或研制一项新产品等。

（2）单件小批生产（Job Production）。单件小批生产是指品种产品只生产一件或几件，但生产品种繁多的生产类型。单件小批生产类型的特点是产品对象基本上是一次性需求的专用产品，一般不重复生产。因此，生产中品种繁多，生产对象不断变化，生产设备和工艺装备必须采用通用性的，工作地的专业化程度很低。重型机器制造、大型发电设备制造、远洋船舶制造等企业的生产过程是单件小批生产类型的典型代表。

（3）成批生产（Batch Production）。成批生产的对象是通用产品，生产具有重复性，即在生产中轮番更换品种，每种产品形成一定批量的生产类型。从生产品种和生产数量上看，成批生产介于大量生产和单件生产之间。它的特点是生产的产品品种较多，每个品种的产量不大，每一种产品都不能维持常年连续生产，所以在生产中形成多种产品轮番生产的局面。大部分企业都是这种生产类型，其典型代表是机床制造厂、机车制造厂等。

（4）大量生产（Mass Production）。大量生产是指只生产少数品种，但生产量很大的生产类型。一般这类产品在一定时期内具有大且相对稳定的社会需求量，采用流水线生产组织方式。例如，电冰箱、电视机等家用电器，以及灯泡、电池、轴承等标准零部件的生产。

（5）流程型生产（Continuous）。在流程生产类型中，单一产品的生产永不停止，机器设备一直运转。它强调生产过程的连续性，不能中断，否则就会造成生产的巨大损失。例如，石化产品、钢铁、初始纸制品的生产就属于流程型生产。

另外，还有其他的分类，如按产品的使用性能分类，可分为通用产品生产与专用产品生产两种类型；按产品的结构特征分类，可分为大型复杂产品生产与结构简单产品生产两种类型。

二、不同生产类型的生产物流分析

1. 项目型生产过程及其生产物流特征

项目型生产过程是指具有项目特征的生产系统。可分为两种类型：一种是只有物料流入，几乎无物料流出的"纯项目型"生产系统，如建筑工程与安装工程；另一种是在物料流入生产场地后，"滞留"相当长一段时间再流出的"准项目型"生产系统，如大型专用设备、造船厂、飞机制造厂等。

（1）项目型生产过程的特征。物料凝固；物料投入大；产品生产周期长；一次性生产；生产的适应性强。

（2）项目型生产物流的特征。物料采购量大，供应商多，外部物流较难控制；生产过程中原材料、在制品占用大，无产成品占用；物流在加工场地的方向不确定、加工路线变化极大，工序之间的物流联系不规律；物料需求与具体产品存在一一对应的相关需求。

项目型生产物流管理的重点是按照项目的生产周期对每阶段所需的物料在质量、费用以及时间进度等方面进行严格的计划和控制。

现以造船企业为例说明项目型生产过程及其生产物流特征。造船企业生产过程的物流大体为：原材料（钢板、钢材等）、外购件（柴油机等）、燃料等辅助材料从船厂仓库或船厂的"门口"开始，进入到生产线的开始端，再进一步随生产加工过程一个一个环节地"流"。在"流"的过程中，本身被加工，同时产生一些废料、余料，直到生产加工终结，形成最终船舶产品，便完成了企业生产物流过程。

造船企业的生产过程具有如下特征：

（1）订单型生产。企业的生产由客户拉动，船厂是按订单组织生产的，每艘船都按照客户的需求单独设计、生产建造。

（2）一次性生产。对于一艘船来说，由于造价高，一般是在接到客户订货后，企业组织一次性生产。

（3）单件小批生产。一般情况下，一份订单只造一艘船或为数很少的几艘船。

（4）物料投入大、种类多、吨位大。船舶结构庞大复杂，号称"浮动的海上城市"，因而所用的物料很多，几乎囊括所有制造企业的生产物品。

（5）产品造价高。每艘船舶价值约上千万甚至几个亿。生产过程的库存控制、质量控制、成本控制比较难，生产效率低，产品成本高。

（6）船舶建造周期长。交船期有严格的时间限定，从与船东签订合同开始，设计、施工准备到物料采购、储运、施工和建造，直至交付船东使用，一般约需1~2年。

（7）物流凝固。当船舶建造需要的物料进入生产场地后便凝固在场地中，直至新船完工，整个生产过程中物料流动性不强。

（8）生产柔性化。能够较好地适应客户的个性化需求，应用通用设备和工艺生产。

造船企业的生产物流具有如下特征：

（1）船舶的生产周期长。有大量的原材料、中间产品、在制品都在船厂仓库或生产车间中，占用量极大；而船舶一旦生产出来就会立即交付船东使用，所以几乎没有产成品库存。

（2）物流在加工场地的方向不确定、加工路线变化极大，工序之间的物流联系规律性不强。

（3）造船企业产品品种繁多，生产重复度低，通用件相对很少，属于单件生产，所以其物料需求也不相同。

2. 单件小批生产过程及其生产物流特征

（1）单件小批生产过程的特征。由于单件小批生产的产品品种多，但每一品种生产的数量甚少，生产重复度低，故单件小批生产方式具有如下特点：

1）产品对象基本上是一次性需求的专用产品，产品设计和零件制造分散，一般不重复生产。

2）生产设备多为通用设备，采用机群式布置。生产对象不断变化，使得生产的组织过程复杂；产品频繁变更，使得生产设备必须采用通用设备，并按工艺专业化原则采用机群式布置的生产组织形式。

3）对操作工人的技能要求高。由于单件小批生产的品种繁多、生产对象不断变化，因此，在生产过程中，常以师傅带徒弟的方式培养操作工人，对个人技能要求高，这样才能完成不断变化的加工任务。

（2）单件小批生产物流的特征。由于单件小批生产重复程度低、生产过程复杂，从而使生产物流过程复杂、管理难度大，因此其特征主要表现为如下几个方面：

1）由于单件生产，产品设计和工艺设计存在低重复性，因而物料的消耗定额不容易或不适宜准确制定。

2）不同订单的产品加工工艺不同，使得生产物流不易管理与控制。

3）生产品种的多样性，使得制造过程中采购物料所需的供应商多变，外部物流较难控制。

4）物料需求与具体产品制造存在一一对应的相关需求。

5）一般凭借个人的经验和行规进行生产物流管理。

3. 成批生产过程及其生产物流特征

（1）成批生产过程的特点。成批生产的产品品种多但产量有限，生产具有重复性，介于大量生产和单件小批生产方式之间。其生产过程具有如下特征：

1）成批生产方式的对象是通用产品，但产品品种数量多、产量有限。因此，其产品设计采用系列化方式，而零部件制造采用标准化、通用化。

2）在生产过程中多采用轮番生产（混流生产）多品种的生产方式，生产重复度介于单件小批生产和大量生产之间。生产中同时加工的零件种类繁多，使得生产组织和计划管理工作复杂，难度较大。

3）可以按对象专业化原则组织生产，具有多种生产组织策略。由于生产的品种多、生产的稳定性差，建立正规的生产线和流水线难度较大，但可以组织多品种的对象生产单元，采用成组技术、柔性制造系统等组织方式使生产系统适应不同的产品或零件的加工要求，以减少加工不同零部件之间的换模时间。工件的生产过程基本上可以在生产单元内封闭地完成。

（2）成批生产的生产组织策略。成批生产方式有多种生产组织策略，如图6-2所示：

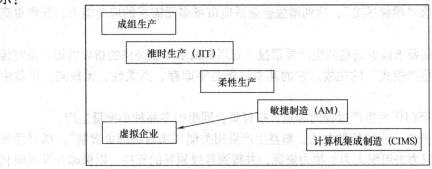

图6-2　成批生产的组织策略

1）成组生产。随着人类生活水平的提高和社会的进步，人们追求个性化、特色化的思想日益普遍，社会对机械产品需求多样化的趋势也越来越明显。传统针对小批量生产的组织模式会存在一些矛盾：生产计划、组织管理复杂化；零件从投料到加工完成的总生产时间较长；生产准备工作量大；产量小，使得先进制造技术的应用受到限制。为此，制造技术的研究者提出了成组技术的科学理论及实践方法（1959 年米特洛凡诺夫创立），它能从根本上解决生产由于品种多、产量小带来的矛盾。成组技术（Group Technology，GT）是一门生产技术科学，它研究如何识别和发掘生产活动中有关事务的相似性，并对其进行充分利用。

成组技术的原理为：对于不同制品之间客观存在的相似性进行识别，并根据一定的目的，按其相似特征进行归类分组，并找出同一类制品中的典型制品，以典型制品为基础编制成组工艺并进行成组生产，以避免不必要的重复劳动和组织管理中不应有的多样化，达到简化、统一、高效和经济的目的。

成组加工要求将零件按工艺相似性分类形成加工族，加工同一加工族有其相应的一组机床设备。因此，很自然成组生产系统要求按模块化原理组织生产，即采取成组生产单元的生产组织形式。在一个生产单元内有一组工人操作一组设备，生产一个或若干个相近的加工族，在此生产单元内可完成诸零件全部或部分的生产加工。因此，可以认为成组生产单元是以加工族为生产对象的产品专业化或工艺专业化（如热处理等）的生产基层单位。成组生产模式下的生产物流由于更多地使用了标准化的产品结构及零部件，节省了工序间的搬运和等待时间，从而大幅度地提高了生产效率及物流效率。利用相似性原理进行材料消耗定额和成本定额的制定，可事半功倍；设备按零件族典型工艺顺序布置，可使物流更加顺畅。

2）精益生产（LP）与准时制生产（JIT）。一般认为精益生产是指丰田生产方式，而其中"准时制生产（JIT）"是其典型代表。精益生产的核心思想是以整体优化的观点合理地配置和利用企业拥有的生产要素，消除生产全过程中一切不产生附加价值的劳动和资源，追求"尽善尽美"，达到增强企业适应市场多元需求的应变能力，获得更高的经济效益。

精益生产则要求以少而精的生产要素投入管理和追求效益经济的指导思想，是对传统的"大规模生产模式"的挑战。它的基本目标是零库存、高柔性、无缺陷。精益生产的特点是：

a. 以销售部门作为生产过程的起点，按订货合同组织多品种小批量生产。

b. 在产品开发上有独特的办法。精益生产采用类似"项目经理负责制"，项目经理被赋予极大的权力去组织人力、物力资源，并得到各级领导的支持，以保障开发的顺利进行。开发过程中采用并行工程（CE），即在产品设计时，就将其后续的工艺、制造、装配、检测、使用、维修、服务等产品整个生命周期中的相关过程全部考虑并一同设计，以减少反复修改的次数，争取一次成功。项目小组依靠一个由设计、工艺、制造、营销、甚至包括用户和供应厂家在内的相关人员组成的团队来协同工作。开发中运用各种计算机辅助技术，采用一种基本型外加多种变体的模块化设计作为主流。确保产品质量、成本目标和用户需求，缩短开发周期，是设计开发精益化的要求。

c. 在物料管理与营销管理上利用利益准则的同时，力求与协作厂和零部件供应商、销售商及用户保持长期而稳定的全面合作关系，形成"命运共同体"；在企业的协作配套领域还可通过参股、控股等办法，建立起资金联合的血缘关系，主厂对协作厂实行分层管理，建立金字塔形的协作体系；在营销上建立统一的营销体系，提倡主动销售，同时做好服务，使用户满意并形成长期稳定的销售服务网络。有了比较畅通的供应链与销售网络流通体系，才能形成真正的准时制生产（JIT）。

d. 在生产计划与库存管理体系上，精益生产的一大特色是其生产计划与库存管理方法——准时制生产（JIT）。在"只能生产能够卖得出去的产品"的时代，JIT 是一种有效利用各种资源、降低成本的生产准则。其含义是：在需要的时间和地点，生产必要数量和完美质量的产品和零件，以杜绝超量生产，消除无效劳动和浪费，达到用最小的投入实现最大产出的目的。JIT 是在消除一切浪费和无效劳动、生产系统最优化基础上缩短生产周期，加快资金周转和降低生产成本，实现零库存的主要方法。

传统管理对在制品制造实行供足供饱的"推动式（Push）"管理，如 MRPⅡ就是受主生产计划的"推动"，在需要的时间、地点制造需用的零部件，设有安全库存应付市场需求的波动；而追求零库存的 JIT 是一种"拉动式（Pull）"管理。JIT 以"拉动式"管理、"一个流"管理和作为 JIT 现场控制技术核心的"看板"管理的结合运用，实现生产制造环节的精益化管理。

e. 在人力资源与组织管理方面，精益生产采用团队组织和团队工作方式（即计算机网络支持下的工作小组方式，可以是一个生产小组，也可以由整个车间、公司甚至协作厂和用户在内组成不同层次的团队），通过建立"共荣"、"忠诚"的团队精神，来调动各方的积极性和创造性。这是精益生产组织管理的重要特色。

f. 在质量控制体系上，精益生产采用全面质量管理（TQM），由所有人员共同参与并贯穿于从设计到制造的全过程中。生产现场的"工作小组"一般运用 QC 小组形式进行自我质量检验与改善，取消昂贵的专用检验场所和修补加工区，这样既保证了质量，又降低了成本，使生产成为真正的"精益"。

精益生产与传统大规模生产对比，其优越性体现在：所需人力资源减至 1/2；新产品开发周期减至 1/2 或 2/3；在制品库存减至 1/10；工厂面积减至 1/2；成品库存减至1/4；产品质量提高 3 倍以上。

精益生产模式下的生产物流有以下特征：追求零库存的 JIT 是一种"拉动式（Pull）"管理。JIT 首先制订年度、季度、月度生产计划，并向最后一道工序以外的各工序出示每月大致的生产品种和数量，作为其安排生产的参考基准，而每日的 JIT 指令只下达到最后一个工序。也就是说，前道工序的零部件仅在后续工序提出要求时才生产，后工序取走多少，前工序就生产多少，决不积压。这样，从最后一道工序层层向前道工序领取零部件，直至原材料供应部门，把各个工序连接起来，中间不存在任何库存缓冲环节，从而形成"拉动式"管理。各工序间以"看板"作为信息传递的载体，按照有限能力计划，逐道工序地倒序传递生产过程中的取货指令和生产指令，现场操作人员依据"看板"进行作业。JIT 在制造工序间实行"一个流"（即产品在各个工序生产时每个工序只有一个半成品或成品在生产）管理，使在制品库存为零。

3）柔性生产。随着经济的不断发展，企业的竞争形式也在发生变化，不仅仅是表面的价格、数量、质量的竞争，更重要的是刚性生产模式的弊端逐渐显现，主要表现在：成本增加、过量库存、适应市场的灵敏度低。为此，1998 年，美国里海大学和通用（GM）公司共同提出了柔性生产模式，现已成为"21 世纪制造业战略"。

柔性生产模式的内涵实质表现在两个方面，即虚拟生产和拟实生产。虚拟生产是指面对市场环境的瞬息万变，要求企业作出灵敏的反应，而产品越来越复杂、个性要求越来越高，任何一个企业已不可能快速、经济地制造产品的全部，这就需要建立虚拟组织机构，实现虚拟生产；拟实生产也就是拟实产品开发，它运用仿真、建模、虚拟现实等技术，提供三维可视环境，从产品设计思想的产生、设计、研发，到生产制造全过程进行模拟，以实现在实体产品生产制造以前，就能准确预估产品功能及生产工艺性，掌握产品实现方法，从而减少产品的投入、降低产品开发及生产制造成本。这两个方面是柔性生产区别于刚性生产模式的根本所在。因此，柔性生产的精髓在于实现弹性生产，提高企业的应变能力，不断满足用户的需求。

柔性生产模式与刚性生产模式相比具有以下特点：

a. 建立虚拟企业，实现虚拟生产与拟实生产。

b. 订单决定生产量。柔性生产模式认为，只有适应市场不断变化的需求，才能提高企业的竞争力。价格与质量不再是主要竞争手段，而只是部分竞争手段，要不断地研发产品、创造产品的特殊使用价值来满足用户，因此，要根据订单来确定生产量及小批量品种。这就是柔性生产管理的基本出发点。

c. 建立弹性生产体系。柔性生产根据市场不断变化的需求来生产，它产品多、个性强、多样化。而要满足这一生产需求，势必要建立多条流水生产线，由此可能带来不同的生产线经常停工、产品成本过高等问题。因此，必须建立弹性生产体系，在同一条生产线上通过设备调整来完成不同品种的批量生产任务，既满足多品种的多样化要求，又使设备流水线的停工时间达到最小，即"只在必要的时间内生产必要数量的必要产品。"

d. 生产区位趋于集中。为了满足市场需求，柔性生产必须在一个生产区位完成整个生产过程。尤其是零配件供应商要与装配厂保持距离，以保证零配件及时交货并实现零库存，从而实现对市场需求变化的灵敏反应。

e. 人员素质要求高。人是最灵活、最具柔性的资源，这是因为人有社会动机，有学习和适应环境的能力。人能够在柔性生产模式下，通过培训、学习、模仿和掌握信息技术等而获得所需要的知识与技能。

柔性生产模式下的生产物流特征为：①企业物流活动柔性管理要以权变思想为指导，使其能够动态地适应内外部因素的变化，使企业物流系统各环节时时处于一种平衡的链状关系中，以保证生产所需和工作顺畅地进行；②柔性管理系统中的每一个组织单元相互配合与衔接，形成一个有机的整体，从而使企业物流活动更加协调；③物料的供应要满足可同时加工多种不同工件的要求，并使物料工件在机床间的传输无固定的流向和节拍，以保证零配件及时交货并实现零库存，实现弹性化；④企业物流系统实施柔性管理效率高，信息的收集加工反馈快、决策快，而且又可根据信息显示的变化来弹性地制订和修改工作计划，这样既能保证生产需要，又能最大限度地降低库存。

4）敏捷制造及虚拟企业生产。敏捷性是指企业在不断变化、不可预测的经营环境中善于应变的能力，它是企业在市场中生存和领先能力的综合表现。敏捷制造是指制造企业采用现代通信手段，通过快速配置各种资源（包括技术、管理和人员），以有效和协调的方式响应用户需求，实现制造的敏捷性。敏捷制造依赖于各种现代技术和方法，而最具代表性的是敏捷虚拟企业（简称虚拟企业）的组织方式和拟实制造的开发手段。

a. 虚拟企业。虚拟企业也叫动态联盟。由于竞争环境快速变化，要求企业作出快速反应。而现在产品越来越复杂，对于某些产品，一个企业已不可能快速、经济地独立开发和制造其全部。因此，根据任务，由一个公司内部某些部门或不同公司按照资源、技术和人员的最优配置，快速组成临时性企业即虚拟企业，才有可能迅速完成既定目标。这种动态联盟的虚拟企业组织方式可以降低企业风险，使生产能力前所未有地提高，从而缩短产品的上市时间，减少相关的开发工作量，降低生产成本。组成虚拟企业，利用各方的资源优势，迅速响应用户需求，是21世纪生产方式——社会级集成的具体表现。实际上，敏捷虚拟企业并不限于制造，但制造却是最令人感兴趣又最困难的领域，它更清晰地体现了过程的集成，且控制概念在运行结构中占有重要地位，使虚拟企业的形成更具挑战性。

b. 拟实制造。拟实制造亦称拟实产品开发。它综合运用仿真、建模、虚拟现实等技术，提供三维可视交互环境，对从产品概念产生、设计，到制造全过程进行模拟实现，以期在真实制造之前，预估产品的功能及可制造性，获取产品的实现方法，从而大大缩短产品的上市时间，降低产品的开发、制造成本。其组织方式是由从事产品设计、分析、仿真、制造和支持等方面的人员组成"虚拟"产品设计小组，通过网络合作并行工作；其应用过程是用数字形式"虚拟"地创造产品，即完全在计算机上建立产品数字模型，并在计算机上对这一模型产生的形式、配合和功能进行评审、修改。这样常常只需制作一次最终的实物原形，就可使新产品开发一次获得成功。

可以说，以上两项方法和技术是敏捷制造区别于其他生产方式的显著特征。但敏捷制造的精髓在于提高企业的应变能力，所以对于一个具体的应用，并不是说必须具备这两方面内容才算实施敏捷制造，而应理解为通过各种途径提高企业的响应能力都是在向敏捷制造前进。

c. 敏捷制造对生产物流的影响。从传统的观点看，物流对工业企业的生产是一种支持作用，被视为辅助的功能部门。但是，随着现代企业生产方式的转变和敏捷制造企业的战略转变，企业的物流也要跟着转变运作方式，考虑如何将企业物流转变为战略资源来提高企业面对客户、快速响应市场的能力。敏捷制造要求企业的物流系统必须具有和制造系统协调运作的能力，此时的生产物流不再是传统的保证生产过程连续性的问题，而是要在供应链管理中发挥重要的作用：①创造用户价值，降低用户成本；②协调制造活动，提高企业敏捷性；③提供用户服务，塑造企业形象；④提供信息反馈，协调供需矛盾。

要实现以上目标，物流系统必须实现由管理功能向管理过程、由管理产品向管理客户、由管理存货向管理信息、由买卖关系向伙伴关系的转变。为实现快速响应市场的能力，此时的物流系统管理将面临一系列转变，主要应解决以下几个方面的问题：①实现快速准时交货的措施问题；②低成本准时的物资采购供应策略问题；③物流信息的准确输送，信息反馈与共享问题；④物流系统的敏捷性和灵活性问题；⑤供需协调实现无缝供应链的连接问题。

（3）成批生产物流的特征。由于成批生产的企业目前是按用户需求以销定产方式进行生产的，这使企业物流配送管理工作复杂化。其生产物流特征表现在：

1）以 MRP（物料需求计划）实现物料的外部独立需求与内部相关需求之间的平衡；以 JIT（准时制生产）实现客户个性化特征对生产过程中物料、零部件、成品的拉动需求。

2）由于产品设计和工艺设计采用并行工程处理，物料的消耗定额容易准确制定，因而容易降低产品成本。

3）由于生产产品品种的多样性，对制造过程中物料的供应商有较强的选择要求，因而外部物流的协调较难控制。

4. 大量生产过程及其生产物流特征

大量生产又可分为单一品种大批量生产类型和多品种大批量生产类型。下面对其生产过程及其生产物流特征进行分析。

（1）单一品种大批量生产过程的特征。单一品种大批量生产过程的特征主要表现为：

1）一般这类产品在一定时期内具有相对稳定的需求。生产的产品品种少，每一种产品的批量大，稳定地、不断重复地进行生产。产品设计和零件制造标准化、通用化、集中化。零件互换性和装配简单化使生产效率极大地提高，生产成本低，产品质量稳定。

2）生产组织为流水生产方式。流水生产是指加工对象按照一定的工艺路线有规律地从前道工序流到后道工序加工，并按照一定的生产速度连续完成工序作业的生产过程。流水生产有以下几个特点：①流水线上固定生产一种或少数几种产品（零件）；②工作地专业化程度高；③流水线上每个工作地按照产品工艺过程（零件）顺序安排，产品按单向运输路线移动；④工艺过程是封闭的，工作地按工艺顺序安排为锁链形式，劳动对象在工序间作单向流动，自成系统，便于管理和控制；⑤生产具有明显的节奏性和较高的连续性；⑥流水线上各工序之间的生产能力是平衡的、成比例的。

（2）单一品种大批量生产物流的特征。单一品种大批量生产方式的生产物流特征主要表现为：

1）大批量生产方式的生产组织为流水生产方式。流水线生产要求生产物流系统要与生产过程其他要素（人员、设备工装、工艺、资金、生产组织、信息）协调好，使不同作业计划的车间能连续、同步、均衡地进行生产。

2）由于产品设计和工艺设计相对标准和稳定，因而物料的消耗定额容易并适宜准确制定；由于物料被加工的重复度高，因而物料需求的外部独立性和内部相关性易于计划和控制；由于生产品种的单一性，使得制造过程中物料采购的供应固定，外部物流相对而言较容易控制。

3）为达到物流自动化和效率化，强调在采购、生产、销售等方面引入运输、保管、配送、装卸、包装等物流作业中各种先进技术的有机配合，追求物流系统的最优化。

大批量生产模式下的生产物流管理是建立在科学管理的基础上的，即事先必须制定科学标准——物料消耗定额，然后编制各级生产进度计划对生产物流进行控制，并利用库存制度对物料的采购及分配过程进行相应的调节，如通过物料核算表计算需求量，通过物料计划表（见表6-1与表6-2）在核定库存后进行采购及分配。物流管理的目标在于追求物流子系统的最优化。

表 6-1　物料核算表

类别：　　　　　　　　　　　　　　　　　　　　　　　　　　　　　　　定额单位：

需用量单位：

项　目	任务			消耗定额		需用量	
	计量单位	某年预计	某年计划	某年预计	某年计划	某年预计	某年计划
1	2	3	4	5	6	7	8
合计							
生产							
基建							

表 6-2　物 料 计 划

类别：　　　　　　　　　　　　　　　　　　　　　　　　　　　　　　　　某年度

名称	规格型号	计量单位	上年预计消耗量	某年度计划									备注
				年初预计库存量	需用量	年末储备量	其他资源	采购或供应量					
								全年	一季	二季	三季	四季	
1	2	3	4	5	6	7	8	9	10	11	12	13	14

（3）多品种大批量生产过程及其特征。多品种大批量生产也叫大批量定制生产，它是指以大批量生产的成本和时间，提供满足客户特定需求产品和服务的生产类型。大批量定制生产的基本思想是用大批量生产的效益、成本和质量来生产个性化的产品，使产品生产的成本和质量与批量无关，如图 6-3 所示。

大批量定制的实施要求企业具有两个方面的能力：面向动态市场和客户需求的供应链及客户关系管理方面的应变能力——动态联盟、协同商务的能力；基于过程优化的客户化产品（新产品）的快速设计和加工能力——敏捷制造的能力。

生产方面，要增加订单生产中库存生产的比例，可以将客户订单分离点尽可能向生产过程的下游移动，减少为满足客户订单中的特殊需求而在设计、制造及装配等环节增加的各种费用；在时间的优化方面，关键是有效地推迟客户订单分离点。企业不是采用零碎的方法，而必须对其产品设计、制造和传递过程以及整个供应链的配置进行重新思考。通过采用这种集成的方法，企业能够以最高的效率运转，能够以最小的库存满足客户的订单要求；在空间的优化方面，关键是有效扩大相似零件、部件和产品的优化范围，并充分识别、整理和利用这些零件、部件和产品中存在的相似性。

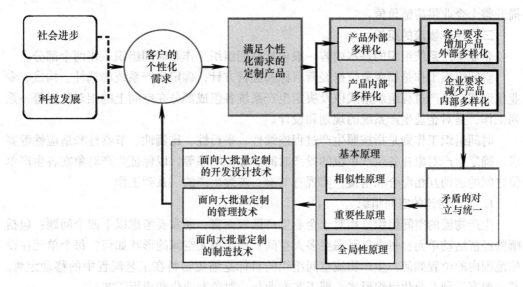

图 6-3　大批量定制生产的基本思想

（4）多品种大批量生产物流的特征。按照客户不同的层次需求，可以将大批量定制生产分成三种模式，即面向订单设计、面向订单制造和面向订单装配。三种模式都是以订单为前提，所以生产物流的特征表现在：

1）由于要按照大批量生产模式生产出标准化的基型产品，并在此基础上按客户订单的实现要求对基型产品进行重新配置和变型，所以物料被加工成基型产品的重复度高，而对装配流水线则有更高的柔性要求，从而实现大批量生产和传统定制生产的有机结合。

2）物料的采购、设计、加工、装配、销售等流程要满足个性化定制要求，这就促使物流必须有坚实的基础——订单信息化、工艺过程管理计算机化与物流配送网络化。而实现这个基础包括一些关键技术支持，如现代产品设计技术（CAD、CAM）、产品数据管理技术（PDM）、产品建模技术、编码技术、产品与过程的标准化技术、面向 MC 的供应链管理技术、柔性制造系统等。

3）产品设计的"可定制性"与零部件制造过程中由于"标准化、通用化、集中化"而带来的"可操作性"之间的矛盾，往往与物料的性质与选购、生产技术手段的柔性和敏捷性有很大关联。因此，创建可定制的产品与服务非常关键。

4）生产品种的多样性和规模化制造，要求物料的供应商、零部件的制造商以及产成品的销售商之间的选择将是全球化、电子化、网络化的。这会促使生产与服务紧密结合，使得基于标准服务的定制化产品转向基于定制服务的产品标准化，从交货点开始就提升整个企业供应链价值。

三、生产物流的组织

企业生产系统组织的基本内容一般包括空间组织工作和时间组织工作两个部分。

空间组织工作是指企业依据经营目标和经营方针，确定生产系统的选址、构成、专业化形式、生产过程组织形式以及决定生产系统各组成部分在空间上的相对位置等一系列工作，是对企业生产系统的规划和设计。

时间组织工作则是指按照生产过程连续性、平行性、比例性、节奏性和适应性等要求，确定生产对象在各生产单位的投产时间、加工顺序等，以保证生产对象在各生产单位之间的运动互相配合和衔接，实现有节奏、连续生产的一系列工作。

1. 生产物流的空间组织

生产物流的空间组织是相对于企业生产区域而言，通常要考虑以下四个问题：包括哪些经济活动单元？每个单元需要多大空间？每个单元空间的形状如何？每个单元在设施范围内的位置如何？生产物流空间组织的目标是缩短物料在工艺流程中的移动距离。其一般有三种专业化组织形式，即工艺专业化、对象专业化和成组工艺。

（1）按工艺专业化形式组织生产物流。工艺专业化形式也叫工艺原则或功能生产物流体系（见图6-4）。其特点是按加工工艺的特点划分生产单位，是将同类设备和人员集中在一个地方，对企业欲生产的各种产品进行相同工艺的加工。它通过工艺导向布局进行空间安排，目的是为了尽量减少与距离相关的成本。

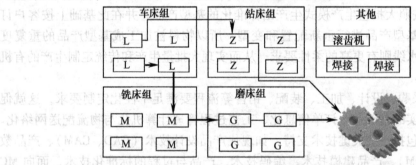

图6-4　按工艺专业化形式组织生产物流

按工艺专业化形式组织生产物流的特点是同类型的设备、同工种的工人、同一加工方法完成产品某一工艺过程的加工。

在企业生产规模不大、生产专业化程度低、产品品种不稳定的单件小批生产条件下，适宜于按工艺专业化形式组织生产物流。

工艺专业化形式组织生产物流的优点是机器利用率高，可减少设备数量；设备和人员柔性程度高，更改产品和数量方便；操作人员作业多样化，有利于提高工作兴趣和职业满足感。其缺点是流程较长，搬运路线不确定，物流运费高；生产计划与控制较复杂，要求员工有较高的素质；物料库存量相对较大。

（2）按对象专业化形式组织生产物流。按对象专业化形式也叫产品专业化原则或流水线（见图6-5）。它是以加工产品（零件、部件）为对象划分生产单位，通过固定制造某种部件或某种产品的封闭车间，其设备、人员按加工或装配的工艺过程顺序布置，形成一定的生产线。

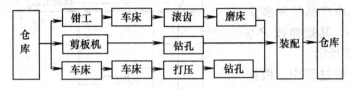

图6-5　按对象专业化形式组织生产物流

按对象专业化形式组织生产物流的优点是布置符合工艺过程，物流畅通；上下工序衔接，存放量少；物料搬运工作量少；生产计划简单，易于控制；可使用专用设备和机械化、自动化搬运方法。其缺点是设备发生故障时会引起整个生产线中断；产品设计变化将引起布置的重大调整；生产线速度取决于最慢的机器；维修和保养费用高。

在企业专业方向已经确定、产品品种比较稳定、生产类型属于大量生产、设备比较齐全并能充分负荷的条件下，适宜于按对象专业化形式组织生产物流。

（3）按成组工艺形式组织生产物流。成组工艺形式（见图6-6）结合了上述两种形式的特点，按成组技术原理，把完成一组相似零件的所有或绝大部分加工工序的多种机床组成机器群，以此为一个单元，并根据其加工路线再在其周围配置其他必要设备。

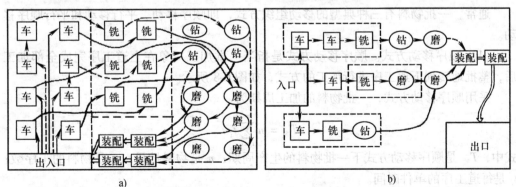

图6-6　按成组工艺形式组织生产物流

a）运用成组技术之前　b）运用成组技术之后

成组工艺形式组织生产物流的优点是设备利用率高；流程通畅，运输距离较短，搬运量少；在满足产品品种变化的基础上有一定的批量生产，具有柔性和适应性。其缺点是需要较高的生产控制水平以平衡各单元之间的生产流程；若单元间流程不平衡，则需要中间储存，增加了物料搬运；班组成员需掌握所有作业技能；减少了使用专用设备的机会。

上述三种组织生产物流形式各有特色，而如何选择则主要取决于系统中产品品种多少和产品的大小，其规律按 *P-Q* 分析，如图 6-7 所示。

在 *P-Q* 分析过程中，根据产品是零件、单一设备还是多品种，分析由各种统计表统计的产品品种与产品，然后将产品—产量关系绘制成 *P-Q* 曲线。

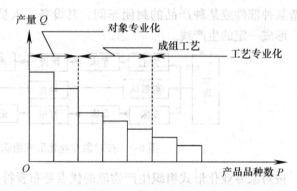

图 6-7 *P-Q* 分析图

绘制曲线时，所有产品均按产量递减顺序排列。大量生产类型，加工机床按产品生产线原则布置；单件小批生产类型，必须按工艺原则布置；介于两区之间的，采用上述两种相结合的成组原则布置。

2. 生产物流的时间组织

生产物流的时间组织是指一批在生产过程中各生产单位、各道工序之间在时间上的衔接和结合方式。要合理组织生产物流，不但要缩短物流流程的距离，而且还要加快物料流动的速度，减少物料的成批等待，实现物流的节奏性、连续性。

通常，一批物料有三种典型的移动组织方式，即顺序移动、平行移动和平行顺序移动。

（1）顺序移动方式。顺序移动方式是指当一批加工对象在上道工序完成全部加工后，整批地转到下道工序进行加工的方式，如图 6-8 所示。

采用顺序移动方式，一批物料的加工周期为

$$T_{顺} = n \sum_{i=1}^{m} t_i$$

式中，$T_{顺}$ 是顺序移动方式下一批物料的生产周期；n 是物料批量；m 是物料的工序数；t_i 是每道工序的单件时间。

（2）平行移动方式。平行移动方式是指每个产品或零件在上道工序加工完后，立即转到下道工序加工，使各个零件或产品在各道工序上的加工平行地进行，如图 6-9 所示。

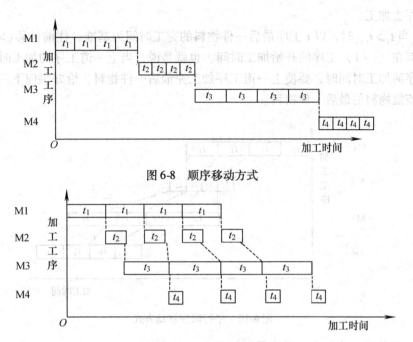

图 6-8 顺序移动方式

图 6-9 平行移动方式

采用平行移动方式，一批物料的加工周期为

$$T_{\text{平}} = \sum_{i=1}^{m} t_i + (n-1)t_{\text{L}}$$

式中，$T_{\text{平}}$ 是平行移动方式下一批物料的生产周期；n 是物料批量；m 是物料的工序数；t_i 是每道工序的单件时间；t_{L} 是物料中最长的单件工序时间。

（3）平行顺序移动方式。平行顺序移动方式是指一批零件或产品既保持每道工序的平行性，又保持连续性的作业移动方式，如图 6-10 所示。

采用平行顺序移动方式，一批物料的加工周期为

$$T_{\text{平顺}} = n\sum_{i=1}^{m} t_i - (n-1)\sum_{j=1}^{m-1} \min(t_j, t_{j+1})$$

式中，$T_{\text{平顺}}$ 是平行顺序移动方式下一批物料的生产周期；n 是物料批量；m 是物料的工序数；t_i 是每道工序的单件时间；t_j 和 t_{j+1} 代表相临两工序。

虽然其生产周期要比平行移动方式长，但可以保证设备充分负荷。其特点是：

1）当 $t_i \leq t_{i+1}$ 时，物料按平行移动方式转移。也就是说，当上一道工序的加工时间小于或等于下一道工序的加工时间时，上一道工序加工完每一件物料后，应立即转到下

一道工序去加工。

2）当 $t_i > t_{i+1}$ 时，以 i 工序最后一件物料的完工时间为基准，往前推移 $(n-1)t_{i+1}$，作为物料在 $(i+1)$ 工序的开始加工时间。也就是说，当上一道工序的加工时间大于下一道工序的加工时间时，要使上一道工序加工完最后一件物料，恰好供应下一道工序开始加工该批物料的最后一件物料。

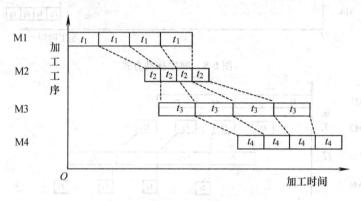

图 6-10　平行顺序移动方式

3. 生产物流单位的形式及人员的组织

生产物流单位形式的选择与人员的组织主要体现在生产物流的组织结构和人员的岗位设计方面。要完成生产物流的组织工作，必须选择合理的生产物流组织结构并明确工作岗位人员的职责，以保证生产物流优化和通畅。

传统的生产作业管理组织与物料管理组织是分离的。随着企业经营战略的转变，越来越多的企业选择了实行生产与物流一体化，所以在企业内部的组织结构中设立了生产与物料控制部门（Product Material Control，PMC），并要求 PMC 建立制订完善的生产与物控运作体系，配合生产计划进行良好的物料控制，对生产进度及物料进度及时跟进并沟通协调。在 PMC 下分别设立生产管制（PC）部和物料控制部（MC），其中，MC 的主要职能是物料计划、请购、物料调度、物料控制（坏料控制和正常进出用料控制）等。

第三节　基于企业生产战略与系统设计框架下的生产物流分析

一、企业生产战略

就企业而言，生产物流是生产系统的动态表现。站在生产物流的角度客观地看，物料从投入到形成产品所经历的各个生产阶段或工序，无不与企业生产战略和生产系统设计等方面有着不可分割的联系。

1. 生产战略

生产战略是指企业根据所选定的目标市场和产品特点来构造其生产系统所遵循的指导思想，以及这种指导思想下的一系列规划、内容和程序。生产战略主要包括三个方面的内容：生产运作的总体战略、产品及服务的选择设计与开发、生产运作系统的设计。

生产运作的总体战略包括五种常用的内容：自制与外购、低成本和大批量、多品种和小批量、高质量、混合策略。

2. 不同生产战略下的生产物流观

（1）自制与外购。显然，自制要对产品从原料投入到形成实体的生产物流全过程进行控制，而外购的重点在供应物流而不是生产物流。

（2）低成本和大批量。此时生产的产品多为标准化产品，而且需要高效的专用设备和设施（生产流水线）作为大批量的保证。当然，在组织生产的过程中要尽可能提高设备利用率，提高劳动生产率，并对生产物料进行严密控制。

（3）多品种和小批量。由于产品种类多样性、生产过程变动性、生产设备复杂化、生产计划和作业困难、生产实施及其控制动态性等特点，要求生产物流系统注重平衡，协调生产过程中各种零件的生产次序、装配次序，处理好计划与控制原材料生产量、在制品占用量、成品库存量之间的关系。

（4）高质量。要求企业对生产物流进行全面质量管理，制定一系列质量管理办法，并且按照 ISO9000 质量管理体系建立规范的生产物流体系。

（5）混合策略。实现多品种、低成本、高质量，即采用"大量规模定制生产"方式。采用这种战略时，生产物流过程将完全受在计算机技术基础上迅猛发展的产品制造、信息集成和通信技术所构造的信息技术系统的控制，对从物料的投入到形成实体的生产物流的需求完全取决于最终市场对产品的需求。

二、生产运作系统设计与生产物流

为了实现生产运作战略，还必须对生产系统结构化要素（生产技术、生产设施、生产能力、生产一体化）和非结构化要素（生产人员、生产计划、生产库存、生产质量）进行调整，即对一个生产运作系统进行相关设计。

1. 生产运作系统设计

生产运作系统的设计，首先根据市场需求进行产品设计，得到有竞争力的产品设计方案；然后解决产品由设计到制造的实现过程——工艺设计，确定制造工艺过程以及所需设备、工艺装备；当设计方案和工艺方案都确定后，则要建立具体的生产系统，选定厂址，布置设备。在生产运作系统设计的四项内容（选址、设施布置、岗位设计及工作考核和报酬）中，每个方面在设计时多少都要考虑"物流路径"合理化问题，其中的设施布置将影响生产物流中物流路线、物流流程及物料搬运效率，所以必须以生产物流为核心开展企业生产系统设计。

2. 与生产物流优化直接相关的设施布置设计

设施布置设计是指根据企业的经营目标和生产纲领，在已确定的空间场所内，按照从原材料的接收、零件和产品的制造，到产成品的包装、发运的全过程，将人员、设备、物料所需要的空间作最适当的分配和最有效的组合，以便获得最大的生产经济效益。

企业设施布置设计包括两个内容：工厂总体布置和车间布置。

设施布置的目的是要将企业内的各种物质设施进行合理安排，使它们组合成一定的空间形式，从而有效地为企业的生产运作服务，以获得更好的经济效果。设施布置在设施位置选定之后进行，它要确定组成企业的各个部分的平面或立体位置，并相应地确定物料流程、运输方式和运输路线等。

设施布置设计的基本要素有 P（产品或材料或服务）、Q（数量或产量）、R（生产路线或工艺过程）、S（辅助服务部门）、T（时间或时间安排）。

设施布置的基本形式按工作流程形式分三种基本类型（工艺原则布置、产品原则布置、定位布置）和一种混合类型（成组技术布置）。

三、运用科学的系统设计方法优化生产物流系统

1. 系统布置设计

系统布置设计（SLP）是一种久负盛名的经典方法。这种方法首先要建立一个相关图，表示各部门的密切程度。相关图类似于车间之间的物流图。相关图要用试算法进行调整，直到得到满意方案为止。接下来，就要根据建筑的容积来合理地安排各个部门。为了便于对布置方案进行评价，系统布置设计也要对方案进行量化。根据密切程度的不同赋予权重，然后试验不同的布置方案，最后选择得分最高的布置方案。

（1）系统布置设计分为四个阶段，如图 6-11 所示。

（2）程序模式。系统布置设计进行第二阶段总体区划的工作程序模式，如图 6-12所示。

1）原始资料分析，主要是产品—产量，即 P-Q 分析。

2）物流。以流程为主的工业设施中按照物料移动顺序，可得到一个物流图，表明生产部门之间的物流关系。除此之外，还有许多辅助服务部门之间的非物流关系，因此，必须同时考虑各种作业单位之间物流和非物流的相互关系，得到一个物流和作业单位相关图。

（3）P-Q 分析。P-Q 分析即回答采用什么样的生产方式，从而采取什么样的基本布置形式，如本章第二节所述。

（4）物流分析（*R*分析）。物流分析包括确定物料在生产过程中每个必要的工序之间移动的最有效顺序及其移动的强度或数量。

物料流动分析是工艺过程的主要部分时，物流分析就成为布置设计的核心。

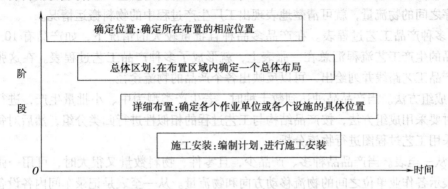

图 6-11　系统布置设计过程图

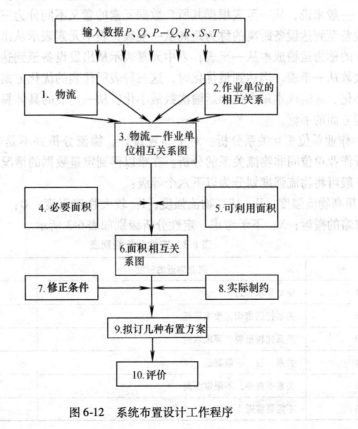

图 6-12　系统布置设计工作程序

针对不同的生产类型，应采用不同的物流分析方法：

1）工艺过程图。在大量批量生产中，产品品种很少，用标准符号绘制的工艺流程图可直观地反映出工厂生产的详细情况，此时，进行物流分析只需在工艺过程图上注明各道工序之间的物流量，就可清楚地表现出工厂生产过程中的物料搬运情况。

2）多种产品工艺过程表。在产品多品种且批量较大的情况下，如产品有 10 种，将各产品的生产工艺流程汇总在一张表上，就形成了多种产品工艺过程表。在这张表上，各产品工艺路线并列绘出，可以反映出各个产品的物流途径。

3）成组方法。当产品品种达到数十种时，若生产类型为中、小批量生产，进行物流分析时要采用成组方法，按产品结构与工艺过程的相似性进行归类分组，然后对每一类产品采用工艺过程图进行物流分析。

4）从—至表。当产品品种多、产品少，且零件、物料数量又很大时，可用一张方阵图来表示各作业单位之间的物流移动方向和物流量。从—至表是记录车间内各设备间物料运输情况的工具，是一种矩阵式图表，因其表达清晰且阅读方便，因而得到了广泛的应用。一般来说，从—至表根据其所含数据元素的意义不同分为三类：表中元素表示从出发设备至到达设备距离的称为距离从—至表；表中元素表示从出发设备至到达设备运输成本的称为运输成本从—至表；表中元素表示从出发设备至到达设备运输次数的称为运输次数从—至表。当达到最优化时，这三种表所代表的优化方案分别可以实现运输距离最小化、运输成本最小化和运输次数最小化。从—至表的具体算法可参阅有关生产运作管理方面的书籍。

（5）作业单位相互关系分析。对于布置设计，物流分析并不是唯一的依据，有时也要进行作业单位间非物流关系的分析。在难以得到定量数据的情况下，可以采用这种方法。一般可将物流强度划分为以下六个等级：

A：超高物流强度；E：特高物流强度；I：较大物流强度；O：一般物流强度；U：强度可忽略的搬运；X：不予考虑。定性分析级别如表6-3 所示。

表6-3　定性分析级别表

序　　号	需要靠近的程度	关 系 级 别
1	绝对要求靠近	A
2	关系特别密切，要求靠近	E
3	关系比较重要，要求靠近	I
4	关系一般，一般靠近	O
5	关系不重要，不限定距离	U
6	不需要靠近	X

根据各车间之间的物流量及关系级别确定其综合关系图，如图 6-13 所示。

（6）物流与作业单位相互关系图解。根据图 6-13，得到综合位置图，如图 6-14 所示（图中，≡表示 A；═表示 E；＝表示 I；—表示 O；＝ ＝表示 U）。

（7）面积的确定。在作业单位的相互关系确定以后，需要按它们的面积进行位置安排。

确定面积的方法有计算法、转换法、标准面积法、概略布置法、指标趋势及延伸法。

（8）面积相互关系图解。根据已经确定的物流及作业单位相互关系以及确定的面积，可利用面积相互关系图进行图解，即把每个作业单位按面积用适当的形状和比例在图上进行配置，如图 6-15 所示。

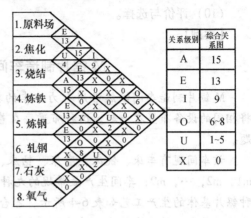

图 6-13　各车间之间的综合关系图

根据面积相关图，可以形成几个理想的、理论的块状布置。

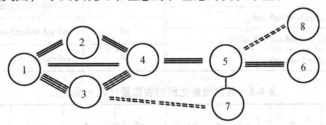

图 6-14　综合位置图

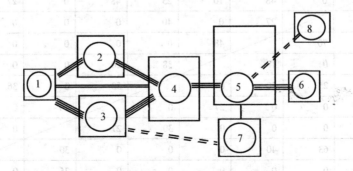

图 6-15　作业单位按面积进行配置的图

（9）调整与修正。

（10）评价与选择。

【案例】

M 锯片制造车间的生产物流选择

M 锯片制造车间依然沿用人力拖车的物流模式，设备布置采用工艺布置方式，即将相同的设备布置在一起。这种布置存在着物流不通畅、生产效率低、生产柔性差的问题。

该车间现有车床、铣床、磨床、钻床、碾压机、端跳仪等九台设备，分别编号为 m1，m2，…，m9；车间生产最常规的九种锯片基体，分别编号为 p1，p2，…，p9。各种锯片基体的生产工艺如表 6-4 所示，各台设备之间的物流量如表 6-5 所示。现在需要选择一种合理的生产物流，并进行设备布置，以满足锯片生产的要求。

表6-4　各锯片基体的生产工艺

锯片基体	生产工艺	锯片基体	生产工艺
p1	m1-m3-m4-m6	p6	m8-m7-m5-m3-m2
p2	m3-m1-m5-m2-m9-m7	p7	m5-m8-m2-m1-m6
p3	m8-m3-m2-m5-m6	p8	m3-m1-m4-m5-m6-m7-m9
p4	m7-m6-m4-m1-m8-m2-m3	p9	m4-m3-m1-m6
p5	m1-m3-m4-m5		

表6-5　各台设备之间的物流量（从—至表）

从＼至	m1	m2	m3	m4	m5	m6	m7	m8	m9
m1		0	48	10	25	48	0	27	0
m2	36		27	0	40	0	0	0	25
m3	47	70		48	0	0	0	0	0
m4	27	0	12		38	20	0	0	0
m5	0	25	30	0		50	0	36	0
m6	0	0	0	27	0		10	0	0
m7	0	0	0	30	27	0		0	10
m8	0	63	40	0	0	0	30		0
m9	0	0	0	0	0	0	25	0	

大家在一起讨论该采用何种生产物流方式。由于生产物流方式直接取决于生产设备布局，因此，生产物流方式的选择也就成为了设备布局的选择。常见的设备布局有三种方式，即单行设备布局、多行设备布局和环型设备布局。不同的设备布局其生产物流也不尽相同，如在单行设备布局的生产物流为线型物流，多行设备布局的生产物流为网状物流，而环型设备布局的生产物流为环状物流。

（1）单行设备布局（线型生产物流）。其加工设备是按照零件的加工顺序依次摆放，工件始终沿着一个方向运动。但当加工零件种类较多时，由于各种零件的加工顺序不同，单行设备布局的生产物流成本就会增大，而效率则降低。

（2）多行设备布局（网状生产物流）。其加工设备是按照多行进行布局，不仅同一行中的加工设备发生相互作用，而且不同行之间的加工设备也互相关联，生产物流关系呈现网状。网状物流的柔性比较大，但是结构比较复杂，车间生产环境差，网状生产物流管理难度较大。

（3）环型设备布局（环型生产物流）。其加工设备沿着半圆弧或椭圆排列，并且工件通常向同一个方向单向运动。该布置中生产物流路径具有结构简单、物流控制容易、物料处理柔性高等特点，因此，在柔性制造系统中得到了广泛应用。

该企业应该选择哪种布局形式呢？由于锯片制造属于多品种、小批量生产。考虑到这种类型的生产对制造过程的柔性化要求，对工艺过程运行的流畅性要求，对物料搬运费的最小化要求，以及对工人作业环境的安全舒适性要求，参照前述三种物流模型，大家综合考虑的结果认为应选择环型生产物流，即加工设备采用环型布置。在生产过程中，物料运输工具使用单向导轨小车。每种零件从装卸站进入系统，当被加工完成后，由有轨小车将其送到下一个工序所需的设备的位置，若该设备处于空闲状态，则立即加工，否则存储在缓冲区，等待空闲状态。单向环型物流布局如图6-16所示。

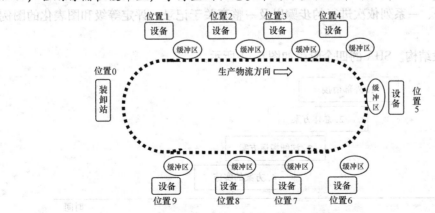

图6-16 单向环型物流布局

物流模式确定以后，接下来需要解决的问题是每台设备的具体位置如何布置。这一问题可以通过建立数学模型来求解设备布置位置。

设备布置问题的核心是将车间的物流费用降到最低。而在环形物流模式中，单位距离的物流费用是一定的，所以物流费用最低演变成了完成全部加工任务导轨小车在系统中的总行程最小。现在已知 9 台设备和 10 个环型布置的位置（假设装卸站固定在位置 0），并已知这 9 台设备之间的物流关系（见表 6-5），需要求解 9 台设备的最优排序，以使生产过程中生产物流费用最小（即导轨小车在车间的运输行程最小）。

由于环型导轨的总长度是定值，又因为生产规划周期内所加工零件的总数是一个常量，因此，引起小车顺序移动的圈数为常量。所以，运输行程的最小化问题又简化为使物料逆序移动的总圈数最小化的问题，目标函数为

$$\min f(\alpha) = \sum_{i=1}^{n} \sum_{j=1}^{n} w_{ij} \times \max\left(0, \frac{\alpha(i) - \alpha(j)}{|\alpha(i) - \alpha(j)|}\right)$$

式中，$f(\alpha)$ 为物料逆序移动的总次数；$\alpha(i)$ 表示设备 i 的布置位置；w_{ij} 为设备 i 到 j 之间的物流量。

根据已给出的数据，对上式进行求解，求出 9 台设备位置的最优排序为 $x =$ (8-3-2-9-7-4-1-5-6)，即设备 m1 摆放在 8 号位置上，m2 摆放在 3 号位置上，m3 摆放在 2 号位置上……以此类推摆放。此时，在满足锯片生产各项要求的情况下，物流费用达到最小。

（资料来源：张虎，张屹，陆瞳瞳. 锯片制造车间的物流模式选择及设备布置的方法. 商场现代化. 2009（11）：142-142.）

2. 物料搬运系统设计

物料搬运系统（SHA）是一种系统分析方法，适用于一切物料搬运项目。

（1）物料搬运系统 SHA 方法的内容。物料搬运系统 SHA 方法包括三部分：一种解决问题的方法、一系列依次进行的步骤以及一整套关于记录、评定等级和图表化的图例符号。

（2）阶段结构。SHA 的四个阶段如图 6-17 所示。

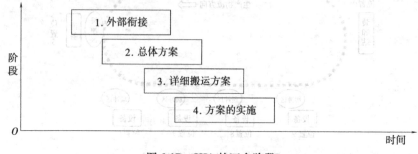

图 6-17　SHA 的四个阶段

（3）程序模式。SHA 的程序模式如图 6-18 所示。

（4）物料分类。主要包括以下两个内容：

1）物料分类的主要依据。主要依据包括物料的可运性和物流条件。

SHA 分类的基本方法是：①固体、液体还是气体；②单件、包装件还是散装物料。

SHA 分类是指根据物料移动的难易程度进行分析，确定其能否采用同一种搬运方法。

2）物料分类的程序。根据物料的主要特征对所调查物品进行经验判断，编制物料特征表。其步骤如下：①列表标明所有物品或分组归并物品的名称；②记录其物理特征及其他特征；③分析各类物料的各项特征，在主导作用的特征下划出标记线；④确定物料类别；⑤对物料进行分类后，即可编制物料特征表。

（5）各项移动分析。设施布置决定物料搬运的起点与终点之间的距离，是选择任何搬运方法的主要因素。因此，选择的方案必须建立在物料搬运作业与具体布置相结合的基础上。

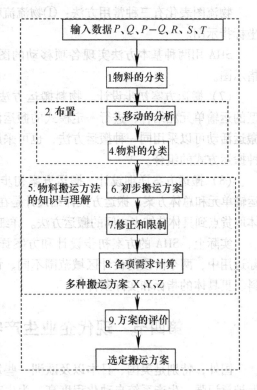

图 6-18　SHA 的程序模式

一是收集各种移动分析的资料，其内容包括物料的分类；路线的起点、终点和搬运路径；物流的物流量和物流条件。

二是移动分析方法。目前常用的方法有两种：

1）流程分析法。这种方法是每次只观察一类产品或物料，并跟随它沿着整个生产过程收集资料，必要时跟随从原料库到成品库的全过程，编制流程表或流程图。

2）起讫点分析法。这种方法有两种不同的做法：①通过观察每次移动的起讫点收集资料，每次分析一条路线，绘制搬运路线表；②当路线数目较多时，则对一个区域进行观察，收集运进运出这个区域一切物料的有关资料，编写物料进出表。

三是编制搬运活动一览表。编制该表是为了把收集到的资料进行汇总，并编制在一张表上，以达到明了、全面地了解情况以及运用的目的。要对表中每条路线、每类物料和每项移动的物流量及运输工作量进行计算，并按 A、E、I、O、U 进行等级评定。

（6）各项移动的图表化。图表化是数据处理的一种方法，它是指把对各项移动的分析结果和区域布置两部分综合起来，用一些规定的特殊符号制成图表，能清楚地表示出所需要设计搬运系统的情况。

物流图表化有三种常用方法：①物流流程简略图；②在布置图上绘制的物流图；③坐标指示图。

SHA 用两种基本方法实现各项移动的图表化，即在布置图上绘制的物流图和坐标指示图。

（7）搬运方案初步设计。物料搬运方法，实际上是一定类型的搬运设备和一定类型的运输单元相结合，进行一定模式的搬运活动，以形成一定的路线系统。一个工厂的搬运活动可以采用同一种搬运方法，也可采用不同的方法。一个搬运方案，一般都是几种搬运方式的组合。

（8）搬运方案详细设计。搬运方案初步设计阶段确定了搬运路线系统、搬运设备、运输单元和总体方案，搬运方案详细设计是在此基础上，制订从工作地到工作地，或从具体取货点到具体装卸点之间的搬运方法。详细的搬运方案必须与总体搬运方案协调一致。

实际上，SHA 的方案初步设计和方案详细设计阶段采用的是同样模式，只是在实际运用中，两个阶段的设计区域范围不同、详细程度不同。详细设计阶段需要大量的资料、更具体的指标和实际条件。

第四节　现代企业生产物流管理所面临的挑战

国外，特别是美国、日本以及欧洲一些发达国家和地区，由于物流业发展早，环境保护意识强，生产系统自动化程度高，为生产过程中物流活动的绿色化提供了强有力的支持和保障，其生产物流的绿色化进程已走在前面，在生产物流的运输、配送等方面应用了诸多先进技术，如电子数据交换、货物自动跟踪系统等，体现出了在绿色化、信息化方面的巨大竞争优势。

1. 绿色生产物流的内涵

绿色生产物流以生产过程中的物流系统及其有关活动为研究对象，将绿色制造的理论、方法应用于生产物流系统，结合过程控制、物流仿真、信息化等技术，从绿色的角度对系统进行规划、控制和评价，旨在提高生产物流系统的资源利用率，减少生产过程中物流活动对环境造成的危害。绿色生产物流把生产过程中工艺过程和物流过程有机地结合在一起，从系统化、集成化的思想出发，改进生产物流系统。

绿色生产物流研究的核心是如何从绿色的角度对生产过程中的物料流和信息流进行科学的规划、控制与管理，构建与环境和谐共生的现代化生产物流系统。其涉及的问题包括三个领域：①绿色制造领域，包括环境保护问题、资源优化利用问题和制造过程的过程控制、工艺路线的优化选择等问题；②物流工程领域，包括对物流系统进行规划设计、重组和持续改进的知识、方法和技术手段体系；③信息化领域，包括数据库管理技术、自动化技术和现代管理技术等。

2. 实施绿色生产物流的途径

基于绿色生产物流的内涵，企业实施绿色生产物流的主要途径有：

(1) 生产物流各个环节的绿色化。其主要包括以下内容：

1) 选用绿色运输工具。在原材料、半成品、产成品在各个工艺环节、仓库之间流转时，运输作为主要的物流活动，对环境会产生一系列的影响，主要表现在交通运输工具大量地消耗能源，并产生大气污染和噪声污染等。因此，应选用节能、环保的交通工具，并从物流路线的设计上尽量减少运输的距离。

2) 进行绿色装卸。在装卸过程中应避免物品损坏，从而避免资源浪费以及废弃物对环境造成的污染；消除无效搬运，减少装卸搬运中产生的粉尘烟雾对人员及环境造成的危害；合理利用现代化机械，保持物流的均衡顺畅，提高资源的利用率。

3) 实行绿色储存。绿色储存包括在储存过程中禁止使用对生态环境造成污染的化学药剂；构建现代化的仓库，为绿色生产物流系统的信息化提供支持。

(2) 绿色生产物流系统的优化设计。通过对生产物流系统中物流路径的最优规划，对物流设备进行最佳配置，消除无效的输送或装卸，能有效降低能源和消耗，减少物流作业过程的破损率，进而减少废弃物对环境的危害。对生产中产生的废弃物要及时进行收集、分类，充分考虑其循环再利用。对不能进行循环再利用的废弃物要将其送到特定地点堆放、掩埋或将其焚化。

(3) 生产物流系统的绿色管理和控制。实践证明，强化管理、规范操作、严格纪律，往往可能削减相当比例的资源消耗和环境污染。因此，要加强对生产物流系统的管理，尤其加强物料管理，消除物料的"跑"、"冒"、"滴"、"漏"等现象，减少人为因素所造成的资源浪费、环境污染和安全事故，确保生产的稳定性、持续性和安全性。同时，也要对生产物流系统进行动态控制，加强对污染物的治理，从污染产生的源头预防污染，如集中处理加工中产生的边角废料，以减少分散处理的环境污染。注重物流资源的循环利用，如采用物料循环利用技术，将回收的废物分解处理成原料成分返回到生产中使用。

(4) 生产物流系统的绿色性评估。选用合适的绿色制造方法对生产物流系统进行绿色性评估，找出其中不够绿色的环节，为改进提供依据。

(5) 绿色生产物流信息系统。绿色生产物流信息系统以生产物流信息传递的标准化和实时化、存储的数字化、物流信息处理的计算机化等为基本内容，是为生产物流服务，并以实现其绿色化为目标的物流信息系统（Logistics Information System，LIS）。该系统与工艺过程控制进行整合、集成，将为先进的绿色生产系统的实现奠定基础。

3. 实施绿色生产物流的应用模式

应用模式的建立关键在于信息平台的选择。我国制造企业目前所采用的信息平台有企业资源计划（ERP）、物料资源计划（MRP）、产品数据管理（PDM）等。其中，PDM 是一种管理与产品相关的信息（包括工程规范、电子文档、扫描图像、产品结构等）和与产品相关的过程（包括工作流程、审批/发放过程等）的技术。在企业内部，现有的多数 PDM 系统力图将整个产品生命周期中产品信息和与产品相关的过程信息进行全面控制和管理，为企业实现信息集成提供了不可缺少的环境平台。

目前，以 PDM 系统为集成框架已经成为 CIMS 应用的一个方向，PDM 集成框架能够很好地支持企业产品开发的全生命周期，对各阶段、各种活动和各类应用（包括设计、制造和经营管理）等进行信息、应用和过程的集成，能够支持不同规模的企业和多种多样的企业信息环境，适合在多厂商网络和平台上运行应用软件，具有良好的可伸缩性。

针对绿色生产物流在汽车零部件企业中的实施途径，汽车零部件企业建立了如图6-19 所示的应用模式。

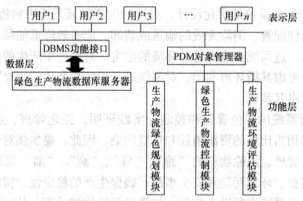

图 6-19　汽车零部件企业绿色生产物流的应用模式

该应用模式利用 PDM 的数据库管理系统集成了绿色生产物流的数据库，并采用PDM 对象管理器对绿色生产物流实施的三大模块进行功能实现。

复习思考题

1. 生产物流的含义是什么？
2. 影响生产物流的主要因素有哪些？合理组织生产物流的基本要求是什么？

3. 为什么要重视企业生产物流的空间和时间组织？

4. 不同生产战略下的生产物流观是什么？

5. 什么是设施布置设计？设施布置设计的基本要素有哪些？

6. 什么是系统布置设计（SLP）？什么是物流分析（R 分析）？

7. 加工装配型生产、流程式生产与项目型生产物流的特征各是什么？

8. 请对不同生产模式的生产物流进行分析。

9. 什么是绿色生产物流？它的实施途径是什么？

实践与思考

1. 研究一个企业的生产物流，说明这个企业的生产物流的特点是什么。

2. 这个企业的生产物流的重点和难点在哪。

3. 这个企业的生产物流出现了什么问题。

4. 针对出现的问题，可能有什么样的解决方案。

第七章　企业生产物流的计划与控制

　　企业生产物流，尤其是制造企业的生产物流是伴随着产品生产制造过程而发生的。也就是说，产品的生产制造过程实质上是一个物流过程。企业根据市场需求预测或已接到的客户订单所作出的生产运作计划实际上就是物料流动的计划，它具体安排了物料在各工艺阶段的生产进度，并使各生产环节上的在制品结构、数量、时间与计划相协调。而企业生产物流的控制则主要体现在对生产物料流动速度的进度控制以及对生产物料数量上的控制，即根据实际进度与计划进度的差异以及实际情况的变动来控制生产物料的数量与流动速度。

第一节　基于 ERP 的生产物流计划与控制

　　目前许多生产企业采用了 ERP 系统，实现优化配置企业资源并合理安排生产计划，以适应不断变化、竞争激烈的环境。从 ERP 的发展历程来看，它的发展经历了 20 世纪 60 年代末 70 年代初的 MRP、80 年代的 MRP Ⅱ 和 90 年代末的 ERP 三个阶段。企业生产物流过程包括将购进原材料加工成零件，然后将零件装配成部件，再将部件装配成产成品以满足顾客的需求。生产过程中的任何一种物料，都是由于某种需要而存在，并且一种物料的消耗量受另一种物料的需求量的制约。因此，在不需要某种物料的时刻，要避免或减少过早地保留库存；相反，在真正需要的时刻，又必须有库存满足需求。这就是以物料为中心的 ERP 系统计划与控制生产物流的基本出发点，其体现了为顾客服务、按需定产的宗旨。

一、MRP、MRP Ⅱ 和 ERP 的基本原理

　　物料需求计划（Material Requirements Planning，MRP）是 20 世纪 60 年代发展起来的一种计算物料需求量和需求时间的系统，它是一种工业制造企业内的物料计划管理模式。MRP 根据产品结构各层次中物料的从属和数量关系，以每个物料为计划对象，以完工日期为时间基准倒排计划，按提前期长短区别各个物料下达计划时间的先后顺序（国家标准《物流术语》）。

　　MRP 首先是在美国提出的，经由美国生产与库存管理协会（APICS）的倡导而发展起来。在 20 世纪 40 年代到 60 年代，美国在生产运作管理方面进行了改革，变过去以产品为中心的生产方式为以零部件为中心的生产方式，即根据需求与预测，事先将零

部件生产出来存放于仓库中，一旦接受订货，就立即将零部件组装起来迅速完成订货。但这样就出现了如下问题：一方面是库存过多，而另一方面则是缺货严重，尤其是在经济低速增长时期，这会给企业的盈利带来很大的影响。20世纪60年代，计算机进入了实用阶段，美国企业对生产运作管理方式又进行了相应的改革，变催办与善后处理型为计划主导型的生产运作管理系统。计划主导型的生产管理系统需要强大的数据处理技术支持，MRP系统随即应运而生。美国IBM公司推出了生产信息与控制系统，它是为加工装配式企业设计的，MRP系统是其中最主要的组成部分，这是最早的MRP软件。

20世纪70年代初，计算机与网络技术的应用飞速发展。IBM公司于1971年又推出了通信型生产信息与控制系统（Communications-Oriented Production and Inventory Control System，COPICS）。有了一定的物质基础，APICS便发起了一场"MRP运动"，在全美推行MRP，使之成为制造业企业编制生产作业计划、控制原材料与在制品的有效手段。随着MRP的推广，其内容不断充实与完善，技术不断成熟。20世纪70年代中期出现了"闭环MRP"，它是狭义MRP系统的推广。

20世纪80年代初，又出现了制造资源计划系统（Manufacturing Resource Planning System，MRP II），它对闭环MRP系统作了进一步的扩展和延伸。MRP II是涉及物料和生产能力的一切制造资源的协调系统，其功能覆盖了市场预测、生产计划、物料需求、能力需求、库存控制、车间管理直到产品销售的整个生产经营过程。作为MRP II的扩充和发展，20世纪90年代，美国的Gartner Group公司提出了企业资源计划（Enterprise Resource Planning，ERP）的概念，以解决多变的市场与均衡生产之间的矛盾。作为植根于大量生产方式的企业生产管理思想，为寻求最有效地配置资源，MRP II和ERP都以MRP（物料需求计划）为核心内容，尤其是其生产物流活动均呈现与MRP企业相似的特征。因此，以下综合分析其生产物流计划与控制原理。

在此，物料是一个广义的概念，它不仅仅指原材料，而是包含原材料、自制品（零部件）、成品外购件和服务件（备品备件）等更大范围的物料。

二、实施MRP企业的生产物流活动的组织

1. MRP理论

（1）MRP原理。1965年，美国的Joseph A. Orlicky博士提出了物料独立需求和相关需求的学说。独立需求是指需求量和需求时间由企业外部的需求来决定，即某一物料的需求与其他物料的需求无关；而相关需求是指对某种物料的需求量直接与由其作为组成部件装配而成的最终产品的需求量有关，如产品制造所需要的主要材料、零件和部件数量的多少都与产成品的生产量直接相关。相关需求量不是随机的，而往往是以非连续、不均衡的方式发生在特定的时点上。这是因为尽管用户对企业所产生的产品需求量可能是连续和独立的，但考虑到构成产品的零部件的生产批量以及一种零部件可能用于生产多种不同的最终产品，也会使得对零部件的需求是间断和波动的。由于相关需求物料的需求量在时间上不连续，且不同时点上的需求量可能有很大的差别，为了更有效地控制相关需求物料的库存，物料需求计划（MRP）系统应运而生。

MRP是根据需求和预测来测定未来物料供应和生产计划与控制的方法，它提供了物料需求的准确时间和数量，是一种能提供物料计划及控制库存、决定订货优先度、根据产品的需求自动地推导出构成这些产品的零部件与材料的需求量、由产品的交货期展开成零部件的生产进度日程和原材料与外购件的需求日期的系统。它将主生产计划转换为物料需求表，并为需求计划提供信息。因此，实施MRP系统可以实现以下目标：

1）保证在客户需要或生产需要时，能够立即提供足量的材料、零部件和产成品。

2）保持尽可能低的库存水平。

3）合理安排采购、运输、生产等活动，使各车间生产的零部件、外购件与装配的要求在时间与数量上精确衔接。

MRP的基本内容是编制零件的生产计划和采购计划。然而，要正确编制零件计划，首先必须落实产品的生产进度计划，即主生产计划（MPS），这是MRP展开的依据；MRP还需要知道产品的零件结构，即物料清单（BOM），才能把主生产计划展开成零件计划；同时，必须知道库存数量，才能准确计算出零件的采购数量。因此，MRP的基本逻辑是根据主生产计划、物料清单和库存记录，对每一种物料进行计算，指出何时将会发生物料短缺并给出建议，以最小的库存量满足需求并避免物料短缺。作为MRP系统核心内容的主生产计划、物料清单和库存记录之间的逻辑流程关系，如图7-1所示。

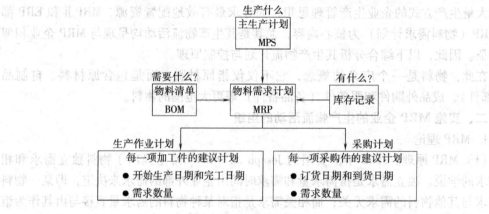

图7-1 MRP逻辑流程关系

（2）MRP系统的输入。MRP系统的输入有三部分：主生产计划、产品结构文件与物料清单、库存文件。

1）主生产计划（Master Production Schedule，MPS）。主生产计划是关于"将要生产什么"的一种描述，是确定每一种具体的最终产品在每一个具体时间段内生产数量的计划。这里的最终产品是指对于企业来说最终完成、要出厂的完成品，它要具体到产品的品种、型号；这里的具体时间段，通常是以星期为单位，在有些情况下，也可以是日、旬、月。主生产计划详细规定生产什么、什么时段应该产出，它是独立需求计划。在 MRP 中，主生产计划被假定为已知的，根据客户合同和市场预测，考虑需求波动的概率来确定。它把经营计划或生产大纲中的产品系列具体化，使之成为展开物料需求计划的主要依据，起到从综合计划向具体计划过渡的承上启下的作用。

2）产品结构文件与物料清单（Bill Of Materials，BOM）。产品结构文件不仅罗列出某一产品的所有构成项目，同时也要指出这些项目之间的结构关系，即从原材料到零件、组件，直到最终产品的层次隶属关系和数量关系。物料清单是一个制造企业的核心文件，各个部门的活动都要用到物料清单。生产部门要根据物料清单来生产产品，库房要根据物料清单进行发料，财会部门要根据物料清单来计算成本，销售和订单录入部门要通过物料清单确定客户定制产品的构成，维修服务部门要通过物料清单了解需要什么备件，质量控制部门要根据物料清单保证产品正确地生产，计划部门要根据物料清单来计划物料和能力的需求等。MRP 系统要正确计算出物料需求的时间和数量，特别是相关需求物料的时间和数量，首先要使系统能够知道企业所制造的产品结构和所有要使用到的物料。产品结构列出构成产成品或装配件的所有部件、组件、零件等的组成、装配关系和数量要求，它是 MRP 产品拆零的基础。当然，这并不是企业最终所要的 BOM。为了便于计算机识别，必须把产品结构图转换成规范的数据格式，这种用规范的数据格式来描述产品结构的文件就是物料清单。它必须说明组件（部件）中各种物料需求的数量和相互之间的组成结构关系。表 7-1 就是一张与图 7-2 所示产品结构相对应的简单的物料清单。

表 7-1　自行车产品的物料清单

层次	物料号	物料名称	单位	数量	类型①	成品率	ABC码	生效日期	失效日期	提前期
0	GB950	自行车	辆	1	M	1.0	A	030101	051231	2
1	GB120	车架	件	1	M	1.0	A	030101	051231	3
1	CL120	车轮	个	2	M	1.0	A	000000	999999	2
2	LG300	轮圈	件	1	B	1.0	A	030101	051231	5
2	GB890	轮胎	套	1	B	1.0	B	000000	999999	7
2	GBA30	辐条	根	42	B	0.9	B	030101	051231	4
1	113000	车把	套	1	B	1.0	A	000000	999999	4

① 类型中"M"为自制件，"B"为外购件。

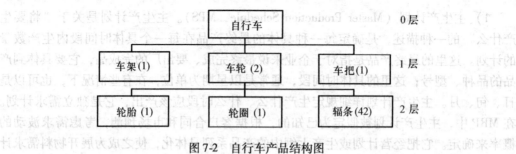

图 7-2　自行车产品结构图

3）库存文件。库存文件是保存企业所有产品、零部件、在制品、原材料等存在状态的数据库，是 MRP 系统的主要数据之一。在 MRP 系统中，将产成品、零部件、在制品、原材料，甚至工装工具等统称为"物料"或"项目"。这里的库存是指各种物料的库存。库存记录中要说明现有库存余额、安全库存量、未来各时区的预计入库量和已分配量。已分配量是指虽未出库但已分配了某种用途的计划出库量。在库存记录中既要说明当前时区的库存量，又要预见未来各时区的库存量及其变化。

经过 MRP 程序的处理，将产品生产计划转化为外购件需求计划和自制件投入产出计划。外购件的需求计划规定了每一种外购零部件和原材料的需要时间及数量；自制件投入产出计划是一种生产作业计划，它规定了构成产品的每一个零件的投入和产出的时间及数量，使各个生产阶段互相衔接，以确保生产在减少库存的前提下准时地进行。

2. MRP 中的物流活动的组织

在 MRP 系统中，生产物流活动的组织主要表现在采购作业管理和车间作业管理等有关物料管理的功能上，如图 7-3 所示。

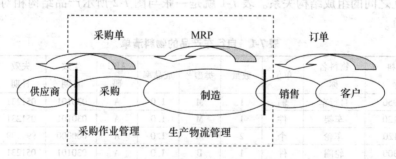

图 7-3　MRP 中物流活动的构成

（1）物料管理的内涵和目标。在 MRP 系统中，物料管理与通常所说的库存管理的含义不尽相同，物料管理具有更广泛、更深刻的含义。任何一个制造企业的生产活动，都是先从厂外购买各种物料，然后在厂内使用这些物料组成生产的过程。在各个环节中所有物料相互之间具有联系，都属于 MRP 系统物料管理的范畴。

任何一种物料都是由于某种需求而存在，因此，必然处于经常流动的状态，不流动的物料是一种积压和浪费。如果说计划管理是 MRP 的主线，那么物料管理就是 MRP 的基础，因为它提供了计划管理的监控和保证手段。

物料管理就是要保证物料流动畅通，物料在正常流动说明计划在正常执行。一般来说，企业的效益随物流量和物流速度的增大而增大，所以物料管理的目标就是在降低库存成本、减少库存资金占用的同时，保证物料按计划流动，保证生产过程的物料需求，保证生产的正常运行，从而使产品满足市场需求。

（2）采购作业管理。运行 MRP 的结果，一方面生成计划的生产订单，另一方面生成计划的采购订单。生产订单的可行性在很大程度上要靠采购作业来保证，企业生产能力的发挥在一定程度上也要受采购工作的制约。为了按期交货满足客户需求，第一个保证环节就是采购作业。采购提前期在产品的累计提前期中占很大的比重，外购物料的价值和费用在很大程度上影响着产品成本和企业的利润；在库存物料的价值上，外购物料所占的比例也很高，因此，采购作业管理直接影响库存价值。

（3）车间生产物流管理。车间生产物流管理的主要内容是根据生产计划与零部件的工艺路线来编制工序排产计划，以确定物料的流动路线和流动时间。其工作内容包括以下几个方面：

1）核实 MRP 产生的计划订单。MRP 为计划订单规定了计划下达日期，虽然这个订单是需要的，并且已作过能力计划，但该订单在生产控制人员正式批准下达投产之前，还必须检查物料、能力、提前期和工具的可用性。

物流工作人员要通过计划订单报告、物料主文件和库存报告、工艺路线文件和工作中心文件以及工厂日历，协助生产控制人员完成以下任务：①确定加工工序；②确定所需的物料、能力、提前期和工具；③确定物料、能力、提前期和工具的可用性；④解决物料、能力、提前期和工具的短缺问题。

2）执行生产订单。其内容包括下达生产订单和领料单，下达工作中心派工单和提供车间文档。下达生产订单就是说明这份订单的完工日期、订货数量以及领料单已经确定，可以打印订单和领料单，可以发放物料，也可以作完工入库的登记了。在下达的生产订单上要说明零件的加工工序和所占用时间。

当多份生产订单下达到车间，需要在同一时间段内在同一工作中心上进行加工时，还必须要向车间指明这些订单的优先级，说明各生产订单在同一工作中心上的优先级，以保证物料流动的畅通无阻。这方面的内容可以参见生产运作管理方面的书籍。

执行生产订单的过程，除了下达生产订单和工作中心派工单之外，还必须提供车间

企业物流管理

文档，其中包括图样、工艺过程卡片、领料单、工票、某些需要特殊处理的说明等。

3）收集信息，监控在制品生产。为保证订单能按计划顺利完成，保证车间生产物流的顺畅流动，控制生产物流的流动节奏，必须对工件通过生产流程的过程加以监控。为此，要查询工序状态、完成工时、物料消耗、废品、投入/产出等项报告，控制排队时间，分析投料批量，控制在制品库存，预计是否出现物料短缺或拖期现象。

4）采取调整措施。对将要出现或已经出现的生产物流超前或滞后现象则应采取措施，如通过加班、转包或分解生产订单来改变设备生产能力及负荷，使滞后的生产物流能够尽量按计划完成。如仍不能解决问题，则应给出反馈信息，修改物料需求计划，甚至修改主生产计划。

5）生产订单完成。其内容包括统计实耗工时和物料、计算生产物流成本、分析差异、产品完工入库事务处理等。

（4）围绕物料转化组织生产。以物料为中心组织生产，体现了为顾客服务的宗旨。物料的最终形态是产品，它是顾客所需要的东西，物料的转化最终是为了提供使顾客满意的产品，因此，围绕物料转化组织生产是按需定产思想的体现。以物料为中心来组织生产，要求一切制造资源以生产物流为中心；而如果以设备或其他资源为中心组织生产，则会导致盲目性。

既然最终是要按期给顾客提供合格的产品，在围绕物料转化组织生产的过程中，上道工序应该按下道工序的要求进行生产，前一生产阶段应该为后一生产阶段服务，而不是相反。MRP 正是按这样的方式来完成各种生产作业计划编制的，并通过生产作业计划来控制生产过程中各加工中心的生产物流，如图7-4 所示。

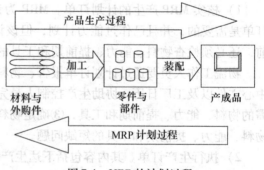

图7-4　MRP 的计划过程

需要说明的是，MRP 系统不仅是从数量上，更重要的是从时间上来解决物料流动问题。订单的时间安排要与整个制造过程配合默契，以保证能按时得到零部件。订单的计划要尽早做好，要有足够的时间完成最终项目的生产，同时又不存在物料进入某一生产过程前作不必要的等待。对设备提供的要求也是一样，例如，某工艺装备是为满足某零件的某道工序的加工要求而设计制造的，该工艺装备就应该在该零件的那道工序开始进行时提供，既不能早，也不能迟。为此，MRP 以逆向推算提前期的办法，得出零件、工装采购或生产进度要求及其供应的提前期。对要采购的零部件提前期是从订采购合同到入库所需的时间，对自制的零部件提前期是从下达订单到完成所需的时间。为保证能在所需的时候得到零件，计划下达订单的时间是向后推算的，所以要在提前期的起点上发放订单。正常情况下，一个组件的所有零部件要计划安排在开工之前就能得到，所以推算至少要进行到所有零部件提前期的起点。

MRP 是一种极好的计划与进度安排的工具，还可以根据不可预见的意外情况重新安排计划和进度。MRP 管理方法实质上是一个不断地平衡供需矛盾的过程。

3. 对 MRP 系统的评价

（1）影响 MRP 计划过程的因素。其主要包括以下因素：

1）计划提前期。MRP 系统中使用的提前期与通常所讲的提前期在含义上有所差别。前者实际上是指零件的加工周期和产品的装配周期；后者是以产品的产出时间作为计算起点，来确定零件加工和部件装配何时开始的时间标准。

在 MRP 系统中，提前期按计划时间单位计，即按星期计，这是比较粗糙的。当提前期为 5 个工作日时，按 1 星期计；而提前期为 1 个工作日时，也按 1 星期计。这样处理会出现一些极端的情况。例如，当零部件 C 的提前期为 1 个工作日，由 C 装配成零部件 B 也需要 1 个工作日，由 B 组装成零部件 A 还是需要 1 个工作日。这样圆整成星期以后再相加，需 3 星期时间。实际上，由 C 开始加工到 A，仅需 3 天时间，应该圆整成 1 星期。

确定提前期要考虑以下几个因素：排队（等待加工）时间、作业（切削、加工、装配）时间、调整准备时间、等待运输时间、检查时间和运输时间。对于一般单件生产车间，排队时间是最主要的，约占零件在车间停留时间的 90% 左右。这个数值只是对于所有零件的平均数，对某个具体零件来说排队时间则是其优先权的函数。优先权高的零件，排队时间短；优先权低的零件，排队时间长。所以，排队时间是一个很不稳定的因素。除了排队时间之外，其他几个因素也是很难确定的。这些因素与工厂里的工时定额、机器设备及工艺装备的状况、员工的熟练程度、厂内运输的条件以及生产组织管理的水平都有关系。因此，要得出精确的计算公式和程序来确定每批零件的提前期，几乎是不可能的。MRP 系统采用固定提前期，即不论加工批量如何变化，事先确定的提前期均不改变。这实际上是假设生产能力是无限的，而这又是 MRP 系统的一个根本缺陷。

2）批量大小规则。无论是采购或者是生产，为了节省订货费用和生产调整准备费用，都要形成一定的批量。对于 MRP 系统，确定批量十分复杂。这是因为产品是层次结构，各层零部件都有批量问题，每一层零部件计划发出订货的时间和数量的变化，都将波及下层所有零部件的需要量及需要时间，这样将引起一连串变动。而且，由于下层零部件的批量一般比上层的大，这种波动还会逐层放大。这种上层零部件批量变化引起下层零部件批量的急剧变化，称为系统紧张（Nervousness）。

批量问题还与提前期相互作用，批量的变化导致提前期的改变，而提前期的改变又会引起批量的变化。为了简化，一般都把提前期作为已知的确定量来处理；为了避免引起系统紧张，一般仅在最低层零部件订货时考虑批量。

MRP 系统零件层批量问题是离散周期需求下的批量问题，它与连续均匀需求下的批量问题不同，因此，经济批量（EOQ）公式不适用。处理离散周期需求下的批量问题，人们提出了很多算法，如最大零件周期收益法（Maximum Part-Period Gain，MPG）等。

3）安全库存。设置安全库存是为了应付需求和供应的不确定性。尽管是相关需求，仍有不确定性。例如，不合格品的出现、外购件交货延误、设备故障、停电、缺勤等。一般仅对最终产品设置安全库存，不必对其他层零部件设置安全库存，这样可以降低库存费用。

（2）MRP 计划过程的特点。建立了主生产计划后，MRP 系统就可以确定不同时期的生产进度和库存计划。MRP 系统的主要优点表现在：

1）维持合理的安全库存，尽可能地降低库存水平。

2）能够较早地发现问题和可能发生的供应中断，及早采取预防措施。

3）生产计划是基于现实需求和对最终产品的预测。

4）并不是孤立地考虑某一个设施，而是统筹考虑整个系统的订货量。

5）适合于批量生产或间歇生产或装配过程。

当然，MRP 系统在使用中也有它的不足之处。例如，它是高度计算机化的，难以调整；降低库存的要求导致的小批量购买使订货成本和运输成本增大；系统比较复杂，有时不像预想的那样有效。

三、实施 MRP Ⅱ 企业的生产物流活动的组织

MRP 只局限在物料需求方面，仅仅是生产管理的一部分，而且要通过加工计划（车间作业管理）和采购计划（采购作业管理）来实现；同时，它还没有考虑生产能力的约束，因此，只有基本的 MRP 还是很不够的。将 MRP 在完成对生产进行计划的基础上进一步扩展，将经营、财务、销售、采购与生产管理子系统相结合，就形成了制造资源计划（MRPⅡ）。它用科学的方法计算出什么时间需要、需要什么、需要多少，考虑生产能力的限制，保证企业在正常生产不间断的前提下，根据市场供货情况，适时、适量、分阶段订购物料，尽量减少库存积压造成的资金浪费，是一个完整的经营生产管理计划体系。

1. MRPⅡ的生产物流计划的主要任务

在 MRP 中，生产物流计划的核心集中体现在生产作业计划的编制工作上，即根据计划期内规定的生产产品品种、数量、期限以及发展了的客观实际，具体安排产品及其

零部件在各工艺阶段的生产进度。与此同时，在保证生产能力的前提下，为企业内部各生产环节安排短期的生产任务，协调前后衔接关系。

MRPⅡ中的生产物流计划的主要任务如下：

（1）保证生产计划的顺利完成。为了保证按计划规定的时间和数量产出各种产品，就要研究物料在生产过程中的运动规律，以及在各工艺阶段的生产周期，并以此来安排经过各工艺阶段的时间和数量，使系统内各生产环节内的在制品的结构、数量和时间相协调。总之，通过物流计划中的物流平衡以及计划执行过程中的调度、统计工作，来保证计划的完成。

（2）为均衡生产创造条件。均衡生产是指企业及企业内的车间、工段、工作地等生产环节，在相等的时间阶段内，完成等量或均增数量的产品。均衡生产要求每个生产环节、每个阶段都要均衡地完成所承担的生产任务，要尽可能地缩短物流流动周期，同时要保持一定的节奏性。

（3）加强在制品管理，缩短生产周期。保持在制品、半成品的合理储备是保证生产物流连续进行的必要条件。在制品过少，会使物流中断而影响生产；反之，又会造成物流不畅，加长生产周期。因此，对在制品的合理控制，既可减少在制品占用量，又能使各生产环节衔接、协调，按物流作业计划有节奏地、均衡地组织物流活动。

（4）按期交货，提高客户服务质量。按期交货是企业信誉的体现，也是赢得客户、提高市场占有率的必要手段。对企业产品的交货期进行管控，可以及时把握产成品的库存情况，更好地实现企业活动与市场紧密配合。

2. MRPⅡ的生产物流控制

在实际的生产物流系统中，由于受系统内部和外部各种因素的影响，计划与实际之间会产生偏差，为了保证计划的完成，必须对物流活动进行有效控制。

（1）MRPⅡ的生产物流控制原理。在生产物流系统中，物流协调以及减小各环节生产和库存水平变化的幅度是很重要的。在这样的系统中，系统的稳定性与所采用的控制原理有关。在生产物流管理实践中，有两种典型的控制原理：推动式物流控制和拉动式物流控制。基于MRPⅡ的生产物流控制通常采用的是推动式物流控制，如图7-5所示。

物流推动式控制原理是指根据最终产品的需求结构，计算出各生产工序的物流需求量，在考虑各个生产工序的生产提前期之后，向各个工序发出物流指令（生产计划指令）。

推动式控制的特点是集中控制，每个阶段物流活动都要服从集中控制指令；但各阶段没有考虑影响本阶段的局部库存因素，因而不能使各阶段的库存水平都保持在期望水平。广泛应用的MRPⅡ系统控制实质上就是推动式控制。

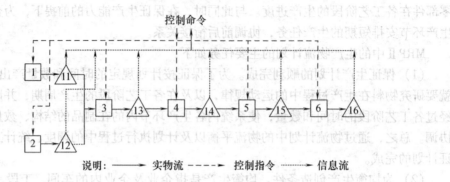

说明：——— 实物流　------ 控制指令　······· 信息流

图 7-5　推动式物流控制原理图

（2）MRPⅡ生产物流控制的内容。作为推动式物流控制的具体体现，MRPⅡ生产物流的特点是集中控制，每阶段物流活动服从集中控制的指令。从这方面看，各阶段没有独立影响本阶段局部库存的能力，这就意味着这种控制原理不能使各阶段的库存保持期望水平。因此，其物流活动的组织应重点放在：

1）进度控制。它是指物料生产过程中的流入、流出控制以及物流量的控制。

2）在制品的控制。它是指在生产过程中对在制品进行静态、动态控制以及占有量的控制。

3）偏差的测定和处理。它是指在使用过程中，按预定时间及顺序检测执行计划的结果，掌握计划量与实际量的差距，根据发生差距的原因、差距的内容及严重程度，采取不同的处理方法。

（3）常用的生产物流控制方法。常用的生产物流控制方法有加权法和平准法，下面分别介绍这两种方法。

1）加权法。令 X_t 为原计划时，t 期的生产量；X_t' 为最后确定的 t 期的生产量；I_t 为原定 t 期期末的在制品库存数量；τ 为调整时相当于调整期的前置时间。当 t 期期末发现有偏差，将要修正或调整 $t+(\tau+1)$ 期的实际生产量，而且这种调整修正是在前置期内逐步完成的，其修正量为 δ_t，即

$$\delta_t = X_t - X_t'$$

t 值分别为 $t+1$，$t+2$，…，$t+\tau$，在 t 期中，原计划与实际期末在制品数量分别为

$$I_t' = I_{t-1}' + X_t' - D_t'$$
$$I_t = I_{t-1} + X_t - D_t$$

式中，D_t' 为预测需求量；D_t 为实际需求量。

最后还需要进行修正，其模型为

$$X_{t+(\delta+1)} = X'_{t+(\delta+1)} + \alpha\left[I'_t - I_t - (X_{t+j} - X'_{t+j})\right]$$
$$= X'_{t+(\delta+1)} + \alpha\left[I'_t - I_t - \delta_{t+j}\right]$$

式中，α 为加权系数；$0 \leq \alpha \leq 1$，其意义是：修正部分是由 t 期期末计划和实际库存量的差异及前置期间各期中计划与实际产量的差异相加后，再乘以加权系数。

2）平准法。平准法与加权法相类似，需要记录每期实际库存量与计划库存量的差异，然后再修正调整各期生产量。但修正量可以和加权法相同，调整期可以在某一时期，也可以平均分摊在以后各期中，方法比较简单。

有些生产系统的 α 增加，修正生产量变化幅度较大，但库存量变化不大；而有些生产系统的 α 减小，库存量变化较大，出产量变化较小。因此，调整期是在某一时期，还是平均分摊在以后各期中，要依据加权系数 α 的影响情况而定，使调整引起的费用最小。

四、实施 ERP 企业的生产物流活动的组织

20 世纪 90 年代以来，由于经济全球化和市场国际化的发展趋势，制造业所面临的竞争更趋激烈。以客户为中心、基于时间、面向整个供应链成为在新形势下制造业发展的基本动向。实施以客户为中心的经营战略是 20 世纪 90 年代企业在经营战略方面的重大转变。

以客户为中心的经营战略要求企业组织为动态的、可组合的弹性结构。企业的管理着眼于按客户需求形成的增值链的横向优化，客户和供应商被集成在增值链中，成为企业受控对象的一部分。在影响客户购买的因素中，交货期成为第一位的，企业的生产目标也转为交货期、质量和成本。

实施以客户为中心的经营战略就要对客户需求迅速作出响应，并在最短的时间内向客户交付高质量和低成本的产品。这就要求企业能够根据客户需求迅速重组业务流程，消除业务流程中非增值的无效活动，变顺序作业为并行作业，在所有业务环节中追求高效率和及时响应，尽可能地采用现代技术手段，快速完成整个业务流程。

1. ERP 的特征

ERP 是在 MRP II 的基础上，结合现代竞争环境、经营管理思想和 IT 技术而产生的，在 MRP II 的基础上扩展了管理的范围。因为在全球化竞争的条件下，仅靠本企业自身的资源和力量难以在本行业中显出特别的优势，因此，必须把经营过程中的有关方面如供应商、制造工厂、分销网络、客户等，纳入到一个虚拟的企业中来，相互借助对方的资源、技术、管理等方面优势实现互补，才能有效地安排企业的产供销活动，满足企业利用全社会资源快速响应顾客需求的要求，以期进一步提高效率和在市场上获得竞争优势。同时，也要考虑到企业为适应商场需求变化，不仅组织大批量生产，更多地还要组织多品种、小批量以及顾客定制生产。可以说，相对于 MRP II，ERP 一方面强调

跨越企业边界的合作管理，从社会甚至全球的角度进行企业资源优化；另一方面更重视提高企业生产的柔性，通过前馈的物流与反馈的信息流和资金流，把客户需求和企业内部的生产活动以及供应商的制造资源整合在一起，体现完全按用户需求制造的一种供应链管理思想的功能网络结构模式，其核心管理思想是供应链管理。

ERP 脱离了以物料、人工和生产为中心的制造系统，而将用户放在了主导者的位置，真正地实现 ERP，可以实现由客户驱动需求，而不是由销售预测决定生产。其特征概括起来主要体现在三方面：

（1）ERP 是一个面向供需链管理（补给链经营）的管理信息集成。

（2）ERP 采用了网络通信技术。

（3）ERP 系统同企业业务流程重组（BPR）是密切相关的。

2. ERP 系统在物流控制方面表现出来的优势

（1）ERP 解决了多变的市场与均衡生产之间的矛盾。市场是多变的，而企业希望生产活动是均衡的，这是制造企业面对的一对基本矛盾。可以肯定地说，ERP 能够解决这个问题。企业应用 ERP 系统来计划生产时，要作主生产计划，由相关人员均衡地对产品或最终项目作出生产安排，使得在一段时间内主生产计划和市场需求（包括预测及客户订单）在总量上相匹配。在这段时间内，即使需求发生很大的变化，但只要需求总量不变，就可以保持主生产计划不变，从而可以得到一份相对稳定和均衡的生产计划，据此得到的物料需求计划也将是稳定和均衡的。

（2）ERP 能解决库存管理的难题。在库存管理的问题上，企业经常处于两难之中——既有物料短缺又有库存积压。而 ERP 的核心部分 MRP 恰好就是为了解决这样的问题而发展起来的。同时，ERP 系统要求每种物料都必须有专人负责，这样既能把物料需求和供应的时间和数量计算清楚，而且能够分清责任，从而降低库存量和占压的资金，库存损失也可以随之降低。

（3）ERP 可以保证对客户的供货承诺。企业要提高市场竞争力，就要迅速响应客户需求，并按时交货。这就需要市场销售和生产制造两个环节很好地协调配合。而ERP 系统会根据产销两方面的变化，随时更新对客户的可承诺数据，使销售人员在给客户作出供货承诺时能够心中有数。

ERP 在这一方面的优势源于它对客户关系管理的应用。传统的 MRP 系统着眼于企业后台的管理，而缺少直接面对客户的系统功能。因为传统的企业只是着力于买到物美价廉的原材料，快速高效地生产出产品，至于哪种产品更受欢迎，哪些服务最有待改进这一类问题，却往往没有确切的答案，只能凭经验臆测。在电子商务的大环境中，企业的客户可能分散在全球各地，企业不可能对其情况了如指掌，所以必须有一个系统来收集客户信息，并加以分析和利用。基于上述背景，客户关系管理系统，又称前台管理系统，成了 MRP 市场上最新的亮点。一般来讲，客户关系管理系统包含销售、市场及服务三类模块。其中，销售模块有很多功能，从最初的需求生成，到自主销售，到最后的销售人员佣金管理都涵盖其中，销售人员只要有一台手提式计算机，就可以随时得到生产、库存和订单处理的情况，可以随时随地与任何客户进行业务活动；而市场模块则偏重于对市场计划和市场战役的策划与管理，让企业心中有数；服务模块涉及服务的方方面面，如服务合同管理和电话呼叫中心的管理等，确保企业提供优质服务。

3. ERP 中的物流管理

（1）分销管理。销售的管理是从产品的销售计划开始，对其销售产品、销售地区、销售客户各种信息的管理和统计，并可对销售数量、金额、利润、绩效、客户服务作出全面的分析。分销管理大致有三方面的功能：

1）对客户信息的管理和服务。它能建立一个客户信息档案，对其进行分类管理，进而对其进行针对性的客户服务，以达到最高效率的保留老客户、争取新客户。在这里，要特别提到的就是新出现的客户关系管理（CRM）软件，ERP 与它的结合必将大大增加企业的效益。

2）对销售订单的管理。销售订单是 ERP 的入口，所有的生产计划都是根据它下达并进行排产的。而销售订单的管理贯穿了产品生产的整个流程。它包括：①客户信用审核及查询（按客户信用分级来审核订单交易）；②产品库存查询（决定是否要延期交货、分批发货或用代用品发货等）；③产品报价（为客户作不同产品的报价）；④订单输入、变更及跟踪（订单输入后，变更的修正及订单的跟踪分析）；⑤交货期的确认及交货处理（决定交货期和发货事物安排）。

3）对销售的统计与分析。系统根据销售订单的完成情况，依据各种指标作出统计、比如客户分类统计、销售代理分类统计等，再就这些统计结果来对企业实际销售效果进行评价。它包括：①销售统计（根据销售形式、产品、代理商、地区、销售人员、金额、数量来分别进行统计）；②销售分析（包括对比目标、同期比较和订货发货分析，从数量、金额、利润及绩效等方面作相应的分析）；③客户服务（客户投诉记录，以及原因分析）。

（2）库存控制。用来控制存储物料的数量，以保证稳定的物流支持正常的生产，但又最小限度地占用资本。它是一种相关的、动态的、真实的库存控制系统。它能够结合、满足相关部门的需求，随时间变化动态地调整库存，精确地反映库存现状。这一系统的功能又涉及：①为所有的物料建立库存，决定何时订货采购，同时作为交与采购部门采购、生产部门作生产计划的依据；②收到订购物料，经过质量检验入库，生产的产品也同样要经过检验入库；③收发料的日常业务处理工作。

（3）采购管理。确定合理的订货量、优秀的供应商和保持最佳的安全储备；能够随时提供订购、验收的信息，跟踪和催促外购或委托加工的物料，保证货物及时到达；建立供应商的档案，用最新的成本信息来调整库存的成本。其具体有：①供应商信息查询（查询供应商的能力、信誉等）；②催货（对外购或委托加工的物料进行跟催）；③采购与委托加工统计（统计、建立档案，计算成本）；④价格分析（对原料价格分析，调整库存成本）。

【案例 7-1】

基于 ERP/MES/PCS 的 M 公司的生产物流

M 公司为一家钢铁企业，目前面临的生产经营环境具有多品种、小批量、面向订单生产的特点，在这种局面下，M 公司对用户需求的准确预测越来越困难。在考虑企业生产特点和生产约束的前提下，为了减少库存、节约成本，M 公司考虑将原有的推动式系统改为以需求计划与预测相结合的拉动—推动式系统。在这种生产模式下，公司的销售部门可以掌握生产线上的实时数据，避免签订不合理的订单以及出现交货期无法保证、订单价格低于生产成本等问题。

生产和质量部门也可及时掌握当前的各项订单生产情况、生产计划指令、物料消耗和送检情况、在制品及产（半）成品质量情况，有效地根据订单计划，安排班组生产，减少物料消耗，控制生产成本。

目前该公司已基本实现了基础自动化和过程自动化（PCS），但大多数都是以单元生产设备为中心进行检测与控制，生产设备之间缺少信息资源的共享和生产过程的协同管理。公司也实施了 ERP，但 ERP 属于上层的管理系统，本身难以直接与 PCS 对接，从而无法对生产数据进行自动实时管理，对车间生产的控制能力较差，生产层的数据很难及时地反馈到上层的 ERP 管理系统。ERP 在进行生产管理计划与决策分析时，大量依赖企业生产经营过程中产生的实际数据。为此，实际操作中不得不将大量的生产数据通过纸质票据传递，再人工录入到管理信息系统中，这就导致了数据的传递效率低、易出错，录入的数据基本上是前一个班或前一天的信息，信息明显滞后，造成对生产过程各项数据的统计不准确，进而导致 ERP 系统不能及时准确地对生产运营进行相关处理和决策。

介于 ERP 和 PCS 之间的 MES 的出现，弥补了 ERP 系统无法及时获取和分析生产数据的缺陷。它主要实现了生产作业的动态优化调度和排序，物流生产和质量信息的在线跟踪以及对突发事件的处理，设备状态的监视及故障诊断，运输调度等功能。它在计算机管理、控制一体化系统中起到承上启下的关键作用，是面向过程的生产活动与经营活动的桥梁和纽带。

根据以上分析，M 公司设计了以 ERP、MES、PCS 集成框架的生产物流系统，如图 7-6 所示。

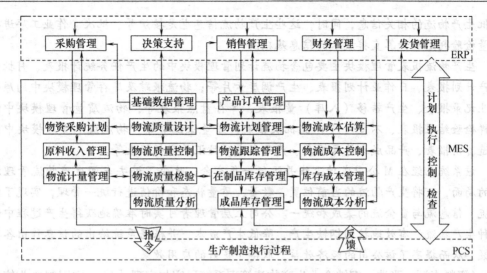

图 7-6 基于 ERP/MES/PCS 的生产物流系统

该系统将以财务管理为核心的 ERP、以生产计划管理为核心的 MES 和以过程监控为核心的 PCS 为基础，并利用计算机网络和数据库系统的支持，实现各层次之间信息的快速传递和共享集成，从制造过程直接获取生产、质量和财务数据，把实物形态的生产物流流动、检验判定传递直接转化为价值形态的资金流动，将生产所需物料的当前位置、数量、质量状态和价值进行统一管理，实现了物料流、信息流与资金流的集成和统一，保证了生产、质量和财务数据相一致。

质量和财务部门能及时得到质量和资金信息，以便对产品质量和成本进行控制。通过质量信息和资金流动状况，反映生产物流和运营情况，便于随时分析企业的经济效益，参与决策并指导和控制生产经营活动。

在该系统中，生产物流管理系统的总体功能涵盖了基础数据管理、物流跟踪管理、物流计划管理、物流质量管理和物流成本管理等，如图 7-7 所示。

图 7-7 生产物流管理系统功能树

生产物流跟踪管理模块主要包括在制品跟踪管理、订单生产跟踪管理、消耗信息跟踪管理、生产物流收发管理等。生产物流跟踪信息按炉号、批次、作业工序详细跟踪每一批生产物流的相关信息，同时，这些生产物流信息也是按炉号、批次、作业工序进行质量检验判定和计算直接成本的信息基础。

生产物流报表管理模块主要包含物流计划管理模块中的生产任务统计报表、月批量生产计划报表、日作业计划报表、生产调度卡片等；物流跟踪及库存管理模块中的原始作业记录报表、生产转移（入库）量报表、库存盘点报表等；物流质量管理模块中的试样检验结果报表、不良（废）品批次报表、质量保证书等；物流成本管理模块中的制造费用报表、产品成本计算报表、产品成本项目汇总分析报表等。

该系统已经在 M 公司成功上线并运行一年有余，改变了过去车间生产物流管理混乱的局面，可将生产物流的当前位置、数量、质量状态和价值进行统一管理，实现了物料流、信息流与资金流的集成和统一。公司上层管理者可实时准确地获得生产过程中的各种生产物流，有效地控制钢铁生产，降低生产成本，并根据系统给出的信息作出各种决策，从而提高了该公司的经济效益，取得了良好的应用效果。

（资料来源：张浩. 钢铁企业生产物流管理系统研究与实现［J］. 中国制造业信息化：学术版. 2008，37（12）：17-20，24.）

第二节　基于 JIT 的生产物流运营方式

JIT（Just In Time）即准时制，是日本丰田汽车公司创立的一种独具特色的生产管理方式。作为一种牵引式生产系统，它以市场需求为核心，通过看板管理，实现"在必要的时刻生产必要数量的必要产品（或零部件）"，彻底消除在制品过量的浪费及间接浪费的生产安排系统。作为无浪费的管理方式，JIT 可以概括为在需要的时间，按需要的数量，供给用户需要的产品。

产生于生产领域的 JIT 管理方式要求物料的流动完全与市场合拍，并始终处于平稳的运动状态之中。它要求企业具有高效精简的组织机构，完善的企业基础管理工作，能按照 JIT 的要求组织生产，并有较高的产、供、销一体化程度。这样就能做到从采购、生产到发货各个阶段的任何一个环节都与市场合拍，减少以至消除原材料、外购件、在制品与成品的库存，减少以至消除各种浪费。可以说 JIT 代表的是一个理念，在这种理念指导下的系统运行，存货水平最低，浪费最小，空间占用最小，事务量最少。

一、JIT 系统的结构体系

经历了二十多年的探索和完善，JIT 已逐渐形成和发展成为包括经营理念、生产组织、物流控制、质量管理、成本控制、库存管理、现场管理和现场改善等在内的较为完整的生产管理技术与方法体系。

图 7-8 说明，要"彻底降低成本"，就必须彻底杜绝过量的生产，以及由此而产生

的在制品过量和人员过剩等各种直接浪费和间接浪费。如果生产系统能够具有足够的柔性，能够适应市场需求的不断变化，即"市场需要什么型号的产品，就生产什么型号的产品；能销售出去多少，就生产多少；什么时候需要，就什么时候生产，"这样就不需要也不会有多余的库存产品了。在这里，生产过程之所以能够通过对市场需求数量与种类两个方面变化的迅速适应而持续和流畅地进行，是凭借着一个主要手段来实现的，这就是"准时制"。

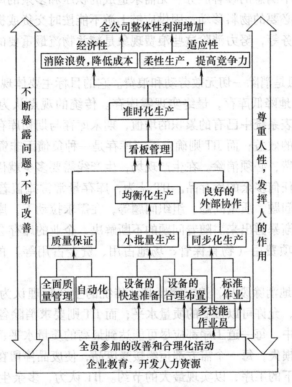

图 7-8　JIT 的构造体系

二、JIT 系统生产物流控制的原理和方法

JIT 是一种拉动式生产物流控制方法。在生产系统中，任何两个相邻工序即上下工序之间都是供需关系，如何处理这种关系，就是生产物流所要研究的问题。MRP 是批量生产系统，依靠基于计算机的构件，根据计划时间由供方向需方安排生产和运送物料，它需要广泛细致的控制；而 JIT 是重复生产运作系统，供方按需方的指令按时、按量、按点地供应物料，它只需要最低限度的控制，体现的是精益物流的思想。

1. JIT 的基本原理

运用 JIT 思想对企业物流活动进行管理，其基本原则是：①从顾客的角度而不是从企业或职能部门的角度来研究什么可以产生价值；②按整个价值流确定供应、生产和配送产品中所有必需的步骤和活动；③创造无中断、无绕道、无等待、无回流的增值活动流；④及时创造仅由顾客拉动的价值；⑤不断消除浪费，追求完善。其目标可概括为企业在提供满意的顾客服务水平的同时，把浪费降到最低程度。企业物流活动中的浪费现象很多，常见的有不满意的顾客服务、无需求造成的积压和多余的库存、实际不需要的流通加工程序、不必要的物料移动、因供应链上游不能按时交货或提供服务而等候、提供顾客不需要的服务等，努力消除这些浪费现象是精益物流最重要的内容。

2. JIT 的目标

JIT 的中心思想是消除一切无效劳动和浪费。它目标主要体现在如下几个方面：

（1）最大限度地降低库存，最终实现零库存。传统的观点认为，在制品和产成品库存都是资产，代表系统中已有的累积的增值，期末库存与期初库存的差额被认为是这一部门在该周期内的效益；而 JIT 则确立了"库存是一种负债而非资产"的新概念，认为任何库存都是浪费，必须消除。在生产现场，生产线需要多少就供应多少，生产活动结束时现场应没有任何多余的库存品。JIT 认为，库存量常常掩盖着企业经营管理中的某些缺陷，如供应问题、质量问题、组织问题等，在需求拉动下，库存慢慢减少，问题或薄弱环节也会逐渐暴露出来。随着问题的不断解决，企业的库存会下降到一个适当水平，同时仓储的各项费用（物料保管、场地占用、资金占用等）的浪费也随之减少，直至消除。

（2）最大限度地消除废品，追求零废品。传统的生产管理认为，一定数量的不合格品是不可避免的，允许可以接受的质量水平；而 JIT 则要求消除各种引起不合格品的因素。在加工过程中，每一道工序都应尽可能达到最高的质量水平；要求最大限度地限制废品流动造成的损失，每一个需方都拒绝接受废品，使废品停留在产生工序，不让其继续流动而损害以下的工序，以实现最大的节约。JIT 认为，多余生产的物资或产品不但不是财富，反而是一种浪费，因为它不仅要消耗材料和劳务，还要花费装卸搬运和仓储等物流费用。

3. JIT 系统生产物流控制的方法

JIT 的观念认为，正是由于允许存货的存在而遮盖了许多问题，如同河里的石头，水深是看不见的，要解决问题，必须让石头露出水面，即要使 JIT 的核心——"准时制"得以实现，并消除生产过程中的浪费。JIT 这种生产方式对浪费进行了重新定义，它认为在生产过程中，凡是没有价值增值的环节都是浪费。在 JIT 中，生产指令是由生产线终端开始，根据订单依次向前一工序发出的，直至原材料进厂前的采购和供应，即由订单驱动生产，通过利用看板由后道工序向前道工序下达生产指令来实现对生产物流的控制，如图 7-9 所示。

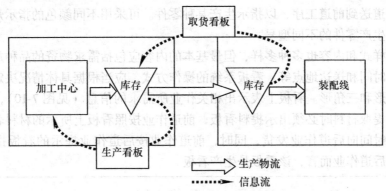

图 7-9 JIT 系统中的生产物流的控制

JIT 系统中的生产物流是拉动式物流控制的方式。如图 7-9 所示，拉动式物流控制的方式是在最后阶段的外部需求，向前一阶段提出物流供应要求，前一阶段按本阶段的物流需求向上一阶段提出要求。以此类推，接受要求的阶段再重复地向前阶段提出要求。这种方式在形式上是多道工序，但由指令方式不难看出，由于各阶段各自独立的发布指令，所以在实质上是前一阶段的重复。

拉动式控制的特点是分散控制，每个阶段的物流控制目标都是满足局部需求，通过这种控制，使局部生产达到最优要求。但各个阶段的物流控制目标难以考虑系统的总体控制目标，因而不能使总费用水平和库存水平保持在期望水平。

(1) 看板及其分类。看板是一种在生产上实现 JIT 的方法。在日文中，看板大致翻译为卡片、公告板或标记。看板的种类有许多种，常见的有如下几种形式：

1) 卡片。它用于产品零件的使用者和生产者之间，表示需要生产更多的零件。卡片上注明有零件编号、生产批量、使用者和生产者的位置、标准容器内所装零件的数量等。在 JIT 生产体系中，常见的是"双卡片系统"，即生产看板和取货看板，如图 7-9 所示。这种看板系统略微复杂一些，但它不仅可以控制过量生产，还可以控制零部件的领取。取货看板允许将标准容器从某一工序运往另一工序；生产看板允许生产所需要的零件并装入标准容器内，补充已被领取的量。

2) 零件箱看板。这是一种用空标准容器传送生产指令的简单方式，即使用者将空容器送回给生产者表明需要更多的零件。采用这种方式，容器上必须清楚地标明有关零件的编号和数量，或涂有显著的颜色以示区别。在有些系统中，供应商定期补充看板，如每星期三次——星期一收集空容器，星期三用满容器替换，同时在星期五为补充送货收集任何空容器。

3）指示灯或小圆球看板。它是指采用指示灯或小圆球作为启动生产的指令。小圆球可通过滑道送到前道工序，以指示生产某种零件。可采用不同颜色的指示灯或小圆球来标明所需生产零件的不同型号。

看板的样式和内容也多种多样，但最基本的内容应包括需求物资的品种规格、需求数量、需求时间和送达地点等。看板系统的操作方式，应当根据具体情况决定。看板的形状有长方形和三角形。看板上表示出相关作业所需求的信息（见图7-10），后道作业向前道作业提取材料时必须出示提料看板，前道作业按照看板上所示的材料名和需要数量在需要的时间向后道作业发货，同时，前道作业按后道作业提示的看板指令进行生产，这样对后道作业而言，该看板是生产看板。

提料看板	一次提料的数量:150	
材料编号:821-101	发行枚数:	装载单位:箱
材料名称:	5/15	单位容量:10
前道作业:×××	供应时间:	放置场所:3S-43(位置的标号)
后道作业:×××	10:00-12:00	

图7-10 提料看板

看板的功能表现在：提供提料、物料搬运和生产指令方面的信息；防止过量生产和搬运；作为目标管理的工具；防止不良品的发生；是揭示存在问题和进行库存管理的工具。

（2）看板的使用规则。实施看板系统必须遵守一定规则：①下道工序必须准时到前道工序领取适量的零件；②前道工序必须及时适量地生产后道工序所需的产品；③决不允许将废次品送给下道工序；④看板的数量必须减少并控制到最少；⑤看板应具有微调作用。

在 JIT 生产方式下，基于需求拉动式原理，生产指令只下达到最后一道工序。从看板管理的运行过程中可以看到，看板系统正是采用这种拉动式生产方式，以看板作为信息载体，从后道工序向前道工序逐个传递生产和运送指令，根据后道工序对零件的需求来启动前道工序的生产。因此，看板起着直接传递生产及运送指令的作用，这也是看板最基本的功能。看板中记载着所需零件的编号、生产数量、顺序、时间、加工设备、运送目的地、放置场所等信息，从最后一道工序顺次逐个向前道工序追溯。后道工序从零件已消耗完的空容器上摘下取货看板，以此去向前道工序领取所需的零件，前道工序按照生产看板的要求和先后顺序进行生产。

可见，通过看板管理可以控制产出量，从而达到控制在制品库存的目的。此外，由于看板还起着传递信息的作用，当某一道工序出现故障时，延迟了该工序看板与零件向下道工序的正常供应，从而造成下道工序乃至全线停工，由此暴露了存在的问题，必须尽快得到解决。

看板管理要想发挥应有的作用，必须实现生产均衡化、作业标准化、设备布置合理化和作业员工多技能化。

JIT 是一种生产方式，但其核心是消减库存，直到实现零库存，同时又能使生产过程顺利进行。这种观念本身就是物流功能的一种反映，而 JIT 应用于物流领域，就是指要将正确的商品以正确的数量在正确的时间送到正确地点。这里的"正确"就是"Just"的意思，即既不多也不少，既不早也不晚，刚好按需要送货。这当然是一种理想化的状态，在多品种、小批量、多批次、短周期的消费需求压力下，生产者、供应商及物流配送中心、零售商要调整自己的生产、供应、流通过程，按下游的需求时间、数量、结构及其他要求组织好均衡生产、供应和流通，在这些作业内部采用看板管理中的系列手段来消减库存，合理规划物流作业。

在此过程中，无论是生产者、供应商还是物流配送中心或零售商，均应对各自下游客户的消费需要作精确的预测，否则就使用不好 JIT。因为 JIT 的作业基础是假定下游需求是固定的，即使实际上是变化的，但通过准确的统计预测，也能把握下游需求的变化。

三、MRP Ⅱ/JIT 集成生产物流管理模式

由本章第一节和第二节的分析可知，不管是 MRP Ⅱ 的"推动式"生产方式，还是 JIT 的"拉动式"生产方式，都有其特定的适用范围。能否将二者之长有机结合起来，以达到"1+1>2"的效果，就显得十分有必要。

MRP Ⅱ 和 JIT 两者在降低企业库存、加速资金流动、减少交货期等方面都有着突出的效果，它们共同的目标是成为并保持世界级的竞争者。但是从以上的分析可以看出，MRP Ⅱ 与 JIT 都存在一定的不足与缺陷。因此，MRP Ⅱ 和 JIT 的集成将成为这两种生产管理方法进行互补的一条途径。

1. MRP Ⅱ/JIT 集成的基本思想

MRP Ⅱ 和 JIT 集成的思想是利用 MRP Ⅱ 集中式信息管理方法的优点，将其作为企业的计划系统，利用 JIT 分散式的人本管理方法，将其作为企业的执行系统，也即将 MRP Ⅱ 用于企业的中高层计划与决策系统，而将 JIT 用于企业基层的作业与控制系统。

MRP Ⅱ 的优势在于它信息处理速度快，能够实现对生产过程中制造信息的追踪更新，便于采用计算机手段对整个生产运作系统进行集中优化与决策，因而采用 MRP Ⅱ 作为生产与物料的计划系统是适宜的；而 JIT 采用拉动式分散控制方法，前道工序根据

后道工序的需要进行生产，具有自动调节功能，作为计划的执行系统非常有效，且在缩短生产准备时间与制造周期、降低库存、减少废品方面有着显著性的改善。

2. MRPⅡ与JIT集成系统及其集成模式分析

整个集成系统通过"推拉控制相结合、集成与分散控制相结合、信息管理与人本管理相结合"的方式，充分利用了MRPⅡ和JIT的优点，避免了二者的不足。二者的集成模式如图7-11所示。

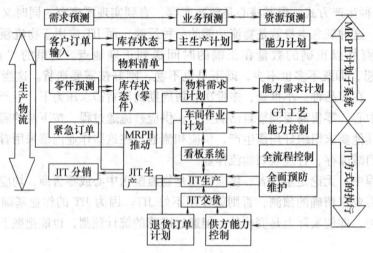

图7-11　MRPⅡ与JIT集成系统示意图

在图7-11中，集成模式的上半部分为企业的MRPⅡ计划子系统，它利用Internet/Intranet/Extranet了解用户需求信息和市场信息，进行产品预测，并与供应商及时进行沟通。通过产品预测、BOM、库存状况及生产能力等环节制定出满足用户需求的MRP，然后实施任务分解，确定出作业计划，具有结合信息系统实施整体计划的作用。

中间部分为车间计划与看板系统，在能力控制与成组工艺技术的支持下成为MRPⅡ与JIT系统结合的界面，具有适应市场需求多样化的柔性功能。在各生产线的所有最后工序采用推动控制方式，而在其之前各加工阶段采用拉动控制方式。

下半部分为JIT系统，它根据MRP的作业计划，按用户需求的产品品种、规格、数量，利用看板系统进行生产与控制；通过看板信息指令系统，表达和传递下游客户需求，由下游工序上溯，组织控制上游的生产物流和供应物流。这样，能够显著缩短计划

　　⊖　资料来源：李玉民，严广全．基于MRPⅡ和JIT集成的生产物流管理模式研究［J］．物流技术．2006（7）：199-201．

响应时间，提高系统的敏捷性。为应对多品种小批量生产，系统采用了成组技术，以实现系统适应市场需求多变的目的。而且，系统采用信息管理技术，如 EDI、CAD 等，有效地实现了生产信息化。

应该明确的是，从企业的生产运作全过程来看，尽管 MRP II 是计划主导型管理方法，而 JIT 是客户需求拉动型的执行与控制手段，但二者集成后的模式并非二者的简单组合，而是使 MRP II 与 JIT 组成了一个相互依赖的有机整体。

集成后的系统主要存在三个层次的计划与控制：

（1）主生产计划（MPS）。它表明了成品的产出时间和数量，是一个高层次的装配计划。主生产计划由客户订货单和需求预测共同制订出来，是一个主要面向生产成品的制造计划。在集成系统中，MPS 以日为单位，编制装配计划，除了生成 MRP，还能驱动 JIT。

（2）物料需求计划（MRP）。根据主生产计划，计算出零部件的开工日期和完工日期以及原材料的提供时间。MRP 是制造计划系统的中心，它根据 MPS、BOM 和库存状况计算出产品的净需求。MRP 的主要功能是把分层的、基于需求率的 MPS 分解为零部件和原材料的需求。

（3）车间层控制。在 MRP 计算的开工期和完工期内决定车间加工顺序。在集成系统下，生产由每日的装配计划驱动，加工提前期很短，零件从开始加工到完工的时间也较短，所以车间控制变得很简单。

3. MRP II/JIT 集成系统的特点

集成后的系统与 MRP II 系统、JIT 系统相比，有着自己的特色和优点：

（1）MRP II/JIT 集成系统不要求平稳的生产环境，因此，它适用于重复生产或者批量生产的环境；而 JIT 系统必须按照一个更加严格的产品作业安排运行，因为它要求或多或少的平稳生产，更适合重复生产环境。

（2）MRP II/JIT 集成系统对生产过程实现全流程控制，而且通过电子数据交换（EDI）方式向供应商传递进货订单计划，并对供应商的供货能力进行有效控制，易形成稳定、可靠的供应链，实现企业的 JIT 采购。

（3）在 MRP II 系统中，调度员在车间作业管理中面临着大量的协调、控制工作，任务繁重，成本高、效率低，而且责任风险过于集中；而在 MRP II/JIT 集成系统中，由于在车间作业管理中采用容入调度的看板系统，生产过程的控制与协调大部分是由相互有直接联系的生产工人完成的，而调度员只是在必要的时候，如更改工艺路线，更改加工设备时，才执行控制和协调功能，这样有利于降低调度工作的复杂性，提高调度工作的质量，从而提高生产率、降低成本。

第三节 基于 TOC 的生产物流运营方式

伴随着市场竞争因素的变化，企业的生产组织方式和管理模式也在不断更新，在这个过程中，人们对物流活动对生产的促进作用的认识越来越深刻。近年来，出现了按物料流动的通畅程度为标准来识别生产控制优先度的生产管理理论。对于各工序能力负荷相对稳定的生产企业，在有了运行 MRP 所需要的基础数据（如产品结构文件、加工工艺文件、提前期、库存量及设备情况等信息）后，就可以以 TOC 理论为依据对生产和物流活动进行计划和控制。

一、TOC 的理论依据及原则

约束理论（Theory of Constraints，TOC）是在以色列物理学家 EliGoldratt 博士提出的最优生产技术（Optimized Production Technology，OPT）理论的基础上，在 20 世纪 90 年代逐渐成熟完善起来的。尽管 TOC 产生的时间不长，却取得了令人瞩目的成就，是继 MRP 和 JIT 之后出现的又一项组织生产的新方式。它要求企业必须把有限的资源和精力投入到最紧要的环节，投入到物流效率最低的瓶颈环节，强调决策沟通与团体协作，体现了"抓住重点，以点带面"的管理思想。

按照 TOC 的观点，在企业的生产系统中，特别值得重视的作业指标有三个：第一是反映单位时间内生产出来并销售出去的产品数量的产销率，即通过销售活动获取收益的速率；第二是以为满足未来需要而准备的原材料，加工过程的在制品和一时不用的零部件，未销售的成品，扣除折旧后的固定资产为表现形式的库存，它包括了企业暂时不用的一切资源；第三是表示生产系统将库存转化为产销量的过程中所有费用的运行费。

这三个作业指标之所以重要，是因为在通常情况下，库存的降低可以导致运行费开支的减少，进而提高企业的投资收益率，为企业的发展提供保障。但是，通过降低库存来减少运行费的作用是逐渐减弱的。可是，为什么日本一些公司在已达到世界上最低的库存水平之后仍然要继续尽力降低库存呢？因为降低库存不仅可以降低运行费的开支，更重要的是它能缩短制造周期。缩短制造周期是提高企业竞争能力的一个重要因素。产品的品种、质量、价格与交货期是影响竞争力的几大因素，制造周期的缩短，对于缩短顾客的订货提前期、提高对顾客订货的响应性以及争取较高的价格都有很大作用。于是，制造周期的缩短使得市场占有率增加，从而促使未来的产销率得到提高。

在现实的生产活动中，对企业库存大小和产销率高低起决定作用的因素是物料在各环节的通过能力。在设计一个企业时，总是以各阶段的生产能力平衡为标准，然而事实上却很难实现每个工序的实际负荷与其生产能力的完全统一，必然会出现有的资源负荷过重，成为瓶颈。这些实际生产能力小于（最多等于）生产负荷的资源被称为瓶颈资源。TOC 原理就侧重于对企业瓶颈资源的管理。

与 MRP 的计划控制过程不同，TOC 不是对所有资源同时进行排序和负荷分配，而是先找出生产系统中的瓶颈，然后只对瓶颈资源进行排序和资源分配，最后根据对瓶颈资源的排序来对其他有多余容量的资源进行排序。这样，不仅大大地减少了排序与资源负荷分配的难度，而且因为这两者可以同时完成，大大地缩短了排序时间，所以这种方法也称为同步制造。

1. TOC 理论的原则

（1）不是以追求设备的生产能力平衡为目标，而是以追求物流平衡为目标。

（2）非瓶颈资源的利用水平不是由它本身潜能决定的，而是由系统中的瓶颈资源决定的。

（3）瓶颈资源损失的时间无法弥补；瓶颈资源的损失将造成系统产出的减少。

（4）非瓶颈的损失可以弥补，因为有多余生产能力，有等待时间作为补充。

（5）传送或搬运批量不一定和生产批量一致。

（6）瓶颈资源决定系统的产出与库存。

（7）生产批量不是固定的，而是变化的。

2. 瓶颈资源的确定

瓶颈是制约整个系统产出的关键部位或环节。例如，一条高速公路有一段正在翻修，翻修部分就成为这条高速公路的瓶颈。尽管高速公路其他部分没有变化，但整条公路的汽车通过率（单位时间内通过汽车的数量）下降到瓶颈部位的汽车通过率；加宽非瓶颈部分的公路宽度不仅不能提高整条高速公路的通过率，反而浪费了资源。因此，确定瓶颈就成了 TOC 物流控制的基础工作。

（1）确定瓶颈资源所需要的数据。通过对自身的生产运行情况及资源配置进行分析，企业就可以确定瓶颈资源。在这个过程中要用到的数据资料主要有：

1）客户服务目标。

2）生产线上所有零部件的清单。

3）各工序的相对位置及其供货点的位置。

4）处于不同位置工序的生产加工能力。

5）不同零部件的加工批量。

6）不同工序、不同零部件的库存水平以及控制库存的方法。

7）现有设备生产能力等。

以上数据对物流结构均有重大影响。通过分析，可能会找到一个能使设施运营最有效率的产量，即均匀的物流量。

（2）瓶颈资源的确定。生产过程中的瓶颈环节决定了整个企业的产销率。为了说明各环节生产能力的变化对生产运作管理的影响，举一个简单的例子。

假设制造某产品 P 的生产过程如下：

原料生产工序 A，材料加工工序 B，成品组装工序 C，市场销售部门 D。各工序（或部门）的生产能力和最终需求情况，如表 7-2 所示。

表 7-2 某产品 P 生产过程所需的数据资料 单位：台

	原料生产工序 A（生产能力）	材料加工工序 B（生产能力）	成品组装工序 C（生产能力）	市场销售（最终需求）
情况一	15（瓶颈）	20	30	25
情况二	22	20（瓶颈）	30	25
情况三	28	30	35	25（瓶颈）

情况说明：如果最终用户每星期需要 25 台 P 产品；A 的生产能力为每周生产 15 台 P 产品的相应的原料；B 的生产能力为每星期生产 20 台 P 产品的相应的材料；C 的生产能力为每星期加工制造 30 台 P 产品。相对于最终用户来说，A 与 B 的生产能力都小于 25 台，好像都是瓶颈，但事实上只有 A 为瓶颈。因为 B 的生产能力（每星期生产 20 台产品的材料）虽然也小于最终用户的需求，但其每星期只能接到 A 所能生产的 15 台产品的原料，即其生产能力超过了所能供给的最大生产负荷，有加工 5 台产品材料的能力被闲置，则 B 就不是瓶颈。而 A 只能加工生产 15 台产品的原料，决定了企业每星期只能生产 15 台产品。因此，尽管 B 的生产能力也小于最终需求，但扩充 B 的能力不仅不能提高整个企业的产出，而且浪费了投资。

由于供不应求，在市场机制的作用下，企业将扩大 A 工序的生产能力，或者更多的企业加入原料生产的行列，原料产量会增加。如果原料的生产能力扩充到每周超过 20 台（如情况二），原料供不应求的情况就有所改善。这时，由于 B 每星期只能生产 20 台产品，与最终用户需要的 25 台差距最大，所以 B 成了瓶颈，限制了整条供应链，就应该扩充 B 的生产能力。可见，投资于瓶颈环节才能见效益，而且花费少、成本低。

如果 A 将生产能力扩大到 28 台，B 的生产能力为 30 台，C 的生产能力扩大到 35 台（如情况三），则 D 就成了瓶颈，表现为消费不足。A、B、C 是企业的生产工序，按照它们的最小的生产能力，每星期可生产 28 台。但消费需求仅为 25 台，必然有 3 台产品成为积压品。

3. TOC 生产的排序方法

上述工作确定了瓶颈工序以后，TOC 的工作程序是：

（1）确定瓶颈机器的最大生产能力并使其按最大限度工作。为此，安排瓶颈机器前的生产时间总和小于瓶颈机器生产时间的机器首先开始生产。

（2）向前推理，给瓶颈机器排序。

（3）向后推理，给其他非瓶颈机器排序，以不断保障瓶颈机器的需求。

（4）传送的批量不一定与生产批量一致。

二、TOC条件下企业物流的计划与控制——DBR系统

为保证TOC计划的顺利实施，企业制订计划时就要以寻求顾客需求与企业能力的最佳配合为目标，一旦一个被控制的工序（即瓶颈）建立了一个动态的平衡，其余的工序应相继地与这一被控制的工序同步。

TOC的计划与控制是通过DBR系统实现的，即"鼓（Drum）"、"缓冲器（Buffer）"和"绳子（Rope）"系统。

1. 企业物流约束的识别及合理利用（D）

识别企业的真正约束（瓶颈）是企业运行TOC的开端，也是控制物流的关键。因为，这些"瓶颈"制约着企业的运作能力，也控制着企业同步生产的节奏——鼓点。事实上，产品的交货期不是由企业的生产周期决定的，而是取决于市场需求。只有各个工序都在市场需求的时间完成了加工任务，产品的最终完工时间才能与实际要求的交货期限相符。如果知道了一定时间内生产的产品及其组合，就可以按物料清单计算出要生产的零部件。然后，按零部件的加工路线及工时定额，计算出各工序的任务工时。将任务工时与能力工时相比较，负荷最高的设备就是瓶颈。一般来说，当需求超过能力时，排队最长的机器就是瓶颈。找出瓶颈之后，可以通过编制详细的生产作业计划，在保证对其生产能力充分合理利用的前提下，适时满足市场对本企业产品的需求。从计划和控制的角度来看，"鼓"反映了系统对瓶颈资源的利用。

2. 随机波动的控制（B）

产品生产计划（Master Schedule）的建立，应该使受瓶颈约束的物流达到最优。因为，瓶颈约束控制着系统的"鼓点（Drum-Beat）"，即控制着企业的生产节拍和产出率。为此，一般按有限能力，用顺排方法对关键资源排序。为了充分利用瓶颈的能力，在瓶颈上可采用扩大批量的方法，以减少调整准备时间；同时，要对瓶颈进行保护，使之不受系统其他部分波动的影响。为此，一般要设置"缓冲器"，以防止可能出现的生产随机波动造成的瓶颈等待任务的情况。

一般来说，缓冲器分为"库存缓冲"和"时间缓冲"两类。库存缓冲也就是安全库存，用以保证非瓶颈工序出现意外时瓶颈工序的正常运行；而时间缓冲则是要求瓶颈工序所需的物料提前提交的时间，以解决由于瓶颈工序和非瓶颈工序在生产批量的差异可能造成的对生产的延误。

3. 物流能力的平衡（R）

"缓冲器"的设置保证了企业最大的产出率，但也相应产生了一定的库存。为了实

现在及时满足市场需求前提下的最大效益，必须合理安排一个物料通过各个工序的详细作业计划，这就是 TOC 中的"绳子"。在生产的组织中，物料供应与投放由一个详细作业计划——"绳子"来同步。"绳子"控制着企业物料的进入（包括瓶颈的上游工序与非瓶颈的装配），其实质和"看板"思想相同，即由后道工序根据需要向前道工序领取必要的零件进行加工，而前道工序只能补充动用的部分，实行的是一种受控生产方式。在 TOC 就是受控于瓶颈的产出节奏，也就是"鼓点"。没有瓶颈发出的生产指令，就不能进行生产，这个生产指令是通过类似"看板"的物质在工序间传递的。

通过"绳子"系统的控制，使得瓶颈前的非瓶颈设备均衡生产，加工批量和运输批量减少，可以减少提前期以及在制品库存，而同时又不使瓶颈停工待料。所以，"绳子"是瓶颈对其上游机器发出生产指令的媒介。

三、TOC 与 MRP Ⅱ、JIT 相比的特点

TOC 与 MRP Ⅱ、JIT 是在不同时代、不同经济与社会环境下产生的不同的企业管理方式，其内含的物流活动原理也不尽相同。这几乎涉及企业经营规划、业务运作、决策方式以及持续改进管理等企业运作管理的方方面面。

1. 计划方式

MRP Ⅱ 采用集中式的计划方式，计算机系统首先建立一套规范、准确的零件、产品结构及加工工序等数据系统，并在系统中维护准确的库存、订单等供需数据，MRP Ⅱ 据此按照无限能力计划法，集中展开对各级生产单元以及供应单元的生产与供应指令。JIT 采用看板管理方式，按照有限的能力计划，逐道工序地倒序传递生产中的取货指令和生产指令，各级生产单元依据所需满足的上级需求组织生产。

而 TOC 的计划方式不同，它先安排约束环节上关键件的生产进度计划，以约束环节为基准，把约束环节之前、之间、之后的工序分别按拉动、工艺顺序、推动的方式排定，并进行一定优化，然后再编制非关键件的作业计划。

2. 能力平衡方式

MRP Ⅱ 提供能力计划功能。由于 MRP Ⅱ 在展开计划的同时将工作指令落实在具体的生产单元上，因此，根据生产单元的初始化能力设置，可以清楚地判断生产能力的实际需求，由计划人员依据经验调整主生产计划，以实现生产能力的相对平衡。JIT 计划展开时基本不对能力的平衡作太多考虑，企业以密切协作的方式保持需求的适当稳定，并以高柔性的生产设备来保证生产线上能力的相对平衡。总体能力的平衡一般作为一个长期的规划问题来处理。

TOC 首先按照能力负荷比把资源分为约束资源和非约束资源，通过改善企业链条上的薄弱环节来消除"瓶颈"，同时注意到"瓶颈"是动态转移的，通过 TOC 管理手段的反复应用以实现企业的持续改进。

3. 库存的控制方式

在 MRP II 中一般设有各级库存，强调对库存管理的明细化、准确化。库存执行的依据是计划与业务系统产生的指令，如加工领料单、销售领料单、采购入库单、加工入库单等。JIT 生产过程中一般不设在制品库存，只有当需求期到达时才供应物料，所以库存基本没有或只有少量。

而 TOC 的库存控制是通过合理设置"时间缓冲"和"库存缓冲"来实现的。缓冲器的存在起到了防止随机波动的作用，使约束环节不至于出现等待任务的情况。缓冲器的大小由观察与实验确定，再通过实践，进行必要的调整。

4. 质量的管理方式

MRP II 将出现的质量问题视为概率性问题，并在最终检验环节加以控制。系统可以设置某些质量控制参数，借助生产中质量信息的反馈，事后帮助分析出现质量问题的原因。JIT 在每道生产工序中控制质量，进入下一道工序时要确保上一道送来的零件没有质量问题，一级级控制直至最后成品。对于发现的质量问题，一方面立即组织质量小组解决；另一方面可以停止生产，确保不再生产出更多的废品。

在 TOC 中，一方面，在约束环节前设置质检，以避免前道工序的波动对约束环节的影响；另一方面，当"质量管理"因素成为一个无形约束时，通过一系列工具来找到突破点。

5. 物料采购与供应的方式

MRP II 的采购与供应系统主要根据由计划系统下达的物料需求指令进行采购决策，并负责完成与供应商之间的联系与交易。此类采购与供应部门的工作主要围绕如何在保证供应的同时降低费用。JIT 将采购与物料供应视为生产链的延伸部分，即为看板管理向企业外传递需求的部分。实际生产中，由于企业多已建立了密切的合作关系，所以供应商一般亦根据提出的需求组织生产，保证生产链的紧密衔接。此种情况，采购供应部门更类似于协作管理部门。

TOC 软件的具体运行和 MRP II 一样需要大量的数据支持，如产品结构文件、加工工艺文件以及加工时间、调整准备时间、最小批量、最大库存、替代设备等。物料采购提前期不事先固定，由上述数据共同决定函数，物料的供应与投放则按照一个详细作业计划来实现，即通过"绳子"来同步。

第四节　其他类型的企业物流控制

一、柔性制造系统中的物流系统

柔性制造系统（FMS）是由计算机控制的、以数控机床（NC）和加工中心（MC）

为基础的、适应多品种中小批量生产的自动化制造系统。

柔性制造系统由加工系统、物料储运系统以及计算机管理和控制系统三部分组成。

企业物流系统柔性管理的运行机理应该是当市场环境发生变化时，企业将适当调整生产系统。鉴于企业物流活动与生产过程的关系，在物流系统全体员工主动参与的条件下，运用先进的物流技术和现代管理手段，将信息迅速传递（反馈）到决策者手中。据此，决策者将弹性地制订（或修改）工作计划，并相应地调整各个环节，使企业物流系统各环节又立即处于一种平衡的发展状态中，并以最小的系统输入和最大限度地保证生产所需和市场需要。

在 FMS 中流动的物料主要有工件、刀具、夹具、切屑及切削液。企业物流系统是从 FMS 的进口到出口，实现对这些物料自动识别、存储、分配、输送、交换和管理功能的系统。因为工件和刀具的流动问题最为突出，通常认为 FMS 的物流系统由工件流系统和刀具流系统两大部分组成。另外，因为很多 FMS 的刀具是通过手工介入，只在加工设备或加工单元内部流动，在系统内没有形成完整的刀具流系统，所以有时企业物流系统也狭义地指工件流系统。刀具流系统和工件流系统的很多技术和设备在其原理和功能上基本相似，在此将不对物料的具体内容加以区别。FMS 物流系统主要由输送装置、交换装置、缓冲装置和存储装置等组成。

1. FMS 物流系统的输送装置

FMS 物流系统对输送装置的要求是：

（1）通用性。能适应一定范围内不同输送对象的要求，与物料存储装置、缓冲站和加工设备等的关联性好，物料交接的可控制性和匹配性（如形状、尺寸、重量和姿势等）好。

（2）变更性。能快速、经济地变更运行轨迹，尽量增大系统的柔性。

（3）扩展性。能方便地根据系统规模扩大输送范围和输送量。

（4）灵活性。能接受系统的指令，根据实际加工情况完成不同路径、不同节拍、不同数量的输送工作。

（5）可靠性。平均无故障时间长。

（6）安全性。定位精度高，定位速度快。

输送装置依照 FMS 控制与管理系统的指令，将 FMS 内的物料从某一指定点送往另一指定点。输送装置在 FMS 中的工作路径有三种常见方式，即直线运行、环状运行和网线运行，如表 7-3 所示。

FMS 中常见的输送装置及其分类如下：

（1）输送带。输送带结构简单，输送量大，多为单向运行，受刚性生产线的影响，在早期的 FMS 中用得较多。输送带分为动力型和无动力型；从结构方式上有辊式、链式、带式之分；从空间位置和输送物料的方式上又有台式和悬挂式之分。用于 FMS 中的输送带通常采用有动力型的电力驱动方式，电动机经减速后带动输送带运行。利用输送带输送物料的物流系统柔性差，一旦某一环节出现故障，就会影响整个系统的工作，因而除输送量较大的 FML 或 FTL 外，目前已很少使用。

表 7-3　典型输送线路

直线运行	单向运行		主要依靠机床的数控功能实现柔性,输送装置多为输送带,主要用于 FML 或自动装配线
	双向运行		系统柔性低,容错性差,常需另设缓冲站,输送装置采用双向输送带、有轨小车或移动式机器人,主要用于小型 FMS
环线运行	单向运行		利用直线单向运行的组合,形成封闭循环实现柔性,提高输送设备的利用率
	双向运行		利用直线双向运行的组合,形成封闭循环,提高柔性和设备利用率
网线运行	双向运行		全为双向运行,有很大柔性,输送设备的利用率和容错性高,但控制与调度复杂,主要采用无轨小车,用于较大规模的 FMS

　　（2）自动小车。自动小车分为有轨和无轨两种。所谓有轨是指具有地面或空间的机械式导向轨道。地面有轨小车结构牢固，承载力大，造价低廉，技术成熟，可靠性好，定位精度高。地面有轨小车多采用直线或环线双向运行，广泛应用于中小规模的箱体类工件 FMS 中。高架有轨小车（空间导轨）相对于地面有轨小车，车间利用率高，结构紧凑，速度高，有利于把人和输送装置的活动范围分开，安全性好，但承载力小。高架有轨小车较多地用于回转体工件或刀具的输送，以及有人工介入的工件安装和产品装配的输送系统中。有轨小车由于需要机械式导轨，其系统的变更性、扩展性和灵活性不够理想。

　　无轨小车是一种利用微机控制的，能按照一定程序自动沿规定的引导路径行驶，并具有停车选择装置、安全保护装置以及各种移载装置的输送小车。因为它没有固定式机械轨道，相对于有轨小车而被称为无轨小车，也被称为自动导引小车（Automatic Guided Vehicle，AGV）。无轨小车由于控制性能好，使FMS很容易按其需要改变作业计划，灵活地调度小车的运行；没有机械轨道，可方便地重新布置或扩大预定运行路径和运行范围以及增减运行的车辆数量，有极好的柔性，在各种FMS中得到了广泛应用。

2. 物流系统的物料装卸与交换装置

物流系统中的物料装卸与交换装置负责FMS中物料在不同设备之间或不同工位之间的交换或装卸。常见的装卸与交换装置有箱体类零件的托盘交换器、加工中心的换刀机械手、自动仓库的堆垛机、输送系统与工件装卸站的装卸设备等。有些交换装置已包含在相应的设备或装置之中，如托盘交换器已作为加工中心的一个辅件或辅助功能，在"FMS的加工系统"中提及。这里仅以自动小车为例，介绍FMS中常见的物料交换方法。常见自动小车的装卸方式可分为被动装卸和主动装卸两种。被动装卸方式的小车自己不具有完整的装卸功能，而是采用助卸方式，即配合装卸站或接收物料方的装卸装置自动装卸。常见的助卸方式有滚柱式台面和升降式台面。这类小车成本较低，常用于装卸位置少的系统。主动装卸方式是指自动小车自己具有装卸功能。常见的主动装卸方式有单面推拉式、双面推拉式、叉车式、机器人式。主动装卸方式常用于车少、装卸工位多的系统。其中，采用机器人式主动装卸方式的自动小车相当于一个有脚的机器人，也叫行走式机器人。机器人式主动装卸方式常用于无轨小车或高架有轨小车中，由此构成的行走式机器人灵活性好，适用范围广，被认为是一种很有发展前途的输送、交换复合装置。行走式机器人目前在轻型工件、回转体工件和刀具的输送、交换方面应用较多。

3. 物流系统的物料存储装置

由于FMS的物料存储装置有下列要求：其自动化机构与整个系统中的物料流动过程的可衔接性；存放物料的尺寸、重量、数量和姿势与系统的匹配性；物料的自动识别、检索方法和计算机控制方法与系统的兼容性；放置方位、占地面积、高度与车间布局的协调性等。所以，真正适合用于FMS的物料存储装置并不多。目前用于FMS的物料存储装置基本上有四种，如图7-12所示。

立体仓库也称为自动化仓库系统（Automated Storage and Retrieval System，AS/RS），由库房、堆垛机、控制计算机和物料识别装置等组成。立体仓库具有以下优点：自动化程度高；料位额定存放重量大，常为1~3吨，大的可到几十吨；料位空间尺寸大；料位总数量没有严格的限制因素，可根据实际需求扩展；占地面积小等。因此，其在FMS中得到了广泛应用。自动仓库管理系统具有两大功能：其一是处理物料从入库到存放于高层料架或由高层料架出库和再入库需要的搬运的必要信息，对输送机、堆垛机等机械进行控制，并对其动作过程进行监控；其二是处理随出库/入库作业的管理信息，处理以料架文件为中心的库存管理信息。

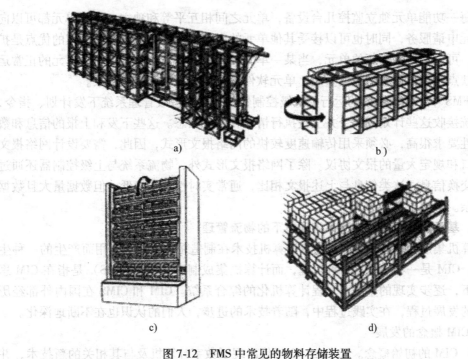

图 7-12　FMS 中常见的物料存储装置

a）立体仓库　b）水平回转型自动料架　c）垂直回转型自动料架　d）缓冲料架

4. 物流系统的监控

物流系统的监控主要完成以下功能：

（1）采集物流系统的状态数据。其内容包括物流系统各设备控制器和各监测传感器传回的目前任务完成情况、当前运行状况等状态数据。

（2）监视物流系统状态。对收到的数据进行分类、整理，在计算机屏幕上用图形显示物料流动状态和各设备工作状态。

（3）处理异常情况。检查判别物流系统状态数据中的不正常信息，根据不同情况提出处理方案。

（4）人机交互。供操作人员查询当前系统状态数据（毛坯数、产品数、在制品数、设备状态、生产状况等），并人工干预系统的运行，以处理异常情况。

（5）接受上级控制与管理系统下发的计划和任务，并控制执行机构去完成。物流系统的监控与管理一般有集中式和分布式两种方案。集中式方案由一台主控计算机完成物流系统的监控与管理功能，存储所有物料信息及物流设备信息，并分别向物流系统的所有设备发送指令。集中式方案有结构简单、便于集成的优点，但不易扩展，且一旦局部发生故障，将严重影响整体运行。分布式方案是将物流系统划分为若干功能单元或子系统。每一功能单元独立监控几台设备，单元之间相互平等和独立。每一单元都可以向另一单元申请服务，同时也可以接受其他单元的申请为之服务。分布式方案的优点是扩展性好，可方便地增加新的单元，当某一单元发生故障时，不会影响其他单元的正常运行；其缺点是网络传输的数据量大，单元软件设计及相互协调比较复杂。

在 FMS 中，物流系统的运行受上级控制器的控制。上级管理系统下发计划、指令，物流系统接收这些计划和指令并上报执行情况和设备状态。这些下发和上报的信息和数据实时性要求很高，必须采用传输速度较快的网络报文形式，因此，需要设计网络报文通信接口和规定大量的报文协议。除了网络报文形式外，物流系统与上级控制器还通过数据库交换信息，这类信息与上述报文相比，通常实时性要求较低，但数据量大且数据结构复杂。

二、基于计算机集成制造系统环境下的物流管理

计算机集成制造（CIM）是随着计算机技术在制造领域中广泛应用而产生的一种生产模式。CIM 是一种概念、一种哲理，而计算机集成制造系统（CIMS）是指在 CIM 思想指导下，逐步实现的企业全过程计算机化的综合系统。CIM 和 CIMS 在国内外都经历了一定的发展过程，在实践过程中，随着技术的进步，人们的认识也在不断地深化。

1. CIM 概念的发展

（1）CIM 的初始概念。20 世纪 50 年代出现了数字计算机及与其相关的新技术，并将之初步应用于制造业，促成了数控机床的产生，接着陆续出现了各种计算机辅助技术，如 CAD、CAM 等。20 世纪 60 年代早期随着制造业系统方法、概念的萌生，人们进而认识到计算机不仅可以使整个系统的每个生产环节实现颇具柔性的自动化，而且还具有把制造过程（产品设计、生产计划与控制、生产过程等）的每一步集成为一个系统的潜力，以及对整个系统的运行加以优化。这样，在 20 世纪 60 年代后期，制造业的系统方法概念上升为计算机集成制造（CIM）概念。1969 年，CIM 系统的初始概念以模型来描述，如图 7-13 所示。

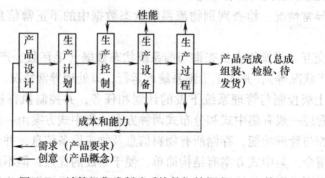

图 7-13 计算机集成制造系统的初始概念（1969 年）

（2）以人和管理为核心的 CIM 概念的发展。从 20 世纪 70 年代直至 20 世纪 90 年代初期，工业发达国家付出了极大努力，将制造业的系统观点与 CIM 系统的概念和技术加以发展，并付诸实践，以期获得 CIM 的潜在效益。然而，世界上只有少数几个公司在实施中取得示范性的潜在效益，大多数公司几乎失败了。人们逐渐认识到，制造企业缺乏足够的合格工程师，并且进一步发现，CIMS 技术对于忽视人力资源要素造成的影响特别敏感。

ISO 标准（TC184/SC5/WG1，1992 年）提出：CIM 是把人及其经营知识和能力与信息技术、制造技术综合应用，以提高制造企业的生产率和灵活性。由此，将一个企业所有的人员、功能、信息和组织方面集成为一个整体。显然，ISO 标准关于 CIM 的定义，将人及其能力与技术并重。

在 20 世纪 90 年代，人们基于这一新的认识，产生了制造系统运作的新观点，即培养并使用制造业的人的能力，进而开发制造技术，以这样的方法来支持那些人的能力。这意味着放弃传统的做法，即先开发制造技术，然后利用人的能力来支持技术。这也意味着 CIM 的概念从以技术为中心转向以管理为中心。

人力资源要素对在制造企业实施 CIMS 技术的成败起着关键作用，这一认识导致人们对初始 CIM 系统概念的再思考，需要将主要在一个公司内进行技术运作的 CIM 系统概念，扩展到作为集成制造企业的公司，不仅进行技术运作，而且进行管理运作，特别强调面向人力资源的管理运作。扩展的 CIM 系统概念由 CASA/SME 公布的"制造企业轮图"（见图 7-14）来描述。该图共分六层，中心第一层为顾客；第二层为人、小组和组织。这表明企业全部活动围绕顾客的需要来进行，而完成这一目标的关键要素是人、小组和组织，这体现了现代企业管理思想的重大变化。

2. CIMS 的实施效果

如上所述，在 20 世纪 70 年代和 20 世纪 80 年代早期，工业发达国家付出了极大努力实践 CIM 的概念和技术，但世界上只有少数几个公司在实施中取得示范性的潜在效益，主要表现在以下几个方面：

（1）降低成本。

（2）提高生产力。

（3）提高柔性（灵捷性）。

（4）提高产品可制造性。

（5）提高产品质量。

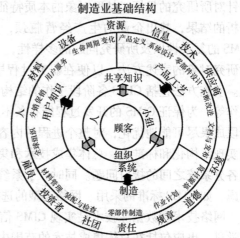

图 7-14　制造企业轮图

（6）减少生产准备时间。

（7）增加员工满足感。

（8）增加用户满意度。

然而，在世界范围，多数公司几乎都不很成功，并没有像少数公司那样获得很大的经济效益。

3. CIMS 总体技术的主要内容及作用

CIMS 总体技术的研究内容包括：①企业运行模式；②CIMS 体系结构、建模分析和设计优化方法、实施方法论；③集成技术和集成工具；④标准化与规范等。它提供了一种有效手段，以从整体上分析复杂的 CIMS，并提供一套指导企业正确实施 CIMS 的方法和工具。

企业运行模式研究从战略的高度考虑企业的发展模式。企业根据自身的条件和运行环境的特点选择并推行精益生产、敏捷制造、并行工程，或者大规模定制生产等企业运行模式。不同运行模式的选择，在具体设计时会影响 CIMS 单元技术的选择和实施。而 CIMS 的实施，也必然对企业组织结构和运行机制提出调整的要求，最终推动企业运行模式向提高其竞争能力的方向发展。

CIMS 方法论是指导企业正确设计、实施和运行 CIMS 的一组方法和工具的集合，它包括参考模型、建模和优化方法，以及实施指南。CIMS 体系结构是一组代表系统各个方面的多视图、多层次的模型的集合。各国研究人员从不同的角度出发，提出了各种不同的 CIMS 体系结构，其目的是提供一组建模分析手段，从企业与实施 CIMS 相关的各个方面对企业进行建模分析，找到企业技术、经营和人集成的方法。建模和优化方法是针对所研究的目标，抽取对象的本质特征，形成对对象的表述方法，并根据企业需求分析的结果，找出企业的生产经营瓶颈，为企业优化和调整提供依据和指导。由于 CIMS 的复杂性以及所研究问题的多样性，一种建模方法只能针对某一个研究方面提出对研究对象的表述方法，以便在研究过程中有一种共同语言进行准确的分析研究和交流。实施方法包括 CIMS 各阶段工作的结构化进程、项目管理方法以及质量保证应做的工作等。为保证 CIMS 的开发过程能有条不紊地进行，工作内容方面不能出现纰漏，各阶段成果尽可能地优化，对整个进程的内容、组织、步骤、应有的文档和阶段成果等都能实现结构化和标准化。总体集成技术和集成方法从全局考虑各分系统之间的关系，研究各分系统之间的接口问题。同时，子系统中许多重要的问题都需要从总体的高度进行考虑，如 STEP 标准的采用、网络类型的选择等，由此保证全系统的集成。

网络技术和数据库技术是实现 CIMS 信息集成的基础，它们本身就是一门非常完整的学科，也应包括在总体集成技术的范围内。

CIMS 标准化工作贯穿于 CIMS 技术的发展、产品开发、研制、商品化、批量生产、质量保证、采购和贸易的全过程，在各个环节上都有不同的标准化内容，构成了 CIMS 标准化自身的体系结构。

　　4. CIMS 制造自动化分系统的构成及相关技术

　　一般来说，制造自动化分系统主要由以下几类子系统组合而成：

　　（1）制造加工子系统，以机械制造为例，包括专用自动化机床、组合机床及自动线、数控机床、加工中心（MC）、分布式数控系统（DNC）、柔性制造单元（FMC）、柔性制造系统（FMS）等。

　　（2）物料、运储子系统，包括毛坯与刀具准备工作站、传送带、有轨小车、自动导向小车、自动化仓库、搬运机器人、托盘站等。

　　（3）制造信息子系统，包括制造过程生产计划调度与控制、计算机控制系统、数据库管理系统、网络和通信系统、制造信息的获取/分析/处理及各种信息交换、物料流的管理、制造过程监视与控制等。

　　CIMS 制造自动化分系统的相关技术，大致包括以下内容：

　　（1）车间级制造过程的组织和管理技术。其具体包括以下内容：

　　1）车间生产计划、调度与控制技术。依据系统中的各种信息流制订出若干最优决策方案，控制物流的流动和系统资源的利用，包括工件、刀具、夹具等的静、动态调度，资源调度，生产计划的确定等。

　　2）自动化物流管理技术。完成对自动化仓库的物料存取、自动导向小车（AGV）或有轨小车（RGV）、搬运机器人、自动交换工作台（APC）的协同管理和有效利用等。

　　（2）制造装备和制造过程控制技术。其具体包括以下内容：

　　1）数控和分布式数控技术。在制造过程中，数控技术用于数控加工、数控装配、数控测量等方面。数控技术为满足机械制造向更高层次发展，为柔性制造单元（FMC）、柔性制造系统（FMS）以及计算机集成制造系统（CIMS）提供基础装备。分布式数控技术（DNC）是用一台或多台计算机对多台数控机床实施综合控制的技术。DNC 属于自动化制造系统的一种模式。

　　2）柔性制造技术。它主要研究 CIMS 递阶控制结构底三层（单元层、工作站层和设备层）的集成技术。近年来，动态重构单元控制技术的研究也很活跃，动态可重构单元技术是研究将设备资源动态分配给某个制造单元的一种控制及管理技术。

　　3）物料装备的控制技术。其具体包括物料搬运机器人控制技术、自动导向小车（AGV）控制技术、有轨小车（RGV）控制技术、自动化仓库认址及操纵技术。它为自动化物流系统提供执行机构。

　　4）制造过程检测与监视技术。其包括对产品质量自动检测、监控与诊断技术和制造系统运行监测、自适应控制与设备故障诊断技术。主要目标是提高产品的质量稳定性和系统运行的可靠性。

（3）制造过程建模、仿真和虚拟制造技术。制造过程建模、仿真和虚拟制造技术是研究将制造系统中的信息流或系统状态以数学模型或其他模型进行描述，并以实际系统的运行参数进行驱动，在计算机虚拟环境下模拟现实制造环境及其制造全过程的一切活动，并对产品制造及制造系统的行为进行预测和评价。

（4）智能制造技术。智能制造技术在制造过程中进行智能活动，如分析、推理、判断、构思和决策等。智能制造技术的宗旨在于通过人与智能机器的合作共事，去扩大、延伸和部分地取代专家在制造过程中的脑力劳动，以实现制造过程的优化。

（5）制造自动化系统支撑技术。其具体包括以下内容：

1）CIMS 制造自动化系统中的网络技术。其包括设备层的现场网络（如现场总线技术）和 CIMS 底三层的数据交换网络技术。

2）数据库技术。其包括制造系统的数据分类、组织、存储和查询的技术。它是制造自动化系统控制和运行的依据。

3）信息交换技术。它是研究制造自动化系统（MAS）与 CIMS 其他系统（如 MIS、EDS、TIS 等）进行信息交换的接口技术。

5. CIMS 环境下的企业物流管理

作为制造技术的支撑，生产物流应该适合于 CIMS 的生产运营方式，其特征如图 7-15 所示。

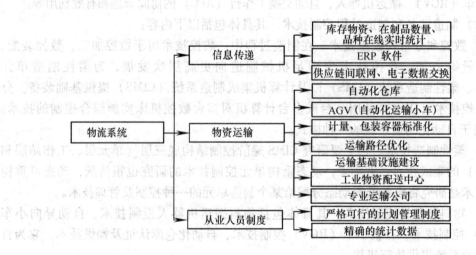

图 7-15　CIMS 环境下的企业物流特征

虽然这种模式下的物流管理以可编程自动化为手段，建立起以计算机网络、营销管理与决策支持系统、库存管理系统为代表的信息技术，但实现它需要解决企业各级人员在观念认识上的分歧，如企业业务流程的重组问题以及技术投资规模与风险等问题。

（1）对企业物流运营有关基本思想和运营方式的认识要有所改变。未来企业之间（存在着供货与收货关系的企业之间）不应该仅仅是一种卖与买的关系，还应该是一种互利互惠的合作伙伴关系。在生产供应链中的所有企业都追求精益生产的时候，也就对各个企业的合作提出了更高的要求。基于低库存量的可靠生产离不开协作供应商的良好物流配合，产品制造商对供货的要求已从数量与价格上更多地转向了可靠、及时的服务上，以此保证生产供应链的顺利连接进行。而未来企业内部的生产模式强调的是人、技术及经营的集成，而不单是信息和物流的集成。所以，从事企业物流工作的员工对CIMS本身的目的，以及由于 CIMS 环境对企业业务流程重构所引起的物流技术的基本原则、方法及约束要求的变革，要有正确的认识，同时还要建立严格的计划管理制度和正确的数据信息基础。

（2）对企业物流运营的基础设施要进行适当的规划。企业内外部的交通建设、运输工具、装卸工具、容器标准等基础设施的建设，应该是一个动态的物流优化规划过程。

（3）要加强信息集成，实现 CIMS 环境下的技术共享。为了使物流适应于 CIMS 环境的需求，要通过其物流与信息流的配合，建立和支撑起遍及生产—供应—需求链的商务处理和响应能力。

【案例7-2】

LZ 公司的汽车后桥车间生产物流

LZ 公司是一个有着二十多年专业汽车零部件制造经验的汽车零部件制造企业，是我国汽车零部件企业综合竞争力的百强企业。

1. LZ 公司汽车后桥车间生产物流现状

汽车后桥装配车间分为两条生产线，由于多车型共线生产，所以涉及的物料品种多、数量大。车间物料配送包括两种配送形式，车桥厂生产管理室负责的车间内部配送和车桥物流公司负责的外部配送。对于内部配送，LZ 公司目前采用了计划看板与拉动式生产相结合的方式进行物料配送（见图 7-16）。生产管理人员将当天要生产的产品类型以及生产数量手写在计划看板上，物流配送人员根据计划看板进行物料的配送；而车间目前的物料拉动方式为空箱拉动，即物流配送人员定时巡视，发现空箱后，将空箱回收到规定地点置换满箱物料，再配送到相应的工位，整个配送的节拍比较随意。

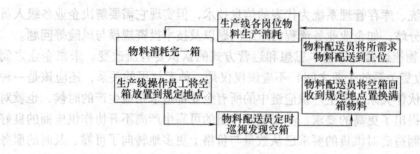

图 7-16　车间生产物流现状示意图

车间物流信息的传递主要还是通过手工单或电话的形式，所有的物料数据都通过相关人员的手工记录，准确率和效率都受到很大影响。

通过分析，发现该汽车后桥车间的生产物流存在以下一些问题：

（1）现有的物料呼叫与物料拉动模式无法满足多车型大规模共线生产过程中线边物料的准确配送，现有物料配送模式效率低下。

（2）物流数据与相关部门未能实现信息共享。物流信息采集手段比较落后，主要依靠手工记录。物料的领用、确认、预警、报废等流程效率低下，各种信息传递不及时；与相关部门，如质检、计划和仓储等部门，缺乏信息共享，造成了多个数据源；各部门各负其责、相互独立，部门之间缺少沟通和衔接，致使物流信息、物流资源不能共享，造成物流过程的延长，从而增加了物流成本。

（3）生产物料需求无法实时准确掌握，从而造成物料的丢失和浪费。

（4）线边物料的实时消耗情况无法准确掌握。

（5）物料不能及时清点和核对，造成月末盘点时料、账数目不符。

由于以上的一系列主要问题，使得 LZ 公司原料损失严重，3% 的物料找不到去向，由于有些涉及大件物料，成本较高，从而造成了很大的经济损失。

2. LZ 公司汽车后桥车间生产物流信息系统设计

根据物流现状和存在的问题，LZ 公司设计了车间生产物流信息系统。为实现各种物料流程的管理信息化，实现对生产线上的物料的实时控制，实现物料的跟踪和动态管理，作必要的统计，从而解决物料丢失和浪费等上述一系列问题。

为了能够低成本实现物流信息系统，本系统主要由在各个关键区域设置一定数量的应用服务器、数据采集器、各个工位呼叫键盘、一台键盘适配器和一个电子显示屏等组成，其布局如图 7-17 所示。

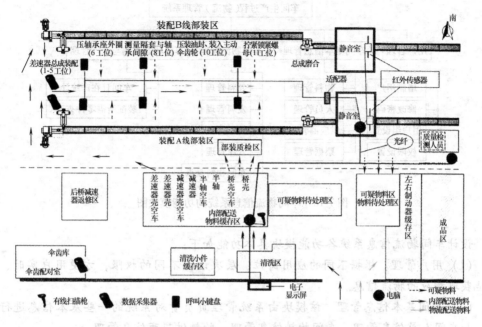

图 7-17　车间生产物流系统的布局图

（1）整个车间布置三台个人计算机（PC），分别位于内部配送物料缓存区、质量检测部门和装配 A 线的静音室。

（2）有线扫描枪一台，配置于内部配送物料缓存区，用于内部配送物料的录入。

（3）红外传感器两台，分别配置于两个静音室，对主减自动计数，并将数据记录到系统当中。

（4）数据采集器三台，分别位于两条生产线以及伞齿库。数据采集器为工人的集扫描和键盘输入一体的手持终端，每天记录上线的物料信息和每个班次后剩余的物料信息，当日下班盘点时以批处理的形式传给系统，或每次物料配送后实时地发送给系统。不论是内部配送的物料，还是外部配送的物料，每一个物料的上架，进入生产线入口时，都必须通过生产线上的数采器录入信息；而位于伞齿库的数据采集器，则用来录入主被动伞齿的消耗信息、返厂和报废信息。

（5）电子显示屏，设置于外部物流配送点，外部物流人员可以通过显示屏了解生产线上的物料使用情况。

3. LZ 公司汽车后桥车间物流信息系统功能模块设计

车间物流信息系统的功能模块如图 7-18 所示。

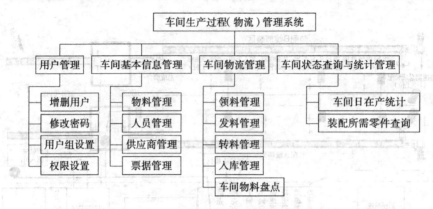

图 7-18　车间物流信息系统的功能模块图

设计车间物流信息系统各功能模块具体功能如下：

（1）用户管理。根据不同的应用岗位、层次设置不同的权限，方便用户实时、直观地获取相应的物流信息。

（2）车间基本信息管理。该模块由系统管理员负责对系统的一些基本信息进行管理，如车间人员信息管理、车间物料信息管理、物料供应商信息管理。

（3）车间物流管理。通过系统进行物料的领用、发放、流转。其中，转料管理是对整个物料流转的管理，包括物料报废处理流程和物料退货流程；入库管理只是对成品入库的管理，通过系统数据的分析对车间物料进行盘点。

（4）车间状态查询与统计管理。系统通过电子显示屏显示当日的生产额度，供相关人员查看，并可通过系统查询相关报表；在制品保管员可通过系统查询物料盘点信息，包括成品数量信息、可疑物料信息、返厂物料信息以及退货物料信息。

4. 生产物流信息系统的应用效果

生产物流信息系统的应用，实现了物料配送的准时化，减少了生产过程中的等待时间，提高了生产效率，带来了明显的经济效益，进而提高了企业的应变能力和竞争地位。

（资料来源：付凤岚，贾慧慧，徐劲力．汽车后桥车间生产物流系统研究［J］．组合机床与自动化加工技术．2010（3）：103-105，108.）

复习思考题

1. 如何认识企业的生产管理思想和物流活动的关系？
2. MRP、MRPⅡ和 ERP 系统中物流活动各有哪些特点？
3. 区分 MRP 与 ERP 系统，它们又如何与 JIT 相关？

4. 如何理解 JIT 的目标和基本宗旨？

5. 柔性制造系统中物流控制的目标怎样？

6. 在 CIMS 环境下，如何才能提高物流对生产的适应性？

实践与思考

1. 研究一个企业，这个企业的生产物流是如何计划与控制的？

2. 这个企业的生产物流计划有什么需要改进的地方？

【案例分析】

某中小型轧钢企业 CIMS 物流系统的规划和设计

物流系统作为某中小型轧钢企业 CIMS 的一个重要分系统，是在 CIMS 的总体要求下设计的，旨在规范物料管理，加大物流控制力度，提高生产管理水平，以满足生产和管理的需要。

（1）体系结构。根据设计，该中小型轧钢企业的 CIMS 物流系统由管理生产、管理库房、编制辅助计划和管理物流数据四个子系统组成。管理生产模块对应企业原有的调度和统计，并增加了作业择优排序、实时控制及按炉送钢管理等功能；管理库房模块对应现在的磅房管理，并新增了码位管理、库存控制及原料成品过磅数据自动采集等多项功能；编制辅助计划模块包括对设备、备件、辅料和轧辊的管理。其中，对备件和轧辊模块还增加了码位管理的功能，辅料模块增加了对水、电、油的消耗数据自动采集的功能等；管理物流数据模块旨在实现对基础数据和动态数据的维护、整理、查询以及统计分析等功能，其体系结构如表 7-4 所示。

表 7-4　某中小型轧钢企业的 CIMS 体系结构

	用　户　层													
应 用 层	能力需求分析	编制班组工作计划	执行调度计划	统计生产数据	管理入库	管理码位	管理出库	统计库存	管理设备	管理备件	管理辅助资源	输入	统计	查询
	管理生产				管理库房				编制辅助计划			管理物流数据		
系 统 层	数据库管理系统 DBMS													
	Microsoft 网络环境													
	客户终端操作系统（如视窗 2000/XP 等）													
	服务器端操作系统（中文 WindowsNT Server）													
系统支持层	硬件环境（服务器、PC 机、网络系统、自动采集系统）													

（2）IDEF 模型。它与生产管理部门的生产、调度，质量部门的质量监控，磅房的库存管理，工艺部门的工艺管理，生产线上的数据自动采集以及企业上层的各种计划和协调等诸多业务流程都息息相关，如图 7-19 所示。

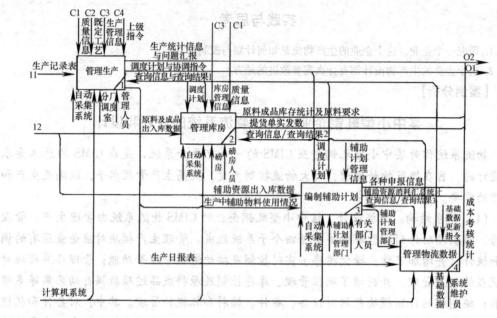

图 7-19　IDEF 模型

该中小型轧钢企业物流功能子系统包括：

（1）管理生产。此系统主要是根据生产记录表中的基础数据、质量信息、既定工艺信息、生产管理信息以及上级的指令信息，实现生产数据的统计分析、调度计划、班作业计划的编制。

（2）管理库房。此系统主要是根据原料及成品出入库数据、调度计划、库房管理信息、质量信息，实现原材料和产成品的出入库管理、库存统计、库存控制及库存查询等项业务。

（3）编制辅助计划。此系统又分为管理设备、管理备件、管理辅助资源和管理轧辊四个功能子系统。

1）"管理设备"功能子系统。其功能主要是根据新设备入库、设备事故、故障和设备报废、调度计划、辅助计划等信息，实现对设备的状况分析、统计，制订检修、大中修计划等。

2）"管理备件"功能子系统。其功能主要是根据备件出入库、设备用备件加工计划、调度计划、辅助计划等信息，实现备件的码位管理、月消耗及库存统计，备件加工工时统计，并制订备件需求计划。

3）"管理辅助资源"功能子系统。其功能主要是根据辅助资源出入库、调度计划、辅助计划管理等信息，实现辅助资源的月消耗和库存统计，能源消耗统计、燃料库存统计及辅助资源需求计划的制订。

4）"管理轧辊"功能子系统。其功能主要是根据光辊入库、光辊车削及轧辊使用、调度计划、辅助计划管理等信息，实现轧辊的码位管理、月消耗及库存统计，并制订光辊需求计划及轧辊重车计划。

（4）管理物流数据。此系统主要是根据设备月汇总统计数据、备件月消耗统计数据、能源消耗统计数据、轧辊月消耗数据、生产日报表等诸多信息，实现对设备定额、信息编码、生产工艺、生产工时等基础数据的查询、统计分析，以及生产所需的原料、设备、轧辊及其信息编码的查询。

案例讨论题：

具体说明 CIMS 物流系统与企业生产物流的计划与控制的关系。

第八章　企业库存控制

库存管理与控制对企业物流功能的实现有着重要的意义，本章通过论述为什么要有库存，进而提出库存的分类、库存管理的基本内容与手段以及有关库存控制的模型。

传统的库存管理只涉及订货数量和订货时间的问题，因此，比较容易决策；而现代库存管理任务越来越复杂，管理方法越来越多，库存决策也变得更加复杂。

第一节　库存的分类和重要性

一、库存的概念

库存（Inventory）是指企业在生产经营过程中为现在和将来的耗用或者销售而储备的资源。它包括原材料、材料、燃料、低值易耗品、在产品、半成品、产成品等。从客观上来说，库存是指企业用于今后生产、销售或使用的任何需要而持有的所有物品和材料。

在企业物流活动的各个环节中，合理的库存起着一定的缓冲作用，并可以缩短物流活动的实现时间，加快企业对市场的反应速度。在企业接到顾客订单后，当顾客要求的交货时间比企业从采购材料、生产加工，到运送货物到顾客手中的时间（供应链周期）要短时，就必须预先储存一定数量的该物品，来填补这个时间差。例如，某零售商向生产厂家订购一定数量的商品并要求第二天到货，而生产厂家生产该商品需要花 5 天时间，运送需要花 1 天时间。如果生产厂家预先生产一定数量的该商品并储存在成品仓库的话，则只需 1 天的时间就可以满足顾客的要求，避免发生缺货或延期交货的现象。如果企业没有任何库存，则从生产到交货至少需要 6 天的时间；如果再考虑材料的采购时间的话，则需要比 6 天更长的时间。这样就有可能失去这笔订单。一般来说，企业在销售阶段，为了能及时满足顾客的要求，避免发生缺货或延期交货现象，需要有一定的产成品库存；在生产阶段，为了保证生产过程的均衡性和连续性，需要有一定的在制品、零部件库存；在采购生产阶段，为了防止供应市场的不确定性给生产环节造成的影响，保证生产过程中原材料、材料以及外购件的供应，需要有一定的原材料、外购件库存。

从另外一个方面来看，库存物品要占用资金，发生库存维持费用，并存在库存积压而产生损失的可能。因此，既要利用库存加快企业物流各环节的快速实现，又要防止库存过量，占用大量不必要的库存资金。

二、库存的分类

在企业物流活动中，企业持有的库存有不同的形式，从不同的角度可以对库存进行多种不同的分类：

1. 按库存在企业物流过程中所处的状态分类

按其在企业物流过程中所处的状态进行分类，库存可分为原材料库存、在制品库存、维护/维修库存和产成品库存，如图 8-1 所示。

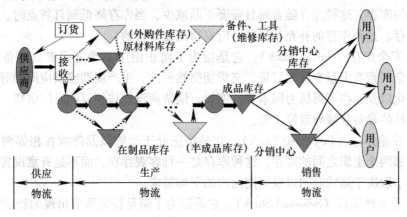

图 8-1 库存的分类

（1）原材料库存（Raw Material Inventory）。它是指企业通过采购和其他方式取得的用于制造产品并构成产品实体的物品，以及供生产耗用但不构成产品实体的辅助材料、修理用备件、燃料以及外购半成品等，是用于支持企业内制造或装配过程的库存。这部分库存可能是符合生产者自己标准的特殊商品，它存在于企业的供应物流阶段中。

（2）在制品库存（Work-in-Process Inventory）。它是指已经过一定生产过程，但尚未全部完工、在销售以前还要进一步加工的中间产品和正在加工中的产品，包括在产品生产的不同阶段的半成品。它存在于企业的生产物流阶段中。

（3）维护/维修库存（Maintenance/Repair/Operating Inventory）。它是指用于维修与养护的经常消耗的物品或部件，如石油润滑脂和机器零件，不包括产成品的维护活动所用的物品或部件。它也存在于企业的生产物流阶段中。

（4）产成品库存（Finished Goods Inventory）。它是指准备运送给消费者的完整的或最终的产品。这种库存通常由不同于原材料库存的职能部门来控制，如销售部门或物流部门。它存在于企业的销售物流阶段中。

这几种库存可以存放在一条供应链上的不同位置。其中，原材料库存可以放在两个位置，即供应商或生产商之处。原材料进入生产企业后，依次通过不同的工序，每经过一道工序，附加价值都有所增加，从而成为不同水准的在制品库存。当在制品库存在最后一道工序被加工完后，变成完成品。完成品也可以放在不同的储存点，如生产企业内、配送中心、零售点，直至转移到最终消费者手中。

2. 按库存的目的分类

(1) 经常库存 (Cycle Stock)。它是指企业在正常的经营环境下，为满足日常的需要而建立的库存。这种库存随着每日需要不断减少，当库存降低到订货点时，就要订货来补充库存。这种库存的补充是按照一定规律反复进行的。

(2) 安全库存 (Safety Stock)。它是指为了防止由于不确定因素而准备的缓冲库存。不确定因素有大量突发性订货、交货期突然提前、生产周期或供应周期等可能发生的不测变化以及一些不可抗力因素等。例如，供货商没能按预订的时间供货，生产过程中发生意外的设备故障导致停工等。

(3) 在途库存 (In-Transit Stock)。它是指正处于运输以及停放在相邻两个工作地之间或相邻两个组织之间的库存。这种库存是一种客观存在，而不是有意设置的。在途库存的大小取决于运输时间以及该期间内的平均需求。

(4) 季节性库存 (Seasonal Stock)。它是指为了满足特定季节出现的特定需要 (如夏天对空调的需要) 而建立的库存，或指对季节性出产的原材料 (如大米、棉花、水果等农产品) 在出产季节大量收购所建立的库存。

三、库存的重要性

企业物流过程中保持库存的重要性主要通过以下几个方面来体现：

1. 提高客户服务水平

拥有库存可以预防需求与供应的波动，提高客户服务水平。如果销售需求增大，而又不能及时增加生产量适应这个变化时，产成品库存可以加快销售物流的实现，提高用户服务水平，即持有一定量的库存有利于调节供需之间的不平衡，保证企业按时交货、快速交货，能够避免或减少由于库存缺货或供货延迟带来的损失，这些对于企业改善顾客服务质量都具有重要作用。当供应市场发生波动时，原材料库存可以防止这一波动对生产物流的影响，保证生产环节的顺利进行；当某一生产环节出现问题时，在制品库存可以保证生产环节的相对独立性，使其后续的生产环节能够按计划完成生产任务，从而保证订单能够按时完成。

2. 调节季节差异

有些产品如空调、啤酒等季节性很强，企业的生产能力无法满足高峰时期的需求，这样可以在淡季储存这些产品用于满足高峰时期的需要。因为对于任何企业来说，根据季节性高峰需求设计生产能力是没有效率的，而且风险较大，较好的方法是全年有规律的小规模生产，这样就形成了在非高峰时期的产成品库存。另外，可以利用产成品的预期库存可以满足如季节性需求、促销活动、节假日等的需求变化，避免打乱正常生产秩序。

运输方式也可能造成季节供应的差异，如在冬季一些航道和港口冰冻，使得物品的供应受阻。在这种情况下，公司增加库存可以维持生产的连续进行。

3. 为了以经济批量订货

这也是库存具有的优点，大批量的采购可以获得价格折扣，降低采购次数，避免价格上涨。因此，如果通过持有一定量的库存增大订货批量，就可以减少订货次数，从而减少订货费用。原材料合理的库存数量基于经济订货批量，可以降低总费用。

4. 节约成本

虽然持有库存会产生一些成本，但也可以间接降低其他方面的运营成本，两者相抵可能还有成本的节约。

（1）保有库存有助于实现采购和运输中的成本节约。采购部门的购买量可以超过企业的即时需求量以争取价格—数量折扣。保有额外库存带来的成本可以被价格降低带来的收益所抵消。只要库存成本的增加低于购买价格的节约，企业就能达到降低成本的目的。与之类似，企业常常可以通过增加运输批量、减少单位装卸成本来降低运输成本，运输成本的节约也可以抵消库存持有成本的上升。

（2）先期购买可以在当前交易的低价位购买额外数量的产品，从而不需要在未来以较高的预期价格购买。只有在预期价格会上涨的情况下，这种先期购买才是有必要的。

5. 客观要求

在途库存是指根据产成品从生产者到中间商及最终消费者手中所需要的时间及数量而确定的库存。由于生产者、中间商及最终消费者常常不在同一地理位置，因此，需要有在途库存来消除生产者、中间商及最终消费者的位置上的差异。

从生产的角度来看，持有库存还有以下作用：

（1）节省作业交换费用。作业交换费用是指生产过程中更换批量时调整设备所产生的费用。作业的频繁更换会耗费设备和工人的大量时间，新作业刚开始时也容易出现较多的产品质量问题，这些都会导致成本增加。而通过持有一定量的在制品库存，可以加大生产批量，从而减少作业交换次数，节省作业交换费用。

（2）提高人员与设备的利用率。持有一定量的库存可以从三个方面提高人员与设备的利用率。其一是减少作业更换时间，这种作业不增加任何附加价值；其二是防止某个环节零部件供应缺货导致生产中断；其三是当需求波动或季节性变动时，使生产均衡化。

四、库存带来的弊端

一方面，库存在企业物流活动中起着重要的作用；另一方面，库存也会给企业带来不利的影响。库存的弊端主要表现在以下几个方面：

（1）占用企业大量资金。通常情况下，库存会达到企业总资产的20%～40%，库存管理不当会形成大量资金的沉淀。

（2）增加了企业的产品成本与管理成本。库存材料的成本增加直接增加了产品成本，而相关库存设备、管理人员的增加也加大了企业的管理成本。

（3）掩盖了企业众多管理问题，如计划不周、采购不利、生产不均衡、产品质量不稳定等。用比较形象化的比喻来说，这就好像高水位掩盖了河水下的暗礁，但如果河水水位降低了，一些暗礁就会暴露出来，容易造成触礁事故（如企业生产的中断）。

五、库存的目标

如果不对库存进行控制，可能会既满足不了经营的需要，同时又造成大量的存货积压，占用大量的库存资金。库存管理涉及库存各个方面的管理，它的目标是以最合理的成本为用户提供所期望水平的服务。

库存的全部成本不仅包括直接成本（如保管、保险、税费等），还包括库存占用的资金成本。因为库存占用资金，所以良好的库存管理应该提高客户服务水平，提高销售比率、利润和流动资金利用率而不用借款。那么，最好的库存管理就是平衡库存成本与库存收益的关系，决定一个合适的库存水平，使库存占用的资金比投入其他领域的收益更高。

要实现库存的目标，必须对库存成本进行详细的分析，使企业确定的库存水平既能满足经营的需要，又能使库存成本最小化。

第二节　库存成本分析

库存管理的任务是用最少的费用在适宜的时间和适宜的地点获取适当数量的原材料、消耗品或最终产品。库存是包含经济价值的物质资产，购置和储存都会产生费用。库存成本是在建立库存系统时或采取经营措施所造成的结果，是物流总成本的一个重要组成部分。物流成本的高低常常取决于库存成本的大小。库存成本主要包括以下方面：购入成本、库存持有成本、订货成本、保管（储存）成本及缺货成本。

一、库存持有（存储）成本

库存持有成本（Holding Cost）是指为了保持库存而发生的成本，可以分为固定成本和变动成本。固定成本有仓库折旧、保管员固定工资等，和库存数量的多少无关；变动成本有空间成本、资金成本、库存服务成本和库存风险成本，和库存数量的多少有直接关系。

1. 空间成本

空间成本（Space Costs）是指因占用存储建筑内立体空间所支付的费用，如租赁、取暖、照明等。这项成本随情况不同有很大变化。例如，原材料经常是直接从火车卸货并露天存储，而产成品则要求更安全的搬运设备及更复杂的存储设备。

如果是租借的空间，存储费用一般按一定时间内存储产品的重量来计算。如果是自有仓库或合同仓库，空间成本取决于分担的运营成本，这些运营成本与存储空间有关（如供暖和照明）；同时还取决于与存储量相联系的固定成本，如建筑和存储设施成本。计算在途库存的持有成本时，不必考虑空间成本。

2. 资金成本

资金成本（Capital Costs）是指库存占用资金的成本。它有时也被称为利息成本或机会成本，是库存资本的隐含价值。资金占用成本反映失去的盈利能力。如果资金投入其他方面，就会要求取得投资回报，因此，资金占用成本就是这种未取得的回报的费用。

资金成本是库存持有成本的一个最大组成部分，可占到库存持有成本的80%以上（见表8-1）。

同时，资金成本也是库存持有成本中最捉摸不定、最具主观性的意向。其原因有：①库存是短期资产和长期资产的混合，有些存货仅为满足季节性需求服务，而另一些则为迎合长期需求而持有；②从优惠利率到资金的机会成本，资金成本差异巨大。

表 8-1　库存持有成本各成本因素的相对比重

成本因素	相对比重
利息和机会成本	82.00%
仓耗	14.00%
储存和搬运	3.25%
财产税	0.50%
保险	0.25%
总计	100.00%

3. 库存服务成本

库存服务成本（Inventory Service Costs）主要是指保险和税金。保险作为一种保护措施，帮助企业预防意外事件所带来的损失。根据产品的价值和类型，产品丢失或损失的风险高，就需要较高的风险金。另外，许多国家将库存列入应税的财产，高水平库存导致高税费。库存税按评估当天的库存水平计征。

4. 库存风险成本

在保有库存的过程中，一部分存货会被污染、损坏、腐烂、被盗或由于其他原因不能使用。作为库存持有成本的最后一个主要组成部分，库存风险成本（Inventory Risk Costs）反映了这种非常现实的可能性。与之相关的成本可以用产品价值的直接损失来计算，也可用重新生产产品或从备用仓库供货的成本来估算。

5. 库存持有成本与库存水平的关系

随着库存水平的增加，年储存成本将随之增加，也就是说，储存成本是可变动成本，与平均存货数量或存货平均值成正比。

二、订货成本和生产准备成本

1. 订货成本

订货成本（Ordering Cost）是指企业为了实现一次订货而进行的各种活动的费用。具体来讲，它包括提出请购单、分析供应商、填写采购订货单、来料验收、跟踪订货以及完成交易所必需的业务（差旅、电报电话、邮资、文书）等各项费用。这些成本很容易被忽视，但在考虑涉及订货、收货的全部活动时，这些成本很重要。

2. 生产准备成本

生产准备成本（Set Cost）是指为生产订购的物品而调整整个生产过程的成本。它通常包括准备工作命令单、安排作业、生产前准备、更换或增添设备和质量验收等费用。

3. 订货成本和库存持有成本的关系

订货成本和库存持有成本随着订货次数或订货规模的变化而呈反方向变化。随着订货规模（或生产数量）的增加，持有成本增加，而订货（或生产准备）成本降低，总成本线呈 U 形。其关系如图 8-2 所示。

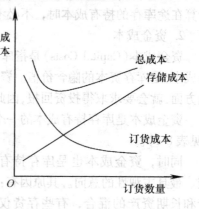

图 8-2　存货成本与订货规模的关系

三、缺货成本

缺货成本（Out-of-Stock Costs）是指由于库存供应中断而造成的损失。它包括原材料供应中断造成的停工损失、产成品库存缺货造成的延迟发货损失和丧失销售机会的损失（还包括商誉损失）；如果企业以紧急采购代用材料来解决库存材料的中断之急，那么缺货成本表现为紧急额外购入成本（紧急采购成本大于正常采购成本的部分）。当一种产品缺货时，客户就会购买竞争对手的产品，那么就对企业产生直接利润损失；如果失去客户，还可能为企业造成间接或长期成本。在供应物流方面，原材料、半成品或零配件的缺货，意味着机器空闲甚至关闭全部生产设备。

当企业的客户得不到全部订货时，称为外部短缺；当企业内部某个部门得不到全部订货时，称为内部短缺。外部短缺会发生延期交货、失销、失去客户三种情况。

1. 延期交货

如果缺货商品延期交货，会发生特殊订单处理和运输费用，延期交货的特殊订单处理费用要比普通处理费用高。由于延期交货经常是小规模装运，运输费率相对高，而且可能需要利用速度快、收费高的运输方式运送延期交货商品。

2. 失销

当出现缺货时，如果客户选择收回其购买要求，而转向其他供货商，就产生了失销。失销成本就是本应获得的这次销售的利润，也可能包括缺货对未来销售造成的消极影响。

3. 失去客户

当客户永远转向另一个供货商时，企业就失去了客户。如果失去了客户，企业就失去了未来一系列收入，这种缺货造成的损失难以估计，需要用管理科学的技术以及市场营销的研究方法来分析和计算。除了利润损失，还有由于缺货造成的信誉损失。信誉很难度量，在库存决策中常常被忽略，但它对未来销售及企业经营活动非常重要。

四、库存成本的计算及合理控制

1. 库存持有成本的计算

由于库存持有成本中的固定成本是相对固定的，与库存数量没有直接关系，所以这里只讨论变动成本的计算。计算一种单一库存产品的库存成本步骤如下：①确定这种库存产品的价值；②估算每一项储存成本占产品价值的百分比，将各百分比数相加，得到库存持有成本占产品价值的比例（产品价值百分比）；③用产品价值百分比乘以产品价值，这样就可以估算出保管一定数量库存的成本。

2. 缺货成本的计算

如果发生外部短缺，计算步骤如下：①分析发生缺货可能产生的后果，包括延期交货、失销和失去客户；②计算与可能结果相关的成本，即利润损失；③计算一次缺货的成本。

如果发生内部短缺，可能引起整个生产线停工，这时的缺货成本可能非常高，这就要求制造企业对由于原材料或零配件缺货造成停产的成本有全面的理解。其计算步骤如下：①确定每小时或每天的生产率；②计算停产造成的产量减少；③得出利润的损失量。

3. 库存成本的合理控制

合理控制库存成本，一般涉及预测、制订需求计划、评审、下生产订单、下采购订单、组织生产、生产资料和成品的物流配送等一系列环节。显然，一个与优化的流程相匹配的信息系统，是准确执行的保证。而相关的基础数据，如详细的业务报表、存货统计、产品结构资料等，则是这些系统正确运行的前提。为了提高企业的效率，实现企业与客户有效的沟通，降低库存成本，最终达到零库存的目标，应该努力实现以下的目标：企业转变观念，建立战略伙伴关系；加快企业信息系统的建设；采用先进的供应链库存管理技术与方法，提高管理水平；充分利用第三方物流资源，努力发展本企业核心竞争力；加速企业电子商务的发展，特别是电子商务在供应链物流中的运用。

第三节　库存控制与管理方法

一、库存管理思想

1. 拉动式库存管理法

拉动式库存管理法（Pull Inventory Management Philosophy）认为，每一个存储点（如一个仓库）都独立于渠道中其他所有的仓库。预测需求、决定补给量时都只考虑本地点的因素，而不直接考虑各个仓库不同的补货量和补货时间对采购工厂成本节约的影响，但该方法却可以对每个储存点的库存精确控制。拉动式库存管理思想在供应渠道的零售环节特别普遍，超过60%的耐用消费品和将近40%的非耐用消费品都采用该方法补货。

2. 推动式库存管理法

如果各地点的库存单独进行决策，那么补货批量和补货时间不一定能够与生产批量、经济采购量或最小订货量很好地协调起来。推动式库存管理法（Push Inventory Management Philosophy）克服了这种缺点，这种方法根据每个储存点的预测需求、可用的空间或其他一些标准分配补货量。其中，库存水平的设定是根据整个仓库系统的情况统一决定的。一般地，当采购或生产的规模经济收益超过拉动管理法实现的最低总库存水平带来的收益时，就可以采用推动式库存管理方法。此外，为了更好地进行整体控制可以集中管理库存，利用生产和采购规模经济来决定库存水平以降低成本，在总体需求的基础上进行预测，然后分摊到每个储存点来提高准确性。

这两种库存管理方法的区别，如图8-3所示。

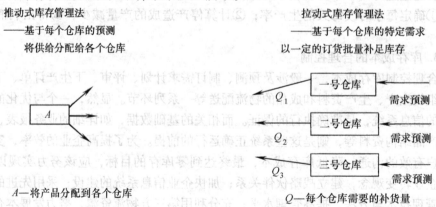

图8-3　拉动式与推动式库存管理思想

二、库存控制目标

库存问题不是孤立的，它和营销问题、仓库问题、生产问题、材料运输问题、采购问题、财务问题等都有千丝万缕的联系，因此，库存管理所涉及的目标并不完全一致，有些甚至是互斥的目标。库存问题是企业内部不同职能部门间矛盾的根源，这种矛盾是由于不同职能部门在涉及存货的使用问题上负有不同的任务而引起的。表8-2表明了各部门对库存的态度。

表8-2　各部门互斥的目标

职能部门	职能	库存目标	库存量的倾向
营销	出售产品	良好的客户服务	高
生产	制造产品	有效的批量	高
采购	采购所需材料	单位成本低	高
财务	提供流动资金	资金的有效利用	低
工程	设计产品	避免陈旧	低

由此可以看出，各部门对库存的要求不是完全一致的，甚至互相抵触。但是，从企业整体来看，库存控制的总体目标是在库存投资和对客户的服务水平以及保证企业的有效经营之间寻求一个平衡点，在这个平衡点上，企业能够以最少的投资达到较高的客户服务水平并且保证企业正常经营。

为了要实现库存控制目标，就要运用科学的库存管理方法。

三、库存控制模型

1. 库存控制问题的分类

为研究方便，可对库存控制问题进行如下分类：①根据是否重复订货，将其分为一次性和重复性订货；②根据供应来源，将其分为外部供应与内部供应；③根据对未来需求量的知晓程度，将其分为不变需求量和可变需求量；④根据对前置时间的知晓程度，将其分为不变前置时间和可变前置时间；⑤根据所采取库存控制系统的类型，将其分为固定订货量系统、固定订货间隔期系统、一次订货量系统和物料需求计划系统。

除了上述分类以外，还有其他的分类方法。为了有助于解决库存控制问题，应建立一些相关的数学模型。由于绝对精确地用数学模型来描述实际问题是不可能的，所以在建立模型的过程中，有必要进行一些合乎情理的逼近和约简，这种与实际的偏差，在实践中是不可避免的。这是因为：①完全无误地描述客观世界是不可能的；②对实际情况作出非常逼近的近似在数学上是很困难的；③建立非常精确的模型耗费巨大，将会得不偿失。模型与实际情况的贴合程度必须建立在它的假设和限制条件的合理性基础上。

2. 定量订货模型

本节介绍在库存系统中以数量为基础的各种确定型模型，这些模型适用于物品独立的需求足够稳定和希望经常保持库存的组织。所谓确定是指物品的需求率是已知和确定的，补充供应的前置期固定，并与订货批量无关。虽然在实际中遇到的库存控制问题很难满足确定型模型的假设条件，但是对于描述库存现象来说，确定型通常是很好的逼近。这些假设与现实有些不符，但它们为人们提供了一个研究的起点，并使问题简单化。

定量订货库存控制也称订货点控制，如图 8-4 所示。

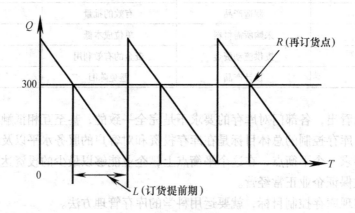

图 8-4　定量订货库存控制

图 8-4 中，Q 是每次的订货量，L 为订货提前期，R 为订货点。定量订货就是预先设定一个重新订货点（如图中 R），在日常管理中，连续不断地监控库存水平，当库存水平降低到订货点时就发出订货通知，每次按相同的订货批量 Q 补充订货。

（1）经济订货批量的确定。计算经济订货批量的目的是为了平衡订货成本和持有成本之间的关系，使得库存总成本最小。使库存总成本最小的订货批量称为经济订货量。为了确定经济订货量，需先作一些假设：

1）需求稳定，单位时间内的系统需求恒定。

2）订货提前期 L 不变。

3）每次订货批量 Q 一定。

4）每批订货一次入库，入库过程在极短时间内完成。

5）订货成本、单件存储成本和单价固定不变。

6）不允许出现缺货现象。

在上述条件下，系统的库存储备随时间的变化情况如图 8-5 所示，此时，库存控制决策的目的就是要确定合适的订货批量 Q 与订货点 R，最终降低库存总成本。由于不会出现缺货现象且物资采购单价固定不变，导致购置成本固定不变，缺货成本为零，均可以不予考虑，仅考虑订货成本和存储成本对总库存成本的影响。

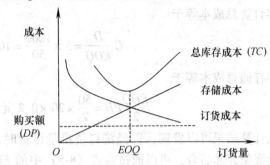

图 8-5　经济批量模型

现暂定计划期为一年，年需求量为 D，订货批量为 Q，每次订货的成本为 C，物品的定购单价为 P，年存储费率为 H。此时，年订货次数等于 D/Q，平均库存量为 $Q/2$，年订货成本可用公式表述为

$$年订货成本 = C\frac{D}{Q} \tag{8-1}$$

年存储成本则为

$$年存储成本 = PH\frac{Q}{2} \tag{8-2}$$

年库存总成本 TC 为年订货成本与年存储成本之和，即

$$TC = C\frac{D}{Q} + PH\frac{Q}{2} \tag{8-3}$$

利用微分法进行求解，对决策变量 Q 求一阶导数，并令其为零，可得 Q 的最优解 EOQ

$$\frac{\partial(TC)}{\partial Q} = -\frac{DC}{Q^2} + \frac{PH}{2} = 0 \tag{8-4}$$

$$EOQ = \sqrt{\frac{2DC}{PH}} \tag{8-5}$$

对式（8-4）再次求导，得到年库存总成本的二阶导数为

$$\frac{\partial^2(TC)}{\partial Q^2} = \frac{2DC}{Q^3} \tag{8-6}$$

从式（8-6）中可见，由于 C、D、Q 均大于零，故始终有 $\partial^2(TC)/\partial Q^2 > 0$，由此证明式（8-5）求得的订货量 EOQ 是使年库存总成本最小的经济订货批量。

例 8-1　某企业每年需要耗用 1000 件的某种物资，现已知该物资的单价为 20 元，同时已知每次的订货成本为 5 元，每件物资的年存储费率为 20%。试求经济订货批量、年订货总成本以及年存储总成本。

解： 经济订货批量等于

$$EOQ = \sqrt{\frac{2DC}{PH}} = \sqrt{\frac{2 \times 1000 \times 5}{20 \times 0.2}} \text{件} = 50 \text{件}$$

年订货总成本等于

$$C\frac{D}{EOQ} = 5 \times \frac{1000}{50} = 100 \text{元}$$

年存储总成本等于

$$\frac{EOQ}{2}PH = \frac{50}{2} \times 20 \times 0.2 \text{元} = 100 \text{元}$$

从计算结果可以发现，以经济订货批量订货时，年订货总成本与年存储总成本相等。此现象并非巧合，可以通过将式（8-5）中的 EOQ 分别代入订货成本与存储成本，发现二者此时确实相等。

经济批量模型中，作为参数的每次订货成本和单位货物的保管仓储成本往往难以精确地加以估算。因此，需要分析各个参数的变化对结果（总库存成本）的影响程度，即需要进行灵敏度分析。如果每个参数的变化对结果的影响很大，则需要对该参数进行非常精确的估算，这样才能计算出正确的经济批量。另外，上述模型是建立在许多假定基础上的简单模型，如果考虑到实际情况的复杂性，需要对该模型进行修正。

下面进一步分析不同情况对经济订货批量的影响。

1）需求变化对经济订货批量的影响。这是分析在年需求量不变，而将物品放在不同地点保存时，对经济订货批量的影响。

例 8-2 某公司物品的年需求量为 3000 单位，订购成本为每次 20 元，单位成本 12 元，库存持有成本百分比为 25%。当该物品的保存地点为 1 个仓库和 2 个仓库的情况下，其经济订货批量、年总成本各为多少？

解： 首先，当保存在 1 个仓库时，经济订货批量、库存总费用分别为

$$Q_0 = \sqrt{\frac{2 \times 20 \times 3000}{12 \times 0.25}} \text{单位} = 200 \text{单位}$$

$$\text{平均库存} = \frac{200}{2} \text{单位} = 100 \text{单位}$$

$$\text{订货频率} = \frac{3000}{200} \text{单位} = 15 \text{次}$$

$$\text{库存总费用} = (300 + 300) \text{元} = 600 \text{元}$$

另外，当保存在 2 个仓库时，经济订货批量、库存总费用分别为

$$Q_0 = \sqrt{\frac{2 \times 20 \times 1500}{12 \times 0.25}} \text{单位} = 141 \text{单位}$$

$$每个地点的平均库存 = \frac{141}{2}单位 \approx 70 \ 单位$$

$$总的平均库存 = 70 \times 2 单位 = 140 \ 单位(比原来1个$$
$$地点的平均库存100 多了40\%)$$

$$每个地点的订货频率 = \frac{1500}{141} = 10.6 \ 次(原来为15次)$$

$$每个地点的订货费用 = 10.6 \times 20 \ 元 = 212 \ 元$$

$$每个地点的库存持有成本 = 70 \times 12 \times 25\% \ 元 = 210 \ 元$$

$$每个地点的库存总费用 = (212 + 210)元 = 422 \ 元$$

$$库存总费用 = 422 \times 2 \ 元 = 844 \ 元$$

将上述的计算结果在表 8-3 中进行比较。

表 8-3　计算结果的比较表

库存地点	经济订货批量	订货次数(每个地点)	库存总成本
1个	200	15	600
2个	141	10.6	844

从计算结果可以看出，在年需求总量不变的情况下，随着存货地点的增加，库存总成本在随之增加。这也是为什么企业会采用集中库存的一个原因。

2) 数量折扣条件下的经济批量模型。供应商为了吸引顾客一次购买更多的商品，往往规定对购买数量达到或超过某一数量标准时给予顾客价格上的优惠，这个事先规定数量标准称为折扣。在数量折扣的条件下，由于折扣之前的单位购买价格与折扣之后的单位购买价格不同，因此，必须对经济批量模型进行必要的修正。

在多个折扣点的情况下（见表 8-4），依据确定条件下的经济批量模型计算最佳订货量（EOQ）的步骤如下：

表 8-4　多重价格折扣

折扣点	$Q_0 = 0$	Q_1	…	Q_t	…	Q_n
折扣价格	P_0	P_1	…	P_t	…	P_n

a. 计算最后折扣区间（第 n 个折扣点）的经济批量 EOQ_n，与第 n 个折扣点 Q_n 进行比较。

b. 计算第 t 个折扣区间的经济批量 EOQ_t。

如果 $Q_t \leqslant EOQ_t < Q_{t+1}$，则计算经济批量 EOQ_t 和折扣点 Q_{t+1} 对应的总库存成本 TC_{EOQ} 和 TC_{t+1}。比较 TC_{EOQ} 和 TC_{t+1} 的大小，如果 $TC_{EOQ} \geqslant TC_{t+1}$，则令 $EOQ_t = Q_{t+1}$。

如果 $EOQ_t < Q_t$，则令 $t = t+1$，重复上述第二个步骤，直到 $t = 0$，其中 $Q_0 = 0$。

例 8-3　假设物品的单价随每次的订货量增加而略有下降：当订货批量不超过 40 件时，单价为 22 元；订货批量在 41～80 件时，单价为 20 元；订货批量超过 80 件时，单价为 18 元。试求此种条件下的经济订货批量是多少。

解：首先，用不同的单价可以得到三条不同的库存成本曲线，如图 8-6 所示。

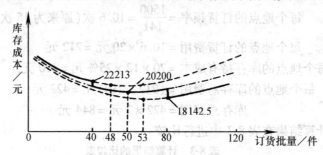

图 8-6　不同的单价时的库存成本曲线

当单价为 22 元时

$$EOQ = \sqrt{\frac{2 \times 1000 \times 5}{22 \times 0.2}} \text{件} = 47.67 \text{件} \approx 48 \text{件}$$

此曲线在 0～40 件的订货量区间内有效。以 Q 表示订货批量，可以看出，在此区间内，订货批量 $Q = 40$ 件时，总库存成本最低

$$TC = \left(22 \times 0.2 \times \frac{40}{2} + 1000 \times \frac{5}{40} + 22 \times 1000\right) \text{元} = 22213 \text{元}$$

当单价为 20 元时

$$EOQ = 50 \text{件}$$

此曲线在 41～79 件的订货量区间内有效。由于经济批量等于 50 件，正好在有效区间内，故最低总库存成本为

$$TC = \left(20 \times 0.2 \times \frac{50}{2} + 1000 \times \frac{5}{50} + 20 \times 1000\right) \text{元} = 20200 \text{元}$$

当单价为 18 元时

$$EOQ = 52.7 \text{件} \approx 53 \text{件}$$

此曲线在 80～1000 件的订货量区间内有效。当订货批量 $Q = 80$ 件时总库存成本最低，即

$$TC = \left(18 \times 0.2 \times \frac{80}{2} + 1000 \times \frac{5}{80} + 18 \times 1000\right) \text{元} = 18142.5 \text{元}$$

图 8-6 反映出上述三条库存曲线间的相互位置，三条曲线的实线段拼接出整个问题

完整的有解区间，整个有解区间中，成本最低点所对应的订货量便是此时的经济订货批量，即每次订货 80 件可以使总库存成本最低。

（2）订货点的确定。确定经济订货批量，为管理者选择合适的订货批量及订货间隔期、作出正确的库存控制决策提供了辅助决策信息。下一步工作是在确定订货批量及订货间隔期的基础上，确定何时发出订货指令，即确定订货点。

从图 8-4 表述的确定性固定订货量系统特点可见，由于需求稳定，单位时间内的系统需求 d 恒定已知，且假定从发出订货指令到交货的时间间隔，即订货提前期 L 一定，因此，订货点处的库存储备量 R 可以通过 d、L 计算确定

$$R = dL \tag{8-7}$$

式中，d 为单位时间内的系统需求，常用日需求量；L 为订货提前期，常用日为单位。

例 8-4　以例 8-1 数据为背景，假定每年有 250 个工作日，订货提前期为 10 天。求其订货点的库存储备量。

解：订货点的库存储备量为

$$R = dL = \frac{1000}{250} \times 10 \text{ 件} = 40 \text{ 件}$$

3. 定期订货控制系统

（1）固定订货间隔期系统的运行机制。固定订货间隔期系统是以时间为基础的系统，其运行机制可叙述如下：每隔固定的时间周期 T 就检查库存，确定库存余额并发出订货，订货批量等于最高库存数量与库存余额的差。这种系统由订货间隔期和最高库存数量这两个变量完全确定。与固定订货量系统相比，固定订货间隔期系统不要求保持连续的库存记录，因而又称为间断库存系统。由于订货间隔期 T 固定，也将固定间隔期系统称为 T—系统。

根据固定订货间隔期系统的运行机制可以看出，当物品的需求率不变时，各个订货间隔期的需求量相同，从而每次的订货批量也相同。对于单项物品的库存控制而言，这种情况下采用固定订货间隔期系统与采用固定订货量系统等效。当需求率不完全均匀时，虽然订货仍是按相等的时间间隔发出，但订货批量随各次订货之间耗用率的变化而各不相同。

在定期订货系统中，库存只在特定的时间进行盘点，如每周一次或每月一次。当供应商走访顾客并与其签订合同，或某些顾客为了节约运输费用而将其订单合在一起的情况下，必须定期进行库存盘点和订购。另外，一些公司实行定期订货系统是为了促进库存盘点。例如，销售商 A 每两周打来一次电话，则员工就明白所有销售商 A 的产品都应进行盘点了。

在定期订货系统中，不同时期的订购量不尽相同，订购量的大小主要取决于各个时

期的使用率，它一般比定量订货系统要求更高的安全库存。定量订货系统是对库存连续盘点，一旦库存水平到达再订购点，立即进行订购，相反地，标准定期订货模型是仅在盘点期进行库存盘点。它有可能在刚订完货时由于大批量的需求而使库存降至零，这种情况只有在下一个盘点期才被发现，而新的订货需要一段时间才能到达。这样，有可能在整个盘点期 T 和提前期 L 会发生缺货。所以，安全库存应当保证在盘点期和提前期内不发生缺货。

针对定量订货费用较大、工作量较大的缺陷，定期订货控制系统按照预先确定的时间间隔，周期性地检查库存量，随后发出订货，将库存补充到目标水平，如图 8-7 所示。

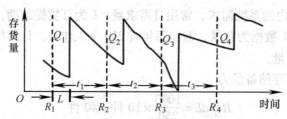

图 8-7　定期订货控制系统

图 8-7 中的 Q_1，Q_2，Q_3，Q_4 是各次的订货量，T 是库存检查周期，L 仍为订货提前期，且 $t_1 = t_2 = t_3$。定期订货没有订货点，每次只按预定的周期检查库存，依据目标库存和现有库存情况，计算出需要补充的数量 Q，然后按订货提前期发出订货，使库存达到目标水平。

（2）基本经济订货间隔期模型（EOI）。在确定型库存模型中假设物品的需求率是连续均匀的，补充供应的前置时间也是固定的。

固定订货间隔期系统的基本问题是确定订货间隔期 T 和最高库存数量 E。对于基本经济订货间隔期模型而言，其假设和基本经济订货量模型的假设相同。年库存总成本可分析计算如下

$$TC = DP + mC + \frac{DPH}{2m} = DP + \frac{C}{T} + \frac{DHPT}{2} \tag{8-8}$$

式中，D 为年需求量；m 为每年订货或检查次数；P 为物品的单价；C 为每次订货成本；H 为年储费率；T 为订货间隔期，以年计。

今年总成本对订货间隔期 T 的一阶导数等于零，得出经济订货间隔期为

$$T_0 = \sqrt{\frac{2C}{DHP}} \tag{8-9}$$

最优年检查次数为

$$m_0 = \frac{1}{T_0} = \sqrt{\frac{DHP}{2C}} \qquad (8\text{-}10)$$

在确定性的情况下，固定订货间隔期系统与固定订货量系统之间没有区别，因为这时两种系统有相同的订货间隔期和订货量，即

$$Q_0 = DT_0 = D\sqrt{\frac{2C}{DHP}} \qquad (8\text{-}11)$$

设检查期的库存余额为 I，订货批量 $Q = E - I$，从而 $E = Q + I$。在确定性情况下，前置时间内物品消耗量为 I，订货间隔期内物品消耗量为 Q，故最高库存数量由下式给出

$$E = R(T + L) \qquad (8\text{-}12)$$

当订货间隔期和前置时间均以日给出，且一年内有 N 个作业日时，可用下式计算最高库存数量

$$E = \frac{D(T + L)}{N} \qquad (8\text{-}13)$$

用经济订货间隔期 T_0 代替年总成本表达式的 T，得到最低年总成本公式如下

$$TC_0 = DP + DHPT_0 \qquad (8\text{-}14)$$

例 8-5　某制造公司每年以单价 10 元购入 8000 单位的某种物品。每次订货的订货成本为 30 元，每单位每年的储存成本为 3 元。若前置时间为 10 日，一年有 250 个作业日，求经济订货间隔期，最高库存数量和年总成本各为多少。

解：经济订货间隔期为

$$T_0 = \sqrt{\frac{2C}{DHP}} = 0.05 \text{ 年} = 12.5 \text{ 天}$$

最高库存数量为

$$E = \frac{D(T + L)}{N} = \frac{8000(12.5 + 10)}{250} \text{单位} = 720 \text{ 单位}$$

年总成本为

$$TC_0 = DP + DHPT_0 = \frac{8000 \times 10 + 8000 \times 3 \times 12.5}{250} \text{元} = 81200 \text{ 元}$$

即 12.5 日就应检查订货一次。

4. 两种库存系统的比较

两者的基本区别在于定量订货模型是"事件驱动"，而定期订货模型是"时间驱动"。也就是说，定量订货模型在达到规定的再订货水平的事件发生后，就进行订货，这种事件有可能随时发生，主要取决于对该物资的需求情况；相比而言，定期订货模型

只限于在预定时期的期末进行订货，是由时间来驱动的。

运用定量订货模型时（当库存量降低到再订购点 R 时，就进行订货），必须连续监控剩余库存量，因此，定量订货模型是一种永续盘存系统，它要求每次从库存里取出货物或者往库存里增添货物时，必须刷新记录以确认是否已达到再订购点；而在定期订货模型中，库存盘点只在盘点期发生。两种系统的比较如表 8-5 所示。

表 8-5 定量订货模型与定期订货模型的比较

特 征	定量订货模型	定期订货模型
订购量	Q 是固定的(每次订购量相同)	q 是变化的(每次订购量不同)
何时订购	R，即在库存量降低到再订购点时	T，即在盘点期到来时
库存记录	每次出库都作记录	只在盘点期记录
库存大小	比定期订货模型小	比定量订货模型大
维持所需时间	由于记录持续，所以较长	
物资类型	昂贵、关键或重要物资	
适用范围	需求相对稳定的 C 类物资；电子采购	稳定的、可预测的需求且价值低、小批量的物品

（1）定期订货模型平均库存较大，以防在盘点期（T）发生缺货情况；定量订货模型没有盘点期。

（2）因为平均库存量较低，所以定量订货模型有利于贵重物资的库存。

（3）对于重要的物资如关键维修零件，定量订货模型将更适用，因为该模型对库存的监控更加密切，这样可以对潜在的缺货更快地做出反应。

（4）由于每一次补充库存或货物出库都要进行记录，维持定量订货模型需要的时间更长。

（5）定量订货系统着重于订购数量和再订购点，每次每单位货物出库，都要进行记录，并且立即将剩余的库存量与再订购点进行比较。如果库存已降低到再订购点，则要进行批量为 Q 的订购；如果仍位于再订购点之上，则系统保持闲置状态直到有再一次的出库需求。对于定期订货系统，只有当库存经过盘点后才作出订购决策。是否真正订购依赖于进行盘点那一时刻的库存水平。

5. ABC 分类法

在有些公司中，有数万种存货，如果对每种存货都进行详细的库存控制是不经济的。用不断地盘点、发放订单、接收订货等工作来维持库存，要耗费大量的时间和资金。当资源有限时，企业很自然地就会试图采用最佳的方式对库存进行控制。换句话说，此时企业库存控制的重点应该集中于重要物品。

19 世纪，意大利经济学家帕累托在研究社会财富的分布时发现，20% 的人口控制了 80% 的财富。这一现象被概括为"重要的少数，次要的多数"现象。在库存方面，库存物资占用的资金量的分布情况，与帕累托曲线分布非常相似。在库存中，往往少数几种库存物资占用了大部分的流动资金，这些物资无疑是库存成本控制的重点，作好这些重点物资的控制与管理，便作好了整个企业的库存管理。基于上述认知，物资管理的 ABC 分类法应运而生。

（1）ABC 分类法的基本思路及原理。该方法的基本思路是，将企业的库存物资按其占用资金的多少，依次划分为 A 类、B 类和 C 类，并通过对不同的库存物资采用不同的管理方法，增强管理的针对性，达到简化管理程序，提高管理效率的目的。

ABC 分类法的基本原理是按照所控制对象价值的不同或重要程度将其分类，通常根据年耗用金额（存货价值或数量×成本）将物品分为三类。

（2）ABC 分类法的步骤。其步骤如下：

1）收集数据。对库存物品的平均占用资金进行分析，以了解哪些物品占用资金多，以便实行重点管理。应收集的数据包括每种库存物资的平均库存量、每种物资的单价等。

2）处理数据。单价乘以平均库存，求算各种物品的平均资金占用额。

3）制作 ABC 分析表。ABC 分析表如表 8-6 所示。

表 8-6 ABC 分析表

物品名称					
品目数累计					
品目数累计百分数					
物品单价					
平均库存					
单价×平均库存					
平均资金占用额累计					
平均资金占用累计百分数					

制表按照下述步骤进行：将第二步已求出的平均资金占用额，以大排队方式，由高至低填入表中第六栏；以此栏为准，将相当物品名称填入第一栏、物品单价填入第四栏、平均库存填入第五栏、在第二栏中按 1、2、3、4……编号，则为品目累计；此后，计算品目数累计百分数，填入第三栏；计算平均资金占用额累计，填入第七栏；计算平均资金占用额累计百分数，填入第八栏。

4）根据 ABC 分析表确定分类。按 ABC 分析表，观察第三栏累计品目百分数和第八栏平均资金占用额累计百分数，将累计品目百分数为 5% ~15% 而平均资金占用额累计百分数为 60% ~80% 的前几个物品，确定为 A 类；将累计品目百分数为 20% ~30%，而平均资金占用额累计百分数也为 20% ~30% 的物品，确定为 B 类；其余为 C 类，C 类情况正和 A 类相反，其累计品目百分数为 60% ~80%，而平均资金占用额累计百分数仅为 5% ~15%。

5）绘制 ABC 分析图。以累计品目百分数为横坐标、累计资金占用额为纵坐标，按 ABC 分析表第三栏和第八栏所提供的数据，在坐标图上取点，并联结各点曲线，则绘成如图 8-2 所示的 ABC 曲线。按 ABC 分析表确定 A、B、C 三个类别的方法，在图上标明 A、B、C 三类，则制成 ABC 分析图，如图 8-8 所示。

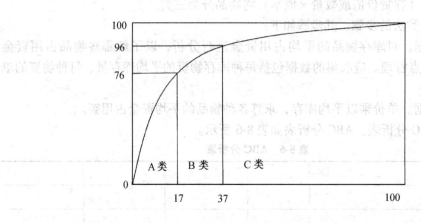

图 8-8 ABC 分类曲线图

如以上按所占金额多少来分类的方法有一定的缺陷，例如，按金额来分类，可能出现某个品种虽然被归为 C 类物资，但却是生产过程中不可缺少的重要部件的现象。一旦发生缺货则会造成生产的停顿。为了弥补按金额大小分类方法的不足，发展出了重要性分析方法（Critical Value Analysis，CVA）。这种方法的基本点是按照工作人员的主观认定对每个库存品种进行重要度打分，评出的分数称为分数值（Point Value），再根据分数值的高低将物资品种划分为 3 ~4 个级别，即最高优先级（Top Priority）、高优先级（High Priority）、中优先级（Medium Priority）和低优先级（Low Priority）。

6）确定重点管理要求。ABC 分析的结果，只是理顺了复杂事物，明确了重点，但是 ABC 分析的主要目的更在于解决困难。因此，在分析的基础上必须提出解决的办法，才能真正达到 ABC 分析的目的，将分析转化为效益。

按 ABC 分析的结果，再权衡管理力量与经济效果，对不同级别的库存进行不同的管理和控制。

A 类库存。这类库存物资数量虽少，但对企业却最为重要，是最需要严格管理和控制的库存。企业必须对这类库存定时进行盘点，详细记录并经常检查分析物资使用、存量增减、品质维持等信息，加强进货、发货、运送管理，在满足企业内部需要和顾客需要的前提下，维持尽可能低的经常库存量和安全库存量，加强与供应链上下游企业合作，降低库存水平，加快库存周转率。

B 类库存。这类库存属于一般重要的库存，对其管理强度应介于 A 类库存和 C 类库存之间，一般进行正常的理性管理和控制。

C 类库存。这类库存物资数量最大，但对企业的重要性最低，因而被视为不重要的库存。对这类库存一般进行简单的管理和控制。例如，大量采购大量库存、减少 C 类库存的管理人员和设施、库存检查时间间隔长等。

对这三类库存的管理和控制要求如表 8-7 所示。

表 8-7 ABC 分类管理

项目/级别	A 类库存	B 类库存	C 类库存
控制程度	严格控制	一般控制	简单控制
库存量计算	依库存模型详细计算	一般计算	简单计算或不计算
进出记录	详细记录	一般记录	简单记录
存货检查频度	很高	一般	很低
安全库存量	低	较大	大量

四、现代库存管理方法——MRP、JIT、ERP

上文介绍了 ABC 法和 EOQ 法等传统的库存管理方法。以经济批量（EOQ）法为代表的传统库存管理方法是建立在"推动式库存管理方法"的基础上。这种推动式的库存管理方法有一个共同的缺点，就是采用这些方法确定的库存水平要么大于要么小于实际所需求的库存，而总不能达到一致。特别是在需求不连续、时常变动或成块间断出现的情况下，这种不一致将会扩大。这样就需要新的思路和新的方法来解决库存问题，实现库存管理的目标。

随着库存管理概念的变化和通信信息技术的发展，出现了许多能有效减少库存、提高顾客服务水平的管理方法和管理技术，如物料需求计划（MRP）、企业资源计划（ERP）、准时制（JIT）等方法。

这些方法在第七章都有详细的介绍，在本章就不再讨论了。

第四节　零库存管理

一、零库存的概念

企业建立存货体系，对生产和经营是有显著作用的，但同时也存在着相当的缺陷。基于此，"零库存"的观念与思想被提出。零库存管理可以追溯到二十世纪六七十年代，当时的日本丰田汽车实施准时制（JIT）生产，在管理手段上采用看板管理、单元化生产等技术实行拉式生产，以实现在生产过程中基本上没有积压的原材料和产成品，这不仅大大降低了生产过程中的库存及资金的积压，而且在实施准时制的过程中，提高了相关生产活动的管理效率。

零库存是一种特殊的库存概念，是库存管理的理想状态。它并不要求企业某些物品的储存量真正为零，而是通过实施特定的库存控制策略，使得物品（包括原材料、半成品和产成品）在采购、生产、销售、配送等一个或几个经营环节中，不以仓库存储的形式存在，而均处于周转的状态，实现供应链节点企业库存量的最优化。这样就可以解决仓库建设、管理费用，在库品的保管、维护、装卸、搬运等费用，人员配备，库存占用的大量流动资金以及在库品的老化、变质等问题，提高库存管理效益。企业可以最大限度地逼近零库存。

零库存的好处是显而易见的，即库存占有资金的减少，优化应收和应付账款，加快资金周转，库存管理成本的降低，以及规避市场的变化及产品的更新换代而产生的降价、滞销的风险等。

二、零库存管理与传统库存管理的区别

二者之间的区别如表8-8所示。

表8-8　零库存管理与传统库存管理的区别

比较项目	传统库存管理	零库存管理
库存行为认识	认为库存对企业极为重要，保持一定数量的库存有助于企业提高效率	认为库存是一种浪费，为掩盖管理工作失误提供方便
库存管理区域	只对企业内部的物流控制	对整个供应链系统的存货进行控制
库存管理重点	强调管理库存成本	强调对存货质量和生产时机的管理

三、零库存的实施环节

零库存管理不仅应用在生产环节，而且延伸到原材料采购、物流配送以及产成品销售环节。在这几个环节实施零库存，各有优点及难点。

1. 采购环节

在采购环节实现零库存的优点和效益有：①能够将原材料库存减少到最低甚至为零，减少原材料库存占用资金和优化应付账款；②能够降低库存管理成本（包括仓库费用、人员费用、呆滞库存等）。

在采购环节实现零库存难点和成本有：①企业为实现采购环节零库存，须与少数几家供应商结成固定关系，甚至是单一供应关系，相对于多元采购会有供应商评价和考核困难，甚至会有意外断档的风险；②小批量供应、运输或配送频率高，会造成较高的物流成本；③要实现采购环节零库存，必须和供应商有良好的即时信息交流，需要有较大的信息化投入；④由于企业计划、市场变化和产品更新等因素，会造成供应商产品积压和报废，影响长久合作的关系。

2. 生产环节

在生产环节实现零库存的优点和效益有：将生产环节中的在制品和半成品降到最低，减少在制品和半成品库存占用资金。

在生产环节实现零库存的难点和成本有：①生产设备需要较大的柔性，生产设备更新的投资成本较高；②需要生产计划和车间作业管理模式的改变，使得生产作业管理软件的投入加大。

3. 配送环节

在配送环节实现零库存的优点和效益有：在配送中做到一体化协同运作，减少中间仓储和搬运等环节，可以将物流成本控制在最低水平。

在配送环节实现零库存的难点和成本有：①在配送中做到一体化协同运作，需要在各协作厂商间建立信息交换平台；②需要有物流配送网络的配套和建设。

4. 销售环节

在销售环节实现零库存的优点和效益有：①按真实的订单生产或者准确的销售预测，将成品库存降到最低甚至零，减少了成品库存占用资金和优化应收账款；②规避了成品因市场变化和产品升级换代而产生的降价风险；③降低库存管理成本（包括仓库费用、人员费用和呆滞库存等）。

在销售环节实现零库存难点和成本有：①按订单生产的销售模式中，会造成客户等待、交货时间的延后，会丧失某些商机；②直销模式需要建立强大的订单处理和客户服务系统；③按销售预测式的生产模式，对销售终端的数据采集和分析要求极高，而这方面的技术和管理成本是巨大的；④小批量、高频率销售，会造成较高的运输或配送等物流成本。

从零库存的这几个实施环节分析来看，实施零库存管理有优点也有难点，企业应该结合本身的实际情况加以选择。事实上，任何管理手段和技术都是需要成本和代价的，明智的企业应该做到投入小与产出大，因为企业总是要有盈利才能够生存。

四、零库存管理的主要运作形式

1. 委托保管方式

委托保管方式是指接受企业的委托，由受托方代存代管货物，从而使企业不再保有库存，从而实现零库存。受托方可以利用其专业的优势，实现较高水平和较低费用的库存管理。而委托企业不再设仓库，减去了仓库及库存管理的大量事务，可以集中力量于生产经营。

2. 协作分包式

协作分包式主要是制造企业的一种产业结构形式，这种结构形式可以以若干分包企业的准时供应，使主企业的供应库存为零；同时主企业的集中销售库存使若干分包劳务及销售企业的销售库存为零。例如，分包零部件制造的企业可采取各种生产形式和库存调节形式，以保证按企业的生产速率，按指定时间送货到企业，使企业不再设一级库存，达到零库存。但是，这种零库存方式主要是靠库存转移实现的，并不能使库存总量降低。

在许多发达国家，制造企业都是以一家规模很大的主企业和数以千百计的小型分包企业组成一个金字塔形结构。主企业主要负责装配和产品开拓市场的指导；分包企业各自分包劳务、分包零部件制造、分包供应和分包销售。

3. 准时制方式

准时制（JIT）方式是依靠有效的衔接和计划达到工位之间、供应与生产之间的协调，从而实现零库存。看板方式是准时制方式中一种简单有效的方式，是日本丰田公司首先采用的。在企业的各工序之间，或在企业之间，或在生产企业与供应者之间，采用固定格式的卡片为凭证，由下一环节基本上按一定的日程表向上一环节订货，并由上一环节按期（如按天或小时）准时给下一环节送货，从而协调关系，做到准时同步，实现零库存。

4. 轮动方式

轮动方式也称同步方式，它是在对系统进行周密设计前提下，使个环节速率完全协调，从而根本取消甚至是工位之间暂时停滞的一种零库存、零储备形式。这种方式是在传送带式生产基础上，进行更大规模延伸形成的一种使生产与材料供应同步进行，通过传送系统供应从而实现零库存的形式。

5. 水龙头方式

这是一种像拧开自来水管的水龙头就可以取水，而无需自己保有库存的零库存形式。它是日本索尼（SONY）公司首先采用的。这种方式经过一定时间的演进，已发展成一种即时供应制度，用户可以随时提出购入要求，采取需要多少就购入多少的方式，供货者以自己的库存和有效供应系统承担即时供应的责任，从而使用户实现零库存。适于这种供应形式实现零库存的物资主要是工具及标准件。

6. 配送方式

这是综合运用上述若干方式采取配送制度保证供应从而使用户实现零库存。

总之，库存控制是企业物流管理面临的一个关键问题，对于企业物流整体功能的发挥起着非常重要的作用。库存是指企业在生产经营过程中，为现在和将来的耗用或者销售而储备的资源。从不同的角度分，库存有不同的种类。库存控制的目的是通过对库存的管理，降低库存成本同时能够保证服务质量。库存成本是指维持库存和不维持库存所花费的代价。库存成本是物流总成本的一个重要组成部分，物流成本的高低常常取决于库存成本的大小。库存成本主要包括库存持有成本、订货或生产准备成本、缺货成本和储存成本。

库存管理方法有很多种，常用的传统库存管理方法有 ABC 分类法和经济订货批量（EOQ）法；现代的库存管理方法主要有 MRP、JIT、ERP 等。

零库存是一种特殊的库存概念，是库存管理的理想状态，它并不要求企业的某些物品的储存量真正为零，而是通过实施特定的库存控制策略，使得物品（包括原材料、半成品和产成品）在采购、生产、销售、配送等一个或几个经营环节中，不以仓库存储的形式存在，而均处于周转的状态，以实现供应链节点企业库存量的最优化。这样就可以解决仓库建设、管理费用，在库品的保管、维护、装卸、搬运等费用，人员配备，库存占用的大量流动资金以及在库品的老化、变质等问题，提高库存管理效益。企业可以最大限度地逼近零库存。

【案例】

JL 实现零库存管理的实践

吉化某厂（简称 JL）建有大型备件库房，由于化工生产的特殊性，设备的备件管理更显得尤为重要。随着公司 ISO 质量体系认证工作的进行，对公司库房管理提出了进一步的要求，即在保证正常生产的情况下，大幅降低库存，减少资金占用，争取实现零库存。对此，相关人员对库房管理工作进行零库存管理的探索实践。

1. 零库存管理的方案

降低库存通过加强管理、合理制定库存是能够实现的，但是零库存工作目标在现有库房管理基础上是无法实现的。只有通过取消库房，即没有库房，现用现采购，才能达到零库存。但完全取消库房，一旦设备出现问题，现用现采购则来不及，所以公司认为库房转移方案是比较现实的。

库房转移即取消公司现有备件库房，备件库房的职能转交给具有一定资质的供应商，即公司原有备件库房变成了供应商的库房，公司原有库存资金、库房管理人员变成了供应商的库存资金、库房管理人员。

在这种备件库房管理工作方式下，计划员根据备件 ABC 管理方法来编制备件的上下限和库存，下达年采购计划，并形成招商文件。由采购部门在年初下达招商信息，通过公开招商的形式确定本年度合作供应商。

供应商确定后，供应商根据本公司编制的备件年采购计划及备件的上下限和库存准备货源形成库房计划。在与供应商合作年度内，计划员每月要给供应商下达月备件变更计划及大修期间的备件计划，供应商要以这些计划为依据及时补充货源。备件领取时，本公司员工拿本公司相应主管部门开具的领用单直接从供应商供应库房中领取，用于设备的维护工作，从而取消了再入本公司库房的管理环节。

2. 方案实施的前提条件和关键要素

实施该方案应具备两个条件：第一，一个公司或一个部门的库房备件数量和资金要达到一定的规模，使供应商看到有利可图，只有这样才能对供应商产生足够的吸引力，使其愿意在该公司投资建库房；第二，JL 公司已建立了较完善的信息化管理平台，该平台可以和供应商的库房管理平台对接，实现对供应商库房的监控，保证不出现断货，保证正常生产。

实施该方案的关键要素如下：

（1）确定供应商。供应商在库房转移方案中起到关键性的作用，其选择的成功与否决定着未来备件能否正常供应，从而影响到工厂是否能正常运行。供应商的选择应采取竞标的方式，同时对供应商的资质要严格审查，避免暗箱操作，减少不必要的支出。在选择了第一供应商之后，还要选择第二供应商。一般情况下，第二供应商不向公司供货，只有在第一供应商没有很好完成供货任务的情况下，公司才向第二供应商订货，第二供应商本年度内不在该公司设立库房。第一、二供应商之间形成了竞争，能够保证供货质量和降低价格。

（2）备件计划制订。计划员要认真制订备件计划。该备件计划是供应商供货和制订其库房库存的唯一依据，制订计划时不仅要根据备件管理原则制订，同时要从本公司和供应商双方利益考虑。公司其他部门无权向供应商直接订货，供应商也无权供应计划外的备件。

（3）对供应商审核监督。在日常的生产过程中，公司相关人员不能认为库房管理就是供应商的事。要借助公司的信息管理系统与供应商库房管理平台相连，对供应商的库房库存要随时了解查询，定期到供应商库房检查审核。只有这样才能使公司领用备件及时，保证公司的正常生产。

（4）领用备件资金的支付。库房转移到供应商后，公司实现了零库存管理，公司库存资金得以盘活，然而库存资金没有因此真正消失，而是转到了供应商处。由于占用了供应商的资金，所以备件领用后要及时的付款给供应商，从而调动供应商的积极性，实现该方案的良好运行。

3. 库房转移方案实施的效果

据统计，JL 公司库房转移前，库房占用资金为 423.3 万元，库管员 8 人，发生供货不及时情况年均在 20 次左右；实施库房转移方案后，当年（2007 年）库房占用资金为 56.3 万，库管员 2 人，发生供货不及时情况 11 次；第二年（2008 年）库房占用资金为 53.2 万，库管员 2 人，发生供货不及时情况 5 次。由统计来看，库房还没有实现零库存，还有 50 万左右备件库房占用，这 50 万元备件主要是一些关键部件、难以采购的和有库存但无法再购买的备件。除去这 50 万元的备件，其他备件基本上都实现了零库存管理。同时，由于供应商供货关系稳定，供货状况明显好转。

由以上统计可以看出，JL 零库存管理的方案取得了较好的经济和管理效果。

（资料来源：改编自李洪海，盛况等. 为实现零库存管理的实践与研究.）

复习思考题

1. 某零售商从分销处购入计算机软件进行销售。为了配合即将进行的促销活动，零售商需要确定一次性购买的最佳订货量。其中一种产品是文字处理软件，特售价是 350 美元。零售商估计销售不同数量产品的概率如下：

数量	50	55	60	65	70	75
概率	0.1	0.2	0.2	0.3	0.15	0.05

从分销商处购买软件的单价为 250 美元，若产品未能售出，退回到分销商处需支付的重新储存费用是购买价格的 20%。

问：零售商的采购批量应为多少？

2. 三种产品的库存有如下特征：

	A	B	C
年平均需求	51000	25000	9000
提前期/周	0.5	0.5	0.5
年库存持有成本	25%	25%	25%
每件的购买价格（运到价）/美元	1.75	3.25	2.50
每订单采购成本/美元	10	10	10

注：年库存将有成本按单价的一定比率来计算。

这些产品的平均资金占用不得超过 3000 美元。产品自不同的供应商购入，且不一起订购。计算订购量，但库存额不得超过投资上限。

3. 简述不同的库存种类。

4. 库存成本主要包括哪些相关成本？

5. 假设你是一个汽车制造企业的物流经理，你会采用何种措施实现"零库存"管理？

实践与思考

1. 确定研究一个企业，这个企业的库存特点是什么？

2. 这个企业库存的重点和难点在哪？

3. 这个企业库存出现了什么问题？

4. 针对出现的问题，可能有什么样的解决方案？

【案例分析】

西尔斯百货：修正零库存原则

"9·11"事件的发生，以及事后采取的交通管制，使美国的商业供应链几乎全面瘫痪。美国连接世界各地的航空运输延迟，东西海岸之间的陆上往来也受到层层安全检查的阻隔。当危机到来时，美国最大的零售商之一西尔斯百货却沉着冷静、坦然应对，最先恢复了自己遍布全国的供应链系统。

西尔斯公司的应急行动小组于当年 9 月 11 日当日成立，随着越来越多交通受阻的报告向潮水一般涌来，葛斯决定启动公司的救灾行动指挥中心。当海外供货受到边境检查的阻拦，延迟交货时，另一应急计划启动。优先处理航运集装箱卸货和拆箱，尤其是要保证装载着已经对市场发布了广告的促销商品的集装箱，以保证各个店铺能够及时获得它们最急需的货品供应。

在接受《商务2·0》杂志采访的时候，葛斯说："不能对零库存产生依赖。一定要在所能控制的范围内多多少少保留一些储备。一个世界级的公司一定要做到这一点，同时又要避免过多的安全库存。现在这个时候，库存能见度的重要性并不亚于零库存。"这其实是对和平时期零库存概念的重大修正。零库存也好，安全库存也好，什么时候调整到一个什么程度，其实完全取决于整条供应链的情况。供应链畅通无阻，当然应该尽量做到零库存（战略储备除外）；倘若供应链受突发事件影响出现波动，尤其是到了物以稀为贵的时候，当然应该竭尽全力保障进货，增加库存。

（资料来源：杨澍. 西尔斯百货：修正零库存原则. 商学院. 2008（6）：69-69.）

案例讨论题：

讨论零库存的适应条件。

第九章　销　售　物　流

企业的物流系统与企业活动中的各种职能（采购、生产、销售等）有密切关系，其中与销售活动的关系更为密切。销售物流是企业为保证本身的经营利益，不断伴随销售活动，将产品所有权转给用户的物流活动。销售物流是企业物流系统的最后一个环节，是企业物流与社会物流的一个衔接点。它与企业销售系统相配合，共同完成产成品的销售任务。本章从销售物流的功能及其重要性出发，介绍销售物流的组织和管理。

第一节　销售物流概述

在现代社会中，市场商品多数是买方市场，销售物流活动带有极强的服务性，以满足买方的要求，销售物流与销售系统配合，共同完成产品的销售。销售往往以送达用户并经过售后服务才算终止，因此，销售物流包括产成品的储存管理、仓储发货运输、订货处理与客户服务等活动。这就需要研究送货方式、包装水平、运输路线等并采取各种诸如少批量、多批次，定时、定量配送等特殊的物流方式达到目的，因而，其研究领域是很宽的。

一、销售物流的概念

销售是企业的主要经营业务之一，更是盈利的重要环节。作为连接生产企业与消费者和用户的销售物流是企业物流与社会物流的另一个衔接点。销售物流与销售系统相互配合共同完成企业的销售和分销任务。

国家标准《物流术语》（GB/T 18354—2006）关于销售物流的这样定义的：企业在出售商品过程中所发生的物流活动。生产企业或流通企业在出售商品时，物品在供方与需方之间的实体流动被称为销售物流。

为满足客户的要求，最终实现销售，销售物流活动带有极强的服务性。销售往往以送达用户并经过售后服务才算终止，因此，销售物流的空间范围很大。企业通过包装、送货、配送等一系列物流实现销售，在这一过程中，需要研究销售物流网络、送货方式、包装水平、运输路线等，并采取各种如少批量、多批次，定时、定量配送等物流方式，以实现企业的销售利润。

二、销售物流的功能

销售物流的起点，一般情况下是生产企业的产成品仓库，经过分销物流，完成长距离、多干线的物流活动，再经过配送，完成市内和区域范围的物流活动，到达企业、商业用户或最终消费者。销售物流是一个逐渐发散的物流过程，这和供应物流形成了一定程度的镜像对称，通过这种发散的物流，使资源得以广泛地配置。

要完成从生产企业的产成品仓库到客户手里的销售，销售物流主要有七个方面的功能：

（1）进行市场调查和需求预测。销售物流包括大量工作，首要任务是进行销售预测，然后在此基础上制订生产计划和存货计划。生产计划明确了采购部门必须订购的原料。这些原料先运到工厂，经过检验接收后存入原材料仓库，而后经生产加工制造成产成品。产成品存货是顾客订购和公司生产活动之间的桥梁。产成品离开生产车间，经由包装、厂内储存、运输前的配货处理，然后再经厂外运输和地区储存，最后送达顾客，并向顾客提供有关服务。调查和预测的对象包括国内外的传统市场、新市场和潜在市场。

（2）开拓市场和制定销售产品的方针和策略。在进行产品销售活动中，开拓市场和制定销售产品的方针和策略是销售物流的一项重要内容，主要包括销售渠道、营销组合、产品定价等。这不仅仅是一个销售方式的问题，而且是一个企业的经营战略问题，因为它直接影响到成本、可能的销售额、产品的定位等问题。

（3）编制销售计划。正确确定计划期产品销售量和销售收入两个指标，满足市场需要，保证产销衔接。

（4）组织、管理订货合同。其内容包括组织签订合同、检查执行合同和处理执行合同中的问题。

（5）组织产品推销。其内容包括产品的商标与装潢设计、广告宣传、试销试展、派员推销以及市场信息反馈等。

（6）组织对用户的服务工作。其内容包括产品安装调试，使用与维修指导，实行"三包"，提供配件以及售前、售后征求用户意见等。

（7）进行成本分析。对销售费用与销售成本进行分析，不断提高销售的经济效益和销售管理工作水平。一般认为，营销物流总成本的主要构成部分是运输（46%）、仓储（26%）、存货管理（10%）、接收和运送（6%）、包装（5%）、管理（4%）以及订单处理（3%）。物流成本往往在生产企业占到全部销售额的13.6%以上，因此，日益受到管理人员的重视。一些经济学家认为，销售物流具有节约成本费用的潜力，并将企业销售物流管理形容为成本经济的最后防线和经济领域的黑暗大陆。如果销售物流决策不协调，则将导致过高的成本代价。

三、销售物流的重要性

销售作为企业主要经营业务和盈利的关键环节，在价值链上起着重要的作用。产成品的销售在买方市场条件下已成为一个企业能否发展的关键问题，市场营销中销售物流的组织及其合理化起着十分重要的作用，不仅是企业盈利的直接环节，而且关系到企业的存亡。销售物流作为企业物流和社会物流的衔接点，如果不通畅，企业生产就无法继续进行，社会物流网络也不能正常运转。销售物流的重要性主要体现在以下几个方面：

1. 增加销售收入

随着经济的发展和科技的进步，企业间竞争日益加剧，传统制造领域的技术和产品的特征优势日渐缩小，企业存在这样一种不断发展的趋势，即期望通过服务使产品差异化，通过为客户提供增值服务从而有效地使自己与竞争对手有所区别。客户对企业所提供的服务水平的变化与对产品价格的变化一样敏感，当一个企业与其竞争对手在产品的质量、价格相似或本质相同时，销售物流服务水平的提高使该企业区别于其他企业，能够赢得更多的客户，从而增加企业的销售收入，提高市场占有率。

2. 提高服务水平

从满足消费者需求的角度来说，一切产品都有三层含义：核心含义、形式含义和延伸含义。产品的核心含义是指产品提供给客户的基本效用或利益，这是客户需求的中心内容；产品的形式含义是指产品向市场提供的实体和劳务的外观，是一种实质性的东西，包括质量、款式、特点、商标及包装；产品的延伸含义是指客户购买产品时得到的其他利益的总和，这是企业另外附加的东西，它能给客户带来更多的利益和更大的满足。

销售物流服务就属于延伸含义的产品，它是一种增值产品，能增加购买者所获得的效用。客户购买产品时关心的是购买的全部产品，不仅包括产品的实物特点，还包括产品的附加价值。销售物流服务就是提供这些附加价值的重要活动，对客户反应和客户满意程度产生重要影响，这与价格和其他实物特点产生的作用是相似的。从本质上说，销售物流功能体现在交易的最后阶段，客户服务的水平在交易进行时自动产生。良好的销售物流服务会提高产品价值、提高客户的满意程度。因此，许多企业都将企业物流服务作为企业物流的一项重要功能。

3. 留住老客户

过去，企业把重点过多放在赢得新的客户上，而很少放在留住现有客户上。但是，研究资料表明留住老客户的战略越来越重要，留住客户和公司利润率之间有着非常高的相关性，因为：①满意的老客户会同企业建立长期合作伙伴关系，留住客户就是留住业务；②摊销在老客户中的销售、广告和开办成本比新客户低，为老客户的服务成本比为新客户的服务成本更少；③满意的老客户会作为中介，带来新客户；④老客户愿意支付溢价。

企业需要记住的重要问题是一个对服务不满意的客户将会被竞争对手获得。留住客户已经成为企业的战略问题。高水平的销售物流服务能够吸引客户并留住客户，因为对于客户来说，频繁地改变供应来源会增加其物流成本及风险性。

4. 制约物流成本

企业降低物流成本意味着增加利润，所以企业采取各种方法来降低物流成本。然而，企业在降低物流成本的同时，常常会影响所提供的服务水平。因此，从管理的角度来看，销售物流的服务水平对物流系统起着制约作用，运输、仓储、订单处理等各项物流成本的增加或减少都依赖于客户所期望的服务水平。因此，为了保持企业在市场中的竞争优势，企业所作的每一项降低物流成本的决策都必须考虑所维持的服务水平。物流管理者必须全面衡量客户需求、服务水平和服务成本的供需，既不能为提供过高的物流服务水平而导致成本过高，同时也不能为降低成本而牺牲服务，而是需要在客户服务水平、物流成本及总利润之间进行对比分析。

总之，提高销售物流水平是提高企业竞争优势的重要途径，企业的销售物流与产品质量、质量管理具有同等重要性，需要引起企业管理者的高度重视。

第二节 销售物流的组织

在生产产品达成交易后，企业需要及时组织销售物流，使产品能够及时、准确、完好地送达客户指定的地点。为了保证销售物流的顺利完成，实现企业以最小的物流成本满足客户需要的目的，企业需要合理组织销售物流。销售物流的组织主要包括产品包装、产品储存、销售渠道、产品发送、信息处理这几个方面。

一、企业销售物流组织结构形式

企业销售物流组织形式是基于企业管理组织下的从事销售物流的组织体系。常见的组织形式有职能式组织结构形式、产品式组织结构形式、市场式组织结构形式和地区式组织结构形式。这些组织结构的形式与特征与管理学中谈到的各种不同的组织结构的形式与特征是相似的。

1. 职能式组织结构形式

这种组织结构以职能为主要特征来组织销售物流，整个销售物流的各环节由各个不同的职能部门来共同完成，如图9-1所示。

2. 产品式组织结构形式

这种组织结构以产品为主要特征来组织销售物流，整个销售物流的各环节按不同的产品分别由各个不同的职能部门来共同完成，如图9-2所示。

3. 市场式组织结构形式

这种组织结构以市场为主要特征来组织销售物流，整个销售物流的各环节按不同的市场分别由各个不同的职能部门来共同完成, 如图 9-3 所示。

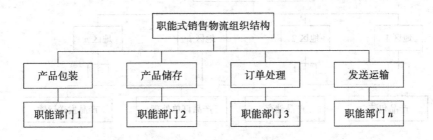

图 9-1 职能式销售物流组织结构图

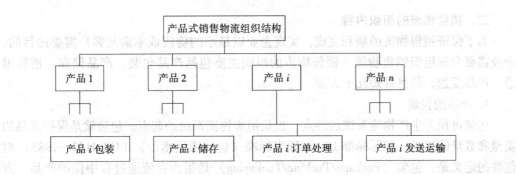

图 9-2 产品式销售物流组织结构图

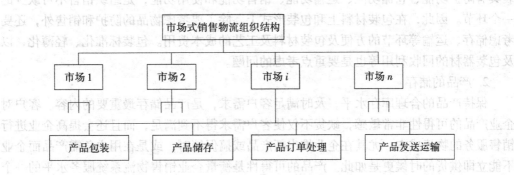

图 9-3 市场式销售物流组织结构图

4. 地区式组织结构形式

这种组织结构以地区为主要特征来组织销售物流, 整个销售物流的各环节按不同的地区分别由各个不同的职能部门来共同完成, 如图 9-4 所示。

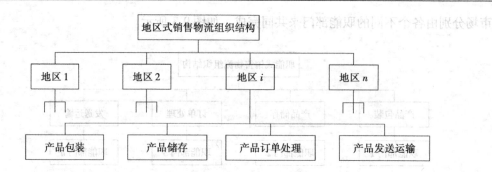

图 9-4　地区式销售物流组织结构图

二、销售物流的组织内容

为了保证销售物流的顺利完成，实现企业以最小的物流成本满足客户需要的目的，企业需要合理组织销售物流。销售物流的组织主要包括产品包装、产品储存、销售渠道、产品发送、信息处理几个方面。

1. 产品的包装

包装可视为生产物流系统的终点，也是销售物流系统的起点。包装就是保护商品的质量和数量的工具，国际标准 ISO 和国家标准《包装通用术语》（GB 4122—1983）对包装的定义是：包装（Package/Packing/Packaging）是指为在流通过程中保护产品，方便储运，促进销售，按一定技术方法而采用的容器、材料及辅助材料等的总体名称。包装具有防护功能、仓储功能、运输功能、销售功能和使用功能，是组织销售不可缺少的一个环节。因此，在包装材料上和包装形式上，除了要考虑物品的防护和销售外，还要考虑储存、运输等环节的方便及包装材料及工艺的成本费用。包装标准化、轻薄化，以及包装器材的回收利用等也是要重点考虑的问题。

2. 产品的储存

保持产品的合理库存水平，及时满足客户需求，是产品储存最重要的内容。客户对企业产品的可得性非常敏感，缺货不仅使客户需求得不到满足，而且还会提高企业进行销售服务的物流成本。尤其在企业推出新产品或搞促销时，或是在用户急需产品而企业不能立即供货的时候更是如此。产品的可得性是衡量企业销售物流系统服务水平的一个重要参数。

为了避免缺货，企业一方面可以提高自己的存货水平，另一方面可以帮助客户进行库存管理。当一个客户的生产线上需要成百上千种零部件时，其供应阶段的库存控制是非常复杂的，在这种情况下，企业帮助客户管理库存就能够稳定客源，便于与客户的长期合作。随着通信技术的发展，企业可以为客户进行自动化库存控制，包括计算机化的订单处理和库存监控。另外，企业可以在客户附近保持一定数量的库存以降低客户的储存空间，甚至帮助客户实现"零库存"——企业直接从客户处得到订单，然后由供货商直接把货物运送给客户。

3. 销售渠道的选择

销售渠道的结构有以下几种：

（1）生产者—消费者。该销售渠道最短。

（2）生产者—批发商—零售商—消费者。该销售渠道最长。

（3）生产者—零售商或批发商—消费者。该销售渠道介于以上两者之间。

影响销售渠道选择的因素有政策性因素、产品因素、市场因素和生产企业本身因素。生产企业对影响销售渠道选择的因素进行研究分析以后，结合本身的特点和要求，对各种销售渠道的销售量、费用开支、服务质量经过反复比较，找出最佳销售渠道。

销售渠道的选择还与产品类型有关，如钢材、木材等商品，其销售渠道一般选择第一、三种结构渠道；而如日用百货、小五金等商品的销售渠道，则较多选用第二、三种结构渠道。

正确运用销售渠道，可使企业迅速及时地将产品传送到用户手中，达到扩大商品销售、加速资金周转、降低流通费用的目的。

4. 产品的发送

不论销售渠道如何，也不论是消费者直接取货，还是生产者或供应者直接发货给客户，企业的产品都要通过运输才能够到达客户指定的地点。运输方式的选择需要参考产品的批量、运送距离和地理条件等因素。

对于第一种销售渠道，运输形式有两种：一是销售者直接取货；二是生产者直接发货给消费者。对于第二、三种销售渠道，除采用上述两种形式外，配送也是一种较先进的形式，可以推广。

由生产者直接发货时，应考虑发货批量大小问题，它将直接影响到物流成本费用，要遵循发货批量达到运输费用与仓储费用之和最小的原则。所以，配送是一种较先进的形式，在保证客户需要的前提下，不仅可以提高运输设备的利用率，降低运输成本，还可以缓解交通堵塞，减少车辆废气对环境的污染。

合理运输是指运输速度快，及时满足客户需要；运输手段先进，运输途中的商品损坏率低；运输途径合理，路程最短；运输线路合理，重复装卸和中间环节少；运输工具使用得当，适合商品的特性；运输时间合理，商品能够在指定的时间送达指定的地点；运输安全系数高，无商品丢失和损坏。

5. 信息的处理

在物流领域中，信息是供应链管理的逻辑载体，它既包含在供应链的每一"环"

内部，也存在于"环"与"环"的衔接中。只有制造、物流、运输和销售这些"环"紧密地联动起来，才能达到高效、低耗、精确的目标，这也是强化企业竞争力之所在。作为供应链重要一"环"的销售物流，把握好信息的采集、控制、产生和传递也是非常重要的。因为大量的信息动态存在于销售活动中的"流入—加工—流出"循环当中，必须选择、提炼其中最有价值、最关键的内容为企业所用。还要把加工后的信息传递给物流活动中的其他参与者，从而形成高效率的强大推动力。

要处理好各种信息，就必须完善销售物流系统的信息网络，加强信息协作的深度和广度，并建立与社会物流沟通和联系的信息渠道；同时，还要建立订货处理的计算机管理系统及顾客服务体系。

随着企业间的竞争日益加剧，产品优势日渐缩小，销售物流的组织已成为增强企业竞争优势的重要因素。销售物流组织的合理化作为企业新的竞争力，逐渐成为整个企业成功运作的关键。

三、电子商务背景下的销售物流

1. 网络分销模式

电子商务尽管现在发展迅猛，但相对于传统营销渠道而言，其份额仍然是很小的。企业传统的分销渠道仍然是企业的宝贵资源，但互联网络所具有的高效、及时的双向沟通功能的确为加强企业与其分销商的联系提供了有力的平台。

企业通过互联网络构筑虚拟专用网络，将分销渠道的内部网融入其中，可以及时了解分销过程的商品流程和最终销售状况，这将为企业及时调整产品结构、补充脱销商品，以至分析市场特征、实时调整市场策略等提供帮助，从而为企业降低库存、采用实时生产方式创造了条件。而对于商业分销渠道而言，网络分销也开辟了及时获取畅销商品信息、处理滞销商品的巨大空间，从而加速了销售周转。

从某种意义上看，通过互联网络加强制造企业与分销渠道的紧密联系，已经使分销成为企业活动的自然延伸，是加强双方市场竞争力的一股重要力量，这种联系方式已经成为很多企业生存的必然选择，并迅速向国际化发展。

2. 网上直接销售模式

数量众多的无形商场已经在互联网上开张营业，这就是从事网上直接销售的网站，如 Amazon、CDnow 等。互联网是企业和个人相互面对的媒介，是直接联系分散在广阔空间中数量众多的消费者的最短渠道。它排除了时间的耽搁和限制，取消了地理的距离与障碍，并提供了更大范围的消费选择机会和灵活的选择方式，因此，网上直接销售为上网者创造了实现消费需求的新机会。

网上直接销售不仅是面向上网者的消费方式，也包含企业间的网上直接交易，它是一种高效率、低成本的市场交易方式，代表了一种新的经营模式。国外有人称这类公司为"漩涡式公司"：一旦某个网站通过提供有用的产品信息吸引到大批买主，卖主们便会蜂拥而上，他们的产品就会以一种快速循环的方式吸引更多的顾客。

由于网上直接销售合并了全部中间销售环节，并提供了更为详细的商品信息，买主能更快、更容易地比较商品特性及价格，从而在消费选择上居于主动地位，而且与众多销售商的联系更为便利；对于卖方而言，这种模式几乎不需要销售成本，而且即时完成交易，这些好处也是显而易见的。

美国企业是网上直接销售模式的创造者和先锋，这一模式在美国的发展有其特殊的环境：一是成熟的市场机制及信用服务体系，网上直接销售实现了购买和交易的信息过程，是与其实物流程分离的，这个信息过程包含着大量反映交易双方信用能力的信息及市场机制下的商业规则信息的认同，而其实物流程则是以产品质量、便捷高效的运输服务体系为保证，因而现实经济体系仍是实现网上直接销售的基础；二是拥有先进的网络基础和众多的网民，同时又有高速的网络及低廉的上网费用作为网上消费的物质保证；三是追求创新的社会文化环境。

网上直接销售模式被国内一些企业在探索中应用，但从目前看，国内的市场环境对之有较大制约，主要表现为：

（1）企业信用水平和个人信用能力较低。

（2）市场机制不健全，市场体系不完善。

（3）产品和服务质量难以保证。

（4）网络建设有待提高，配套的电子商务法规、银行、运输服务体系尚未确立。

（5）消费者的消费观念尚存差距。

（6）企业应用互联网的能力有待提高。

从网上直接销售的低成本优势看，由于大多数国内消费者对价格十分敏感，因此，一般能够接受这一消费方式。但其发展的前提应尽快完善上述环节和克服众多制约因素。

3. 网上营销集成模式

互联网是一种新型市场环境，这一环境不只是对企业的某一环节和过程，还将在企业组织、运作及管理观念上产生重大影响。一些企业已经迅速融入这一环境，依靠网络与原料商、制造商、消费者建立起密切联系，并通过网络收集、传递信息，从而根据消费需求，充分利用网络伙伴的生产能力，实现产品设计、制造及销售服务的全过程，称这种模式为网上营销集成。应用这一模式的代表有思科（Cisco）、戴尔（Dell）等公司。

在思科（Cisco）公司的管理模式中，网络无孔不入，它在客户、潜在购买者、商业伙伴、供应商和雇员之间形成"丝丝入扣"的联系，从而成为一切环节的中心，使供应商、承包制造商和组装商队伍浑然一体，成为思科的有机组成。其70%的产品制造通过外包方式完成，并由外部承包商送至顾客手中，而且对于寻求技术支持的要求，有70%是通过网络满足的，这些客户的满意程度比人际交往方式要高，不仅节约了开支，也节省出更多的人力资源充实到研发部门，进一步加强了竞争优势。

"按用户订单装配电脑"的戴尔（Dell）公司利用互联网进一步加强了效率与成本控制。戴尔通过互联网每隔两小时向公司仓库传送一次需求信息，并让众多的供货商了解生产计划和存货情况，以便及时获取所需配件，从而在处理用户定制产品和交货方面取得了无人能比的速度，就这样，每天约有500万美元的戴尔计算机在网上卖出，而且由于网络实时联系合作伙伴，其存货率远远低于同行。

网上营销集成是对互联网的综合应用，是互联网对传统商业关系的整合，它使企业真正确立了市场营销的核心地位。企业的使命不是制造产品，而是根据消费者的需求，组合现有的外部资源，高效地输出一种满足这种需求的品牌产品，并提供服务保障。在这种模式下，各种类型的企业通过网络紧密联系、相互融合，并充分发挥各自优势，形成共同进行市场竞争的伙伴关系。

第三节　销售物流的管理

市场营销强调在适当的地点和适当的时间，以适当的价格将适当的商品提供给目标市场，满足顾客的需要。市场营销能否取得满意的效果，能否吸引和满足顾客，在很大程度上受销售物流管理能力和决策的制约。

一、销售物流管理的目标

销售物流是创造市场需求、改善营销绩效的极富潜力的工具。企业可以通过改善销售物流管理，提高服务质量、降低价格、吸引新的顾客、提高企业竞争力和市场营销效果；相反，如果企业不能及时将产品送达顾客手中，就必然会失去顾客、丧失市场份额。最具典型意义的例子是柯达公司的快速照相机。柯达公司开发出快速照相机后便在全国大做广告，但却没能给顾客提供实实在在的产品。遍布全国的零售商店得不到足够的快速照相机的供应。许多顾客希望购买柯达的快速相机，但商店里没有货，他们只能选择其他牌子的照相机。柯达公司广告效果虽好，但终因销售物流管理跟不上而丧失了很大的销量。因此，销售物流管理的目标是要追求销售物流的合理化，也就是要做到以下几点：

（1）在适当的交货期，准确地向顾客发送商品。

（2）对于顾客的订单，尽量减少商品缺货。

（3）合理设置仓库和配送中心，保持合理的商品库存。

（4）使运输、装卸、保管和包装等操作省力化。

（5）维持合理的物流费用。

（6）使订单到发货的情报流动畅通无阻。

（7）将销售额情报迅速提供给采购部门、生产部门和销售部门。

另外，销售物流管理必须树立市场观念，正如市场营销经历过生产观念、产品观念、推销观念、市场营销观念、社会市场营销观念以及绿色市场营销观念等营销哲学的转变一样，销售物流管理的观念也应该不断发展。传统的销售物流观念是以企业的产品为出发点，总是力图寻找费用最少的途径，把产品送到顾客手中。这种观念是以现有产品为中心的供应观念，已经落后于时代的发展。现代市场营销理论更加强调和倡导销售物流管理的市场观念。市场观念不是以企业现有的产品为出发点，而是以市场需求为起点思考问题。首先要考虑市场上消费者的各种需要，然后再按此需要安排销售物流的一系列工作，企业的销售物流活动要为满足顾客需要和提高市场营销绩效服务。总之，就是在销售物流管理中贯彻以市场为导向，这就是市场观念的实质。

德国一家饮料制造商的销售物流真正奉行了市场观念。根据德国人消费习惯，一家饮料制造商决定设计一种六瓶装的新包装，然后开始试销。试销后，消费者反应良好，这种携带方便的包装很受顾客欢迎；零售商也表示赞赏，因为六瓶装的新包装在货架上摆放十分方便，而且促使人们一次购买的瓶数增加。饮料制造商根据市场反应，立即着手设计和生产六瓶装的饮料并送往商店的货箱和货盘，工厂的经营管理也因此重新加以调整，以适应新的六瓶装的生产。采购部门外出采购所需的新原料，这种新包装的饮料大量上市后，很快成了深受顾客欢迎的畅销品，制造商的市场份额大大提高。像这家饮料制造商一样，许多企业在销售物流管理中真正贯彻了以市场为导向，为企业赢得了更多的顾客。

二、销售物流管理的形式

销售物流管理的形式是多种多样的，分为大量化、计划化、商物分离化、差别化、标准化等类型。

1. 大量化

这是通过增加运输量使物流合理化的一种做法，一般通过延长备货时间得以实现，这样做能够掌握配送货物量，大幅度提高配送的装载效率。现在，以延长备货时间来增加货运量的做法，已被广泛采用。

2. 计划化

通过巧妙地控制客户的订货，使发货大量化并且稳定，这是实行计划运输和计划配送的前提。为此，必须对客户的订货按照某种规律制订发货计划，并对其实施管理。例如，在运输活动中采取按路线配送、按时间表配送、混装发货、利用归途车等措施。

3. 商物分离化

商、物分离的具体做法之一，是订单活动与配送活动相互分离。这样，就把自备卡车运输与委托运输乃至共同运输联系在一起了。利用委托运输可以压缩固定费用开支；共同运输则提高了运输效率从而大幅度节省了运输费用。

此外，还有销售设施与物流设施在功能方面的商、物分离，即通过与交易对象的合作，力求减少物流环节（中转点）。例如，原来的流通路线是工厂车间→企业仓库→经销商仓库→顾客，现在通过合作，把企业仓库和经销商仓库合并起来，流通路线缩短为工厂→区域配送中心→顾客。这种做法在家电企业比较普遍，家电制造企业直接把货物送到消费者家里，并负责安装作业。

这种商、物分离的做法，把批发和零售从大量的物流活动中解放出来，可以把力量集中在销售活动上，不仅实现了物流高效化，流通的系统化也进一步得到了加强。

4. 差别化

根据商品周转的快慢和销售对象规模的大小，把保管场所和配送方式区别开来，这就是利用差别化的方法实现物流合理化的策略，即实行周转较快的商品群分散保管；周转较慢的商品群尽量集中保管的原则，以做到压缩流通阶段的库存，有效利用保管面积，库存管理简单化等。

另一种做法是根据销售对象决定物流方法。例如，供货量大的销售对象从工厂直接送货；供货量分散的销售对象通过配送中心供货，使运输和配送方式区别开来。对供货量大的销售对象每天送货；对供货量小的销售对象则集中一周配送一次等，把配送的次数灵活地掌握起来。

在采取以上任何一种形式时，都要把注意力集中在解决节约物流费用与提高服务水平之间的矛盾关系上。

5. 标准化

销售批量规定订单的最低数量，这样会明显提高配送效率和库存管理效率。例如，生产化妆品的企业可以采用对零售商不批发单一品种商品，而只批发成套商品的"限制制度"，能显著减少拣货和配货作业人员，大幅度提高订单处理和库存管理等物流管理效率。这种标准化所带来的物流合理化，多用在化妆品企业和制药企业。

三、销售物流管理的做法

1. 对企业销售运输进行决策

运输是销售物流的一个重要组成部分，企业通过运输改变产成品的空间位置，运送到所需要的地方进行销售。运输提供了销售生产成果的手段，高效的运输能使商品得到及时供应，这对于企业在日益激烈的市场竞争中取得胜利是十分重要的。同时运输费用是销售费用的重要组成部分，销售费用的高低会直接影响到商品的价格高低。所以，运输通常是企业销售物流管理决策中的一个主要因素。

对企业的销售运输进行管理，首先要选择合理的运输方式和承运人。

（1）选择运输方式。运输在物流系统中是最为重要的构成要素，选择何种运输手段对于物流效率具有十分重要的意义。在决定运输手段时，必须权衡运输系统要求的运输服务和运输成本，可以从运输机具的服务特性作判断的基准，包括运费、运输时间、频度、运输能力、货物的安全性、时间的准确性、适用性、伸缩性、网络性和信息等。

管理者首先要根据销售系统的要求从铁路、公路、航空、水路、管道运输等方式或联合运输中作出选择，其中包括对不同方式的运价和服务水平的评价。

不同运输方式的运价不同，导致运输成本在总物流成本中占有比例不同，因此，运价是选择运输方式的一个非常重要的因素。但是运价绝不是决定运输方式的唯一因素，因为运输成本最低的运输方式可能会导致物流系统中其他部分成本的上升，因此，难以保证整个物流系统的成本最低。所以，企业必须考虑运输服务的质量以及这种服务带来的对整个销售物流系统运作成本的影响。应根据物流系统的总体要求、结合不同运输方式的成本与服务特点，选择适合的运输方式。

运输方式的运作特征包括服务可靠性、运送速度、服务频率、服务可得性和处理货物能力。这些因素和所付运费都是选择运输方式的重要因素。表9-1～表9-4列出了各种不同运输方式的特点。

表9-1　铁路货运的特点

优　　　点	缺　　　点
不受天气影响,稳定安全	短距离货运运费昂贵
具有定时性	货车编组,转轨需要时间
中长距离运货运费低廉	运费没有伸缩性
可以大批量运输	无法实现门对门服务
可以高速运输	车站固定,不能随处停车
可以按计划运行	货物滞留时间长
网络遍布全国,可以运往各地	不适宜紧急运输

表9-2　公路货运的特点

优　　　点	缺　　　点
可以直接把货物从发货处送到收货处	不适宜大批量运输
适于近距离运输,且近距离运输费用较低	长距离运费相对昂贵
容易装车	易污染环境,发生事故
适应性强	消耗能量多

表 9-3　内航海运的特点

优　　点	缺　　点
长距离运输,运费低廉	运输速度较慢
原材料可以散装上船	港口设施需要高额费用
适用于重物和大批量运输	运输时间难以保证准确
节能	易受天气影响

表 9-4　航空运输的特点

优　　点	缺　　点
运送速度快	运费偏高
包装简单	受重量限制
安全,破损少	地区不能离机场太远

不同运输方式的技术和经济运作特征的对比,如表 9-5 所示。

表 9-5　不同运输方式的技术和经济运作特征对比

	铁路	公路	航空	水路	管道
成本	中	中	高	低	很低
速度	快	快	很快	慢	很慢
频率	高	很高	高	有限	连续
可靠性	很好	好	好	有限	很好
可用性	广泛	有限	有限	很有限	专业化
距离	长	中,短	很长	很长	长
规模	大	小	小	大	大
能力	强	强	弱	最强	最弱

(2) 选择承运人。在选定了运输方式之后,就要选择具体的承运人。同一运输方式下承运人的成本结构基本相同,从而同一运输行为的运价也十分相似,所以运输价格不是选择具体承运人的唯一重要标准,而承运人的服务质量将成为同一运输方式下选择具体承运人的决定因素。因此,当从一种运输方式中选择承运人时,承运人服务水平的高低是企业进行选择的最重要因素。服务水平是指运输时间、可靠性、运输能力、可接近性和安全性。

运输时间是指从托运人准备托运货物到承运人将货物完好地移交给收货人之间的时间间隔,可靠性是指承运人运送时间的稳定性。运送时间越短、可靠性越高,企业所需的库存水平越低,同时企业也会增加销售额。但是如果没有可靠性作保证,再短的运送时间也是毫无意义的，因此，在选择承运人时，可靠性是非常重要的决定因素。

运输能力是指承运人提供运输特殊货物所需要的运输工具与设备的能力；可接近性是指承运人接近企业物流结点的能力。运输能力与可接近性决定了承运人能否提供理想的运输服务。在作运输决策时，必须淘汰不能提供企业所需要的运输能力与可接近性服务的承运人。

安全性是指货物在到达目的地的状态与开始托运的状态相同。不安全运输不仅会导致失去利润，而且会对企业信誉造成不利影响，进而影响企业的销售额。因此，安全性也是选择承运人的一项重要因素。

（3）提高企业销售物流中运输效率和效益的方法。选择了合适的运输方式和承运人以后，企业还要采取一些方法来提高企业销售物流中的运输效率和效益，主要方法有：

1）实行集约化管理。对运输进行集约化管理是指在制定运输策略、计划安排、成本预算以及协调企业销售物流等方面，预先进行集中管理，而不是反应式运输管理。预先管理的意义在于预先分析运输中存在的问题，寻找解决问题的方式，以利于企业整体效率的提高。

例如，某企业市场的销售量下降可能由于比其竞争对手的交货期长，导致服务水平下降造成的。如果运输方式从铁路运输转为公路运输，则必将增加运输成本，从而降低利润甚至亏损，这是企业所不能接受的。如果实行集约化运输管理，运输管理者可以在企业的成本预算和利润目标的政策指导下，采取与承运人谈判、按规定的服务水平与承运人签订合同、调整装货程序等方法来改进服务、提高销售额，而又使成本维持在可接受水平。

总之，集约化运输管理策略说明了运输管理对达成企业目标的重要性。

2）减少承运人数量。企业减少使用承运人的数量，使企业产成品的销售运输业务相对集中于一些运输公司，使其业务量和营业收入增加，这样，企业便可在使承运人提供企业要求的运价与服务方面占据主动。

但是，把业务交给有限数量承运人的风险是增加企业对这些承运人的依赖性。一旦某个承运人出现问题，其他承运人又没有能力承担额外运输任务时，企业不得不使用那些不熟悉自己运输程序及客户服务要求的承运人，这样就影响了企业物流成本和客户服务水平。

除此以外，企业还可以与承运人签订运输合同，来消除承运人提供服务和运价的不确定性。

2. 实行销售配送

过去企业主要把精力放在产品制造、开发和销售上，对产品销售中的物流较为淡漠。往往流通过程的中介太多，过于复杂，不利于企业正确把握商品在库或在途情况，从而影响物流系统的效率，使企业的决策受到影响。如果直接建立企业到零售商或客户的物流销售系统，能使企业在迅速把握销售状况的同时，确切了解产成品的在库情况。

构建企业到零售商或客户的直接物流体系的一种有效措施是企业物流中心的集约化，即将原来分散在生产厂或中小型仓库中的库存集中到大型物流中心，通过计算机实现进货、保管、在库管理、发货管理等物流活动的效率化和智能化。

（1）配送的形式。配送的形式多种多样，每种形式都有其固定的特点，适用于不同的情况。

1）按配送时间及数量分类，主要有以下几种形式：

a. 定时配送。它是指企业按规定的时间间隔进行配送。配送的货物种类及数量，按计划执行或按顾客的订单要求进行配送。这种方式时间固定，易于安排配送工作计划。

b. 定量配送。它是指企业按规定的批量在一个指定的时间范围内进行配送。这种方式数量固定，能够有效利用托盘、集装箱等集装方式，可以做到整车配送，配送效率高；又由于时间不严格规定，企业可以将不同用户的物品凑整车后配送，从而大大提高车辆利用率。

c. 定时定量配送。它是指企业按客户规定的时间和数量进行配送。这种方式的特殊性较强，难度较大，适合采用的用户不多。

d. 定时定路线配送。它是指企业在规定的路线上，制定到达时间表，按运行表进行配送。采用这种方式有利于车辆和人员的计划安排。

e. 即时配送。它是指企业完全按照客户要求的时间和数量进行配送的方式。这种方式的实施需要企业充分掌握客户的需求时间、需求地点、需求数量和需求种类，基本要做到用户随时提出供货要求，企业随时满足供应。这种方式的实施难度大，物流企业成本高，是配送服务的较高形式。

2）按配送商品种类及数量分类，主要有以下几种形式：

a. 单（少）品种大批量配送。对客户需要量较大的商品，企业可以使用大吨位车辆进行配送。由于品种少、批量大，企业配送中心的组织、计划等工作相对比较简单，因而配送成本较低。

b. 多品种、少批量配送。由于现代企业生产除了需要少数几种主要物资外，B、C类物资的品种数目远高于A类主要物资，对B、C类物资如果采用大批量配送方式，必然使客户库存增大，因而企业对于客户的B、C类物资适合采用多品种、少批量的配送方式。

　　c. 配套成套配送。配套成套配送是指企业按客户的要求，将客户所需的零部件、材料等配齐，按客户的要求或生产节奏定时送达。这种情况下，配送企业承担了客户的大部分供应工作，可以使客户专心致力于主营业务或工作。

　　(2) 共同配送。共同配送是指为了提高车辆装载率从而有效地提高物流效率，通过配送中心或物流中心集中运输货物，对多数企业共同进行配送的一种方式。共同配送分为同产业间的共同配送和异产业间的共同配送两种。

　　1) 同产业间的共同配送。其具体做法有：一种形式是在企业各自分散拥有运输工具和物流中心的情况下，视运输货物量的多少，采取委托或受托的形式开展共同配送，即将本企业配送数量较少的商品委托给其他企业来运输，而本企业配送数量较多的商品，则在接受其他企业委托运输的基础上实行统一配送，这样企业间也相互提高了配送效率；另一种形式是完全的统一化，即在开展共同配送前，企业间就包装货运规格完全实现统一，然后共同建立物流中心或配送中心，共同购买运载车辆，企业间的货物运输统一经由共同的配送中心来开展。两种形式相比，后一种形式的共同配送规制程度和规模经济要高些。但在某种意义上，对于某个企业而言，缺乏相对的物流独立性。一般来说，前一种形式在销售企业中使用较为普遍，后者则较适用于生产企业。从发达国家同产业共同配送的发展来看，后一种形式主要出现在家电产业和以冷冻食品为中心的食品产业中。

　　同产业共同配送的最大好处在于能提高企业间物流的效率，减少对物流固定资产的投资，更好地满足顾客企业降低成本的要求。但是，同产业共同配送的一个缺陷是由于运送业务的共同化和配送信息的公开化，单个企业自身有关商品经营的机密容易泄漏给其他企业，因而对企业竞争战略的制定和实施有不利影响。因此，在发达国家中，同产业共同配送的发展仍然较为缓慢。

　　2) 异产业间的共同配送。与同产业共同配送相比，异产业共同配送的商品范围比较广泛，属于多产业结合型的配送。异产业共同配送克服了同产业共同配送的缺点，即它既能保证物流效率化，又能有效防止企业信息资源的外流，使企业在效率和战略发展上同时兼顾，并能充分发挥产业间的互补优势。它存在的问题是难以把握不同产业企业间物流成本的分担，从而在某种意义上增加了企业的谈判成本。这不仅是因为商品种类不同，所涉及的物流费用存在差异，而且还因每次商品配送结构的变化增加了费用计算的复杂性，尤其在多频度配送中更是如此。所以，在异产业共同配送中，确立一个明确、合理的按销售额比例支付费用的计算体系十分重要。

　　共同配送目前在一些发达国家被广泛推广。共同配送一个总的指导思想是可以将共同配送的货物或商品集中在一起，一方面提高单车装载率，提高物流效率；另一方面也有利于削减在途运行车辆，缓解汽车运输对社会所产生的外部不经济。

四、销售物流管理的新特点

1. 追求销售物流活动的整体优化

销售物流管理绝不等同于企业的运输管理、储存管理、搬运管理等单项职能管理，也不是它们的简单相加。从市场营销战略的意义上讲，销售物流管理就是把分散的产品实体活动转变为系统的物流活动，协调生产、财务、销售及机构的决策，使适销对路的产品以适当的批量，在需要的时间到达用户指定的地点。为此，在企业内部必须贯彻标准化作业和目标管理的原则，在更新改造物流设施的同时，对各物流要素重新组合，使之适应于市场营销战略。在这种观念指导下，当今许多企业纷纷成立专业化的销售物流公司。

2. 把销售物流视为市场经营行为

强调经营效益把销售物流视为市场经营行为，而不是工程作业。企业销售物流要求降低成本、促销销售、吸引客户、获取利润。降低成本是销售物流管理决策的重点。西方营销专家估算，物流成本降低潜力比任何市场营销环节要大得多。物流成本约占全部营销成本的50%。有些专家将降低物流成本称为第三利润源泉。

传统的销售物流管理实际是作业控制，现代销售物流管理的概念则更广泛，层次也更高，包括计划、执行、控制、评价、反馈的循环。现代销售物流管理的效益评价系统比较复杂，既有数量指标，又有难以量化的主观评价指标，以经营为导向，考虑企业战略执行情况、销售物流体制的合理性、销售物流系统的综合经济效益以及提高销售物流效率对企业整体的贡献程序等多种因素。

3. 以顾客服务为主要经营内容之一

以顾客服务为主要经营内容之一，与其说销售物流作业是一种生产性活动，不如说是一种特殊的服务活动更确切。从这个意义上说，销售物流实质上是一种服务。销售物流过程中向顾客提供的服务水平是影响顾客购买和连续购买企业产品的关键因素。为顾客服务的水平越高，预期的销售量水平也就越高。服务水平的提高，同时意味着产生的费用上升。企业应在较低的费用与顾客满意的服务之间进行抉择。

4. 销售物流管理向信息化方向发展

当代物流管理的显著特点是走向系统化、计算机化的信息管理。销售物流活动之间的信息控制，订货、储存、搬运、进出库、发货、运输、结算等各环节之间的信息控制、自动化机械设备的联网控制、计算机辅助设计和模拟、物流数据的生成系统、网上营销与电子商务条件下的销售物流管理等，是当代销售物流发展的趋势（见图9-5）。

总之，销售物流是企业物流系统的最后一个环节，是企业物流与社会物流的一个衔接点。它与企业销售系统相配合共同完成产成品的销售任务。提高销售物流水平是提高企业竞争优势的重要途径，企业的销售物流与产品质量、质量管理具有同等重要性，主要体现在增加销售收入、提高服务水平、留住老客户、制约物流成本的过高或过低。

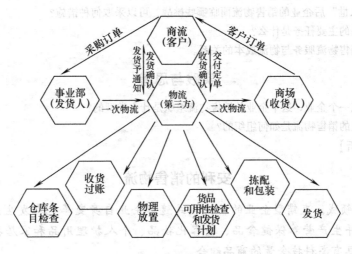

图9-5 第三方物流的基础——IT系统

为了保证销售物流的顺利完成，企业需要合理组织销售物流，销售物流的组织主要包括产品包装、成品储存、销售渠道、产品发送、信息处理这几方面。

有效的销售物流管理能使企业在迅速把握产品销售状况的同时，准确了解商品的在库情况。销售物流管理的目标是要追求销售物流的合理化，销售物流管理包括对企业销售运输进行决策、实行销售配送等做法。

【案例】

创维的销售物流网络

2007年4月27日，创维江西（宜春）物流产业园奠基。该项目占地208亩，建设内容包括现代化物流配送中心、产品分销基地等，将于2009年建成。

5月21日，总投资额达2亿元的创维集团成都（双流）物流产业工业园奠基，园区建设将包括现代化仓储物流配送中心、产品分销基地、平板电视组装等项目。

5月28日，创维集团南京（溧水）物流产业工业园又拉开帷幕。该项目所占净地面积221亩，投资总额1.4亿元人民币。园区建设将包括现代化仓储物流配送中心、产品分销基地、平板电视组装等。

三个园区的奠基，加上以前集生产、仓储、物流于一体的深圳公明、石岩、内蒙古大型工业园，可以看出创维南北呼应的生产、物流战略分布。

复习思考题

1. 我国"入世"后企业的销售物流面临哪些挑战？可以采取何种措施？
2. 销售物流的主要任务是什么？
3. 试分析销售物流服务与物流成本的关系。

实践与思考

1. 确定研究一个企业，这个企业的销售物流组织是什么类型的？
2. 这个企业的销售物流是如何组织的？

【案例分析】

安利的销售物流

商贸物流领域，直销型企业的物流模式随着企业自身变革也在发生着变化。安利（中国）研发并生产营养保健食品、美容化妆品、个人护理用品和家居护理用品四大类、160多款具有高科技含量的商品组合。

安利刚进入中国时，就在广州投资建设了占地19000平方米的储运中心。2002年又投巨资建立了40000平方米的物流中心。安利在国内不同区域内有多家第三方物流公司为其服务，招商迪辰物流、云南邮政物流等均与其有业务合作。安利（中国）还投资9000多万元建设信息管理系统，其中主要的部分之一就是由IBM开发的用于物流、库存管理的AS400系统。

按照"店铺+雇用促销员"模式，安利在全国建立庞大的销售网络，共在全国31个省、市、自治区建立了149家店铺，拥有几十万名销售人员。

依托层次分明、极具诱惑的奖励制度，安利建立了一支庞大而牢固的店外销售团队，建立并不断优化了一个包含生产系统、现代物流系统、IT系统、客户服务系统、资金流系统、店铺运营系统、营销系统等多个子系统的庞大供应链管理系统。

在全方位物流等系统管理中，安利公司的储运部门既大量采用第三方物流服务，同时通过自身的物流团队控制核心业务。此模式特点是双方各取所长，既能集中精力强化对物流核心管理部分的控制，又能减少物流作业设施资本投入，充分发挥中国第三方物流的优势，形成一套动态组合。

安利物流网络由"工厂、总部物流中心、各区域外仓、店铺"共同组成。其物流网络内结点包括一个生产基地、一个全国物流中心、10个区域外仓和149家店铺，实行业务上总部物流中心垂直管理，执行统一的物流管理流程，依托物流信息平台进行信息流传递及监控，实行一级配送和二级配送相结合的复合式配送（见图9-6）。

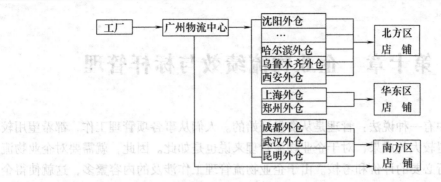

图9-6 安利一、二级配送

分区域配送，每个二级配送中心中外仓均负责为一定范围的店铺实施配送。当某个外仓的商品库存无法满足其所辖范围内店铺需求时，可就近由其他外仓实行交叉配送。物流中心监控各二级配送中心的库存，并根据其需求进行调配，将市场需求汇总后反馈给工厂，然后组织生产。物流中心同时负责成品库存及生产原料供应并为其配送，半径内的店铺（南方区店铺）实施直接配送。

安利的产品从生产线下线后在2~10天内就可送达营销人员手中，其物流储运成本占其全部经营成本的3.6%。

安利的成功，不能仅仅归功于其营销系统的成功，更多的是其经营系统中各个子系统共同作用的结果，其中现代物流系统为安利（中国）的整体运营提供了强有力的支持，起到了"脊柱"的作用。

（资料来源：田雷娜，孙广然. 直销型企业物流管理（一）——案例三则. 中外物流. 2006（8）：42－44.）

案例讨论题：

1. 分析安利销售物流的特点。
2. 安利的销售对你有什么启示？

第十章　企业物流绩效与标杆管理

管理学中有一种说法：管理是从衡量开始的。人们从事各项管理工作，都希望用较少的消耗取得较大的成果，对于企业物流管理来说也是如此。因此，就需要对企业物流管理工作进行必要的评价和考核。由于企业物流管理工作涉及的内容繁多，这就使得企业物流管理的绩效考核复杂化，全面科学地考核企业物流管理的绩效，是值得探讨的一个重要课题。

第一节　企业物流绩效

一、绩效指标

企业物流管理的绩效如何，企业物流控制是否达到了目标，这些都需要用一定的指标来衡量，即通过建立绩效指标来衡量企业物流管理功能的有效性。衡量企业物流管理绩效需要许多基础数据，而使用企业资源计划（ERP）和库存管理软件，可以收集和处理这些相关数据。

根据业务性质和行业领域的不同，不同的企业可能使用不同的指标。企业物流管理绩效指标应该总是围绕企业整体战略目标和近期目标来设定。企业物流管理绩效的指标目前还没有一个固定的绩效指标体系，本节主要介绍常见的一些绩效指标内容，如表10-1 所示。

表 10-1　常见的绩效指标

指标类型	说　　明
财务指标	● 企业物流总投资
	● 库存对收益和损失的反映，包括采购价格变动分析
	● 库存总投资
	● 相对于预算的绩效情况
	● 各种库存费用等
运作指标	● 企业物流的反应速度
	● 企业物流的总体服务水平
	● 库存周转率
	● 库存准确率
	● 采购物品质量
	● 相对于目标的绩效情况等

（续）

指标类型	说　明
营销指标	● 库存可用性、缺货、订单丢失和备份订单 ● 服务和保修费用 ● 销售导致的过时物品 ● 销售预测准确性等

二、库存周转量的定义与计算

1. 库存周转量的定义

库存周转量是企业物流中衡量库存控制有效性的一个重要指标，它反映了满足用户需求的经济性。它将投入在库存上的资金数量与该资金的使用联系起来，所以该指标衡量了总库存投资的有效性，而不是仅仅衡量单个的库存项目。

2. 库存周转量的计算

库存周转率的计算方法是将一段时间里的全部消耗量除以该时间里的平均库存价值。关键是度量库存在一年里的周转次数。由于库存功能不同、业务类型不同和比率的计算方法不同，周转率也不同。零售业的库存周转率是总销售额除以总库存金额，而制造业是用销售的物品费用除以总库存金额。

库存周转率可用下式表示

$$库存周转率 = \frac{年销售额}{年平均库存量} \tag{10-1}$$

还可以细分为以下几种

$$零售业的库存周转率 = \frac{总销售额}{总库存金额} \tag{10-2}$$

$$制造业的库存周转率 = \frac{销售物品金额}{总库存金额} \tag{10-3}$$

$$原材料库存周转率 = \frac{原材料消耗额}{原材料平均库存值} \tag{10-4}$$

式中，平均库存值是指全部库存物品的价值之和，一般来说是指某一时间段内（而不是某一时刻）库存所占用的资金。另外，上面每一式的分子、分母的数值均应指相同时间段内的数值。

库存周转越快，表明库存管理的效率越高；反之，库存周转慢意味着库存占用资金量大，保管等各种费用也会大量发生。库存周转率对企业经营中至关重要的资金周转率指标也有极大的影响作用。但究竟库存周转率多大为最好是难以一概而论的，很多北美制造业企业为一年 6~7 次；而有些日本企业，可达 1 年 40 次之多。通过减少低消耗率和低价值的物品的订货次数，增加高价值物品的订货次数，EOQ 政策经常可以提高整体库存周转率。

三、服务水平指标的确定

企业物流服务水平是衡量在用户需要时企业物流对用户的满意程度方面的指标。表10-1中的企业物流服务水平对于不同的行业与服务有不同的理解和定义，如：零售企业用客户服务（企业的最终客户）水平来衡量其服务水平；制造业用设备操作水平、生产服务水平（依靠库存供应的设备或生产保持运行的时间）来衡量其服务水平；仓储企业常用用户服务（库存项目对用户需求满足的供货数量）水平来衡量其服务水平。

服务水平高当然更好，但要考虑库存费用。服务水平或需求满意是通过由库存满足的用户需求数量来计算的，表示为占所有总需求数量的比例。要提高用户的满意度，就要提高库存，所以应当调节需求满意度与库存需求之间的平衡。

下面提供了一些用来衡量企业物流服务水平的指标：

1）订货或运输（或立即从库存中取出）是否按计划进行。

2）由于物料或零部件的短缺而造成的闲置生产时间。

3）缺货的可能性。

4）收货时拒绝收货（质量）的比率。

5）生产中部件或原材料拒绝收货的比率。

6）特定时间内没有移动库存的比率。

7）库存满足需求的比率。

8）库存与目标库存的比较。

9）多余库存的数量。

10）用户抱怨的次数。

四、综合管理方面的指标

1. 质量保证率

它反映了仓库部门保证物品原有质量的水平。一般可按下式计算

$$质量保证率(\%) = \frac{无质量事故的出库量}{出库量} \times 100\% \qquad (10\text{-}5)$$

这个比值最好是100%，但是像综合管理工作效率一样，它不是仓库部门单独可以提高的，而指标的高低要受到其他各种管理方法和诸多条件的影响。

2. 安全率

这个指标反映仓储作业的安全程度，在仓库中是以发生劳动事故的件数来评价安全率的。其计算公式为

$$安全率(\%) = \frac{无事故天数}{作业天数} \times 100\% \qquad (10\text{-}6)$$

3. 仓储成本

仓储成本是指在一定时间（月、季、年）内仓库储存保管每吨物品的费用支出，它是反映仓库生产经营活动的综合指标。其计算公式为

$$仓储成本 = \frac{计划期内仓库的全部费用支出}{计划期内的保管总量} \qquad (10\text{-}7)$$

或以仓储费用率来表示

$$仓储费用率(\%) = \frac{计划期仓储费用支出之和}{计划期库存物品收发总额/2} \times 100\% \qquad (10\text{-}8)$$

式中仓库费用支出额，包括物品进出库费、仓库动力费、照明费、燃料费、仓库固定资产折旧及修理费、维护保养物品所需的辅助材料费、办公用品费、差旅费、职工工资及其他费用等。

4. 仓库的全员劳动生产率

它反映了仓库全体人员平均每人完成的物品吞吐量。其计算公式为

$$全员劳动生产率 = \frac{实际完成的仓库物品吞吐量}{仓库在册职工总数} \qquad (10\text{-}9)$$

5. 资金利润率指标

它包括全部资金利润率、固定资金利润率和流动资金利润率三个指标。其计算公式分别为

$$全部资金利润率(\%) = \frac{利润}{固定资产平均占用 + 流动资金平均占用} \times 100\% \qquad (10\text{-}10)$$

$$固定资金利润率(\%) = \frac{利润}{固定资金平均占用} \times 100\% \qquad (10\text{-}11)$$

$$流动资金利润率(\%) = \frac{利润}{流动资金平均占用} \times 100\% \qquad (10\text{-}12)$$

资金利用率是利润总额与仓库平均占用的固定资金和流动资金的比率。它反映了仓库在生产经营活动中占用的资金和实现的利润之间的比例关系。这个指标的特点是既从劳动耗费，又从劳动占用来反映经营成果。这是由于利润本身已经是收入减去成本后的余额，代表社会必要劳动耗费与仓库个别劳动耗费的对比结果，因而可以直接代表经营成果。利润的增减，既表示成本的降或升，又表示仓库经营成果的大小。而将利润指标再同仓库占用的资金对比，确定等量资金提供的利润额，即每占用一元资金实现的利润。所以，这一指标能反映仓库对资金利用的不同水平。

上述经济技术指标按其性质来分，可分为数量指标和质量指标两大类。数量指标是表示计划期内仓库生产经营活动各个方面应达到的数量，它通常以绝对值表示，如物品吞吐量、库存量、仓储成本等；质量指标是表示计划期内仓库生产经营活动各个方面在

质量上应达到的要求，它通常以相对数（比例、比率、百分数）来表示，如库存物品周转率、物品完好率、仓库利用率、劳动生产率等。

指标体系中的数量指标与质量指标是相互联系、相互制约的。达不到数量指标，也就谈不上质量指标。在计划管理过程中，应同时注意这两类指标，不能有所偏废。

在企业物流经济技术指标体系中，各个指标从不同方面和角度反映了企业物流活动的经济效果，但每个指标因其地位和作用的不同而有所不同，有些指标只能反映局部情况，有些指标是综合指标，能反映经济效果。例如，利润指标、资金利润指标，它们既是经营成果指标，又是生产经营过程中劳动耗费指标；又如劳动生产率指标，它既能反映劳动耗费的经济效果，又能反映生产经营管理水平。因此，资金利润率和劳动生产率指标被认为是两个能较好地评价经济效果的综合指标。

第二节　标杆管理

一、标杆管理概述

1. 标杆管理的定义

标杆管理（Benchmarking）又称基准管理，它起源于 20 世纪 70 年代末 80 年代初美国学习日本的运动中。在北美，标杆管理这个术语是和施乐公司同义的。20 世纪 70 年代末，一直保持着世界复印机市场实际垄断地位的施乐，遇到了来自国内外、特别是日本竞争者的全方位挑战，如佳能、NEC 等公司。当时日本的竞争对手正在复印机行业中占有重要的地位，它们以高质量、低价格的产品，使施乐的市场占有率在几年时间里从 49% 减少到 22%。为了迎接挑战，施乐公司的高层经理们提出了若干提高质量和生产率的计划，其中之一就是标杆管理。

施乐公司想学习日本竞争者生产性能高和成本低的能力。施乐买进日本复印机，并通过"逆向工程"分析它，从而在这方面有了较大的改进。施乐公司的基准质量和客户满意部经理罗伯特·卡伯将标杆管理定义为"对照最强的竞争对手或著名的顶级公司的有关指标而对自身产品、服务和实施进行连续不断衡量的过程"。卡伯还指出关于标杆管理更为概括的定义："发现和执行最佳的行业实践——不需要比这更复杂"。标杆管理是指企业将自己的产品、服务和经营管理方式同行业内或其他行业的领袖企业进行比较和衡量，并在此基础上进行的一种持续不断的学习过程，学习的对象可以是行业中的强手，也可以是本企业内的先进单位，从而提高自身的产品质量和经营管理水平，增强企业竞争力。简而言之，就是"找出差距，制定目标，对照基准点，学习无止境"。

标杆管理按行业最佳实践和最佳流程来计划和建立，以获得极具竞争力的绩效。应用标杆管理有一系列的目标，其中包括评估组织绩效、设定流程改进的优先次序以及寻求某个特定商业领域的改善，如客户服务、订货管理、需求预测等。

标杆管理注重的是发展最佳实践，而不是解决某一个特定问题，因此，重点应放在长期持续改善上。标杆管理的焦点是组织的流程，而不是对绩效的数字化评估。也就是说，在标杆管理中组织和实施活动比对比更为重要。另外在实施标杆管理时，企业必须愿意接受其他公司能在某些方面比自己做得好这一事实。这曾是一些大公司学习的一个沉痛教训。有些公司仅仅注重产品比较，而忽略了竞争优势的其他方面。当竞争产品在功能特征上相似时，其他方面则变得十分重要，如产品可获性、售后服务、技术指导等。

标杆管理可建立组织内部最佳规范，在许多大公司（特别是通过盈利成长起来的公司）里各部门流程可能迥然不同，找出"最佳"，再应用到整个团体以增强竞争力，简化公司运作。

标杆管理站在全行业甚至更广阔的全球视野上寻找基准，突破了企业的职能分工界限和企业性质与行业局限，重视实际经验，强调具体的环节、界面和流程，因而更具有特色。标杆管理与企业再造、战略联盟一起并称为 20 世纪 90 年代三大管理方法。

标杆管理的显著特征是向业内或业外的最优企业学习，学习是手段，超越才是目的。通过学习，企业重新思考、定位、改进经营实践，不断完善自己，创造自己的最佳业绩，这实际上就是模仿创新的过程。

2. 标杆管理在改善业务流程中的重要性

标杆管理是竞争分析过程的一部分，但是它涉及范围很宽，不仅仅包括产品和服务的比较，还包括管理和业务流程的比较，如库存管理、订货管理系统的绩效以及其他许多方面。

目前，标杆管理已经成熟，可以作为检测和改善公司竞争力的一种有效手段，并被世界许多大公司所采用。例如，美国 AT&T、IBM、柯达、杜邦及摩托罗拉等许多公司都把标杆管理作为重要的工具。

标杆管理方式有各种各样的类型，但它们都建立在以下基础上：确定需要进行标杆管理的对象，寻找合适的标杆管理伙伴，揭示"最佳"者是怎样取得成果以及如何将这些知识运用于自己的公司或组织。

在进行标杆管理时，选择的学习对象并不局限于同类企业，也可以是在其他行业中的一些业务流程中表现卓越的任何公司。实行标杆管理是一项非常细致的工作，需要深入探究如何完成和改善业务过程，它涉及公司各层面的流程。同时，标杆管理也是变化管理（The Management of Change）的一个重要工具。

标杆管理的最大回报通常是来自对业务的更深理解和对持续改进的不断追求。例如，施乐公司在实施标杆管理时，通过全方位的集中分析比较，弄清了这些公司（如佳能、NEC 等）的运作机理，找出了与主要对手的差距，全面调整了经营战略、战术，改进了业务流程，很快收到了成效，把失去的市场份额重新夺了回来。施乐公司在提高交付订货的工作水平和处理低值物品浪费大的问题上，同样应用标杆管理方法，以交付速度比施乐快三倍的比恩公司为标杆，并选择 14 个经营同类产品的公司逐一考察，找出了问题的症结并采取措施，使仓储成本下降了 10%，年节省低值品费用数千万美元。

经验表明，当从一家公司或它所在的行业之外观察时，标杆管理是改革的一个重要动力。同时，它也是制定物流战略的一个重要因素。标杆管理可以使一个企业经常判断哪些环节进行了"最佳实践"，并为管理过程提供实际的视角和连续的"点子流"，以用来从根本上重新设计流程、重组商业网络，甚至改换业务领域以达到改进绩效的目的。

一些应用标杆管理的公司发现标杆管理已经成为公司管理文化无孔不入的要素。例如，施乐公司曾经仅仅从产品比较来解释其对手在小型复印机上的优势，但后来通过对日本多个行业里的几家顶尖制造商进行更广泛深入的调查，从而引起施乐公司管理供应商和开发新产品方式的根本变化。这些是其竞争力增强的重要原因。

3. 常见的标杆管理方法

常见标杆管理方法有四种，即竞争者标杆管理、过程标杆管理、客户标杆管理以及财务标杆管理。

（1）竞争标杆管理（Competitor Benchmarking）。它是指以竞争对象为基准的标杆管理。通常在同一行业内，企业根据几家提供相似产品或服务的公司中的佼佼者设定标杆绩效。竞争标杆管理的目标是与有着相同市场的企业，在产品、服务和工作流程等方面的绩效与实践进行比较，直接面对竞争者。这类标杆管理的实施较困难，原因在于除了公共领域的信息容易接近外，其他关于竞争企业的信息不易获得。

（2）过程标杆管理（Process Benchmarking）。它也称为流程标杆管理，是指以最佳工作流程为基准进行的标杆管理。过程标杆管理是比较类似的工作流程，而不是某项业务与操作职能或实践。由承担可比较业务流程（如采购或销售）的组织设立标杆，它们通常属于不同行业。这类标杆管理可以跨不同类组织进行。它一般要求企业对整个工作流程和操作有很详细的了解。虽然流程标杆管理被认为有效，但也很难进行。

（3）客户标杆（Customer Benchmarking）。其标杆就是顾客的期望值。

（4）财务标杆（Financial Benchmarking）。企业以标准财务比率（可从公开账目上得知）测评的杰出组织的绩效为标杆。

每个企业应仔细评价自己的方方面面，开始标杆管理过程的唯一有效方法就是首先确定是为满足财务需要还是为满足顾客需要。任何类型的标杆管理，如果能正确地应用，都将使企业受益。

4. 标杆管理收益

实施标杆管理的主要收益有：

（1）实施标杆管理对一个组织内部规范和操作进行细致观察和研究，可以更深入了解公司的运作情况。

（2）通过标杆管理实施中与最佳者的对比分析，可以确定关键成功因素和关键绩效指数（KPIs）。

（3）通过比较相似问题的不同解决方法，可以从他人的经历中进行学习。

（4）通过挑战有关绩效、效能、效率及改进潜力等方面的传统观念，能够促进组织改革。

（5）可以确认并采用最佳流程，而且避免了"重复别人探索过程"的不确定性及时间、金钱的花费。

（6）它可以作为一种激发组织中各层次人员创造力的一种方法。

（7）标杆管理可增强员工在改进过程中的主人翁意识，因为他们大量参与了标杆管理体系的引入。

（8）由于标杆管理不仅仅关注公司内部，它也可引起或增加顾客的注意。

标杆管理之所以能引起各大企业的重视并风靡于世界，其根本原因在于它能给企业带来巨大的实效。标杆管理为企业提供了一个可行、可信的奋斗目标，以及追求不断改进的思路，是发现新目标以及寻求如何实现这一目标的一种手段和工具，具有合理性和可操作性。

首先，标杆管理是企业绩效评估的工具。标杆管理是一种辨识世界上最好的企业实践并进行学习的过程。通过辨识最佳绩效及其实践途径，企业可以明确本企业所处的地位以及需要改进的地方，从而制定适合本企业自身特点的有效的改进方案和发展战略。其次，标杆管理是企业持续改进的工具。研究表明，标杆管理可以帮助企业节省30%~40%的开支，为企业建立一种动态测量各部门投入和产出现状及目标的方法，达到持续改进薄弱环节的目的。第三，标杆管理是企业提高绩效的工具。通过标杆管理找出差距，制定改善目标，并通过持续地改善，不断提高企业的绩效。企业要想知道其他企业为什么或者是怎么样做得比自己好，就必然要遵循标杆管理的概念和方法。第四，标杆管理是企业战略制定的工具。竞争者可能维持某种现状，通过标杆管理，企业有可能发现和应用适合本企业的新战略，超越竞争者。第五，标杆管理是企业增进学习的工具。标杆管理的另一个重要因素是企业可以通过标杆管理方法，克服不足、增进学习，使企业成为学习型组织；树立基准，可以帮助企业员工增强信心，相信本企业还有更好的竞争手段。第六，标杆管理是企业增长潜力的工具。标杆管理通过改善业务流程而有助于增强竞争优势，改善业务流程是为了赶上或超越选定领域的"最佳"（Best in Class）绩效。经过一段时间的运作，任何企业都有可能将注意力集中于寻求增长的内在潜力，形成固定的企业文化。企业通过对各类标杆企业的比较，不断追踪把握外部环境的发展变化，从而能更好地满足最终用户的需要。

二、标杆管理流程

标杆管理的规划实施有一整套逻辑严密的实施阶段，大体可分为以下四个阶段：

第一阶段：需要标杆管理的过程。

第二阶段：选定标杆学习伙伴。

第三阶段：搜集及分析资讯。

第四阶段：评价与提高。

1. 需要标杆管理的过程

这是标杆管理的第一阶段，这个阶段的主要内容是：①决定向标杆学习什么；②组成标杆管理小组（团队）。

（1）决定向标杆学习什么。决定向标杆学习什么，即确认标杆管理的目标，这是标杆管理流程的第一阶段。任何供应链中的活动和流程都是非常多的，不可能同时对它们确立标杆，必须确定哪些活动和流程（如成本减少、库存投资、订货流程等）能产生最大收益，然后再确定学习、比较和改善的优先顺序。这是标杆管理项目的基础。在实施标杆管理的过程中，首先，要坚持系统优化的思想，不是追求企业某个局部的优化，而是要着眼于企业总体的最优；其次，要制定有效的实践准则，以避免实施中的盲目性。

一旦知道标杆学习的主题和需求以后，就可以确认并争取需要的资源（如时间、资金、人员），成功地完成标杆学习的调查工作。管理小组必须把标杆管理项目的意见记录下来，把程序制成表。业务流程包括输入、处理、输出、反馈意见以及结果确认，如图10-1所示。

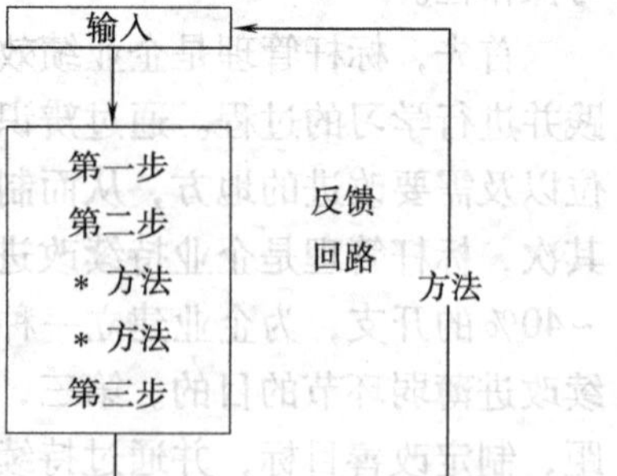

在图10-1中，输入：服务/产品由外部供应；处理：由行动步骤组成；步骤：可能是"对产品询价的回答"，也可能是"决定价格和对客户的回应"；输出：是该过程的结果，如完成产品咨询或完成第20周需求预测；结果：可能是"98%的履行交货"，或者是"预测精确度达到85%"，或者是"技术咨询平均回应时间4h"；反馈：系统绩效报告，可能改善输入质量。很多可能的"结果"都涉及客户服务、成本、产品质量、订单履行、新产品开发、投资回报、

图10-1 业务流程图

生产率等。其中最具优先地位的方面将成为标杆管理的候选项。这些"结果"（如客户服务、资产回报率）是多个环节共同作用的结果，单个环节可能对其没有明显的影响。

（2）组成标杆管理小组（学习团队）（Benchmarking Groups）。虽然个人也可以向标杆学习，但大多数标杆学习是团队行动。挑选、训练及管理标杆小组（学习团队）是流程的第二阶段。首先，将组织中来自各领域的员工召集起来，组成管理标杆小组；其次，通过小组找出问题并研究对策，标杆管理小组可能面临着各种各样的问题，如服务差、产品研发周期长、对需求变化反应迟钝等；再次，使用帕累托（Pareto）分析，确定解决这些问题的优先次序；最后，小组一起研究改进流程，解决问题。

标杆管理小组中的成员各有明确的角色以及责任。小组也可引进专案管理工具，以确保每位参与者都清楚自己的任务，而且团队要制定出重要的阶段目标。

标杆管理小组一般由以下成员组成：领导、流程指导员、秘书以及计时员。

1）领导。领导的作用是引导小组，保证实现目标。其具体职责为：

a. 寻求信息和观点，鼓励小组讨论。

b. 使小组聚焦主要任务。

c. 概括重要观点。

d. 鼓励成员提出观点。

e. 促成相关意见一致。

2）流程指导员。流程指导员是标杆管理流程的"专家"，确保小组遵守标杆管理流程。其在标杆管理小组中的作用是：

a. 建议合适的标杆管理工具。

b. 提出各种收集和分析数据的方法。

c. 通过提问，确定小组是否可以进入标杆管理流程的下一个阶段。

d. 确定关键任务。

3）秘书。在标杆管理小组的活动过程中，必须把小组提出的想法、决定和可能的选择方案记录下来，作为原始材料保存，这也就是标杆管理小组中秘书的职责。秘书具体职责有：①原原本本地记下小组的期望，而不是翻译；②寻求针对观点的解释和澄清；③整理会议文档。在记录时可采用速记的方式，提高工作效率。

4）计时员。计时员帮助小组确定讨论问题的优先次序，并让小组遵守时间表，起到监督的作用。其职责通常为：

a. 帮助小组决定每个话题所应花费的时间。

b. 引导大家遵照时间表。

c. 报告是否超时。

d. 根据讨论的进行情况，协助重新分配时间。

2. 选定标杆学习伙伴

第二阶段需要选定标杆学习伙伴，即谁做得最好，确定比较目标。比较目标就是能够为公司提供值得借鉴信息的公司或个人，比较目标的规模不一定同自己的公司相似，但它应为在标杆比较方面是世界一流的领袖企业，即最佳者。当个人或团队对别的公司，特别是其他行业的公司了解有限时，找出伙伴中潜在的"最佳"是相当困难的。

标杆学习伙伴可以在组织内部，也可以在外部。在不同商业领域、不同国家有分支的大型跨国公司里，宜采用内部标杆管理，如一些工厂的标杆管理遵守日程表的情况比其他工厂好得多。比较公司内各流程发现，标杆学习伙伴所在的市场可能是完全不同的。例如，集团内有些公司的订单管理系统特别有效，因而其生产日程更加稳定。

如果在自己公司的部门里对企业物流进行标杆管理，其他有相似需求模式和销量的部门每年可能有很高的库存周转率，并且销售和仓储成本得到控制，这是如何获得的呢？设定库存参数的程序是怎样的？这些是由于需求模式不同吗？

外部标杆伙伴是那些致力于持续改进的其他组织。这些伙伴为了获得双方组织的共同改进，应该在流程和活动等方面交换信息，可以通过现有标杆管理网络或行业协会来进行选择。不管选择什么流程，都需要考虑以下因素：

（1）需要与竞争者接洽吗？如果需要，怎样处理机密性问题？它们具有明显优势的活动和操作流程吗？如果仅仅是观察同类公司，那么视野将不够开阔。

（2）那些"最佳"组织很容易确认吗？应提供什么样的诱因让它们合作呢？对它们的订货处理系统很容易作出评判吗？

（3）对主要流程的检查需要多少标杆伙伴？

（4）哪些组织有相似的需求或操作流程，且可能已经开发出处理这些更好的流程？

（5）怎样照顾到伙伴间兴趣不同的问题？本企业可能对它们的库存系统感兴趣，而它们对本企业的产品开发感兴趣。企业必须考虑到自己的流程中可能没有一个是它们感兴趣的。

在寻找标杆管理伙伴的过程中，其优先次序应该是：

（1）先在一个大的组织内部寻找。

（2）被认为处于行业领导地位的外部公司，如被认为是有良好的仓库管理系统的外部公司——它们被称为"行业领先者"。

（3）竞争对手。这适宜在技术领域采用，如机器装配时间、JIT 等。标杆管理"俱乐部"是此类技术标杆管理的载体。比如，这曾经在英国的制药业中应用过。

3. 收集及分析数据

第三阶段是收集与分析数据。分析最佳实践和寻找标杆是一项比较烦琐的工作，但对标杆管理的成效非常关键。在这个流程阶段，标杆小组必须选择明确的资讯收集方法，而负责收集资讯的人必须对这些方法十分熟悉。标杆小组在联络标杆伙伴之后，依据既定的规范收集资讯，然后再将资讯摘要分析。接下来是依据最初的顾客需求，分析标杆学习资讯，从而提出行动建议。

出于保密需要，或者是由于伙伴中的"最佳"缺乏提供资讯的动机，数据收集可能存在一定的障碍。

如果有一个潜在标杆伙伴的名单，就需要作一些调查，资讯可来自：

（1）公司内的技术资料。

（2）行业出版物。

（3）专业杂志。

（4）公开账目。它显示了库存、周转额、员工数等信息。这些可提供标杆管理比率。例如，研究表明，制造公司中的长期利润与库存周转有很强的相关性。这种比率可从公开账目中计算出来。

（5）书籍及出版物，如《业务流程再造》、《哈佛商业评论》等。

许多上述出版物含有与实际情况相关的案例学习，它们是收集观点、信息非常好的渠道。

另外一个信息渠道可能是有关某行业的常识，如某一公司是配送可靠度、或 OTIF 履行订单的"标杆"。除此之外，还有以下信息来源渠道：

（1）专业组织，如英国皇家物流与运输学会。

（2）特殊利益集团。

（3）咨询公司。

（4）公认的行业专家。

（5）互联网。

（6）行业博览会。

标杆小组必须留出一些时间进行研究，如果找到一个优秀的标杆组织（它可能是自己公司的一部分）那么这些时间就花得值。

4. 评价与提高

这一阶段是通过对比分析绩效差距，对现有流程进行评价，制定目标实施改进（这也是实施标杆管理的关键）。影响这个阶段的因素，是顾客的需求及标杆学习资讯的用途。团队可能会采取的行动有很多种，从制作一份报告或发表成果，到提出一套建议，甚至根据调查收集到的资讯具体落实一些变革。

（1）绩效差距（Performance Gap）。通过上述的分析研究，可能表明本公司和标杆公司之间存在着差距，差距的大小可用下列公式进行计算

$$差距 = 1 - \frac{本公司绩效}{标杆绩效}$$

例10-1 根据表10-2中的数据，将本公司的物流人员学习物流课程的比例与标杆公司作比较。

表10-2 物流人员学习物流课程的比例对比表

	本公司	标杆
现在	17%	24%
两年前	15%	18%

$$现在差距 = 1 - \frac{0.17}{0.24} = 0.291$$

$$两年前差距 = 1 - \frac{0.15}{0.24} = 0.167$$

如图10-2所示，差距从两年前的7%变为现在的9%，这表明差距拉大了。

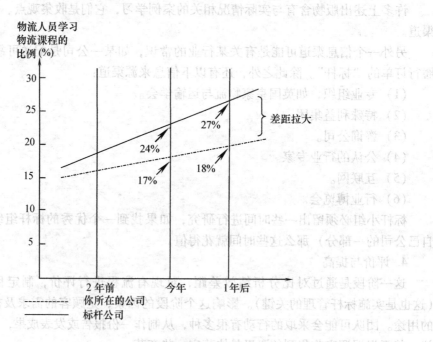

图10-2 差距示意图

（2）对现有流程进行评价和备案。应该把现有流程作为基线备案，然后在此基础上不断发展。在现有流程中，可能有一些不尽如人意的地方（不管是外在或内在的）

会令客户失望，如对客户咨询的非标准产品或服务处理时间太长，以致让对手抢走业务。初步分析发现原因可能是处理客户咨询的责任划分不清。

对流程的分析常用流程图，并且将流程图建档，这是因为：

1）它以简洁的形式描述流程，关键要素一目了然。

2）通过流程图可以清楚地确认关键界面，如物流人员的物流职能和客户之间的关键界面。

3）可以显示出弱项，这是潜在的失败原因。

4）有助于与其他公司的流程进行比较，如比较订单处理系统。

5）流程图的直观性有助于标杆管理小组内部讨论。

制作流程图的过程一般包括以下几个步骤：

1）在不同的纸上写下每项任务。

2）流程重组——识别平行流程。

3）说明输入量，如来自其他流程的信息。

4）确定决策点。

5）确定引起客户不满意的薄弱环节。

6）讨论流程图并确认它如实反映了流程。

7）加上连接线、箭头。

8）重新画图。

9）让标杆管理小组之外的人确认它如实代表了该流程。

在这个阶段还要确认接下来是否有必要采取哪些步骤或适当的后续活动，如有必要，可以建议标杆学习活动继续下去。实施标杆管理不能一蹴而就，而是一个长期、渐进的过程。每次学习完后，都有一项重要的后续工作，这就是重新检查和审视标杆研究的假设、标杆管理的目标和实际效果，分析差距，为下轮改进打下基础。

管理的精髓在于创造一种环境，使组织中的人员能够按组织的远景目标工作，并自觉进行学习和变革，以实现组织的目标。标杆管理往往涉及业务流程的重组，会改变一些人的行为方式，碰到员工思想上的阻力，企业要创造适合自己的业务流程和管理制度，赶上甚至超过标杆对象。

三、标杆管理俱乐部

在系统、组织、程序和设备方面实施改革以取得标杆绩效。这个过程可能不是一帆风顺的，可能需要来自标杆管理伙伴的帮助和引导，这也不是唾手可得的。

如果来自某一特定行业志趣相投的人，在一种互信互利的氛围里组建论坛，那会有助于标杆管理的发展。资料显示，这些问题中的许多可以通过标杆管理俱乐部解决。在俱乐部里，成员来自同一行业，但并不销售直接竞争的产品。一个典型的实例就是英国的制药业标杆管理俱乐部。该俱乐部风行整个英国，他们参观工厂，组织演讲，举办研讨班。最初，他们的基本规则如下：

……快速比较绩效，可以共享来自不同的关于供应链流程和程序的观点。对话机会应确保能进行有效的比较。俱乐部允许职能专家为俱乐部某会员设计特定的标杆管理，这样可以节约整体资源需求。会员间可能产生竞争意识，这增加了共同改进的意愿。

最初兴趣集中于关系到共同利益的话题，这些被编成一般的调查问卷，调查问卷要求所有成员参与这些讨论。这些话题是：①遵守时间表；②库存周转率；③生产能力利用系数；④过渡时间；⑤制造频率；⑥制造前置期。

上述问卷中还常包括以下典型问题：①近似比较——缺少数据可得性，特别是在转换期内；②劳动和设备利用率的评价方式各异，很难进行比较。

考虑到比较数据问题，是否认为最初的作业是有益的，各参与成员关于标杆管理的评论可能包括：①我发现我们有一个超负荷的生产线；②与其他公司比较，遵守时间表是一个问题；③它使我能够集中注意力确定我们的真实能力；④我们已缩短内部前置期的30%，但我们的按期履单状况并没有改善；⑤我们能够增加混合能力30%，并减少内部前置期两天。

该小组随后考虑的问题可能有：①能力计划和管理；②前置期缩减；③无纸电子制造执行系统；④组织设计和再设计；⑤供应商伙伴关系与成套供应。

总之，在某一特定领域里，俱乐部是一种共享观点、以求改进的方式，他们通过集会、调查、现场访问以优化操作流程。

四、供应链标杆管理

1. 供应链标杆管理概述

标杆管理开始是基于竞争对手间产品质量和功能比较而发展形成的，它的目的是取得竞争优势。一段时间后，该方法延伸到服务领域，如维护、管理流程、销售及客户服务。

最初，标杆管理重点关注竞争者的能力，人们认识到在业务流程中，为取得优异的绩效，可能有必要使用完全不同业务领域的公司作标杆。例如，某行业在开发分销网络，或在将它们的供应商融入它们的进货物流流程方面具有卓越的能力。

标杆可应用于供应链活动，此时标杆包括的内容如表10-3所示。

表10-3 供应链活动中的标杆

标　杆	库存领域意义
资产回报	每单位销售额对应高水平的库存，要与一个经营相似产品的公司比较，看它们是怎样很好地管理它们的库存

（续）

标　　杆	库存领域意义
供应链总成本	包括库存投资、存储、管理和订单处理等费用。库存太多会导致库存持有成本和管理费用的增加
现金物流周期	周期越短，供应链中库存越少
OTIF 履行率	高水平的客户服务，无返工、无待发货成本
顾客咨询反应时间	重复订货可能性大，更大的市场份额
保修成本，退货率	退货少，等待维修的物品少，低返工和低待发货成本
预测精确度	降低存货安全性需求
生产力利用率	平衡使用生产力，尽量减少混乱，降低半成品（WIP）库存，专心管理制造瓶颈
制造的前置期	短的前置期降低安全库存需求，很短的前置期可进行大规模定制——按订单生产，无需产成品库存
半成品库存	缩短制造的整个时间以降低半成品（WIP）水平，降低 WIP 库存的投资，改善客户服务，提高"增值"时间的比例，这些时间对客户是有价值的
遵守时间表	保持配送承诺——更好地为客户服务，没有出现过量生产导致的过量库存
供应链前置期	短的原材料采购前置期减少了库存水平，与供应商的生产时间表良好配合还可以减少物料和零配件的库存水平
供应的库存保持时间/天	减少供应或生产前置期就减少了库存需要覆盖的天数；少量、频繁的"准时（JIT）"配送。在一些生产中，库存时间以小时计
货物过时、废弃	存货降价，甚至完全失去价值是预测不当，或大批量生产的反映

　　对公司所在的供应链进行标杆管理，需要用上述标准判断绩效优异的公司及其他与所在行业密切相关的公司，可以通过出版物（如年度财务报告），另外还可以通过参与标杆管理俱乐部——特定利益群体，或寻找标杆管理伙伴。必要的话，也可以用来自另一商业领域的公司来判断绩效情况。

　　这些方面的缺陷来自不良流程。流程改进和管制是物流标杆管理的基本观点。正如用假冒元件无法制造优质产品一样，无法在供应链的末端将"质量"塞进去。供应链流程（其中许多包含库存因素）必须在监控下从头到尾逐渐地、持续地得到改善。

　　2. 标杆管理供应链伙伴

　　以供应商为输入，以分销商为输出的供应链，其物流绩效对整个公司的绩效至关重要。因此，要进行标杆管理。企业的供应商与其他公司一样优秀吗？如果采购和服务费用是企业年销售成本的 60%~70%，企业要确保自己知道供应商的表现优劣。

客户也一样，如果企业产品由分销商出售，供应商就要确保没有因它们在库存管理方面的拙劣表现而失去顾客——它们是否因缺货而让顾客买本企业竞争对手的产品呢？对本企业产品的咨询和特殊要求，它们是否因反应迟钝而使本企业失去市场份额？它们是否足够了解本企业产品？这些都是标杆管理可以应用的方面。

当企业供应大的零售商时，它们将本企业产品的促销和管理做得是不是很好？一个零售商可以补货及时，而另一个却表现不佳，导致销量和市场份额减少。一句话，供应商、销售商/客户是否尽职尽责地降低了本企业产品送往最终消费者手中的费用？

供应商、分销商标杆管理中应阐述的问题包括：

（1）在改进质量、前置期的可靠性、产品可得性方面，它们都愿意合作吗？谁最乐意合作？其他人怎样？

（2）它们致力于不断进步的程度有多大？就提供给企业未来新思想（更好的物料、新工艺流程、新产品构想）而言，谁是最佳供应商？其他人呢？

（3）最佳供应商对减少前置期的贡献有多大？其他供应商对此无兴趣吗？

（4）企业的供应商是否采用标杆管理？这可反映它们是否致力于不断进步。

（5）供应商及客户的员工对质量、服务和成本关心的程度有多大？

（6）企业的最佳供应商和客户与本企业沟通是否良好？例如，关于供应问题，或产品促销计划。

因为标杆管理必须有选择地进行，就需要确定各个环节的优先顺序——具有最重要的战略意义的环节将被优先考虑。如果一个企业想通过提供重要客户更短的前置期来获得增长，那么供应商绩效的改进将是最重要的。

3. 关键绩效指标

对物流和供应链标杆管理的深入研究表明，一些关键绩效标准需要连续监控。关键绩效指标集中在几个真正重要的数字上。

物流流程标杆管理在任何一个再造设计中都是至关重要的第一步。虽然标杆管理经常与其他的、企业外的"最佳"组织比较，但它也是供内部使用的有效工具。发展一系列相关联的、可执行的绩效标准应当是物流改进计划的优先议题。认识到"怎样评价，怎样管理"后，许多公司在寻求发展合适的物流绩效指标，以确保能发现降低成本的机会，确定能改进竞争优势和建立供应链的流程。

五、成功的标杆管理对企业的基本要求

标杆管理需要企业内部各方面的参与协作，管理者应该有充分的信心达到标杆目标。充分的计划、培训和部门之间的广泛交流是标杆管理有效执行的重要方面，另外，

标杆管理是一门应用学科，通过书本和课堂难以掌握，必须要实践。要实践，失误就不可避免，但是一些无谓的失误应该尽量避免。

下列几条是成功的标杆管理活动对现代企业的基本要求：

（1）高层管理人员的兴趣与支持。

（2）对企业运作和改进要求的充分了解。

（3）接受新观念改变陈旧思维方式的坦诚态度。

（4）愿意与合作者分享信息。

（5）致力于持续的标杆管理。

（6）有能力把企业运作与战略目标紧密结合起来。

（7）能将财务和非财务信息集成供管理层和员工使用的信息。

（8）有致力于与顾客要求相关的核心职能改善的能力。

（9）追求高附加价值。

（10）避免讨论定价或竞争性敏感成本等方面的内容。

（11）不要向竞争者索要敏感数据。

（12）未经许可，不能分享所有者信息。

（13）选择一个无偏向的第三者在不公开企业名称的情况下来集成和提供竞争性数据。

（14）不要基于标杆数据，向外界贬低竞争者的商务活动。

总之，标杆管理通过降低成本，用高水平的服务水平区别于其他公司，从而对增强企业竞争优势作出重大贡献，有助于获得更高、更稳定的利润。标杆管理是一个需要关注细节和需要大量的时间和经费的过程。世界一流公司使用它作为它们不断改进计划的一部分。但它并非仅仅能使用于大公司。企业要生存，要获得竞争能力，就要全面实施标杆管理。标杆管理的总体目标是帮助企业获得世界一流的竞争能力。

第三节　通过变革改善企业物流绩效

一、新环境中的人力资源

当代物流战略可以描述为"顾客满意度最大化，物流资金及运营成本最小化"。我们在前面已经了解了有关服务水平的概念，顾客满意度与之类似，也是评价顾客满意的一个标准。

定义顾客满意标准的方法有多种：

一种典型的标准是100%地完成已订货的产成品配送。然而，这需要大量半成品及产成品库存和高的物流人力投入。

一个更加现实的标准是在特定时间内100%地履行订货配送，即有一个由供应商提出的比较切合实际的订单履行前置期。这样可能允许"准时制"（JIT）制造，及库存持有成本和物流人力成本最小化，但这种做法在市场中可能没有竞争力。

一个相对差一些、但更加常用的标准就是100%的顾客满意度被定义为：先配送订单中每一产品的大部分，短期内通过生产或采购来完成剩余部分。这对顾客是一个"极度担心的"情形，而由此引起的短期订单可能导致双方成本都增加。

第四种标准是以可比较产品类别方面的标杆竞争者的前置期为参考基础。该标准需要定期监测竞争者的配送绩效、系统化的需求预测和内部物流周期的最小化。这可能需要较高的专业水平，但可取得最佳的顾客服务/人力成本比率。

不管在什么情况之下，与客户建立更加紧密的关系都是很有价值的，这就需要特别强调物流人员沟通能力和人际关系技巧的重要性。

二、有效物流部门的组织

1. 传统物流部门组织的不足

在任何有活力的企业中，其公司目标、市场营销目标和财务目标都会推动物流组织的发展。在把库存管理和物流作为竞争优势来源的情况下，就很有必要建立一个由复合型人才构成的组织，而它能提供高质量的客户服务。

在传统制造业中，特别是在中小型企业里，常常是由可得到的人员，而不是由组织所需要的人员来组建各部门。通常库存管理人员是"自己人"，从较低的生产职位或办事人员中被提拔上来的。

库存职能部门几乎无一例外的受生产推动，并隶属于采购和销售部门。这种组织存在以下不足：①结构被"部门化"，几乎没有部门间的沟通或团队指导；②与客户间没有正式联系，优秀的对外联络人员常常会由于自己的一时大意而与客户建立非正式的联系，但这却不是必然发生的；③没有足够的技能来满足新兴的、更复杂的控制系统的需要；④员工对其行为负很少责任，"主人翁精神"几乎不存在。

2. 组织目标应与顾客满意相一致

当确定组织及其下层机构的目标时，就有必要保持对整个业务的前景规划。在一些情况下组织已经成功地获得有效物流管理所需要的技能，这在很大程度上取决于所挑选的人员及他们在不同岗位上工作的意愿。然而，竞争的压力和精简的人力预算使库存管理组织有迥然不同的模式。因此，更可能出现如图10-3所示的结构图。

在这种情况下，库存管理就完全融入到客户服务过程中，它要求的是数量较少但是具有多功能的部门。这个部门在一个柔性的、彼此合作的情况下，其运行将更加有效。这种结构认为，库存管理的作用在本质上是"协助"，团队成员将有更强的主人翁意识和更好的发展机会。

3. 学习型组织

一个学习型组织是富有活力的，对变化反应灵敏，不容易受突发事件冲击；一个非学习型组织则是静态的，拒绝变革，因而总是很脆弱的。一个学习型组织将对外部和内部压力产生反应（不是反抗），取得必要的技能和知识，以在每个新环境中都能生存和发展。

学习包括培训和训练，但实际上，培训和训练都不能保证学习这种行为的发生，学习效率的一个基本要素是学习动机。

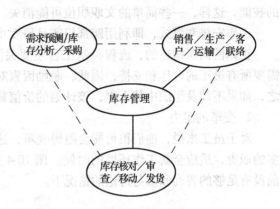

图 10-3　以客户为中心的库存管理运作

三、企业物流管理流程再造中的人力资源问题

1. 流程再造

所有有活力的企业和组织针对外部和内部压力都需要不断进行变革。有活力的企业会预料到变革的需要并提前作出调整；而没有活力的企业经常遭遇突发事件的冲击，对更深远的变革变得越来越脆弱，从而不能经受变革。外部环境的变化会导致公司战略和计划改变，这些变革对内部人力资源等相关因素也会产生影响。

变革（Change）可以按下列方式分类：

（1）常规调整。当一个组织要对利润压力（如客户需求的变化、法律政策的微小变化、科技进步、市场劳动力缺乏等）作出回应时，需要进行常规调整。在这些情况下，一个组织通常变得"柔性"以适应变化，这不需要大的变动或较高的花费。例如，对库存管理系统进行升级，以增强新的功能，可能就是根据现有库存管理人员的改进建议发展而来。

（2）流程再造（Process Re-engineering）。当企业对变革的需要很急切而且具有价值时，如生产的产品过时、市场份额损失严重和/或无利可图、新技术要求、较大的法律政策变化等，就需要进行流程再造。在这些情况下，变革不仅仅是"变得柔性"，而是需要"流程再造"，通常企业的各个方面都要变革。

再造可能需要对企业进行全面地重新规划，包括公司战略和目标、市场及市场机会、资本投资及基金、产品和产品技术、制造和仓储、操作系统及程序、运转资本及现金流以及人力资源各方面。

（3）组织及工作结构变化。例如，将采购、生产和分销合并到物流职能中。库存计划和管理将具有同等作用，就是通过使物料在供应链中转移来满足服务和资产利用目标。

技术力量不足和技术过剩。例如，为了加速订单处理过程，需要合并任务，需要新的技能。这样，一些简单的文职职位可能消失。

工作安排和模式，即利用跨部门产品研发小组以更快地开发出新产品。

正如前面所描述的，流程再造工程主要关注的是"机构"的变化，而有效的变革需要所有员工的合作和支持，因此，激励因素对良好的职能变革计划同样很重要。换言之，如果不涉及组织中的人事，该计划的价值就很有限。

2. 变革的阻力

对于员工来说，他们很可能会阻碍变革，这是很正常的，特别是在希望他们承担更多的职责，适应全新工作环境的时候。图 10-4 列举了员工可能的行为，特别是在变革前没有足够的咨询和参与讨论的情况下。

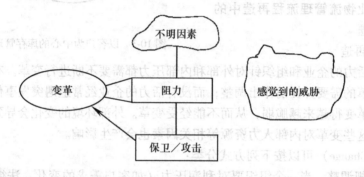

图 10-4 变革的阻力

这些行为模式可以通过精心转换计划来进行不断修正，而转换计划应密切关注激励因素和其他人力资源标准。例如，可以建立有效的沟通机制，使变革有规律地进行，也就是给员工提供向管理层反馈问题、意见和建议的机会；可以发布关于公司发展规划或改善工作安全性方面的好消息，为员工指出新环境下的机会和利益。

当重组和缩小规模时，裁员就不可避免，这时组织就要重新部署人力计划，或（在可能时）进行职业介绍服务。如果职位合并，将引起工作量加大或内容增多，就需要发布关于报酬方面的好消息，以作为补偿。

3. 让员工接受变革

变革很少是一帆风顺的，除了财务和其他资源的限制外，还不可避免地会受到大部分员工的阻力，通常这是员工察觉到不安全的结果。想像如果一个公司董事会决定从常用的"依库存而生产"战略转向"准时制"生产，这会对物流部门有何影响？想像如果一个公司董事会决定采用 ISO9000 质量标准，这就需要确认所有采购的物料和零配件的质量是否达标，这会带来什么影响？这些典型的改变对公司健康发展是有益的，甚至是必需的，但可能很难让习惯于舒适的传统工作方式的员工接受这种变革。

但是，有一些模块化的手段可用来简化和缩短变革过程，主要方法可分两类：一类是激励因素，这些变化是和财务无关的，包括组织中职位变动、更高的工作热情、更大的价值认可及职务发展机会；另一类是待遇因素，待遇改善来自于职位的提升，工作内容增加引起的工资提高以及员工因工作弹性和更好绩效而得到的奖金。

四、团队对企业物流绩效的好处

团队的定义是"执行共同的目标、绩效标准以及实现方法的技能相互补充的人群，它们接受彼此的责任"（Katzenbach & Smith，哈佛商学院）。

团队比相同数量单独工作的员工能产生更好的绩效。这个特征可以确认为"协同性"，它的好处获得了广泛的称赞，这可以通过团队的有效运作来实现。显然，团队成员间必须有相当程度的相关性或相互依赖性，而不是为了方便管理只是简单地将几个毫无关系、互不相关的工作人员集中到一起就可称作"团队"。

1. 单职能团队

这种团队的职能限制得很窄，如库存管理中的"仓库理货员团队"。这种团队"有严重的局限性"，虽然这些团队会与其他部门（如生产或销售部门）联系，但流程改进的范围及机会十分有限。

2. 多职能团队

这种团队的职责范围包括一系列与流程相关的职能，除了多职能，它必须是多技能的，这种多职能团队为"极富潜力的团队"，因为它有"很宽范围的力量"。他将理想的多职能团队描述为专心于"适地工作流"（In-place Work Flow），即团队围绕着流程的工作流来组建。在这种库存管理背景下（这里的库存可能意味着半成品），这样的团队能很快的生产出产品，从而产生很好的"现金物流循环"。

通常一个多职能团队在分销过程中的适地工作来进行组建，成员包括仓库理货员、送货员、装卸工、司机。在这种情况下，团队能够改进几个相关活动的绩效，如井然有序的装车、卸货，以及通过优化运输路线来改进准时配送率。

在中小型企业里，一个多职能团队可能围绕整个库存管理流程组建。

3. 假团队、潜在团队和真团队

假团队（Pseudo Team）是指那些看起来像一个团队在发挥作用，但实际与团队目标相比，它只取得了很低的绩效。这可能是团队学习过程中的暂时情况，但也可能因为存在不完善的团队组织结构，或缺少改进绩效的动机而长期存在。

潜在团队（Potential Team）在目标实现方面有一些改善，而真团队经过很短的发展周期就可以获得很高的绩效，如图 10-5 所示。

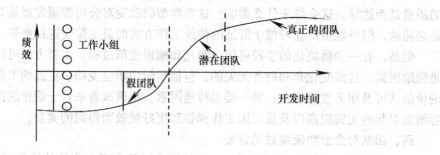

图 10-5　团队绩效曲线

描述一个成功团队的特点，应该以改善物流绩效的组织重构为基础。成功团队可能有以下良好特征：整个团队工作良好并且目标一致；成员间极少相互影响和冲突；成员同甘共苦；成员对他们的工作有兴趣，并且很投入；成员同心协力；成员能相互弥补不足；成员工作有目标并且积极性很高；他们彼此相信，当然也信任他们的领导；团队通常有良好的引导；绩效比相同数量的员工单独工作的绩效高。

总之，企业物流管理中要使用到绩效指标，包括财务指标、执行指标与营销指标。标杆管理通过改善业务流程而有助于增强竞争优势，改善业务流程是为了赶上或超越选定领域的"最佳"的绩效；标杆管理是许多世界一流公司不断改进方案的一部分。

全球化发展对库存管理和物流业的挑战以及为具有可持续竞争优势而寻找新机会，都意味着各层库存管理人员要承担更多的责任。不断的变革对管理者和员工都提出了更高的要求，企业必须在调动员工积极性的基础上实现变革，这需要更高的管理技能和管理艺术。

五、企业物流绩效指标的评价[⊖]

早在 1985 年，A. T. Kearney 就指出，进行综合绩效衡量的公司，可提高总体生产率 14% ~ 22%。物流管理是通过采购、仓储、运输、销售、配送等活动，解决物资供应之间存在的时间、空间、数量、品种、价格等方面的矛盾，以便衔接社会生产的各环节，确保生产顺利进行的重要活动。因其与其他企业管理模式有较大差别，在绩效评价上也有所不同。

1. 物流绩效指标的选取

在进行绩效评价时，碰到的第一个问题就是如何选择评价指标。物流企业绩效评价指标选取的演进经过了从单一指标到多维指标的发展过程。在制定物流绩效评价时主要考虑四个指标：①送货时间（交货周期）。送货时间是指客户从订货到收货的整个时

⊖　资料来源：谭洪涛. 供应链条件下的企业物流绩效评价. 中国高新技术企业，2008（17）：56-57.

间。该指标反映了物流企业提供服务的迅捷性。②送货可靠性。该指标反映了物流企业履行承诺的能力，即度量其能否正确地满足顾客的订货。③送货灵活性。④库存水平。其中，每一项指标都应有三个指标值：理想值、目标值和当前值。物流绩效管理的目标就是按照理想值设定目标值，然后根据目标值改进当前的绩效状况。

2. 物流评价体系构建的步骤及存在的问题

我国有学者认为，要建立一个完整的物流绩效评价体系应包含以下七个步骤：①确定评价工作实施机构选聘有关专家组成专家咨询组）；②制订评价工作方案；③收集并整理基础资料和数据；④评价计分（运用计算机软件计算评价指标的实际分数）；⑤评价结论；⑥撰写评价报告（包括评价结果、评价分析、评价结论及相关附件）；⑦评价工作总结。此外，不少学者还对物流企业绩效评价的原则、基本要素、方法等进行了研究。

当前，我国对物流绩效评价的研究还不够深入，还没有形成一套完善的物流评价指标体系、评价方法和模型。物流绩效评价的内容定义还很不完善，缺乏系统性。大部分研究是以物流服务方面作为考核指标，而对经济方面（如财务评价）等非常重要的指标却忽略了，如从物流、商流与资金流相结合的角度建立相应的财务评价指标，包括销售利润率、应收账款周转率、存货周转率、净值报酬率等。建立起系统的物流绩效评价指标体系将是值得研究的课题（见图10-6）。一套完整的物流企业绩效评价指标体系应包括评价对象、评价目标、评价指标、评价模型、评价标准、分析报告等要素。

3. 构建零售企业物流绩效评估框架

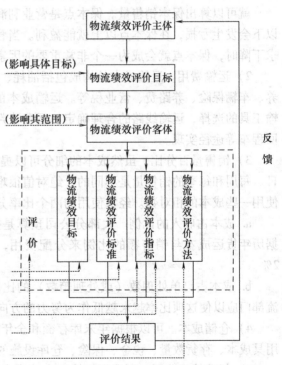

图10-6　零售企业物流绩效评价体系⊖

⊖　资料来源：李文静，夏春玉. 物流模式对零售企业物流绩效评价的影响机理研究. 商业经济与管理，2008 (11)：3-7.

由于所处的行业不同，物流绩效评估的具体要求也不同。以综合电器零售企业为例，其物流过程始于向供应商订货，然后是储存、销售，最后通过配送部门把商品送到顾客手中。流通企业向顾客提供的产品主要是无形产品即服务，因此，建立在一定成本基础上的服务能力、质量，就成为物流绩效评估的一项主要内容，再加上劳动效率和资产的衡量，构成了电器零售企业物流绩效评估的基本框架。

（1）成本。我国的物流运作效率与发达国家存在相当的差距，物流成本还有较大的下降潜力。要控制物流成本，就要了解成本的构成，并对构成成本的支出进行细致的分析。

1）单位变动成本。此项成本是进行边际贡献分析的重要数据，了解此数据，再利用公式

保本销售量 = 总固定成本 /（单价 - 单位变动成本）

就可以算出保本销售量。保本点是营业利润为零时的销售水平，销售水平在保本点以下会发生亏损，在保本点以上就能盈利。当管理者评价产品的市场机遇或当老产品需求下降时，保本点就会成为一个非常重要的因素。

2）运输费用。运输成本的构成包括油耗、路桥费、停住费、人工、折旧、维修保养、车辆保险、养路费、营业税等。运输成本的控制可从承运人（公司或个体）和运输工具的选择、运输线路的合理确定、运费谈判以及充分利用运载工具的载重和体积及回程车等途径实现。

3）销售量百分比。虽然成本的细分可以提供一些绩效评估所需的信息，但由于每日、每周和每季的销售量是不同的，绝对值很难对绩效水平进行全面的评估，所以需要使用一些成本的相对数。经常使用的两个比率分别是：

a. 成本占收入的比例。大部分公司预算是按销售额做出的，这样，仓库功能将根据历年货运成本与销售额的比例来分配费用，一般情况下，仓库费用额占销售额的2%。

b. 成本占订单处理数（或处理箱数）的比例。在保证一定服务标准的前提下，物流部门应以使这项比率越来越低作为努力的方向。

4）仓储成本。可以根据年末库存额和全年库存周转次数以及利息、工资、动力和用具成本、存货数量、税金、保险、仓库设施的折旧等指标统计出仓储成本。

5）行政管理费用。可根据运输和仓储成本，按一定管理费率计算得到。其计算公式为

行政管理费用 =（库存成本 + 运输成本）× 管理费率

6）成本趋势分析。对企业内部，可以把某几项构成成本的指标按季、月进行横向比较，也可以按年进行纵向比较，如果不同年、季的成本差距过大，应分析原因，并试

图找出降低成本的方法；对企业外部，则可以把相关指标在同比情况下和最强劲的竞争者或行业平均水平作比较，如果数值偏低，则说明企业在降低成本方面具有较强的竞争力。

（2）客户服务。客户服务几乎涉及组织的各个部门。从物流的角度看，客户服务是物流与市场营销的重要连接点。如果物流系统不能恰当运作，也意味着客户没有得到公司承诺的服务，公司将可能失去客户。由此看来，客户服务是物流运作中最具价值的方面之一。而对物流的客户服务至少需达到四个目标，即时间、可靠性、沟通与方便。如果一个企业的物流部门在这方面的一贯表现始终处于行业平均水平之上，那一定是一个有吸引力的公司和理想的合作伙伴。对客户服务质量高低的衡量，就是通过一些量化的指标测定一个企业的物流客户服务是否达到了以上目标。对于综合电器零售企业来说，下列衡量指标在众多的指标中占有相对大的权重。

1）投诉率。该数据是指受到投诉次数及投诉订单在处理总数中所占的比例。投诉率自然是越低越好。

2）错误率。此数据包括仓库在收、发、存、退、移货物以及配送部门在送货的各个环节中发生的错误。其公式为

$$错误率 = 错误次数/个人月发货的总次数$$

首先，应按照物流部门的一段时间内的工作实际，制定出一个可以允许的上限，如果超过上限，就可界定为非正常情况。

3）及时发送。这项评估对公司在当今市场获得竞争力十分重要。零售企业货物发送的特点是客户零散、配送范围广泛并且路线复杂，很难制定一个详细的标准。一般情况下，在某一特定时期，整个行业会有一个大致的送货要求，例如，市区内，顾客在16:00 以前买货，则可当天送达，至于当天的什么时间，就不作为考核标准了。但随着竞争的激烈，对准时送货的要求将呈现越来越高的趋势。因此，企业在制定这一指标时，在充分考虑成本的前提下，应尽量精确，因为这也是提高服务竞争力的要求之一。

4）顾客忠诚度。这项数据可通过内部数据库分析顾客再购买行为获得。按顾客到公司消费的次数分类，再购买行为在整个销售中所占的比例越高，顾客的忠诚度越高，忠诚度高的顾客越多，对公司的营销越有利。因此，这项数据对衡量物流服务水平的高低有着非常重要的意义。例如，雷克萨斯（Lexus）汽车公司就把汽车和服务的再购买行为作为衡量中间商营销是否成功的唯一方法。其实，对于流通商来说，能使顾客再购买，将会是比许多的广告宣传更有效的营销推动。

5）销售部门反馈。物流是销售的一种延续，销售部门向顾客提供的产品不仅包括有形的产品，还有无形的服务，而物流服务的好坏就构成了无形产品的核心部分。物流直接影响着销售过程，因此，物流和销售部门的相互沟通十分重要。销售部门反馈的主

要数据包括订单处理的速度、订单完成的准确率、运输准确度等。

（3）生产率指标。其主要包括以下指标：

1）每位员工每小时完成的订单数、货物种类、体积或箱数。这个数据在企业内部员工之间比较，可以衡量出员工的工作效率，而如果把企业平均每位员工的订单数与同行业平均水平作比较，就可以衡量出本企业员工的工作效率在行业中处于什么样的水平。

2）劳动力的投入。劳动力投入可换算成工时。例如，仓库有 6 个员工，如果每个人的工时都以正常月（即 168 小时）来衡量，总共投入 1008 小时，本月的生产率可以用几种方式表示，如 0.74 定单/工时、1.34 小时/定单等。

3）仓库收、发、存、退、移的速度及特定时间内的准确度测量（包括配送、单据打印、处理电话投诉、销单等物流程序的效率测量）。其方法是以企业平均水平制定一个标准，然后将每位员工的现状与标准比较。

4）与以往标准的比较。以上三项指标都存在与公司内部不同时期的纵向比较以及与同行业的横向比较，这种比较会使企业知己知彼，从而促进企业提高物流运作效率。

（4）资产衡量。其主要包括以下指标：

1）存货周转。存货周转表明年度内存货销售转换为应收账款的次数。其公式为

$$存货周转率 = 年销售额/年平均库存值$$

式中，作为分子的销售额是指所分析期间（通常是一年）的总金额；作为分母的存货可以是年末数字，也可以使用平均数，当增长幅度不大时，可以采用期初和期末存货的平均值。

对存货周转率的计算有助于判断公司存货管理的有效程度。分析该数据时，可以联系公司过去的和可预期的未来的比率，联系类似公司的比率或行业平均比率进行比较。存货周转次数越多，就意味着资产的利用率越高，公司对存货的管理越有效，存货越新鲜，越具有流动性，也即意味着销售存货的能力越强。因此，对一个企业的物流部门来说，应想方设法增加存货周转次数。

2）平均存货水平。对于许多企业来说，存货是它们最大的一笔资金，所以改善存货绩效能产生显著的现金流量，同时还能提高盈利率。用"平均"二字，是因为这一指标一般来说是指某一时间段内（而不是某一时刻）库存所占用的资金。这一指标可以告诉管理者，企业资产中的大多数是与库存相关联的。管理人员可根据历史数据或行业平均水平，从纵向、横向方面评价本企业的这一指标是过高还是过低。

3）过时存货。不同企业由于经营的实际情况不同，对过时存货的标准也有不同的界定，即使在同一企业，所处的季节不同，对属于过时存货的期限都会有不同的规定。但过时存货和存货周转这两个指标是紧密相连的。如果一个企业界定过时存货的时间段

太长，高出了行业平均水平，那就说明存货周转的速度较慢，资产的利用率偏低。

4）资产报酬率。它是指能刚好满足所有资本供给者的收益率。其公式是

$$资产报酬率 = 税后净利/资产总额$$

此数据可以衡量一个公司运用资产获取收益的成功程度，主要用来和行业平均水平作比较，如果低于行业平均水平，则不太令人满意，也即表明获利的能力较低。

5）可供应时间。它是指现有库存能满足多长时间的需求。这一指标可用平均库存值除以相应时间段内单位时间的需求量得到，也可以分别用每种商品平均库存量除以相应时间段内单位时间的需求量得到。如果在可供应时间缩短的情况下，又能保持较高的服务水平，那就说明企业的存货管理较好，资产的利用质量也较高。

复习思考题

1. 标杆的作用是什么？
2. 如何利用标杆来改进企业物流管理绩效？
3. 变革的方式有几种，分别请解释。
4. 如何使员工适应变革？
5. 在变革中领导的作用是什么？
6. 企业如何适应变革？

实践与思考

1. 确定一个企业进行研究，这个企业是如何衡量其企业物流的绩效的？
2. 说明这个企业是如何利用标杆管理来改进企业物流绩效的？

第十一章　企业物流的发展趋势

第一节　企业物流管理面临的挑战

物流全球化、一体化的服务需求，不仅为中国企业物流带来了良好的发展机遇，同时也带来了前所未有的新挑战。

一、高效率挑战

在工业生产进入大规模定制时代，用户处于价值链的最前端，企业要按用户个性化定制需求（即按订单）来生产，而且定制的速度越来越快。例如，对于某种产品从订单到交货，我国企业最快需要 10 天左右时间，国外企业已经提出 5 天交货的目标，这就需要生产企业提供高效率的企业物流服务。企业物流必须根据客户需求（比如按单生产方式对物流快速反应的需求）重新设计物流与配送系统，只有最大限度地缩短订货处理周期、提高整个物流与配送系统的反应速度和运作效率，从而达到降低运营成本、增强市场快速响应速度，才能满足客户的物流与配送需要。企业要充分利用信息网络技术来发展现代企业物流，改变过去有点无网、有网无流的状况，为用户提供快速、准确、高效的服务。其核心目标就是最大限度地提高企业物流速度，整合企业物流资源，降低企业物流成本，形成国际竞争力。例如，一汽大众应用物流控制系统将控制实物流、信息流延伸到公司的决策、生产、销售、财务核算等各个领域中，使公司的管理步入科学化、透明化的轨道，以实现高效的零库存管理；东风汽车股份公司对整车物流实施信息化管理，以条码为信息载体，实现整车仓储管理的电子化、自动化，充分共享和跟踪车辆信息，做到事前计划、事中控制和事后反馈，以满足市场的快速变化对信息准确、及时的要求。

随着物流全球化服务需求的日益增多，企业需要为全球贸易商和生产商提供高效、无缝、可靠的物流服务。如果物流运作效率低下，那么企业产品的比较优势将不复存在。所以说，高效的现代企业物流代表着一种新的竞争优势。当然，要实现高效的企业物流服务，还需要国家调整和改善有关政策和法律法规，尽快与国际接轨。

二、高质量挑战

企业应该为客户提供全面的供应链管理和适合客户的电子商务解决方案。例如，UPS 公司与丰田、本田、克莱斯勒、福特等汽车公司建立了战略同盟，提供供应链重新策划、运输网络管理、零部件服务物流和技术解决方案等优质服务；又如，一汽大众公司组建的全国备件供应网络（由七个第三方物流备件中心库组成）开始全面运营，向数百家服务站提供一汽大众所有轿车的原装备件，包括奥迪系列、捷达系列、宝来系列和城市高尔夫，所有库存资源均可共享，且由长春总部通过电脑系统统一调度，以保证供货服务的效率和质量，进而提高一汽大众公司的售后服务能力和市场竞争能力。

三、社会化挑战

供应链全球化的发展趋势，需要社会化的第三方物流企业，以整合全球物流资源，满足全球物流服务需求，做到供应链全程化、无缝对接和优质高效服务。客户在选择第三方物流企业时，主要注重其物流的运营经验、专业化经验、服务能力、服务质量、服务效率、品牌商誉、网络覆盖率、服务价格和电子数据交换（EDI）能力等。尽管第三方物流呈发展趋势，但条块分割、自成体系、自我服务、"小而全"及"肥水不外流"观念，不仅增加了物流成本，而且也制约了企业物流服务的社会化进程。因此，发展第三方物流服务还有较长的路要走。

吸引生产商外包物流服务，还存在三大障碍：①自营物流退出障碍。因企业自身有较大物流能力，物流外包就意味着裁员和资产出售。②对第三方物流缺乏认识。③对现在的第三方物流企业能否降低成本、能否提供优质服务缺乏信心。由此可见，发展我国第三方物流企业，需要生产商转变观念，打破现有自产自销运作模式，并认识到第三方物流企业能给其提供超值物流服务。

四、专业化挑战

专业化的生产和销售，就需要专业化、个性化的企业提供物流服务。由于物流服务的需求层次高，所以专业化的物流服务也是客户对第三方物流企业的基本要求。第三方物流公司在汽车包装、运输、控制和分配货物等事务上具有专业能力，能服务于特定产品及零部件客户，并对其供应链进行全程一体化服务。例如，不来梅物流集团公司（BLG）汽车物流中心，已成为奔驰汽车公司在德国最大的汽车物流服务商，它能根据奔驰公司的要求和用户的需要，随时把奔驰从整车到各种型号的零部件发往世界各地。企业物流如果没有专业化物流服务能力，就难以树立物流服务方面的信誉和品牌，因而也就难以获得客户外包的物流服务业务。

五、国际化挑战

中外企业物流的优势互补性，为企业物流的未来发展开辟了一条合作之路，可充分发挥国内国际物流战略联盟的协同效应，以有效地满足中外客户的物流服务需求。为了适应物流全球化的发展趋势，整合国内国际两种物流资源，许多企业在2002年展开了多项合作，从而加快了企业积极参与全球物流市场竞争的步伐。如上海中航斯堪维尔公司与美国考瑞根（Corrigan）货运系统和Z&P国际集团合作成立的DC物流有限公司，其总部和主要仓库及物流分配中心位于美国的底特律地区，并将在中国的北京和上海设立办事处和仓库，公司通过电子商务方式将各种货运方式、仓储及物流调剂相结合，为中美汽车公司及供应商提供汽车进出口物流服务和全面的供应链管理。

六、信誉和品牌挑战

通过信誉和品牌效应，企业就有机会向客户展示其提供超值物流服务的能力，并进一步扩大企业知名度。目前，我国企业在服务理念、服务质量、服务成本、服务效率、服务信誉、服务品牌和信息传输等方面还存在差距，不能满足客户对物流全球化的发展需求，难以取得客户信任并与之建立"共生、共荣"的关系。

七、人才挑战

企业物流的发展需要专业化人才和先进的信息技术，如 EDI、EOS 等作支撑。但一直以来物流专业人才不能够满足企业物流发展的需求，整个社会物流业人才缺乏，尤其是既掌握信息技术又懂得现代物流管理的复合型人才严重匮缺。

八、效益挑战

从整体和长远来看，企业物流共同化和专业化的经济效益将得到提高。但对当前或短期的影响却不一定是正面的。一方面，企业需要废弃一些不再需要的设备，同时又要增加适应物流共同化所需的新设备，前者是资源的浪费，后者又需要增加新的投入；另一方面，在企业物流形成的初始阶段，由于社会需求尚未达到一定规模，必然会导致较高的企业物流外包服务价格，使企业难以接受。此外，在初始阶段，第三方物流的服务往往不够完善，使企业用户难以放心、满意。

总之，企业物流已经到了大变革的关键时刻，应尽快做大做强，并在中外合资、合作、合营中努力掌握国际先进的企业物流管理经验，全面提升企业物流的全球服务水平。

【案例 11-1】

郑州市建筑施工企业物流管理所面临的挑战

建筑施工行业作为郑州市国民经济发展支柱产业之一，在房地产市场持续高涨的有利条件下，规模得到了较大的扩张，也取得了一定的效益。但是，其管理成本却在不断上升，材料费居高不下，资金周转越来越慢，部分建筑施工企业效益开始下滑。其中重要原因之一就是建筑施工企业物流管理落后，阻碍了生产过程的正常进行，降低了企业的经济效益。因此，建筑施工企业应加强物流的现代化管理，挖掘其管理方面的潜在效益。

目前，郑州市建筑施工企业物流管理面临三大挑战：

1. 理论缺失，物流成本难以科学计算

目前，由于物流成本没有被列入企业的财务会计制度，在会计核算中，物流成本被分解成不同部分，缺乏完整的会计科目体系来反映。因此，郑州市建筑施工企业难以按照物流成本的内涵完整地计算物流成本，更不能单独真实地将其核算并反映出来，所以无法掌握物流成本的真实全貌。

2. 物流成本管理意识淡薄，缺乏有效的物流管理评价与考核体系

郑州市建筑施工企业对成本管理的重点仍然局限于施工过程中的作业成本，对物资流通环节成本的重要性缺乏足够重视。由于各项目部无法对物流成本详细核算，无法获得与物流成本相应的准确资料，致使物流成本无法从整体上进行计划与控制，更无法从整体上进行全面的规划和整合。因此，施工企业有效的物流管理评价与考核体系尚未建立。

3. 缺乏专门物流人才，物流规划不科学

由于物流管理学科是近年来在我国才正式提倡并实施的管理理论，相关院校的人才培养主要是针对一般性的商品物流管理，专业性较强的施工企业物流管理基本没有专业人才，鲜见有物流管理理论在施工企业的应用，更少见有施工企业的物流管理规划。

（资料来源：朱永明. 郑州施工企业物流管理的现状与问题探讨. 商场现代化. 2007（10X）：141-142.）

第二节 企业物流现代化技术

物流技术包括硬技术和软技术两个方面。物流硬技术是指组织物资实物流动所涉及的各种机械设备、运输工具、仓储建筑、站场设施以及服务于物流的计算机、通信网络设备等。物流软技术则是指组成高效率的物流系统而使用的系统工程技术、价值工程技术、信息技术。物流软技术可以在物流硬技术没有改变的条件下，最合理最充分地调配和使用现有物流技术装备，从而获取最佳经济效益。

一、管理方面

随着世界经济一体化、全球化局面的出现，中国加入 WTO 后，大量企业面临前所未有的竞争压力。当前的市场特征是新产品开发速度日益加快，产品生命周期不断缩短，产品必须满足客户个性化需求，市场竞争愈演愈烈。在这种形势下，最低的成本、最高的效率、最好的产品和服务构成了影响现代企业生存和发展的三个最主要方面。企业必须意识到在激烈的市场竞争中仅仅依靠价格、质量和产品已无法赢得竞争优势，因为这些东西是竞争对手很快就可以学到的。只有在企业管理方面多下工夫，通过引入先进的管理模式与理念，向管理变革要效益，企业才有望在全球化的市场竞争中脱颖而出。

鲍尔索克斯在《物流管理》一书中指出："未来物流的复杂性将会要求创新，新的千年要求新的方式来满足物流要求。"这就是说，历史造就生产力的发展，也就造就了物流的复杂性。企业只有适应、创新、发展才能有所作为。在发达国家应用现代物流科学理论和技术到企业中已经是很普遍的事，而在我国企业普及程度还很不理想，甚至不知"物流"为何物，认为物流对于中国是未来的事，物流仅仅是物流领域中的问题等。由此看来我国企业物流现代化是一个艰巨而又必需的事业。应当指出，企业的规模大小不一样，生产性质也千差万别，物流技术、设备基础也不尽相同，企业物流现代化途径也不一定完全一致，但企业物流走向现代化的方向是毋庸置疑的。

1. 企业物流系统管理

企业物流系统是一个具有多层次、多要素、多功能的大系统。系统管理技术的重点是系统分析。所谓企业物流系统分析，是指从企业物流的整体出发，根据企业物流的目标要求，运用科学的分析工具和计算方法，对企业物流的目标、功能、环境、费用和效益等，进行充分的调研，并收集、比较、分析、处理有关数据和资料，建立若干物流系统方案，比较和评价企业物流的结果。

2. 企业物流质量管理

企业物流质量通常可以理解为企业物流过程和企业物流服务对用户的满足程度。企业物流管理运用全面质量管理的手段，强调"三全"管理。一是企业物流全过程的管理，即对物品包装、装卸、运输、保管、搬运、配送、流通加工等进行全过程的管理；二是全面性管理，即包括产品质量、工作质量、服务质量以及涉及物流各环节的质量；三是全员性管理，即企业物流全体工作人员都参加物流管理。在中国物流界，普遍制定的各级岗位责任制和各种工作质量体系则是质量管理技术的具体体现。

3. 标准化管理

标准化规则是企业作业流程中共同遵守的无声的工作语言。而物流标准化规范则是物流过程中相关的企业、相互衔接的作业工序应当共同遵守的作业指令。如果说信息化从技术层面上提升物流的效率，那么标准化则是从管理层面上提升物流的效率。

企业物流标准化是指以物流为一个大系统，制订内部设施、机械装备、专用工具等各分系统的技术标准；制订各分领域如包装、装卸、运输等各类作业标准；以系统为出发点，研究各分系统与分领域中技术标准与工作标准的配合性要求，统一整个企业物流系统的标准；研究企业物流系统与其他系统的配合性，进一步谋求物流大系统的标准统一。

物流标准化是现代物流建设基础，是提高物流效率的关键。我国的物流业正处于起步阶段，但由于标准化和规范化工作滞后，在企业物流系统的建设方面，有关业务流程数据和规则的不统一，造成了货物流通和信息交换不畅，流通环节增多，流通速度减慢，流通费用增加，大大降低了企业物流系统的效率和效益，制约着我国物流业的发展。

当前，我国物流业发展过程中，标准化实施现状令人担忧，主要表现在：

（1）物流行政管理条块分割导致标准不统一。我国物流运输、仓储、包装、配送、货运代理等物流环节的管理涉及商务部、发改委、交通部、铁道部、民航总局、海关、质检总局、工商等十几个部门，涉及物流的标准化技术委员会，很多从属于不同的部门，难免因部门的条块分割管理而出现政出多门的现象，对物流标准化的发展极为不利。

（2）对物流标准化重要性认识不足。企业重硬轻软，强调物流硬件设施，热衷圈地盖仓库，而忽略了物流信息标准化的建设，导致出现大量"信息孤岛"，无法实施物流供应链的信息互联、互通和资源共享。

（3）有利于物流标准化发展的政策法规环境尚未形成。过去由有关部门制定的众多法规及规章很难适应现代物流发展的要求，亟待建立新的适应形势发展需要的法规和规章。一些已与国际接轨的、非常重要的物流标准，如《商品条码》、《储运单元条码》等，在推广使用中仍存在严重问题，有些标准如《储运单元条码》应用的正确率不足15%。

（4）与国际接轨的物流标准化体系有待建立和完善。发达国家，如英国物流相关标准2500项，德国2480项，美国1200项。而我国还未形成一个完善的与国际接轨的标准体系。

（5）物流信息标准化工作严重滞后。现代物流的发展依赖信息网络技术，供应链上的信息共享是现代物流的重要特征。而目前我国许多部门和单位各数据库信息根本无法交互和共享，一个个"信息孤岛"造成巨大的人力、物力和财力的浪费。

因此，对于我国物流标准化提出如下建议：

（1）物流系统作为一个大系统，包含了各个早已自成体系的子系统，如何协调各子系统的关系和利益，是政府部门的职能。政府部门应加强协调和组织工作，对国家已颁布的各种与物流活动相关的国家标准、行业标准进行深入研究，及时淘汰一批落后的标准，增加通用性较强的物流设施和装备的标准制定。要注意不同功能活动的特殊要求，但更应强调各类物流活动间的兼容性。

（2）加大采标力度。我国现有物流标准还十分有限，主要集中在作业标准，关于物流系统建设标准、管理标准、信息标准、服务标准、发展标准等方面还很不完善。ISO等国际上的标准化组织已经制订和实施了一系列国际上公认和通用的物流标准。我国在促进和推动物流标准化体系建设过程中，应该积极借鉴和参考他们的已定标准。这种方式既能加快我国物流标准化的建设步伐，也是全球经济一体化的要求。

（3）加大物流标准的宣传贯彻力度。由于长期的计划经济、条块分割，我国企业的标准化意识相对淡漠。标准出台后，还要加强宣传贯彻，使企业、行业能够看到物流标准化带来的利益，为了长远的和整体的利益配合物流标准化的实施。

我国在标准化方面虽然已经做出了可喜的成绩，但目前仍有许多物流标准化问题值得研究，如物流作业环节的标准化、物流单证的标准化等。

4. 决策管理

企业物流管理中的每一个方案、计划，每一个层次、环节的调整，以及每一个指标的变动决定都可以称为决策。决策是企业物流管理的核心，是执行各项物流管理的基础。企业物流决策管理技术已从定性分析进入定性和定量分析相结合的阶段。例如，在运输路线决策中，为了防止对流、迂回、重复、过远等不合理运输方式的出现，我国普遍采用了图表分析法、图上作业法、表上作业法、网络法，借助电子计算机手段、数学模型等方法，来决定物流的合理流向。

二、技术方面

近年来，很多先进信息技术的出现，极大地推动了企业物流的进步。人们不能再以传统的观念来认识信息时代的物流，物流也不再是物流功能的简单组合运作，它现在已是一个"网"的概念。加强连通物流结点的效率，加强系统的管理效率，已成为整个物流产业面临的关键问题。企业物流同样也经受着挑战。现代企业的生产方式由大批量生产转向精细的准时化生产，这时的企业物流要求企业以最快的速度把产品送到用户手中，以提高企业快速响应市场的能力；要求企业的物流运作能与制造系统协调，提高敏捷性和适应性。企业物流管理不再只是解决传统的保证生产连续并按比例进行的问题，更要解决一些有助于企业提高竞争力的问题，如低成本准时的物资采购供应；实现快速准时交货，创造用户价值；准确输送物流信息，协调供需矛盾，提高企业敏捷性等。

现代物流运作方式与企业生产方式、生产规模和销售方式等密切相关。现代经济社会生产方式规模化、全球化、专业化的发展，在客观上要求规模化、系统化、网络化的现代物流技术强有力的支持。从硬技术上观察，我国企业的仓库设施、物流设备等大多还较落后，企业设备的更新、改造等仍是重点。从软件技术上观察，设备和物流能力的合理应用，充分发挥现有的能力和效率也大多未能实现。近年来，我国在先进物流设备的引进、研制、生产等方面取得了长足的发展，但是企业基于各方面的原因，如观念陈旧、体制束缚、资金不足等，仍然制约了企业物流技术的进步。

1. 物流装备技术的发展

物流装备按功能可划分为自动立体仓库为核心的存储系统，包括货架、堆垛机等；搬运系统，包括输送设备、自动导引车等；旋转数码选址技术及分类拣选系统；信息控制系统等。物流装备技术水平伴随着用户需求的变化和科学技术水平的提高而发展变化。近年来，我国在大力吸收国外先进技术发展国有机械制造业的基础上，建立了比较完善的物流设备制造体系。我国物流装备技术的发展趋势呈现如下的特点：先进性、信息化、多样性与专业化、标准化与模块化、系统性与可扩展性、智能化与人性化、绿色化与节能化。例如，海尔物流的支持流程——物流技术装备（见图11-1）。总之，客户需求与科技进步推动了我国物流装备技术不断向前发展。

图 11-1　海尔的物流技术装备

2. 物流管理技术的发展

面对反复无常、竞争日趋激烈的市场环境、客户需求的多样化和个性化以及消费水平不断提高的市场需求，企业一方面越来越注重利用自身的有限资源形成自己的核心能力，发挥核心优势；另一方面，充分利用信息网络寻找互补的外部优势，与其供应商、分销商、客户等上下游企业构建供应链网链组织，通过供应链管理共同形成合作竞争的整体优势。供应链管理意味着企业的物流管理包括供货商、生产商、批发商和零售商等不同企业在内的整个供应链计划和运作活动的协调，意味着跨越各个企业的边界，对企业群构成的整个供应链上应用系统观念进行集成化管理。

3. 物流信息技术的发展

近年来，互联网（Internet）的引入对整个物流行业的社会化起着关键的作用，它的作用主要表现在以下两个方面：

（1）互联网的引入将物流的空间概念转化为时间概念，减少了硬件设施的投入，降低了成本，同时更有利于对现有资源的整合。

（2）互联网的引入为物流企业的发展提供了同等机遇。物流就是追求高附加值的服务。在客户服务要求激增、时间性成本管理和经济全球化的趋势下，真正的竞争已不在单个的企业之间，而是供应链之间的竞争。因此，物流服务能力面临着新的问题：物流服务时间的延长、物流过程的复杂化、物流成本的增加和风险的不确定性。要缓解这些矛盾，唯一途径是实现物流网络化。

　　建立在互联网上的物流信息交流系统，让所有用户输入的数据都是直接进入数据库以便于进行各种各样的数据整理，所有的数据可以永远储存，可以对后来的管理决策提供大量的基本数据，所有的用户都可以在这个平台上进行互动式的经营。物流信息管理水平往往标志着一个物流企业的服务水平和管理水平。以互联网为基础的现代物流，作为新的生产方式所产生的时空观念，可大大缩短物流的时间，为企业带来盈利，成为利润的新增长点。

　　我国物流企业目前计算机信息管理水平较为滞后，主要采用电话和传真进行信息的交流，信息交换渠道不完善，信息管理的方式比较落后。在今后几年，我国的物流信息化水平将会得到快速的发展。

【案例11-2】

烟草行业的现代物流技术

　　被称为"领跑中国现代物流"的烟草行业，整体推进了现代物流体系的建设。烟草行业推行"数字烟草、一号工程"，实现卷烟生产计划数字化管理与监控，以"计划取码、物流跟踪、到货确认"为主线，做到全面、及时、准确掌握卷烟生产和经营环节的卷烟牌号、规格、产量、价格、库存、成本、利润、销量和流向等信息资料，实现每件（将来到条）卷烟对应唯一条码，从生产到零售的进行数字跟踪，实现对生产经营适时、有效的监控管理，为实现经济运行分析的日跟踪、旬分析和月调度提供技术支持，保证生产经营决策管理的科学性和及时性。

　　烟草行业用现代物流技术改造传统生产线。现代物流的重要理念之一是精细物流。物流技术发展的趋势之一是物流与生产一体化，现代物流技术已日益渗透到生产线中。烟草工业企业在多年技术改造中领先采用现代物流技术，取得了良好效果。目前，烟草行业提出了中式卷烟开发这一战略性目标，同时也对烟草工业企业的生产物流提出了新的需求。烟草行业采用21世纪物流前沿概念和技术，用精细物流支撑精细加工，用现代物流技术改造传统生产线，开展技术创新，为中式卷烟特色工艺构建精细化、柔性化、信息化的工艺技术平台；构建面向分组加工、面向订单生产的柔性制造系统，用现代物流设计与工艺技术、信息技术紧密结合，进行系统化设计。传统生产物流技术在烟草制丝线的体现是用带式输送、振动输送、风力输送、提升喂料、柜式存储等组成连续自动化流水生产线；而采用现代物流最新技术在烟草生产则表现为由于精细加工、柔性生产、多品种、小批量、灵活应对市场等需求的牵引，使点对点自动存取的高架箱储、作业和搬运相结合的机器人、AGV、RFID、架空输送等现代物流技术逐步进入生产线。

　　（资料来源：摘编自2007年11月份《物流技术与应用》）

第三节　我国企业物流发展的趋势

一、双向发展

随着生产技术的高速发展，以及经济市场化、全球化、需求个性化等因素的影响，产品的生产将向小批量、多品种、高价值的方向发展，从而推动了制造业向计算机集成制造（CIM）、柔性制造（FM）、虚拟制造（VM）等全新模式变革。同时在生产物流管理上，力求维持最低的库存水平，甚至"零库存"；材料、部件到达某一生产工序的时刻，正是该工序要生产的时刻。为了适应这种生产形式，物流的对策将是"双向"发展。

（1）不断改进和发展物流系统。物流系统不断吸收高新技术，以适应新的生产要求。这些新技术包括信息技术、网络技术、计算机技术、光电编码技术、自动控制技术、GPS 技术、动态仿真技术等。例如，以机器人为代表的无人操纵搬运技术已在生产车间得到推广应用；在自动化仓库中采用自动存储/提取系统（AS/RS）和自动搬运车（AGV），并将进一步发挥其在物流中心的作用；宝钢在铁水运输中采用 GPS 技术，提高了铁水运输能力和动态调度能力。这种不断改进和发展物流系统的方式将在大、中型企业采用，因为一般而言，这类企业物流量大且比较稳定。

（2）选择第三方物流。在我国，第三方物流的概念和应用刚刚起步，第三方物流所需的社会环境和有关法律法规还处在建立和完善中，但第三方物流的发展潜力以及社会和经济效益已被人们认识。例如，在我国某些经济开发区，新的外资企业或独资企业在建立企业时仅考虑企业的主要业务（产品制造），而将企业的物流业务全部委托或部分委托给第三方物流企业去做。这些给双方都带来了许多明显的好处，例如降低物流成本，扩大企业业务能力；集中精力，强化主业；减少进出货物时间，缩短生产经营周期；减少资金投入，降低投资风险；提高物流装备效率等。

二、一体化管理

1. 企业内部一体化

企业的生产、采购、存储、供应、回收与废弃，营销部门等的统一规划、计划、实施、管理等，应根据企业的具体情况，通过采用 MRP、MRPⅡ 或 ERP 等先进管理模式来增强企业物流能力并提高企业的管理水平，使企业内部物流与生产工艺链紧密结合，进而形成完整的企业内部供应链。同时，企业内部供应链要与企业外部供应链具有良好的衔接接口。

2. 企业前向一体化

企业向前控制供应商，形成松散型或紧密型联盟结构，使供产结合，实现供应生产一体化。这是一种拉式单向供应链模式，即制造供应链。

3. 企业后向一体化

企业向后控制包括批发商、代理商、零售商在内的营销系统，使产销结合，实现生产和营销一体化。这是一种推式单向供应链模式，即销售供应链。

4. 企业前后向（纵向）一体化

企业向前控制供应商，形成松散型或紧密型联盟结构，使供产结合；企业向后控制包括批发商、代理商、零售商在内的营销系统，使产销结合。这是一种完全的供应链模式，即整合供应链。

5. 企业外部横向一体化

企业与生产同类产品或相关产品的其他企业结成松散型或紧密型联盟，以企业集团的优势与竞争对手争夺产品市场。实现横向一体化必须从物流发展战略、物流组织结构体系、物流业务流程、企业资源管理等方面进行企业的物流重组，并做到管理功能向管理过程的转变、管理产品向管理客户的转变、管理存货向管理信息的转变、由原来的买卖关系向新型的伙伴关系的转变，逐步发展形成集成供应链物流系统。

企业外部横向一体化战略的供应链管理应通过 JIT 要求供应链上的要素同步，做到采购、运输、库存、生产和销售一体化，以及核心企业与节点企业、用户与上游企业及下游企业的营销企业的一体化，追求物料流动的最高效率；通过快速响应预测未来需求重组自己的业务活动以减少时间并降低物流成本；供应链全体成员应通过有效客户反应——ECR 消除系统中不必要的费用成本，降低生产、库存、装卸搬运、运输等供应链各环节的成本，为给客户创造更大的效益而进行密切合作。

三、信息化

企业的资源、生产、销售分布在全球市场上。市场的瞬息万变要求企业提高快速反应能力，使物流信息化、网络化成为企业实现其物流管理一个必不可少的条件。物流信息系统增强了物流信息的透明度和共享性，使企业与上下游节点形成紧密的物流联盟。企业通过数字化平台及时获取并处理供应链上的各种信息，提高对顾客需求的反应速度。

物流管理信息系统包括 ERP、MRP、WMS（仓库管理系统）、BCP（条码印制系统）和 RP（无线终端识别系统）等。企业通过互联网进行物流管理，降低了流转、结算、库存等成本。例如海尔集团，应用 CRM（客户关系管理）和 BBP 采购平台加强了与全球用户、供应链资源网的沟通，实现了与用户的零距离。目前，它的采购订单 100% 由网上下载，采购周期由原来的平均 10 天降到 3 天，网上支付已达到总支付的 20%。

应用计算机技术、网络技术、数据库技术、条形码技术、电子标签、RF 技术、字符识别技术、GIS/GPS 技术构建的、基于自动化设备的配送中心信息管理系统，使得销售物流活动中的人工、重复劳动以及错误减少，提高了配送工作效率和货物在物流过程中的透明度，极大地降低了商业企业的运作成本。

四、我国企业物流的不同发展道路

1. 不同时期企业物流的定义背景和思维方式

（1）"大量生产"时期。这一时期企业面临的主要问题是如何增加产品数量、实现大众温饱，企业物资管理的核心是解决生产建设对物资需要与供应之间的矛盾，物资管理工作内容侧重于对企业所需各种物资进行计划、采购、验收、保管、发放、节约使用和综合利用。为此，企业物资管理研究的重点是探索企业物资消耗规律，企业物资供应工作的经济规律，探讨如何运用先进的管理方法和管理技术，经济合理地组织供应，保证生产建设正常进行。

（2）"大量生产——大量消费"时期。这一时期企业在实现大批量生产及大批量消费的同时出现了大批量配送，为追求个人消费的便利、更好地为用户服务，经营者开始重视企业内物料的流动——物资的物理性运动，即如何有效地利用物资资源。通过以材料为对象，对企业物流全过程进行研究，不仅包括物资供应过程，还包括生产过程、销售过程、废料及废弃物的回收过程，并且与其他的功能——采购、生产、销售系统保持有机联系，强调各功能的系统化，还有运输、保管、配送、装卸、包装等物流作业中引入各种技术，以求达到企业物流的自动化和效率化。

（3）"多品种、小批量生产"时期。这一时期企业必须按用户需求以销定产，使企业物资管理和配送管理工作复杂化。而要处理协调好企业物流各业务环节的工作，共同保证企业总目标的实现，则要通过彻底改变企业管理财务、采购、销售、生产、研发、促销、物流等分解式思维的方式，从系统整体出发，互相协调，为用户和本企业内部提供最佳服务，最大限度地降低物流费用，并且把物流管理的层次从一般作业提升到经营分析的高度。

（4）"大规模定制生产"时期。信息时代的"大规模定制生产"，使社会生产力要素结构、产品制造模式、组织管理方式发生了巨变，信息生产取代了传统的库存生产，供应链网络竞争取代了独立竞争，需求驱动取代了预测驱动，现代企业物流也取代了传统的企业物流。

要有效地为每一个顾客提供个别的服务，现代企业物流就要在考虑生产过程的同时关注生产系统以外的因素。现代企业物流的销售物流还必须从原来的内部销售领域扩展到企业外部经营管理的其他领域，使物流与信息流达到最优化。现代企业物流将发展成为供应链系统物流、全球供应链系统物流。

2. 不同企业合理重组企业物流的方案

由于我国目前东、中、西部地区经济发展不平衡和企业生产、经营、管理水平的参差不齐，要科学地推进企业物流管理的建设与企业物流的重组，必须按照企业物流发展的一般规律，认真分析企业生产、经营、管理现状，以科学的物流理念指导企业思维的转变和物流的重组——根据企业的物流实际，参考企业长远发展目标，合理选择企业物流改造切入点，循序渐进地推进企业物流建设。

（1）以成本为主的企业——加强物资管理工作。以成本为中心的企业一般是以大量生产为基本生产类型，区域范围内有价格、产品优势，实行传统管理模式的企业。由于产品产量大、品种少而稳定，在生产计划与控制工作中，要应用标准的生产作业计划，并对生产过程实现控制（如质量、在制品、成本），当然还要求有充足的原材料与配件供应，以保证生产连续、不间断地进行。

由于地区贸易保护的存在，我国经济基础还很薄弱，市场经济建设才刚刚起步，有些企业往往以成本为中心来组织生产经营，生产系统设计只考虑生产过程本身，而不考虑生产过程以外的因素对企业竞争能力的影响，供、产、销等企业的基本活动是各自为政、相互脱节。对于这种企业，物流工作的重点为遵循物资经济活动的规律，充分发挥物资供应管理的职能，有计划、有组织地做好物资的采购、供应、保管、组织、合理使用工作，以达到供应好、周转快、消耗低、费用省的目标，物资管理工作的核心应是库存控制工作。

（2）以利润为主的企业——实现物流作业一体化。当产品满足了社会需要，企业认识到产品的销售、配送、物流对企业效益的影响，企业开始以利润为中心来组织其生产经营管理之时，企业物流应选择物流系统管理的观念，实现物流一体化。

以利润为中心的企业一般以成批生产、单件小批生产为基本生产类型。成批生产的重点在安排批量，利用库存调节负荷与能力的不平衡；单件生产的重点为解决不时出现的生产瓶颈，安排好材料采购与降低物资储备。

这些企业要实现物流作业一体化，就要处理好、协调好各业务环节的工作，防止只考虑部门得失而不顾全大局，使企业整体利益受损；要选用总成本方法、优选法、比较分析法从整体来核算企业物流各项业务活动成本，避免物流管理次优化；要从系统整体出发，互相协调，为用户和本企业内部提供最佳服务，并最大限度地降低物流费用；要通过优化组织机构、合理布置企业生产园区、提高物流作业效率及提高物流人员素质重新构造微观物流系统。

（3）以客户为主的企业——实现供应链管理的"横向一体化"。当产品生产周期越来越短，全球范围以时间为基准的竞争越来越突出之时，如何更快、更好地完成从现有企业生产方式向大规模定制的转变，从以利润为中心向以客户为中心转变，已成为向顾客提供优质服务的必由之路。

例如，世界 500 强企业都拥有一流物流能力，通过向顾客提供优质服务而获得竞争优势。而向国际化迈进的中国明星企业，在考虑如何提高企业面对客户的能力时，必须将物流转变为战略资源，对物流全方位重组。

为此，必须制订详细的物流重组中长期实施计划和发展策略，从物流业务流程、组织机构、企业资源管理系统等方面进行物流重组，逐步实现企业物流向供应链管理的"横向一体化"。要实现"横向一体化"，必须实现管理功能向管理过程、管理产品向管理客户、管理存货向管理信息、买卖关系向伙伴关系的转变，还要通过物流实时（JIT）要求供应链上的要素同步，做到采购、运输、库存、生产、销售及供应商、用户的营销系统的一体化，追求物料通过每个配送渠道的整个流动的最高效率，以杜绝生产与流通过程的各种浪费。企业通过快速响应（QR）预测未来需求，重组自己的业务活动以减少时间和成本；通过有效客户响应（ECR）消除系统中不必要的成本和费用，降低供应链各个环节如生产、库存、运输等方面的成本，最终给客户带来更大的效益而进行密切合作。

当然，还要对物流外包、第三方物流的概念及基本原则认真分析，在适当的时间、地点选择第三方物流（3PL），在全球范围内与供应商和销售商建立最佳的合作伙伴关系，结成长期的战略联盟与利益共同体，并通过物流外包集中自己的核心业务，以减少资金的投入，增加企业的柔性，提高顾客服务水平和生产效率。

五、企业物流外包与部分功能的社会化

在工业化高度集中的今天，企业只有依靠核心技术才能在竞争中存得一席之地。而任何企业的资源都是有限的，不可能在生产、流通各个环节都面面俱到。因此，企业将资源集中到主营的核心业务，将辅助性的物流功能部分或全部外包，不失为一种战略性的选择。

例如，Amazon 公司虽然目前已经拥有比较完善的物流设施，但对于"门到门"的配送业务，它始终坚持外包。因为这种"一公里配送"是一项极其繁琐、覆盖面极广的活动，且不是其优势所在。因此，它的这种外包既降低了物流成本，又增强了企业的核心竞争力。

六、物流业"洗牌"趋势加速

1. 企业物流社会化与专业化的趋势

分离外包物流业务的行业已经从家电、电子、快速消费品等向钢铁、建材、煤炭等上游企业扩展。外包的环节由销售物流向供应物流、生产物流、回收物流渗透，外包的方式由简单的仓储、运输业务外包向供应链一体化延伸。我国物流社会化程度将会进一步提高。

企业物流的专业化趋势也相当明显。不少企业，特别是商贸企业，正在加大投资力度，强化自身物流功能。几乎所有大型连锁企业均在力图优化自己的专业供应链，一些具有强势品牌的生产企业，如海尔、联想等已发展了大批连锁专卖店，并相应发展了自身的物流配送网络。

2. 物流企业规模化与个性化的趋势

2006 年的调查显示，综合型物流企业业务收入增长 37.9%，仓储型物流企业业务收入增长 22%。2007 年主营业务收入前 50 名的物流企业与上年比，主营业务收入在 30 亿元以上的由 13 家上升到 18 家；排序第 50 位企业主营业务收入由 3.55 亿元提高到 6.22 亿元。物流企业个性化发展的趋势主要表现为传统服务的整合与专业化服务的创新。

3. 物流市场细分化与国际化的趋势

各行业物流的规模、结构与要求不同，其物流需求的速度、成本与服务也有很大差别，这就加速了物流市场的细分化。面临国际化竞争的中国物流市场，国内大型物流企业将加快资源重组，组建具有国际竞争力的企业集团，随着中国的产品与服务"走出去"，物流业的国际化程度会进一步提高。

4. 区域物流集聚与扩散的趋势

区域物流集聚的"亮点"有以下三点：一是围绕沿海港口形成的"物流区"；二是围绕城市群崛起的"物流带"；三是围绕产业链形成的"物流圈"，如青岛的家电、长春的汽车、上海的钢铁、汽车和化工等。

5. 物流经营成本进一步上升的趋势

由于上述几方面的挤压，物流行业平均利润率进一步下降。有企业反映，物流企业平均毛利率已由 2002 年的 30% 降低到 2007 年的 10% 以下，仓储企业只有 3% ~5%，运输企业只有 2% ~3%。在运营成本持续上升、主营业务"要价"很难提高的情况下，企业的利润空间将进一步受到挤压，市场主体重组"洗牌"的趋势将会加速。

复习思考题

1. 企业物流面临的挑战有哪些？
2. 企业物流现代化技术发展的趋势是什么？
3. 企业物流发展的趋势是什么？

实践与思考

1. 确定研究一个企业，这个企业的物流发展趋势是什么？
2. 这个企业物流在发展中存在什么问题？
3. 针对出现的问题，你建议如何解决这些问题，给出解决方案。

参 考 文 献

[1] Ming Ling Chuang, Wade H Shaw. Distinguishing the Critical Success Factors between E-Commerce, Enterprise Resource Planning, and Supply Chain Management [J]. Engineering Management Society, Proceedings of 2000 IEEE: 596~601.

[2] Martin Christopher. Logistics and Supply Chain Management [M]. New York: Financialimes/Pitman Publishing, 1994.

[3] James F Robeson & William. The Logistics Handbook [M]. New York: Free Press, 1994.

[4] 崔介何. 企业物流 [M]. 北京: 中国物资出版社, 2002.

[5] 罗宾斯. 管理学 [M]. 孙健民, 等译. 7版. 北京: 中国人民大学出版社, 2004.

[6] 罗纳德 H 巴罗. 企业物流管理——供应链的规划、组织和控制 [M]. 王晓东, 胡瑞娟, 等译. 北京: 机械工业出版社, 2002.

[7] 唐纳德 J 鲍尔索克斯, 戴维 J 克劳斯. 物流管理供应链过程一体化 [M]. 林国龙, 宋柏, 沙梅, 译. 北京: 机械工业出版社, 1998.

[8] 詹姆士 R 斯托克, 等. 战略物流管理 [M]. 邵晓峰, 等译. 北京: 中国财政经济出版社, 2003.

[9] 丁慧平, 俞明南. 现代生产运作管理 [M]. 北京: 中国铁道出版社, 1999.

[10] 陈荣秋, 等. 生产与运作管理 [M]. 北京: 高等教育出版社, 1999.

[11] 赵启兰, 等. 生产计划与供应链中的库存控制 [M]. 北京: 电子工业出版社, 2003.

[12] 肯特 N 卡丁. 全球物流管理 [M]. 綦建红, 等译. 北京: 人民邮电出版社, 2002.

[13] 王家善, 等. 设施规划与设计 [M]. 北京: 机械工业出版社, 1995.

[14] 宋华, 胡左浩. 现代物流与供应链管理 [M]. 北京: 经济管理出版社, 2000.

[15] 孙大涌, 等. 先进制造技术 [M]. 北京: 机械工业出版社, 2000.

[16] 吴耀华, 等. 现代物流系统技术的研究现状及发展趋势 [J]. 机械工程学报, 2001 (3).

[17] 杰伊·海泽, 巴里·雷德. 生产与作业管理教程 [M]. 潘洁夫, 余远证, 等译. 北京: 华夏出版社, 1999.

[18] 奈杰尔·斯莱克, 斯图尔特·钱伯斯, 等. 运作管理 [M]. 李志宏, 译. 昆明: 云南大学出版社, 2002.

[19] 凌大荣, 等. 集成供应链管理系统的研究发展趋势 [J]. 物流技术, 1999 (2): 23~24.

[20] 郭沁汾, 李树森. 国内企业的 MRPⅡ之路 [J]. 计算机世界, 1998 (3).

[21] 李一军, 于洋. 电子商务环境下企业资源计划 (ERP) 的新进展 [J]. 高技术通讯, 2002 (9): 100~105.

[22] 覃征. 电子商务导论 [M]. 北京: 人民邮电出版社, 2000.

[23] 王泽彬, 李大威. 电子商务时代企业 ERP 系统的建设 [J]. 中国软科学, 2000 (6): 90~93.

[24] 陈黎萍. 标杆管理: 21 世纪企业必修课 [J]. 管理科学文摘, 2001 (8): 51~52.

[25] 胡俊侠. 甘当老二的标杆管理 [J]. 邮电企业管理, 2001 (3): 410.

[26] 张成海. 供应链管理技术与方法 [M]. 北京: 清华大学出版社, 2002.

[27] 王成. 私营公司物流与生产管理控制精要 [M]. 北京: 中国致公出版社, 2001.

[28] 顾建钧, 等. 先进制造技术中的物流支撑 [J]. 工业工程, 1999 (3): 18~21.

[29] 张峥嵘, 等. 先进制造系统及其关键技术的研究 [J]. 制造自动化, 1999 (1): 7~9.

[30] 游志强. 中小型轧钢企业 CIMS 物流系统的规划和设计 [J]. 自动化博览, 2001 (5): 24~26.

[31] 陈节贵, 等. 造船企业生产物流的组织 [J]. 船舶工程, 2002 (5): 69~71.

[32] 徐常凯, 等. 现代生产物流系统研究 [J]. 物流科技, 2002 (6): 95.

[33] 陈启申. 制造资源计划基础 [M]. 北京: 企业管理出版社, 1997.

[34] 陈荣秋, 周水银. 生产运作管理的理论与实践 [M]. 北京: 中国人民大学出版社, 2002.

[35] 真虹, 张婕妹. 物流企业仓储管理与实务 [M]. 北京: 中国物资出版社, 2003.

[36] 丁立言, 张铎. 物流基础 [M]. 北京: 清华大学出版社, 2000.

[37] 郎会成, 蔡连侨. 物流经理业务手册 [M]. 北京: 机械工业出版社, 2002.

[38] 大卫·辛奇·利维, 菲利普·凯明斯基, 艾迪斯·辛奇·利维. 供应链设计与管理概念、战略与案例研究 [M]. 上海: 上海远东出版社, 2000.

[39] 张德良, 刘树明. 论价格折扣下的订货与库存控制 [J]. 山东轻工业学院学报, 1998, 12 (3): 65~69.

[40] 吴可. 谈物资调运库存控制模型方法 [J]. 物流技术, 1998 (2): 16~17.

[41] 彭禄斌, 赵林度. 供应链网状结构中多级库存控制模型 [J]. 东南大学学报, 2002, 32 (2): 218~222.

[42] 王晓萍. 库存控制模型与算法 [J]. 工业技术经济, 2000, 19 (5): 79~81.

[43] 侯新炜, 孙成城. 库存控制的定量决策方法新探 [J]. 洛阳大学学报, 2000, 17 (4): 117~120.

[44] 周曙光, 田征. 多级库存控制策略的分析 [J]. 大连海事大学学报, 2003, 29 (3): 106~108.

[45] 王建阳, 牛芳, 董颖颖. 考虑紧急订货的供应链库存控制策略研究 [J]. 技术经济与管理研究, 2003, (3): 49~50.

[46] 高海晨. 浅谈物流配送下的零库存控制 [J]. 郑州工业高等专科学校学报, 2003, 19 (1): 21~22.

[47] 宋力刚. 国际化企业现代物流管理 [M]. 北京: 中国石化出版社, 2001.

[48] 孙宏岭. 高效率配送中心的设计与经营 [M]. 北京: 中国物资出版社, 2002.

[49] 龙伟, 黄颉, 石宇强. 基于分布式多层架构的制造企业销售物流管理系统研究与应用 [J]. 组合机床与自动化加工技术, 2003, (3): 16~20.

[50] 杨性如, 李建成, 翟清明. "入世"后流通企业在销售物流中的挑战与对策 [J]. 浙江万里学院学报, 2001, 14 (1): 53~56.

[51] 樊海玮,谈小平. 销售物流的信息化方案 [J]. 物流技术与应用, 2002 (5): 55~59.

[52] 李学工. 论企业销售物流系统的设计 [J]. 商业经济与管理, 2001 (9): 16~18.

[53] 李益强,徐国华,李华. 连锁销售物流模式下基于 QR 策略的配送决策模型 [J]. 管理工程学报, 2003, 17 (2): 111~114.

[54] 张艳阳. 企业物流组织变革探析 [J]. 中国煤炭经济学院学报, 2001 (4): 324~328.

[55] 王成. 现代物流管理实务与案例 [M]. 北京:企业管理出版社, 2001.

[56] 中华人民共和国国家质量监督检验检疫总局,中国国家标准化管理委员会. GB/T 18354—2006. 物流术语 [S]. 北京:中国标准出版社, 2007.

[57] 企业物流的五种模式 [J]. 中外物流, 2004, 9 (2): 38.

[58] 牛志文. 青岛啤酒物流模式探讨与分析 [J]. 物流科技, 2010 (6): 66-68.

[59] 龚巍. 周转箱管理(CMC)项目在上海通用汽车的实施 [J]. 辽宁工业大学学报:自然科学版, 2009, 29 (3): 184-186.

[60] 叶雷. 循环取料在上海通用汽车零部件入厂物流中的应用研究 [D]. 上海:复旦大学, 2005.

[61] 周应. 三元的"鲜"速度 [J]. IT经理世界, 2007 (6): 72-73.

[62] 王淑琴. 基于案例的企业物流模式选择及管理研究 [J]. 商场现代化, 2009 (13): 135-137.

[63] 王颖,周仁. 构建现代企业物流战略 [J]. 中国科技信息, 2005 (21B): 27-27.

[64] 陈云萍,韩翔. 企业物流战略类型选择的实证研究 [J]. 物流科技, 2008, 31 (7): 136-138.

[65] 刘卫东. 现代企业物流战略的创新与发展 [J]. 环渤海经济瞭望, 2003 (2): 44-47.

[66] 宋华. 现代企业物流战略的创新与发展 [J]. 经济理论与经济管理, 2001 (1): 41-44.

[67] 武云亮. 企业物流组织创新的六大趋势 [J]. 物流技术, 2002 (10): 40-41.

[68] 中国仓储协会秘书处. 第6次中国物流市场供需状况调查报告(摘要)[J]. 物流技术与应用, 2005 (11): 41-47.

[69] 刘晖. 我国发展第四方物流的思考 [J]. 冶金经济与管理, 2007 (6): 41-43.

[70] 予一. 自营物流——海尔物流模式 [J]. 市场周刊:新物流, 2006 (8): 34-34.

[71] 吕延昌. 流通业的物流模式研究 [J]. 商业研究, 2006 (15): 185-188.

[72] 张华芹. 论商业企业物流模式的选择 [J]. 商业经济与管理, 2006 (6): 26-30.

[73] 蒋啸冰. 我国汽车制造业零部件入厂物流模式研究 [J]. 物流技术与应用, 2007, 12 (5): 88-91.

[74] 李婧,李广才,等. 供应物流基本内容及发展 [J]. 物流技术, 2002 (8): 8-9.

[75] 康阅春,宋炳良. VMI与汽车零部件采购物流 [J]. 中外物流, 2006 (4): 63-64.

[76] 陈建华,马士华. 供应驱动原理与基于Supply-hub的供应物流整合运作模式 [J]. 物流工程与管理, 2009 (2): 44-50.

[77] 来源. 基于3PL的汽车零部件供应物流中VMI的应用 [J]. 汽车工业研究, 2008 (8): 46-48.

[78] 赵启兰. 生产运作管理 [M]. 北京:清华大学出版社,北京交通大学出版社, 2008.

[79] 胡慧春,柳存根,乐美龙. VMI在生产物流运作中的应用 [J]. 物流技术, 2005 (6): 74-77.

［80］ 张虎，张屹，陆瞳瞳. 锯片制造车间的物流模式选择及设备布置的方法［J］. 商场现代化，2009（11）：142-142.

［81］ 吴小珍. 汽车零部件实施绿色生产的物流模式［J］. 机械设计与研究，2009，25（5）：45-48，53.

［82］ 李玉民，严广全. 基于 MRP Ⅱ 和 JIT 集成的生产物流管理模式研究［J］. 物流技术，2006（7）：199-201.

［83］ 李苏剑. 企业生产物流控制原理与方法［J］. 生活用纸，2005（19）：24-26.

［84］ 张浩. 钢铁企业生产物流管理系统研究与实现［J］. 中国制造业信息化：学术版，2008，37（12）：17-20，24.

［85］ 付凤岚，贾慧慧，徐劲力. 汽车后桥车间生产物流系统研究［J］. 组合机床与自动化加工技术，2010（3）：103-105，108.

［86］ 李洪海，盛况，李洪洲. 实现零库存管理的实践与研究［J］. 化工管理，2009（8）：41-43.

［87］ 杨澍. 西尔斯百货：修正零库存原则［J］. 商学院，2008（6）：69-69.

［88］ 田雷娜，孙广然. 直销型企业物流管理（一）——案例三则［J］. 中外物流，2006（8）：42-44.

［89］ 朱永明. 郑州施工企业物流管理的现状与问题探讨［J］. 商场现代化，2007（10X）：141-142.